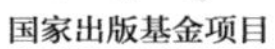

“十二五”
国家重点出版物
出版规划项目

BAILEY'S INDUSTRIAL OIL AND FAT PRODUCTS

Sixth edition

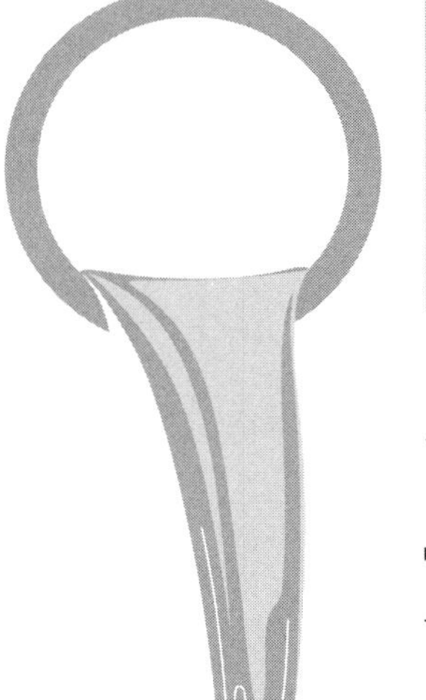

贝雷油脂化学与工艺学

第六版

【加拿大】 Fereidoon Shahidi 主编
王兴国　金青哲 主译

第四卷

食用油脂产品：产品与应用

Edible Oil and Fat Products: Products and Applications

Volume 4

中国轻工业出版社 | 全国百佳图书出版单位

图书在版编目（CIP）数据

贝雷油脂化学与工艺学：第6版．第4卷，食用油脂产品：产品与应用/（加）沙希迪（Shahidi，F.）主编；王兴国，金青哲主译.—北京：中国轻工业出版社，2016.11

国家出版基金项目，“十二五”国家重点出版物出版规划项目

ISBN 978－7－5184－0688－3

Ⅰ.①贝… Ⅱ.①沙… ②王… ③金… Ⅲ.①油脂化学 ②油脂制备—生产工艺 ③食用油—研究 Ⅳ.①TQ64 ②TS225

中国版本图书馆CIP数据核字（2015）第259836号

Translation from the English language edition：
Bailey's Industrial Oil and Fat Products，6th Edition，Volume 4，Edible Oil & Fat Products：Products & Applications. By Fereidoon Shahidi / ISBN 978－0－4713－8549－2

责任编辑：张　靓　　策划编辑：李亦兵　张　靓　　责任终审：劳国强
整体设计：王　卓　　责任校对：晋　洁　李　靖　　责任监印：张　可

出版发行：中国轻工业出版社（北京东长安街6号，邮编：100740）
印　　刷：三河市万龙印装有限公司
经　　销：各地新华书店
版　　次：2016年11月第1版第1次印刷
开　　本：787×1092　1/16　印张：27.5
字　　数：615千字
书　　号：ISBN 978－7－5184－0688－3　定价：88.00元
著作权合同登记　图字：01－2007－5814
邮购电话：010－65241695　传真：65128352
发行电话：010－85119835　85119793　传真：85113293
网　　址：http://www.chlip.com.cn
Email：club@chlip.com.cn
如发现图书残缺请直接与我社邮购联系调换
070981K1X101ZYW

《贝雷油脂化学与工艺学（第六版）》第四卷
编者、译者和审校人员

章节	编者	译者	审校人员
1　煎炸油	Monoj K. Gupta	穆　昭	刘睿杰
2　人造奶油和涂抹脂	Michael M. Chrysan	朱向菊	齐　策
3　起酥油的科学和工艺学	Douglas J. Metzroth	刘元法	孟　宗
4　起酥油的种类和配方	Richard D. O'Brien	朱向菊	李　徐
5　糖果脂质	Vijai K.S. Shukla	金　俊	徐振波
6　烹调油、色拉油和色拉调料	Steven E. Hill R. G. Krishnamurthy	杨波涛	张　瑜
7　焙烤产品中的油脂	Clyde E. Stauffer	常桂芳	王　乐
8　食品工业中的乳化剂	Clyde E. Stauffer	单　良	邹孝强
9　煎炸食品和休闲食品	Monoj K. Gupta	刘　燕	欧锦强
10　饲料和宠物食品中的油脂	Edmund E. Lusas Mian N. Riaz	胡　鹏	李　明
11　副产物的利用	M. D. Pickard	杨波涛	赵晨伟
12　环境影响和废物处理	Michael J. Boyer	孟　宗	韦　伟

全书由王兴国、金青哲总校

《贝雷油脂化学与工艺学（第六版）》编委会

《贝雷油脂化学与工艺学(第六版)》撰稿人

R. G. ACKMAN: Canadian Institute of Fisheries Technology, Dalhousie University, Halifax, Nova Scotia, Canada, *Fish Oils.*

YVONNE T. V. AGUSTIN: *Coconut Oil.*

KLAUS A. ALEXANDERSEN: *Margarine Processing Plants and Equipment.*

DAN ANDERSON: *A Primer on Oils Processing Technology.*

YUSOF BASIRON: *Palm Oil.*

MARÍA LUZ J. BENDAÑO: *Coconut Oil.*

ANTHONY P. BIMBO: International Fisheries, Kilmarnock, Virginia, *Rendering.*

MICHAEL J. BOYER: AWT-Agribusiness and Water, Cumming, Georgia, *Environmental Impact and Waste Management.*

D. D. BROOKS: Oil-Dri Corporation, Chicago, Illinois, *Adsorptive Separation of Oils.*

MICHAEL R. BURKE: *Soaps.*

ELIAS C. CANAPI: *Coconut Oil.*

VANCE CAUDILL: *Packaging.*

ARMAND B. CHRISTOPHE: Ghent University Hospital, Ghent, Belgium, *Structural Effects on Absorption, Metabolism, and Health Effects of Lipids.*

MICHAEL M. CHRYSAN: *Margarines and Spreads.*

W. DE GREYT: De Smet Technologies & Services, Brussels, Belgium, *Deodorization.*

NURHAN TURGUT DUNFORD: Oklahoma State University, Stillwater, Oklahoma, *Germ Oils from Different Sources.*

SEVIM Z. ERHAN: National Center for Agricultural Utilization Research, Peoria, Illinois, *Vegetable Oils as Lubricants, Hydraulic Fluids, and Inks.*

N. A. M. ESKIN: University of Manitoba, Winnipeg, Manitoba, Canada, *Canola Oil.*

S. ESWARANANDAM: University of Arkansas, Fayetteville, Arkansas, *Edible Films and Coatings From Soybean and Other Protein Sources.*

WALTER E. FARR: Walter E. Farr & Associates, Olive Branch, Mississippi, *Hydrogenation: Processing Technologies.*

DAVID FIRESTONE: United States Food and Drug Administration, Washington, DC, *Olive Oil.*

BRENT D. FLICKINGER: Archer Daniels Midland Company, Decatur, Illinois, *Diacylglycerols.*

GRECORIO C. GERVAJIO: *Fatty Acids and Derivatives from Coconut Oil.*

MARIA A. GROMPONE: *Sunflower Oil.*

FRANK D. GUNSTONE: *Vegetable Oils.*

MONOJ K. GUPTA: MG Edible Oil Consulting International, Richardson, Texas, *Frying of Foods and Snack Food Production*; *Frying Oils.*

ÖZLEM GÜÇLÜ-ÜSTÜNDAĞ: University of Alberta, Edmonton, Alberta, Canada, *Supercritical Technologies for Further Processing of Edible Oils.*

MICHAEL J. HAAS: Eastern Regional Research Center, Agricultural Research Service, Wyndmoor, Pennsylvania, *Animal Fats.*

EARL G. HAMMOND: Iowa State University, Ames, Iowa, *Soybean Oil.*

RICHARD W. HARTEL: University of Wisconsin, Madison, Wisconsin, *Crystallization of Fats and Oils.*

BERNHARO HENNIG: University of Kentucky, Lexington, Kentucky, *Dietary Lipids and Health.*

ERNESTO HERNANDEZ: Texas A&M University, College Station, Texas, *Pharmaceutical and Cosmetic Use of Lipids.*

P. B. HERTZ: Agriculture and Agri-Food Canada, Saskatoon, Saskatchewan, Canada, *Vegetable Oils as Biodiesel.*

NAVAM S. HETTIARACHCHY. University of Arkansas, Fayetteville, Arkansas, *Edible Films and Coatings From Soybean and Other Protein Sources.*

DAVID HETTINGA: *Butter.*

STEVEN E. HILL: *Cooking Oils, Salad Oils, and Dressings.*

CHI-TANG HO: Rutgers University, New Brunswick, New Jersey, *Flavor Components of Fats and Oils.*

LUCY SUN HWANO: National Taiwan University, Taipei, Taiwan, *Sesame Oil.*

LAWRENCE A. JOHNSON: Iowa State University, Ames, Iowa, *Soybean Oil.*

LYNN A. JONES: Collierville, Tennessee, *Cottonseed Oil.*

AFAF KAMAL-ELDIN: SLU, Uppsala, Sweden, *Minor Components of Fats and Oils.*

Y. K. KAMATH: *Leather and Textile Uses of Fats and Oils.*

RAKESH KAPOOR: Bioriginal Food and Science Corp., Saskatoon, Saskatchewan, Canada, *Conjugated Linoleic Acid Oils*; *Gamma Linolenic Acid Oils.*

M. KELLENS: De Smet Technologies & Services, Brussels, Belgium, *Deodorization.*

TIMOTHY G. KEMPER: *Oil Extraction.*

C. CLAY KING: Texas Women' s University, Denton, Texas, *Cottonseed Oil.*

DAVID D. KITTS: University of British Columbia, Vanuouver, British Columbia, Canada, *Toxicity and Safety of Fats and Oils.*

XIAOHUA KONG: Agri-Food Materials Science Centre, University of Alberta Edmonton, Alberta, Canada, *Vegetable Oils in Production of Polymers and Plastics.*

S. Sefa Koseoglu: Extraction and Refining Program, A Division of Filtration and Membrane World LLC, College Station, Texas, *Membrane Processing of Fats and Oils.*

R. G. Krishnamurthy: *Cooking Oils, Salad Oils, and Dressings.*

Paul Kronick: *Leather and Textile Uses of Fats and Oils.*

Yong Li: Purdue University, West Lafayette, Indiana, *Dietary Lipids and Health.*

K. F. Lin: Paints, Varnishes, and Related Products.

Lan Lin: Extraction and Refining Program, A Division of Filtration and Membrane World LLC, College Station, Texas, *Membrane Processing of Fats and Oils.*

Gary R. List: Iowa State University, Ames, Iowa, Storage, *Handling, and Transport of Oils and Fats.*

Jerrold W. Litwinenko: University of Guelph, Guelph, Ontario, Canada, *Fat Crystal Networks.*

Edmund E. Lusas: *Fats and Oils in Feedstuffs and Pet Foods.*

Jesse L. Lynn, Jr.: *Detergents and Detergency.*

T. Mag: University of Manitoba, Winnipeg, Manitoba, Canada, *Canola Oil.*

Linda J. Malcolmson: Canadian International Grains Institute, Winnipeg, Manitoba, Canada, *Flavor and Sensory Aspects.*

Alejandro G. Marangoni: University of Guelph, Guelph, Ontario, Canada, *Fat Crystal Networks.*

Noboru Matsuo: Kao Corporation, Tochigi, Japan, *Diacylglycerols.*

W. W. McCalley: Agriculture and Agri-Food Canada, Saskatoon, Saskatchewan, Canada, *Vegetable Oils as Biodiesel.*

D. Julian McClements: The University of Massachusetts, Amherst, Massachusetts, *Lipid Emulsions.*

B. E. McDonald: University of Manitoba, Winnipeg, Manitoba, Canada, *Canola Oil.*

Thomas A. McKeon: USDA-ARS Western Regional Research Center, Albany, California, *Transgenic Oils.*

Serpil Metin: Cargill Inc., Minneapolis, Minnesota, *Crystallization of Fats and Oils.*

Douglas J. Metzroth: *Shortenings: Science and Technology.*

Homan Miraliakbari: Memorial University of Newfoundland, St. John's, Newfoundland, Canada, *Tree Nut Oils.*

Robert A. Moreau: United States Department of Agriculture, Agricultural Research Service, *Corn Oil.*

Evangekube A. Moro: *Coconut Oil.*

Harikumar Nair: Bioriginal Food & Science Corp., Saskatoon, Saskatchewan, Canada, *Gamma*

Linolenic Acid Oils.

SURESH S. NARINE: Agri-Food Materials Science Centre, University of Alberta, Edmonton, Alberta, Canada, *Vegetable Oils in Production of Polymers and Plastics.*

RICHARD D. O' BRIEN: Plano, Texas, *Cottonseed Oil*; *Shortenings*: *Types and Formulations.*

FRANK T. ORTHOEFER: *Rice Bran Oil.*

JOHN W PARRY: University of Maryland, College Park, Maryland, *Oils from Herbs, Spices, and Fruit Seeds.*

HAROLD E. PATTEE: North Carolina State University, Raleigh, North Carolina, *Peanut Oil.*

ECONOMICO PEDROSA, JR.: *Coconut Oil.*

M. D. PICKARD: *By-Product Utilization.*

A. PROCTOR: University of Arkansas, Fayetteville, Arkansas, *Adsorptive Separation of Oils.*

ROMAN PRZYBYLSKI: University of Manitoba, Winnipeg, Manitoba, Canada, *Canola Oil*; *Flax Oil and High Linolenic Oils.*

COLIN RATLEDGE: Lipid Research Centre, University of Hull, Hull, United Kingdom, *Oils from Microorganisms.*

MARTIN REANEY: Bioriginal Food and Science Corp., Saskatoon, Saskatchewan, Canada, *Conjugated Linoleic Acid Oils.*

M. J. T. REANEY: Agriculture and Agri-Food Canada, Saskatoon, Saskatchewan, Canada, *Vegetable Oils as Biodiesel.*

MIAN N. RIAZ: Texas A&M University, College Station, Texas, *Extrusion Processing of Oilseed Meals for Food and Feed Production.*

GEOFFREY G. RYE: University of Guelph, Guelph, Ontario, Canada, *Fat Crystal Networks.*

KIYOTAKA SATO: Graduate School of Biosphere Science, Hiroshima University, Higashi-Hiroshima, Japan, *Polymorphism in Fats and Oils.*

K. M. SCHAICH: Rutgers University, New Brunswick, New Jersey, *Lipid Oxidation*: *Theoretical Aspects.*

KEITH SCHROEDER: CC Engineering Ltd., *Glycerine.*

CHARLIE SCRIMGEOUR: Scottish Crop Research Institute Dundee, Scotland, *Chemistry of Fatty Acids.*

S. P. J. NAMAL SENANAYAKE: Martek Biosciences Corporation, Winchester, Kentucky, *Dietary Fat Substitutes*; *Modification of Fats and Oils via Chemical and Enzymatic Methods.*

FEREIDOON SHAHIDI: Memorial University of Newfoundland, St. John' s, Newfoundland, Canada, *Antioxidants*: *Regulatory Status*; *Antioxidants*: *Science, Technology, and Applications*; *Citrus Oils and Essences*; *Dietary Fat Substitutes*; *Flavor Components of Fats and Oils*; *Lipid Oxidation*: *Measurement Methods*; *Marine Mammal Oils*; *Modification of Fats and Oils via Chemical and En-*

zymatic Methods; *Novel Separation Techniques for Isolation and Purification of Fatty Acids and Oil By-Products*; *Quality Assurance of Fats and Oils*; *Tree Nut Oils.*

JOSEPH SMITH: *Safflower Oil.*

VIJAI K. S. SHUKLA: International Food Science Center, Lystrup, Denmark, *Confectionery Lipids.*

VIJAI K. S. SHUKLA: Iowa State University, Ames, Iowa, *Storage, Handling, and Transport of Oils and Fats.*

CLYDE E. STAUFFER: *Emulsifiers for the Food Industry*; *Fats and Oils in Bakery Products.*

CAIPING SU: Iowa State University, Ames, Iowa, *Soybean Oil.*

BERNARD F. SZUHAJ: Szuhaj & Associates LLC, Fort Wayne, Indiana, *Lecithins.*

DENNIS R. TAYLOR: DR Taylor Consulting, Port Barrington, Illinois, *Bleaching.*

FERAL TEMELLI: University of Alberta, Edmonton, Alberta, Canada, *Supercritical Technologies for Further Processing of Edible Oils.*

MICHAL TOBOREK: University of Kentucky, Lexington, Kentucky, *Dietary Lipids and Health.*

SATORU UENO: Graduate School of Biosphere Science, Hiroshima University, Higashi-Hiroshima, Japan, *Polymorphism in Fats and Oils.*

PHILLIP J. WAKELYN: National Cotton Council, Washington, DC, *Cottonseed Oil.*

PETER J. WAN: USDA, ARS, New Orleans, Lowsiana, *Cottonseed Oil.*

P. K. J. P. D. WANASUNOARA: Agriculture and Agri-Food Canada, Saskatoon Research Center, Saskatoon, Saskatchewan, Canada, *Antioxidants: Science, Technology, and Applications*; *Novel Separation Techniques for Isolation and Purification of Fatty Acids and Oil By-Products.*

UDAYA N. WANASUNDARA: POS Pilot Plant Corporation, Saskatoon, Saskatchewan, Canada, *Novel Separation Techniques for Isolation and Purification of Fatty Acids and Oil By-Products.*

TONG WANG: Iowa State University, Ames, Iowa, *Soybean Oil*; *Storage, Handling, and Transport of Oils and Fats.*

BRUCE A. WATKINS: Purdue University, West Lafayette, Indiana, *Dietary Lipids and Health.*

JOCHEN WEISS: The University of Massachusetts, Amherst, Massachusetts, *Lipid Emulsions.*

NEIL D. WESTCOTT: Bioriginal Food and Science Corp. , Saskatoon, Saskatchewan, Canada, *Conjugated Linoleic Acid Oils.*

PAMELA J. WHITE: Iowa State University, Ames, Iowa, *Soybean Oil.*

MAURICE A. WILLIAMS: Anderson Corporation, Cleveland, Ohio, *Recovery of Oils and Fats from Oilseeds and Fatty Materials.*

JAMES P. WYNN: Martek Biosciences Corporation, Columbia, Maryland, *Oils from Microorganisms.*

LIANGLI (LUCY) YU: University of Maryland, College Park, Maryland, *Oils from Herbs, Spices, and Fruit Seeds.*

YING ZHONG: Memorial University of Newfoundland, St. John's, Newfoundland, Canada, *Antioxidants: Regulatory Status*; *Citrus Oils and Essences*; *Lipid Oxidation: Measurement Methods*; *Marine Mammal Oils.*

KEQUAN ZHOU: University of Maryland, College Park, Maryland, *Oils from Herbs, Spices, and Fruit Seeds.*

译者序

油脂是人类食品最重要的成分之一。时至今日，油脂科技已跨越了以油脂的理化性质和以脂肪酸营养为主要研究内容的两个阶段，进入到了甘油酯、脂肪伴随物及其延伸物的功能、构效关系研究和产品开发等更高层次。因此，开拓新油源，开发各种新型结构的功能性油脂和食品专用油以减少和预防慢性病，以及开发精准适度加工技术，保证油脂天然性、安全性，减少有害物形成，减少废弃物并对其进行无害化、资源化处理，都已经成为当前世界迫切需要解决的问题。

《贝雷油脂化学与工艺学》是油脂及油脂化学领域的一部经典著作。本书第一版由美国杰出的油脂专家奥尔顿·爱德华·贝雷编写。后人为了纪念这位对油脂科学的发展作出巨大贡献的学者，本书历次修订版本仍然延用此书名至今。修订版主编通常由美国油脂界著名学者担任，各章均由专项技术的权威人士撰稿。由于作者具有丰富的理论知识和实践经验，并掌握大量资料，故本书内容丰富，资料新颖，数据可靠，论述精辟，并附有大量参考文献，可供读者深入研究之用。因此，本书修订版的出版也一直是世界油脂界一件盛事。

本书是第六版，与第五版相比增加了第三卷，详述特种油脂及其制品；同时，第六版在有关卷中增加了油脂结晶、油脂物理性质、油脂氧化理论、抗氧化剂等新的章节，对微生物油脂、转基因油料、鱼油和海洋哺乳动物油脂，以及油脂加工高新技术、油脂工业应用等前沿领域也设置了专门章节。总之，第六版的内容包括油脂化学、化工、营养和安全、生命科学、日化产品、医药、能源等多个领域，做到了油脂化学理论、加工技术、产品开发应用并重，形成了内容更新型庞大、结构更完整、学科交叉性更强的科学体系。

主译者组织了国内油脂学科相关各著名高等院校、研究机构和大型企业的数十位专家学者，历时五年多时间，共同努力，几易其稿，终于将《贝雷油脂化学与工艺学（第六版）》中文版出版，以飨读者。在此，对参与本书翻译审校工作的专家学者深表感谢。

由于本书内容涉及范围广，译文中疏漏与不足之处难免，敬请读者指正。

王兴国　金青哲

前言

油脂是食品的重要组成部分，油脂及其衍生物和它们的反应产物也在非食品领域中扮演着重要的角色。在食品中，油脂是一种主要的能量来源，同时也是脂溶性成分的载体。它们也可以作为食品加工的传热介质，赋予产品理想的质地、风味和口感。油脂源于植物和动物。植物油脂来源包括油籽、热带植物果实、藻类；动物油脂可来自陆地动物、鱼类、海洋哺乳动物和其他相关来源。食品脂质的主要成分是甘油三酯，但次要成分对脂质的品质特征、稳定性和应用也具有很重要的作用。脂肪酸的类型与不饱和程度、次要成分的种类与含量都影响着油品质量，某些特定的次要成分，如植物甾醇，还可用于油脂原料的指纹和身份鉴别。

油脂的物理状态及晶体结构对油脂产品的应用是很重要的。此外，在制作具有特殊用途的食品，如面包、糖果、油炸食品、沙拉酱、人造黄油、涂抹脂的时候，需要油脂有适合这些用途的特殊性质。因此，每种油脂原料的物理和化学性质及其作为食品成分的稳定性都是很重要的。

在油脂领域，近期的发展侧重于从诸如果实种子、坚果和其他少见的植物等新资源中生产特种脂质。此外，研制各种结构脂质，以满足食品领域广泛应用需求，一直是人们的兴趣所在。在油脂的加工过程中可将其次要成分，如卵磷脂、植物甾醇、生育酚、生育三烯酚等分离出来，用于保健品和功能性食品配料。显然，此类产品潜在的功能特性也是人们的兴趣点之一。

在油脂领域还需着重考虑的是，开发使油脂及其相关产品在货架期内保持可接受的感官特性、风味的加工技术，以及可生产出特定产品的深加工技术。油脂可以用于生产大宗食品，油脂的某些组分也可以用于动物饲料及其他应用中。油脂有很多非食用方面的用途，如洗涤剂、肥皂、甘油和聚合物、油墨、润滑油和生物柴油都可以由脂肪酸及其衍生物制备。在多个非食用领域，油脂可以替代合成材料或环境友好材料。

与第五版的五卷本相比，《贝雷油脂化学与工艺学（第六版）》为六卷本，对相关主题进行了全面的描述。本版增加的第三卷内容主要是特种油脂及其副产物或次要成分，以及低热量脂肪替代品和结构脂质，其中有一个章节论述了鱼油和海产哺乳动物油。其他卷虽然部分与第五版的标题相同，但所涉及的素材与第五版有实质性的不同，有新的章节、新的参考资料、新的素材，有些章节的新作者在这些方面贡献甚多。第一卷安排了与油脂的结晶和物理性质有关的三个新章节，也有抗氧化剂理论和法规管理以及脂质过氧化机制与测定等方面的新章节，有一个新章节介绍了油脂品质保证的内容。第二卷介绍食品脂质的主要来源，有介绍芝麻油、米糠油的新章节。第四卷主要介绍油脂的应用领域，有关于糖果脂、煎炸油和休闲食品生产的新章节。第五卷介绍加工技术，有超临界技术、膜技术和挤压技术的章节。最后，第六卷论述油脂的非食用用途，有生物柴油、液压油、润滑剂、油墨以及脂质药物和化妆品用途的章节，其中一个章节是关于大豆油在可食性薄膜和黏合剂生产上的应用。由此可见，第五版与第六版的内容有本质的不同。

感谢各位作者和章节综述者的杰出贡献。咨询委员会成员也提供了宝贵意见，起到了重要作用。另外，John Wiley & Sons 出版社在本套书的编辑和出版工作等方面提供了诸多帮助。本套书可以作为油脂行业、学术界和政府科学家、技术人员的信息汇编和基本信息来源，也可作为食品科学、营养学、膳食科学、生物化学和相关学科的高年级本科生和研究生的参考书。本套书中大量的参考书目也为读者提供了获取更多信息和资料的机会。

FEREIDOON SHAHIDI

目录 CONTENTS

1 煎炸油

Monoj K. Gupta

MG Edible Oil Consulting International Richardson, Texas

1.1 引言

几个世纪以来，煎炸食品在世界范围内深受人们喜爱。虽然很难确定人类开始采用煎炸作为烹调手段的具体时间及地点。但是，有证据表明，人类在采用现代手段加工技术制造煎炸食品前，就早已开始食用煎炸食物了。现代煎炸技术涉及精密的设备、先进的技术、食品配料以及包装材料，为工业化生产的煎炸食品在储藏、配送、销售过程中提供较长的货架期。

在煎炸过程中，蔬菜、肉类或水产品等食品直接与热油接触，食品表面会变成金黄色甚至深棕色，同时产生诱人的煎炸风味。

煎炸操作可以在家庭、餐馆以及大型工业化生产中进行。在家庭和餐馆中大多使用平锅或浅锅煎制。在煎炸过程中，在平底煎锅或煎饼浅锅中铺一层薄薄的油脂并加热到一定温度，食物在这一层油脂中进行煎炸,直至到达理想的状态。

餐馆也采用批次煎炸锅，将食物放入金属篮中，然后将金属篮浸没于热油中，待食物完成炸熟后将金属篮从热油中移出。

在煎炸温度和时间控制方面，餐馆有自己的规范，不同食物有不同的煎炸温度和时间要求。

休闲食品的大规模生产是在大容量煎炸锅中进行的，深度煎炸可以采用批次煎炸，也可以连续煎炸。采用批次煎炸时，将待煎炸食品加入到盛有热油的炸锅中，油可以在锅的底部直接加热，也可以通过外加热器加热。如果采用后一种方式，煎炸油会连续不断循环地补充进煎炸锅，并且煎炸锅会配有搅拌装置。以前往往采用人工手动搅拌，但是现代化的煎炸锅一般配有机械搅拌装置。煎炸好的食物从油中移出，并通过离心装置旋转除去表面多余油脂，然后对煎炸好的食品进行调味、包装，从食品表面分离的油脂可以重复使用。

在连续煎炸过程中，食品从煎炸锅的一端开始进入，在煎炸锅内进行煎炸，在另一端结束并取出。食品浸入热油的煎炸时间取决于煎炸食品的种类。煎炸油的加热方式与上述相同，有直接加热和间接加热两种。

采用上述过程生产的煎炸食品是完全炸熟的，可以直接食用。还有另一种煎炸方法广泛应用于煎炸工业中，即预炸。将食品在工业煎炸中部分脱水，然后在 -20℃下速冻。预炸好的食品包装后在 -23.3 ~ -20.6℃下储存，用冷藏车运输并冷冻保存。预炸食品从冰箱拿出后要在确保未解冻前立即煎炸。常见的预炸食品包括薯条、薯角、裹粉的鸡块、裹粉或不裹粉的蔬菜、奶酪夹心蔬菜、裹粉奶酪棒等。这些预炸产品节省了人力以及缩短了餐馆的准备时间，给餐饮行业提供巨大的便利，同时节省成本。

包装材料和包装方式的进步使得工业化煎炸操作可以延长煎炸食品的货架期，保证产品在几周甚至几个月的存储、运输、销售过程中不损失新鲜度。这对预包装煎炸食品工业具有巨大的推进作用。

油脂在煎炸食品的储藏稳定性方面起到重要作用。但是油脂易氧化，这可能导致产品在储藏过程中产生酸败。采用高度隔绝氧气、氮封及隔绝水分的包装材料可以显著地减少油脂劣变，延长产品货架期。

世界各地都有煎炸油，多数时候，人们更偏向于当地的优势油脂作为煎炸油。随着油脂加工业的发展，煎炸油从机榨毛油发展到精炼油脂。此外，近些年由于运输工具和仓储系统的发展，大多数种类的油脂可以在世界范围使用，消费者可以品尝到不同煎炸油生产出的煎炸食品。在当地气候、土壤及整体农艺条件允许引入特定油料作物或油棕树的地方，也普遍地生产除本地油脂外的其他油脂。

尽管全球范围内流通油脂种类很多，但煎炸油脂存在地区偏好。如美国认为棉籽油是炸薯片的黄金煎炸油，这很大程度上是因为 150 年前薯片引入萨拉托加、纽约时，棉籽油是美国主要的植物油[1]。

同样，墨西哥消费者喜欢用芝麻油或红花籽油作为休闲食品的煎炸油。印度半岛的消费者喜爱花生油制作的煎炸小吃。所有油脂的生产地都偏爱本地油脂。在煎炸油的选择上，充足稳定的供应是很重要的考察因素。例如，尽管墨西哥人更喜爱红花籽油或芝麻油，但由于煎炸食品良好的风味，他们也接受棕榈液油作为煎炸油。墨西哥人能接受棕榈液油，也是因为芝麻油和红花籽油供应短缺、价格昂贵，而棕榈液油可以在低成本情况下生产出好的煎炸食品。

1.2 油脂在煎炸中的作用

油脂能够赋予煎炸食品许多重要特性，这些美味诱人的特性包括：

(1)质构；

(2)煎炸食品风味；

(3)口感；

(4)后味。

煎炸油是食品在煎炸过程中脱水的良好传热介质。 煎炸行业的一些工程师往往将煎炸油当做真正的传热介质。 本章接下来的讨论会阐明煎炸油在煎炸过程中不仅是作为传热的介质，其作用要丰富得多。

1.3 煎炸油的应用

正如前面提到的，煎炸油广泛使用在家庭、餐馆以及工业的煎炸操作中。 家庭煎炸的食品几乎一加工好就立即食用。 在餐馆中，煎炸食品通常是根据订单情况加工制作的，而且往往在制作好的几分钟内就被食用了。 在餐馆或家庭中，煎炸油只要能赋予食品好的风味和质构就可接受，几乎不考虑煎炸食品的货架期。

然而，工业产品需要包装、运输销售。 一些产品的运输销售需要几星期或几个月，因此这些产品必须在消费者购买时保持良好的风味和质构才能被接受。 工业煎炸所用的油脂必须具有良好的氧化稳定性和风味稳定性，这样产品才具有长的货架期。 本章将介绍工业煎炸用油所必需的特性。 以下的讨论将集中于工业煎炸，当然也适用于餐馆煎炸。

1.4 煎炸油的选择

工业用煎炸油的选择标准如下[2]：

(1)食品风味；

(2)食品质构；

(3)食品外观；

(4)口感；

(5)后味；

(6)食品货架期；

(7)油脂的稳定供应；

(8)成本；

(9)营养。

滋味、气味和外观是消费者选择煎炸食品三个首要的因素。其次，消费者通过质构、口感、后味来评判煎炸食品。因此，上述前五个是消费者选择煎炸食品的重要因素。

产品的货架期对于品质和经济性极为重要。所有产品的运输销售都需要数周或数月的时间。在消费者食用煎炸食品时，其风味和质构必须是可以接受的。产品的质构（不新鲜）受储藏过程中所吸收水分的影响。这可以通过控制初始水分以及使用对水分具有良好隔绝作用的包装材料来改善。

油脂质量及风味的稳定性很大程度上影响了煎炸产品储藏过程中风味的稳定性。

煎炸油的稳定供应和成本是重要的经济因素。即使煎炸性能最好的煎炸油，如果供应量不足也就不能用于商业煎炸。煎炸油成本对工业化煎炸是非常重要的。多数煎炸休闲食品含油20%～40%，因此休闲食品公司必须将油脂成本控制在最小。有时采购部门基于成本控制，会从品质不稳定的油脂供应商处购买，虽然短期降低了成本，但从长远考虑会损害公司信誉。

休闲食品中油脂的营养价值非常重要，为了满足消费者的需求，煎炸油必须满足以下条件：

(1)低饱和脂肪酸；

(2)低亚麻酸；

(3)高氧化稳定性和风味稳定性；

(4)非氢化(无反式脂肪酸)。

由于改性油脂的供应有限，上述条件对休闲食品是个艰难的挑战。棕榈液油中不含反式脂肪酸但其饱和脂肪酸含量高。大豆油和卡诺拉油（低芥酸菜籽油）必须经过氢化工艺才能用于工业煎炸，因此会含有反式脂肪酸。尤其重要的一点，虽然棕榈油和大豆油已经占到了世界食用油消费量的80%[2]，但单一的棕榈油或大豆油都不能满足全球油脂需求。玉米油、棉籽油、改良葵花籽油、改良卡诺拉油的供应有限，它们生长在特定的区域且还要与其他经济作物竞争。因此，只能在很少地方才能对煎炸食品提出营养方面的需求，而且成本较高。

1.5 煎炸过程

煎炸是一个复杂的过程，包括了传热、传质过程及化学反应[3]。在煎炸过程中，煎炸油提供食物煎炸所需的热量，热量使食物内部的水分转变为水蒸气，水蒸气从食物外表面溢出脱离食物(图1.1)，这就是在煎炸过程中食物表面有大量气泡的原因。气泡在食物加入热油初期开始大量产生，当食物中的水分降低到一定含量时就不再有气泡产生。

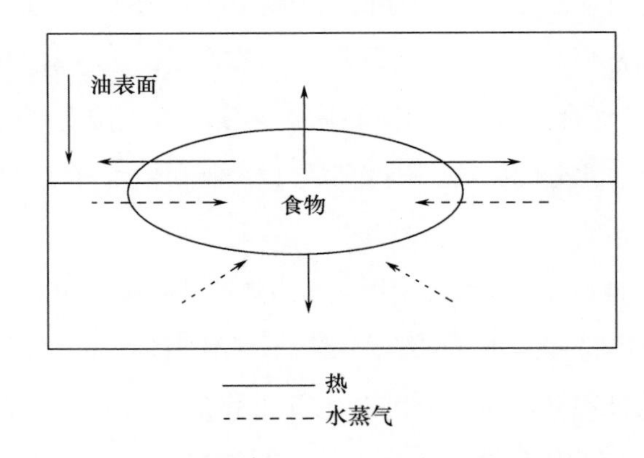

图 1.1 煎炸过程中的传热和传质示意图

食物在煎炸过程中脱水，同时在食物和煎炸油中产生一些物理变化和化学反应，如下所述。

1.5.1 食物中发生的变化

(1)食物失去水分；

(2)食物表面颜色变深（有时变硬脆）；

(3)煎炸食物形成更加坚硬的质构（或发脆）；

(4)食物产生煎炸风味。

1.5.2 油中发生的变化

(1)新鲜油脂开始煎炸后需经历一个快速裂解的阶段，在此期间煎炸食品的风味很清淡；

(2)随着煎炸过程进行，煎炸食品风味形成；

(3)伴随煎炸风味形成，煎炸油发生了如下化学反应：①水解；②自动氧化；③氧化聚合；④热聚合；

(4)煎炸锅中油的颜色变深。

煎炸油品质和食品风味经历了一个最佳的阶段后，煎炸油品质和食品风味都开始下降[4]。上述所有的化学反应改变了油脂分子的化学结构，不饱和脂肪酸几乎都发生了变化。在煎炸过程中，煎炸油中形成了一些期望和非期望的化合物[5]。对于刚炸制好的食品，其所含油中的化学物质与煎炸油中是一样的。其中期望的化合物有助于新鲜食品形成良好的风味。有时非期望的化合物也会影响食品的风味。一些案例表明，起初风味很好的煎炸食品在储藏过程中会发生油脂的氧化或者产生酸败气味。这是因为油脂的氧化产物是很强的催化剂，导致煎炸食品所含的油在储藏期间发生进一步劣变。这种现象在过度使用煎炸油时非常明显，尤其是在采用品质不好的新鲜油脂煎炸时尤其显著。因此煎炸油的氧化稳定性对预包装的煎炸食品能否达到所期望的货架期是极其重要的。

产品表面颜色变深也称为褐变反应，这是由煎炸油或食品中的油脂（统称脂质）与食品中的蛋白质、糖类之间发生的化学反应引起的。这个反应就是美拉德反应[6,7]，它会对煎炸食物产生两方面的影响：①食品表面形成棕色或深棕色；②形成产品的煎炸风味。

褐变反应有时也可保护油脂免受光氧化[8,9]，这将在后面讨论。

1.6 煎炸过程中油脂发生的化学反应

前文中提到在煎炸过程中油脂发生了一些化学反应[10,11]。这些反应包括水解反应、自动氧化反应、氧化聚合反应以及热聚合反应，如下所述。

1.6.1 水解反应

在此过程中，一个油脂(三酰基甘油，也称甘油三酯)分子与一分子的水反应，释放出一分子的脂肪酸[12]，通常称为游离脂肪酸(FFA)，和一分子的二酰基甘油（DAG，甘油二酯），反应式如下：

$$\text{甘油三酯} + H_2O = \text{游离脂肪酸（FFA）} + \text{甘油二酯}$$

尽管在煎炸过程中油脂发生水解反应是很常见的，但水解反应的发生必须有表面活性剂存在。若油和水未形成溶液，水解反应就不能发生[13]。油和水是不相溶的，除非在260℃或更高温的高压条件下，海平面时水在100℃沸腾。因此在煎炸温度(149～213℃)时仅有很少的油与水能形成溶液，除非有表面活性剂存在[14,15]。表面活性剂促进煎炸过程中油水溶液形成，导致煎炸油形成游离脂肪酸。下面介绍表面活性剂的几种来源。

1.6.1.1 新油

棕榈油或其他油料种子油通过精炼可得到新鲜的煎炸油。下面简要介绍植物油的精炼过程，以帮助读者了解不同加工步骤是如何影响新鲜煎炸油质量的。植物油的精炼主要分为：①物理精炼法；②化学精炼法。

棕榈油和椰子油是用物理方法进行精炼的。毛油用活性白土和柠檬酸在高温和真空的条件下进行脱色，目的是去除磷（磷脂）、微量金属、油脂分解产物以及毛油中的部分色素。脱色油中的挥发性杂质在高温、绝对低压的脱臭塔中经过汽提去除。

对于棕榈油、椰子油、棕榈仁油来讲，物理精炼工艺简便、环境友好、成本较低。但是如果脱色过程操作不当，微量杂质有可能去除不彻底。

植物种子油多数采用化学精炼法进行精炼，毛油在一定条件下与强碱液(NaOH)充分混合。碱主要与游离脂肪酸反应生成皂化物(在这种情况下是脂肪酸钠盐)。精炼油中的皂通过离心的方法去除。除游离脂肪酸外，毛油中的部分磷脂、微量金属及部分色素同样被去除并吸附在皂相中。皂可以经过进一步加工重新生成脂肪酸。精炼油通过水洗的方法进一步去除其中的皂，之后在高温真空条件下用活性白土和柠檬酸脱色。脱色油经过脱臭制成液态油产品，或经过氢化再脱臭制成起酥油、人造奶油和配方产品。化学精炼法流程图如图1.2所示。

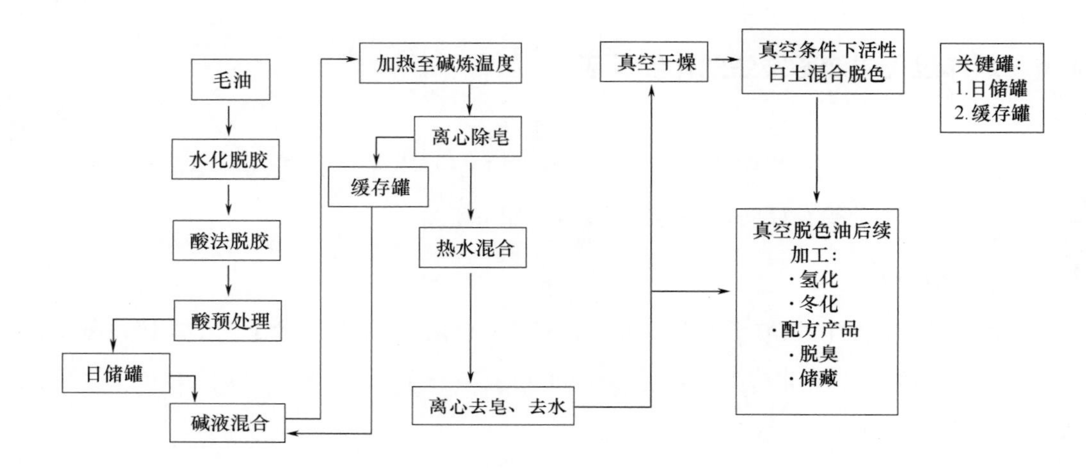

图1.2 油脂化学精炼流程图

植物油精炼包括多步加工步骤。为了保证生产出品质最好的植物油，每一步必须在特定的操作条件及油脂品质标准下严格控制进行。油脂的精炼过程在其他章节进行讨论，但是下面简要讨论精炼过程及其对新鲜油水解和氧化稳定性的影响。加工不当对新鲜精炼植物油水解稳定性的影响如下。

(1)新鲜油中的磷脂、钙或镁含量高于正常值有以下几个原因[16,17]：①毛油品质低；②精炼不完全，导致磷、钙和镁的含量高；③脱色条件不当，导致磷、钙和镁的含量高；④油料种子收割储藏时间不当，导致制备的毛油难以精炼；

(2)水洗及脱色不当，导致油脂中含皂量高[18]；

(3)精炼油中甘油二酯、甘油一酯含量高受下列因素影响[19]：①毛油品质差，需大量的碱处理；②毛油质量差，需多次精炼；③精炼过程控制不当，导致加入的碱过量；④精炼过程高温。

1.6.1.2 食品

表面活性剂可来源于食品本身。食品中含有很多天然的具有表面活性的成分。天然存在于食品中的金属离子与油中的游离脂肪酸反应生成皂。裹粉类产品的面包屑含有磷酸钠盐或钙盐，这些金属离子与油中的脂肪酸反应生成皂。在油中生成的皂形成油水乳化体系，并催化油中水解反应的发生。

1.6.1.3 油脂分解产物

油脂中的一些分解产物具有表面活性。这些物质将促进水解反应，某种程度上与皂的作用相似。

1.6.1.4 煎炸锅消毒后漂洗不充分

煎炸锅清洗后没有充分用清水冲洗，导致煎炸锅中有皂残留，体系中残留的碱或皂会促进水解反应的进行。

1.6.2 自动氧化

油脂在煎炸过程中会发生氧化反应。氧化脂肪酸有助于形成煎炸食品风味[20]。对煎炸食品风味有重要贡献的主要是内酯和某些醛。这些物质大多来源于亚油酸。自动氧化是煎炸过程中发生的主要化学反应之一[20~24]，而且已包装好的煎炸食品所含的油脂在储藏过程中也会发生自动氧化。

不饱和脂肪酸的自动氧化是由自由基引发的，自由基是不饱和脂肪酸暴露在氧气中在铁、镍、铜等金属离子的催化下产生的。脂肪酸可以是甘油三酯分子上的脂肪酸，或是来自新鲜煎炸油或在煎炸过程中由水解产生的游离脂肪酸。自动氧化机理包括下面所述几个阶段。

1.6.2.1 第一阶段：链引发阶段

金属引发剂催化不饱和脂肪酸分子产生烷基自由基。这个反应需要以下条件：

(1)必须有金属引发剂(铁、镍、铜)与不饱和脂肪酸接触；

(2)加热通常可以加速自由基形成和反应的进行；

(3)磷脂、甘油一酯、甘油二酯能够降低油和空气之间的表面张力，这样可以增加煎炸过程中油和氧气的接触，促进自动氧化进行；

(4)在煎炸过程中，钙离子、镁离子与游离脂肪酸形成的皂，具有与磷脂一样的作用，促进煎炸油的自动氧化进行。

1.6.2.2 第二阶段：与氧反应阶段

游离自由基与氧分子反应生成过氧自由基（烷氧自由基）。在这个反应中，氧的存在是必须的。这也是油脂在真空或充氮条件下储藏不易发生氧化反应的原因。

1.6.2.3 第三阶段：链传播阶段

在这一阶段，过氧自由基与一分子不饱和脂肪酸反应，生成一分子氢过氧化物，释放另一分子游离烷基自由基，可以继续与氧反应生成过氧自由基。当油中含有亚麻酸时，这一步变得迅速且更加复杂。

氢过氧化物非常不稳定，分解产生一系列的醛、酮、烃、醇类物质，而且当氧化反应继续进行时产生更多的产物。实际上，这些反应在包装食品的储藏过程中继续进行，这是因为食品中的油脂继续通过自动氧化反应而降解，使食品产生氧化或酸败气味。

1.6.2.4 第四阶段：链终止阶段

游离自由基相互之间也能反应，这发生在体系中没有多余的不饱和脂肪酸存在，或者体系中没有多余的氧存在。

1.7 自由基来源

含不饱和脂肪酸的油脂在金属引发剂如铁、镍或铜存在的条件下加热，就能产生自由基[25]。煎炸油在煎炸过程中会生成自由基。煎炸过程中金属引发剂的来源如下：

(1)用于煎炸的食物；

(2)油脂本身。

植物油的毛油中存在百万分之一水平(mg/kg)的痕量金属。研究人员发现，即使在脱臭油中的铁离子含量低至0.3mg/kg的条件下，大豆油的风味也会由于自动氧化而产生劣变[26]。金属引发剂能够引发所有植物油脂和动物油脂的自动氧化过程。

毛油中的痕量金属可在精炼过程中去除，主要是在脱色工段[27~32]。若脱色工艺不当，导致油脂中微量金属含量高，可促进煎炸油脂自动氧化。另外，常压脱色、真空脱色真空度差、高温脱色及脱臭真空度差都可导致新鲜油中产生自由基[33]，这些自由基在煎炸过程中能加速氧化油脂。

1.8 聚合反应

煎炸油中形成的聚合物有两种[25]，包括：

(1)氧化聚合物；

(2)热聚合物。

1.8.1 氧化聚合物

氧化聚合产物在自动氧化的链终止阶段形成，此时自由基之间相互反应使自动氧化反应得以终止。甘油三酯分子在自动氧化分解时，若偏甘油三酯分子在脱臭过程中没有去除，它们会相互反应，形成二聚体、三聚体或多聚物。

这些氧化聚合物不一定会导致新鲜煎炸食品产生异味。但有些预包装食品在生产几天后能被觉察到有异味，或在产品包装标明的货架期期间出现氧化或酸败味，这可能是由于以下反应的发生：

(1)氧化聚合物是强自由基，使煎炸食品在储藏过程中发生分解；

(2)一些氧化聚合物分子可能比甘油三酯分子含有更多的氧，当这些氧化聚合物分解时产生游离自由基并且释放氧[34]；

(3)游离自由基和释放的氧导致产品在储藏过程中继续发生氧化反应；

(4)这种现象出现在预包装煎炸食品中，即使采用阻隔氮气性能好的材料进行充氮包装也会出现这种现象；

(5)此反应甚至在冻藏时也能发生；

(6)一些研究者称此反应为“隐性氧化反应”[35]；

加工不当的油脂在脱臭之后仍含有浓度很高的自由基[34]，这样的话情况更加复杂，煎炸油会在煎炸过程中迅速氧化。

1.8.2 热聚合物

油脂在加热、有氧或无氧的条件下发生热聚合反应。热能够使油脂分子或脂肪酸的化学键发生断裂，这些断裂的化合物相互聚合生成大分子，称作热聚合物。在煎炸过程中，过热的油温或过长的煎炸时间都会产生高含量的热聚合物。专家级的感官评定人员能够察觉到新鲜产品中是否含有热聚合物，这主要是因为热聚合物使得煎炸食品产生苦涩的后味。

1.9 煎炸过程中油脂反应的复杂性

在煎炸过程中煎炸油发生的反应是非常复杂的。Carl W. Fritsch 绘制了煎炸锅中煎炸油反应的各种途径，见图 1.3[10]。

如图 1.3 所示，自动氧化除了产生其他一些化合物外，还会产生醇、酸等。其中一些是二元酸，它们含有两个羧基（—COOH）。这就是从高度氧化或酸败的煎炸食品中提取的油脂中游离脂肪酸的含量比相同煎炸时间的煎炸油中游离脂肪酸含量高的原因。这并不意味着食品中的油脂在储藏过程中发生了水解，而是因为在包装时油脂就已经劣变。上述现象即使在煎炸食品充氮包装时也会出现。

如图 1.3 所示，煎炸锅中同时发生了很多反应。此外，产品风味的劣变也与油脂中发生的氧化反应及其他反应有关。因此，检测煎炸油中的游离脂肪酸含量并不能完全说明油脂品质下降的情况，因为大多数休闲食品中煎炸油的游离脂肪酸含量在0.25%～0.4%范围内。在很多煎炸过程中，当游离脂肪酸含量超过0.35%时，就会补充新鲜煎炸油进行替代。在这样低的游离脂肪酸水平时，游离脂肪酸与煎炸油的氧化程度相关性很小。当游离脂肪酸含量达到0.5%以上时，游离脂肪酸才成为评价煎炸油质量的有效指标。

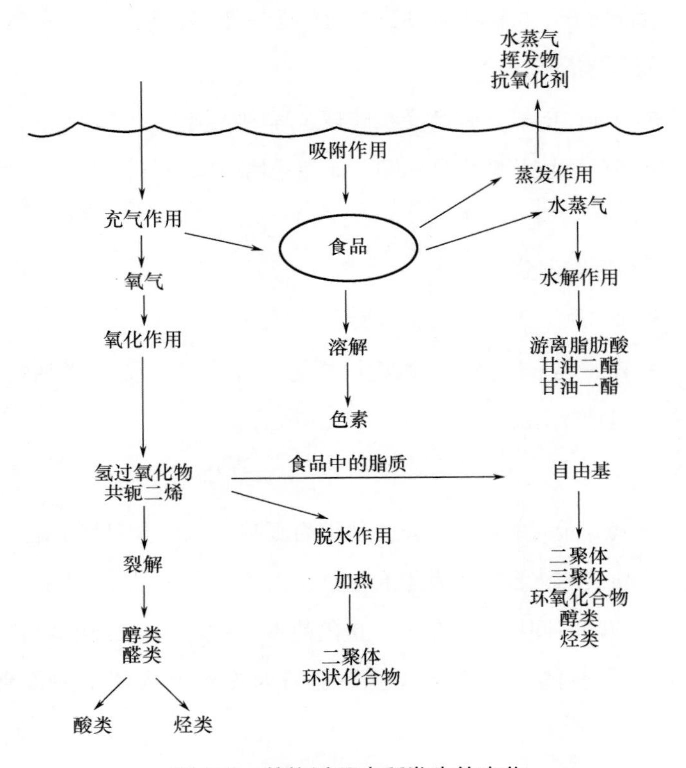

图1.3 煎炸过程中所发生的变化

事实上，通过以下商业薯片的煎炸实验，笔者证实游离脂肪酸含量高并不能说明新鲜煎炸食品发生了风味劣变，实验过程及现象如下：

(1)煎炸锅中装入新鲜油脂；

(2)在煎炸油中添加2%纯油酸，搅拌使其均匀混合；

(3)添加的新油中也添加2%油酸；

(4)在正规的煎炸条件下进行煎炸操作；

(5)在煎炸油含有高游离脂肪酸的条件下煎炸出的新鲜产品无不良风味；

(6)只有在油脂开始氧化后，煎炸食品的风味才会发生劣变。

前文提到休闲食品行业的标准程序是当煎炸油中游离脂肪酸含量达到或超过0.5%时就废弃煎炸油。本实验中煎炸油游离脂肪酸的含量为2%，但在油脂开始氧化前，这样高的游离脂肪酸并没有影响煎炸食品的风味。

如图 1.3 所示，在煎炸锅中同时发生很多化学反应，包括水解、自动氧化、聚合反应以及其他的一些反应。 因此除了游离脂肪酸以外，还需分析煎炸油的氧化产物、聚合产物。对于不同类型的煎炸食品分析方法是不同的，有针对性的分析方法应建立在对货架期的研究和消费者接受程度的调查基础上。

煎炸食品中产生不良风味的某种或某些化合物成分使顾客反感，对它们进行定性定量是困难且耗时的过程。

消费者会因为风味无法接受而拒绝煎炸食品，为此，休闲食品公司通常对有关物质或指示物进行鉴定和定量分析，以下是常见的方法：

(1)一份详细的货架期试验方案，列出煎炸油和相关产品的取样程序；

(2)分析专家检测煎炸油和煎炸食品(新鲜和储藏中)中的油脂分解产物；

(3)一份设计详细的消费者测试或多项测试，以确定食品风味变得不可接受的关键点；

(4)定性和定量检测油脂分解产物中因风味不可接受而导致产品被拒绝的物质；

(5)建立油脂质量评价参数与消费者测试结果之间的统计学相关性，以建立产品劣变相关的指示物的阈值；

(6)将数据与食品中初始油的质量相关联，建立煎炸过程油脂质量的标准。

可以预期，对不同的食品来说，指示物及其阈值是不同的。

1.10 新鲜煎炸油分析要求

基于上述讨论，煎炸油必须满足以下质量标准：

(1)氧化稳定性好；

(2)新鲜油中杂质含量低以防止煎炸过程中的快速水解和氧化。

煎炸油的氧化稳定性主要取决于煎炸油中多不饱和脂肪酸的含量，包括亚油酸和亚麻酸。 含有三个不饱和键的亚麻酸极易氧化，亚油酸比亚麻酸氧化反应活性低。 随着油脂中双键数量的增加，油脂的氧化速度呈现非线性的高速增加[36]。

脂肪酸名称	相对氧化速率
硬脂酸	1
油酸	10
亚油酸	100
亚麻酸	150

为了尽可能提高油脂的氧化稳定性，油脂中的亚麻酸含量必须低。这就需将亚麻酸含量8%的天然大豆油和卡诺拉油进行氢化，降低亚麻酸含量至2%以下(用毛细管气相色谱法检测)的原因[2]。葵花籽油煎炸稳定性差的主要原因是亚油酸含量高。因此，葵花籽油必须经过氢化使其中的亚油酸降低到35%或更低才能作为煎炸油。表1.1列出了最常见的工业用煎炸油分析结果。

表1.1 常见工业煎炸油的分析

分析指标	部分氢化大豆油	部分氢化卡诺拉油	玉米油	棉籽油	部分氢化葵花籽油	棕榈液油	煎炸用起酥油
游离脂肪酸/%	<0.05	<0.05	<0.05	<0.05	<0.05	<0.05	<0.05
过氧化值/(meq/kg)	<1.0	<1.0	<1.0	<1.0	<1.0	<1.0	<1.0
碘值/(gI/100g)	100±4	90±2	118~130	98~118	100±4	55~58	75~78
熔点/℃ ≤	23.9	21.1	—	—	21.1	23.9	40.6~42.8
AOM/h ≥	35	70	16	16	25	60	>100
脂肪酸组成/%							
C_{14}	—	—	—	—	—	1.0~1.5	—
C_{16}	10	4	11	22	7	39~43	—
C_{18}	5	2	2	2	4	4~5	—
$C_{18:1}$	55	75	20	19	53	40~44	—
$C_{18:2}$	28	12	60	53	35	12~14	—
$C_{18:3}$	<1.5	<1.5	<1.0	<1.0	<1.0	<0.5	—
C_{20}	<1.0	<1.0	<1.0	<1.0	<1.0	<1.0	—
C_{22}	—	—	—	—	—	—	—
$C_{22:1}$	—	<0.5	—	—	—	—	—
反式脂肪酸/%	25	25	—	—	25	—	35
不同温度下固体脂肪指数							
10℃	<10	<10	—	—	<10	—	20~26
21.1℃	<1	<1	—	—	<1	—	18~24
26.7℃	—	—	—	—	—	—	14~18
33.3℃	—	—	—	—	—	—	12~16
40℃	—	—	—	—	—	—	4~8

注：AOM—由活性氧化法测得的氧化稳定性。

如前所述，亚油酸比亚麻酸稳定，但是远不如油酸稳定。这也是亚油酸含量65%的普通葵花籽油工业煎炸产品的货架期没有优势的原因。然而，如表1.1所示，液态棉籽油和玉米油适于工业煎炸，尽管其亚油酸含量超过50%。

葵花籽油中的亚油酸含量比玉米油或棉籽油高10% ~12%，但这并不能完全解释为什么玉米油或棉籽油比葵花籽油的煎炸稳定性好，AOM值也不能完全解释为什么玉米油和棉籽油比葵花籽油有更高的煎炸稳定性，这在后面章节中将进行论述。

1.11 煎炸油中生育酚和生育三烯酚的作用

生育酚是天然抗氧化剂，存在于所有植物油中[30]。在油料种子油中含有四种不同类型的生育酚，其含量不同，如表1.2所示。

表1.2 常用油中的生育酚含量(来源：食品法典)

生育酚含量/(mg/kg)	葵花籽油	棉籽油	大豆油	卡诺拉油	棕榈油
生育酚					
α-生育酚	403~935	136~674	9~352	100~386	130~260
β-生育酚	ND~45	ND~29	ND~36	ND~140	22~45
γ-生育酚	ND~34	138~746	89~2306	189~753	19~20
δ-生育酚	ND~7	ND~21	154~932	ND~22	10~20
生育三烯酚					
α-生育三烯酚	ND	ND	ND	ND	44~90
β-生育三烯酚	ND	ND	ND	ND	44~90
γ-生育三烯酚	ND	ND	ND	ND	260~525
δ-生育三烯酚	ND	ND	ND	ND	70~140
总生育酚	440~1520	380~1200	600~3370	430~2680	600~1200

注：ND-未检出。

需要引起注意的是，油料种子油和棕榈油有显著不同。油料种子油中含有生育酚。棕榈油中除含有生育酚外还含有生育三烯酚，而且还含有少量的辅酶Q_{10}。生育三烯酚和辅酶Q_{10}都具有高的抗氧化活性。γ-生育酚和δ-生育酚及它们相应的生育三烯酚对防止油的自动氧化很有效[37]。

α-生育酚是对抗光氧化的良好抗氧化剂[38]。表1.2表明玉米油和棉籽油富含γ-生育酚，而葵花籽油中含有的γ-生育酚很少，这就可以解释棉籽油和玉米油即使不进行氢化，其煎炸稳定性也比葵花籽油好的原因。

棕榈油(及其分提物，如棕榈液油)具有很好的煎炸稳定性，因为它不仅含生育酚，还含有较多的γ-生育三烯酚、δ-生育三烯酚。与生育酚相比，生育三烯酚含有三个不饱和双键，这使得生育三烯酚在煎炸过程中具有更高的抗自动氧化性能。

1.12 煎炸油品质的影响因素

表1.3列出了煎炸油必须具备的品质，从中可以看出油脂必须含有较低的游离脂肪酸、过氧化值、共轭二烯、茴香胺值、甘油一酯、甘油二酯以及微量杂质如铁、磷、钙、镁。每个指标对煎炸油的煎炸性能都有重要影响。

表1.3 新鲜煎炸油推荐分析参数（RBD油脂）

分析	期望值	最大值	AOCS方法
游离脂肪酸/%	0.03	0.05	Ca-5a-40(97)
过氧化值/(meq/kg)	<0.5	1.0	Cd-8b-90(97)
茴香胺值	<4.0	6.0	Cd-18-90(97)
共轭二烯/%	微量	<0.5	Th-1a-64(97)
极性物质/%	<2.0	<4.0	Cd-20-91(97)
聚合物/%	<0.5	<1.0	Cd-22-91(97)
磷/(mg/kg)	<0.5	<1.0	Ca-12b-92(97)
铁/(mg/kg)	<0.2	<0.5	Ca-17-01(01)
钙/(mg/kg)	<0.2	<0.5	Ca-17-01(01)
镁/(mg/kg)	<0.2	<0.5	Ca-17-01(01)
甘油一酯/%	ND	微量	Cd-11b-91(97) Cd-11b-96(97)
甘油二酯[①]/%	<0.5	<0.1	Cd-11b-91 Cd-11b-96
罗维朋红色			Cc-13b-45
大豆油	<1.0	<1.5	
卡诺拉油	<1.0	<1.5	
葵花籽油	<1.0	<1.5	
棉籽油	<3.0	<3.5	
玉米油	<3.0	<3.5	
棕榈油	<2.5	<3.0	
花生油	<1.5	<2.5	
烟点[②]/℃	237.8	—	Cc-9a-43(97)
皂/(mg/kg)	—	0.0	Cc-17-95(97)
风味等级	8	—	Cg-2-83(97)
叶绿素/(μg/kg)	<30	<30	Cc-13d-55(97)

注：①商业棕榈油可含有5%~11%的甘油二酯。
②商业棕榈油或棕榈液油烟点为215.6℃。

对于植物种子油来说，油脂的质量起始于种子[39]，对于棕榈油（棕榈油和棕榈液油）来说，则起始于棕榈果实。种子受到物理伤害、昆虫侵袭、发霉、缺水或水分含量太高，产出的毛油质量就差[40~43]。从这种质量差的种子中提取的毛油可能含有较高的游离脂肪酸和油脂氧化产物，即使经过全精炼，油的氧化稳定性也肯定差。

油籽收获前雨水过多会增加毛油中叶绿素的含量。在油料种子中有两种形式的叶绿素：叶绿素 A 和叶绿素 B。叶绿素是油溶性的且使油呈绿色。在正常浓度下，叶绿素很容易在脱色过程中降低。但如果由没有成熟的油料种子，或由收获前过多的雨水导致叶绿素含量过高的油料种子而生产的毛油，那么在脱色过程中叶绿素就很难脱除。通常采用过量的白土脱色以去掉叶绿素。这一过程减少了油中的天然抗氧化剂，增加了油中的游离自由基含量，降低了油脂的稳定性。

高含量的叶绿素催化包装的煎炸食品在储藏过程中的光敏反应（光氧化）。此外，过度脱色导致叶绿素分解成脱镁叶绿素、脱镁叶绿甲酯酸及焦脱镁叶绿酸，这些产物没有可见的绿色，但光敏氧化活性比其母体高 10 倍[44~46]。

油料种子在储藏之前必须干燥，否则种子中的酶活会升高，破坏内部的油脂。水分含量、干燥过程及油料储藏条件将影响制得毛油的质量。在极端情况下，质量差或油料种子处理不当的毛油难以制得高稳定性和色泽好的精炼油。

受到损坏的油料种子，无论是由于收获、后续操作、虫蛀、感染霉菌的原因，还是天气条件的原因，都会导致油料种子中酶活发生变化[47]，总结如下。

1.12.1 脂肪酶反应

在水分存在情况下，脂肪酶水解甘油三酯产生游离脂肪酸、甘油二酯甚至甘油一酯，在脱臭过程中可以去除大部分的甘油一酯，但大量的甘油二酯在脱臭后仍然存在。正如前面所述，新鲜油脂中高浓度的甘油二酯会加速煎炸过程中的水解反应。

1.12.2 脂肪氧化酶反应

在上述的存储条件下，脂肪氧化酶导致油料种子中不饱和脂肪酸氧化[48]。油料种子含有不同类型的脂肪氧化酶。其中脂肪氧化酶Ⅱ和脂肪化酶Ⅳ比其他类型活性高[48]。

1.12.3 磷脂酶 - D 反应

当油料种子水分含量为 14% 或更高并在 45℃或更高的温度下储藏时，磷脂酶 - D 会将油料种子中的水合磷脂转变为非水合磷脂[42]。人们不希望毛油中存在较多的非水化磷脂，因为降低毛油中的非水化磷脂需要过量碱处理，或毛油与碱长时间接触，这将导致精炼油中的甘油二酯含量增加。

毛油中若非水化磷脂含量过高，则需在精炼前进行酸预处理。这可能增加叶绿素的分解，形成脱镁叶绿素、脱镁叶绿甲酯酸及焦脱镁叶绿酸，导致成品油脂易于光氧化[44]。

油料种子储藏温度过高也会导致毛油颜色变深，这是由于固色作用[49]（同样在油脂储藏过程中也会出现）。这种毛油需要过量碱处理，或需要强碱处理，或需要额外的脱色处理来减少红度值。有时，固色的油脂即使经过高强度脱色，也很难得到颜色浅的脱色油。过度精炼和脱色不仅增加精炼油中的甘油二酯含量，同时也会去除精炼油中的生育酚，导致精炼油的氧化稳定性降低[50]。

毛油的储藏也是很关键的。毛油长时间或者高温储藏会影响精炼油的品质[51]。毛油长期储藏增加了氧化产物、游离脂肪酸及非水化磷脂的含量，导致精炼油质量差。高过氧化值毛油可以通过精炼达到新鲜油分析指标的要求，但在煎炸过程中会快速氧化。

除了游离脂肪酸、过氧化值、醛（通过 p - 茴香胺值，即 pAV 检测）以及共轭二烯外，油脂中一些微量化合物的含量也必须控制在很低的范围内，如表 1.3 所示。

1.13　油脂质量标准

（1）油脂处理工艺不当或由低质量毛油精炼得到的新油，各种分析指标结果如下：①FFA >0.05%；②罗维朋红度比正常值高（表 1.3）；③生育酚含量比正常值低（表 1.4）。

（2）若下列指标含量高，则储藏时油脂游离脂肪酸含量快速升高[47]：①磷 >1mg/kg；②钙 >0.3mg/kg；③镁 >0.3mg/kg；④钠 >0.2mg/kg；⑤甘油二酯 >1.5%；⑥甘油一酯 >0.4%。

表 1.4　常见精炼油脂中生育酚的含量　　单位：mg/kg

生育酚	棉籽油	玉米油	大豆油	棕榈油*	葵花籽油
α - 生育酚	320	134	75	256	487
β - 生育酚	—	18	15	—	—
γ - 生育酚	313	412	797	316	51
δ - 生育酚	—	39	266	70	8
总生育酚	633	603	1153	642	546

注：* 150mg/kg 生育三烯酚。

资料来源：Bailey's Industrial Oil and Fat Products, 5th ed. 133 和 194 页[52]，2nd ed. 131 页[53]，The Lipid Handbook[54]。

（3）若以下指标含量高，则煎炸过程中油脂会迅速氧化：①PV >1.0meq/kg；②p - 茴香胺值 >6.0；③铁 >0.3mg/kg；④共轭二烯 >0.5%；⑤极性物质 >4.0%；⑥聚合物 >2.0%。

煎炸油需要含有一定量固体脂肪，使煎炸食品形成酥脆的质构。表 1.1 所示为典型的工业煎炸油及相关分析。

1.14 棕榈油评价

棕榈油是世界第二大油脂来源，仅次于大豆油[55]。世界范围内，棕榈油产量快速增长，并且在不久的将来可能超过大豆油。棕榈油和棕榈液油（分提组分）表现出优秀的煎炸特性。此外，无论是棕榈油还是棕榈液油都能使产品具有很好的煎炸风味[56,57]。

有时，商业棕榈油和棕榈液油含有较多的甘油二酯和磷脂，导致油脂在煎炸过程中快速水解。

甘油二酯是在棕榈果采摘后产生的。为了控制脂肪酶水解棕榈果中的油脂，必须在收获后的24h内进行加工处理，但这样的程序在采摘高峰期并不是所有的加工厂都能遵从。棕榈油交易规则规定，棕榈毛油中允许含有5%游离脂肪酸，而碱炼棕榈液油允许含有0.25%的游离脂肪酸[58]，因此普通棕榈油加工企业并没有动力生产低游离脂肪酸棕榈油。商业化棕榈油和棕榈液油在精炼后可能含有1mg/kg以上的磷，这可能导致煎炸过程游离脂肪酸含量快速增加。

通过仔细去除损坏的棕榈果实，并遵守其他加工工艺的注意事项，可以生产得到游离脂肪酸含量低于1.5%、甘油二酯含量低于4%的棕榈毛油。

马来西亚的一些棕榈油加工企业生产并出口棕榈油和棕榈液油产品，其含游离脂肪酸、甘油二酯、磷及杂质都较低，它们能够保证油的质量。这些油有很好的煎炸稳定性。

1.15 提升耐炸性的方法

天然抗氧化剂与合成抗氧化剂一样都能够提高食用油的氧化稳定性。最常见的天然抗氧化剂是混合生育酚。特丁基对苯二酚（TBHQ）是商业煎炸油中最常用的合成抗氧化剂。TBHQ中也含有少量的天然抗氧化成分。

油脂中是含有生育酚的，不同油脂中含有的生育酚的含量及种类不同。油料种子含有的最常见的生育酚类型为α-生育酚、γ-生育酚、δ-生育酚。这些化合物在油脂的加工、储藏、运输及后续煎炸过程中保护油脂不被氧化。生育酚在自动氧化反应中通过与自由基结合来终止自由基反应，这是其作为自由基清除剂/淬灭剂的原因。

如前文所述，种种原因造成了新精炼油生育酚含量低于预期。在这些情况下，在油中添加γ-生育酚、δ-生育酚或γ-生育三烯酚、δ-生育三烯酚，就可以显著提高油脂的氧化稳定性，但是由于抗氧化剂成本较高，这类方式并没有商业化。

由于抗氧化剂是自由基清除剂，在精炼油中添加的抗氧化剂在油脂储藏和运输过程中含量会下降。但必须认识到，由于抗氧化剂的存在，保证了开始使用（添加到煎炸锅中）时油脂中游离自由基含量是低的（只要该油脂的存放时间不是特别长，且在使用前没有不良操作）。

TBHQ 大部分会受煎炸过程的高温及晃动而损失掉。因此有人认为在煎炸油中添加 TBHQ 是没有益处的。但由于使用的新鲜煎炸油中游离自由基浓度低尽管 TBHQ 在煎炸过程中损失掉了，终产品在储藏和分销过程中还是能够保持良好的油脂风味。需要强调的是，添加抗氧化剂并不一定能保护油脂不受到储藏、加工和煎炸过程中不良操作的影响。

合成抗氧化剂的种类很多，如丁基化羟基甲苯茴香醚(BHA)、没食子酸丙酯(PG)、乙二胺四乙酸(EDTA)等，这些均可用于商业油脂中。TBHQ 是用于煎炸油中效果最好的抗氧化剂。

很多国家规定了食品中可以使用的抗氧化剂种类及其最大添加量。休闲食品公司必须根据当地法规使用合成和天然的食品抗氧化剂。

根据美国食品与药物管理局(FDA)的规定，如果在脱臭后的油脂中添加生育酚、生育三烯酚或合成抗氧化剂，必须在标签中注明。

1.16　煎炸油的储藏和运输

脱臭油必须冷却、充氮并且储藏在充加氮气保护的油罐中[59]。储藏罐可以由碳钢制成。对于游离脂肪酸含量低的新鲜脱臭油(表 1.3)不必用不锈钢罐储藏，油脂的推荐储藏条件如下所述：

(1)液体油应储藏在30℃以下，且不能高于40℃；

(2)氢化油的储藏温度不应高于其熔点 5.6℃以上。

将离开脱臭塔的脱臭油，冷却到上述温度，并且充加氮气，储存在充氮保护的油罐中，才能得到高品质的油脂。储油罐中上部空间中氧气的最大含量为 0.5%(图 1.4)。

槽罐车对于终端油的品质也很关键。油可能在装载的过程中吸收空气中的氧气，这可能引发油脂在运输过程中的自动氧化。出现这种情况最明显的迹象是油在交货时其过氧化值比质量证书(在装货时填写，随油一起配送)的高。此外，部分槽罐车在油的上方空间有很多空气，这会导致油脂在运输过程中吸收更多的氧。下面的方法可减少油脂在装载和运输过程中吸收氧气。

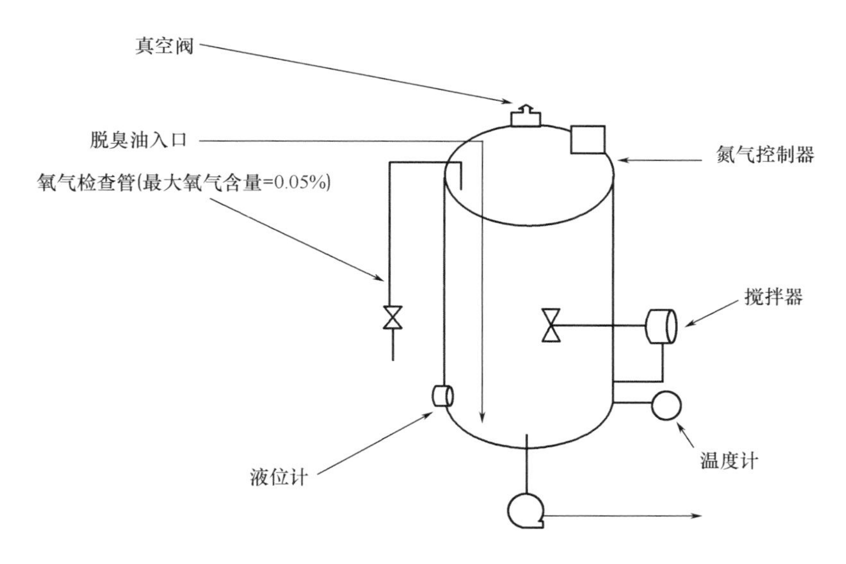

图 1.4　脱臭油储存图解（版权归属：MG 食用油咨询公司）

(1)按照上述推荐控制油脂温度；

(2)油脂在装车泵运行时充加氮气；

(3)从槽罐车的底部进油；

(4)将装载臂延伸至油罐车或轨道车的底部，避免装载过程中油脂飞溅和空气裹入；

(5)将槽罐车装满，减少顶部空间的空气。

装车过程见图 1.5。

在休闲食品公司，油脂的卸载及储藏同样重要。尽量避免固化的氢化油被过度加热。

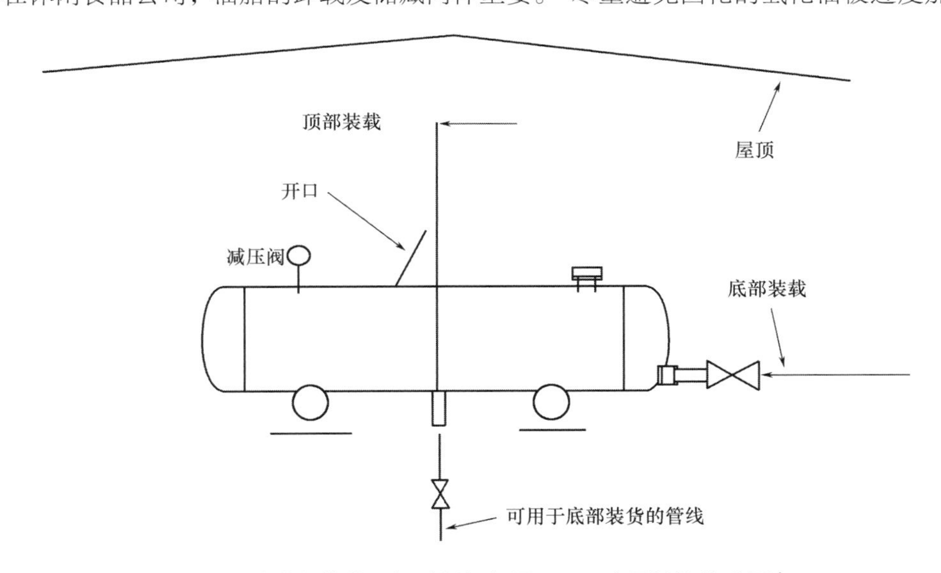

图 1.5　油罐车装载图解（版权归属：MG 食用油咨询公司）

油脂充氮并在储藏时进行氮气保护，这和脱臭油的要求一致。

1.17 氢化和反式脂肪酸

Sabatier 和 Senderens[59] 最先在气相实施了氢化反应。1903 年，Normann[60] 获得了在液相中进行油脂氢化的专利。后来，一家叫 Crossfield and Sons 英国公司购买了该专利。1909 年美国的宝洁公司又从 Crossfield and Sons[59] 购买了该专利，并于 1911 年开始用棉籽油生产科瑞（Crisco）牌植物起酥油。美国的氢化专利是 Burchenal 申请的[61]，这一专利被宣告失效为其他美国公司毫无顾虑从事和扩大氢化工艺扫清了法规障碍。在氢化过程中，不饱和脂肪酸在镍催化剂作用下与氢气发生反应。此过程中两个氢原子与多不饱和脂肪酸的不饱和双键结合。完全氢化使植物油中所有的不饱和脂肪酸转化为硬脂酸。

不饱和脂肪酸向饱和脂肪酸的转化过程中，会产生不饱和脂肪酸的位置异构体，这些不饱和脂肪酸异构体即为反式脂肪酸[62]（译者注：确切地说，是几何异构体而非位置异构体，才是反式脂肪酸的主要来源），如图 1.6 所示。

```
 H  H          H
 |  |          |
—C==C—       —C==C—
                  |
                  H
```

图 1.6 不饱和脂肪酸及其顺反异构体

科学家意识到了氢化的优势，氢化给油脂工业带来了世纪性的革命。油脂氢化具有以下优势：

（1）由于降低了不饱和度而增加了油脂的氧化稳定性；

（2）增加了饱和脂肪酸的含量；

（3）提高了熔点；

（4）生产特殊用途产品，如起酥油和人造奶油。

氢化后的油脂氧化稳定性提高，如表 1.5 所示。

表 1.5 氢化对 AOM 值的影响

类别	氢化前大豆油	氢化后大豆油	氢化前卡诺拉油	氢化后卡诺拉油
碘值/（gI/100g）	130	100	115	90
熔点/℃	—	<23.9	—	<23.9
AOM 值/h	12～20	>30	12～20	>70
棕榈酸/%	10	10	4	4

续表

类别	氢化前大豆油	氢化后大豆油	氢化前卡诺拉油	氢化后卡诺拉油
硬脂酸/%	5	5	2	2
油酸/%	25	55	62	75
亚油酸/%	50	28	21	12
亚麻酸/%	8	1.5	8	1.5
芥酸/%	—	—	<2.0	<0.5
鳕油酸*/%	—	—	1	0
反式脂肪酸/%	—	>30	—	>20

液体大豆油和液体卡诺拉油含有8%的亚麻酸，导致这两种油容易氧化，尤其当它们被用来煎炸时。轻度氢化可使亚麻酸含量降低到2%以下(通过毛细管柱气相色谱方法检测)，这样的轻度氢化油脂适用于货架期长的工业煎炸食品。

如表1.4所示，氢化使大豆油中的亚麻酸含量降低到2%以下，其AOM值从15h提高到30h以上。与此相似，氢化卡诺拉油的AOM值从20h提高到75h以上。然而，氢化过程也导致这两种油中反式脂肪酸含量显著增加[2]。

在20世纪，反式脂肪酸并没有被列入不健康饮食的黑名单，油脂工程师发现这些脂肪酸拥有特殊性质，应用这些性质可以到达以下目的：

(1)生产熔化曲线陡峭的人造奶油，类似于黄油；

(2)生产焙烤工业所需要的β′稳定晶型起酥油。

如果没有氢化，只采用油料种子油就生产不出上述产品。

近些年来，反式脂肪酸一直在接受营养学家和不同国家的法规监管机构的研究和监管。大多数临床研究表明，反式脂肪酸可提高低密度脂蛋白(LDL)含量，降低高密度脂蛋白(HDL)含量，而且提高人类血清中甘油三酯(TG)含量[63~68]，从这方面看，反式脂肪酸与饱和脂肪酸相似。美国FDA发布从2006年1月起食品标签中必须强制标示反式脂肪酸含量[69]，且要单独一行标注。FDA没有推荐每日摄入反式脂肪酸的限量。一些欧洲国家及加拿大也规定所有食品标签上必须标示反式脂肪酸含量。

1.18 反式脂肪酸的替代方法

家庭煎炸没有煎炸食品货架期的要求，因此任意一种液态油都适用于家庭煎炸。而餐

* 此处原文为Gade Loic，疑为gadoleic(鳕油酸)之误。——译者注

馆、快餐店和有货架稳定性要求的预包装配送食品的加工企业一样，需要氧化稳定性好的煎炸油，因此，像大豆油、卡诺拉油这样品质合格的油脂必须根据煎炸食品的种类与所需质构、风味以及口感，进行不同程度的氢化。

可为煎炸工业和其他用途提供无反式脂肪酸油脂的基本替代方法如下。

1.18.1 改性油脂

这些油料种子是在近二十年发展起来的。这类种子制备的油脂其亚麻酸含量非常低（除高油酸卡诺拉油外），不氢化即可用于煎炸工业。这些油的脂肪酸组成如表1.6所示。这些油供应有限且价格昂贵。表中也列出玉米油、棉籽油及棕榈油以供对比。

1.18.2 可倾倒式起酥油

可倾倒式起酥油是由90%～98%液态油和2%～10%全氢化大豆油混合制成。混合油需要经过特殊加工才能获得流动均一性。其中全氢化部分也可通过卡诺拉油或玉米油氢化得到。

市售标准液体起酥油中含有轻度氢化的大豆油或卡诺拉油，含20%～30%反式脂肪酸。用表1.6中的油代替轻度氢化油，可以生产出零反式脂肪酸的可倾倒式起酥油。

表1.6 改性油脂的脂肪酸组成 单位：%

分析	中等油酸含量葵花籽油	高油酸葵花籽油	高油酸卡诺拉油	低亚麻酸卡诺拉油	棉籽油	玉米油	棕榈油
$C_{14:0}$	<1	<1	<1	<1	—	—	1.0～1.5
$C_{16:0}$	5	6	6	4	22	11	39～43
$C_{18:0}$	4	2	2	3	2	2	4～5
$C_{18:1}$	50～65	83	76	65	19	20	40～44
$C_{18:2}$	20～35	11	13	22	53	60	12～14
$C_{18:3}$	<1	<2	4.5	3	<1	<1	<0.5
$C_{20:0}$	—	—	—	<1	<1	<1	<1.0
$C_{22:0}$	—	—	—	—	—	—	—
$C_{22:1}$	—	—	—	—	—	—	—
反式脂肪酸	—	—	—	—	—	—	—

1.18.3 催化剂的选择

采用铂、钯或铜催化剂可以生产低反式脂肪酸的氢化油脂[70～72]，与镍催化剂相比，采用这些催化剂生产的产品中硬脂酸与固脂含量高。用铂或钯做催化剂，能够生产低反式脂肪酸的起酥油或煎炸油。但是铂和钯催化剂的成本高，与镍催化剂相比不具有商业竞争力。

铜催化剂价格便宜，效果与上述金属催化剂一致。但是要从氢化油中完全除去催化剂是不可能的。油中的铜即使浓度非常低(低于0.05mg/kg),也能导致油脂在煎炸过程中迅速水解。

1.18.4 高压高速搅拌下的氢化反应

用高压(1~2MPa)、高速搅拌可以产生与贵金属催化剂类似的结果[62],然而此反应在美国不能实施,因为反应器设计的最大承受压力为0.5MPa。在美国只有一个油脂加工企业有耐高压的反应器,但该反应器也并没有物尽量用。在欧洲有耐高压的氢化反应器。

1.18.5 酯交换生产煎炸起酥油

在酯交换过程中,两种油在特殊条件下反应,相互交换脂肪酸[73~76]。极度氢化油如棉籽油、棕榈油、大豆油、卡诺拉油或玉米油能与表1.5中任意一种液态油酯交换来生产零反式脂肪酸起酥油,制得的低反式脂肪酸油脂适用于煎炸、焙烤和制作人造奶油等。极度氢化棉籽油或棕榈油能够生产β'晶型起酥油,适合在焙烤工业中应用。

酯交换有两种方法:化学法和酶法。两种方法酯交换反应的成本相似。酶法酯交换由于环保更受欢迎。

1.18.6 分提

分提技术在棕榈油中应用很广,因为棕榈油中含有高浓度的三饱和及二饱和脂肪酸的甘油三酯。分提技术在欧洲、美国南部、远东、墨西哥以及加拿大应用广泛。油料种子油不适合分提,因为其中的天然固脂含量低,这就是油料种子需要氢化成固脂才能生产功能性产品的原因。

1.19 煎炸起酥油与煎炸油

大多数液体油可用于煎炸休闲食品。有些休闲食品在外表面都有涂层,这样可以包裹住表面的调味料。多数情况下,为了吸附调料和改善煎炸食品油腻外观,喷淋油要含有一定量的固体脂肪。由油料种子油生产涂层油或喷淋油,是经部分氢化的油脂且含有反式脂肪酸,因此可以采用表1.6所列的液体油与一小部分全氢化植物油相调和生产涂层油。其中少量饱和甘油三酯提供的固体脂肪可附着食品表面的调料,并改善食品油腻外观。

有些煎炸食品具有硬脆的质构,如炸薯条、松脆炸鸡及其他类似产品,故需要使用固态起酥油。在美国,标准的煎炸起酥油是由氢化油制成的。如前文所述,可以用液体油或酯交换技术生产零反式脂肪酸起酥油。

遗憾的是美国有些消费者不能接受棕榈油,改性油脂的供应量也很少,因此在该国很难生产大量零反式脂肪酸起酥油。

1.20 小结

煎炸行业是一个成熟的行业，主要由两种业态组成，即餐馆(餐饮业)和大型工业化产品货架期的规模化加工产品。大多数规模化加工厂采用连续式煎炸，尽管其中有些产品需要严格的分批(或煎炸锅)煎炸才能达到理想的质构和外观。无论是上述哪种类型的煎炸，产品都需要使用合适的材料进行包装，然后分销。

预炸产品，如炸薯条、鸡腿、裹粉的蔬菜（天妇罗）等已成为煎炸工业中重要组成部分。这些产品部分脱水、包装、冷冻运输。终端消费者将产品储藏在冰箱中，在无需解冻的条件下煎炸。

长时间的运输、分销需要煎炸油具有良好的氧化稳定性，这样才能保证所有煎炸食品具有长货架期。大豆油、葵花籽油或卡诺拉油用于煎炸工业时需要进行氢化。用于煎炸薯条、油炸圈饼以及鸡腿的深度煎炸起酥油需要深度氢化。油脂氢化过程产生反式脂肪酸，这些不饱和脂肪酸与饱和脂肪酸一样会引起心脑血管疾病。因此，包括美国在内的很多国家开始关注食品原料中的反式脂肪酸含量。

棕榈油及棕榈油分提产物含有天然的甘油三酯固体脂肪且不含反式脂肪酸。很多国家(除了美国)开始大量使用棕榈油生产零反式脂肪酸起酥油及人造奶油。酯交换技术也在欧洲、远东以及美国南部应用。美国也已引入一些改性油脂产品，但供应量有限。一些用于改性油脂的油料种子在特殊地理区域进行种植，且与其他经济作物存在激烈的竞争。除非美国消费者接受棕榈油或棕榈液油，否则美国生产大量零反式脂肪酸煎炸油仍是一个严峻的挑战。另外，由于目前世界上的棕榈油产量不足，若美国开始使用棕榈油的话，那么棕榈油供应将严重短缺[55]。

美国大豆协会的好大豆品种计划（Better Bean Initiative）正在开发油酸含量中等的大豆油，这种油用于煎炸工业时不需要氢化。这种油的全面商品化将需要至少六到十年。其间，美国食品行业在降低煎炸食品以及其他产品的反式脂肪酸方面必须更具创造性。

参考文献

1. America Snack Food Association Web Site.
2. M. K. Gupta, in Proceedings of the World Conference of Oilseed Technology and Utilization, American Oil Chemists Society Publication, Champaign, Illinois, 1992, p. 204.
3. M. K. Gupta, in Proceedings of the World Conference of Oilseed Technology and Utilization, American Oil

Chemists Society Publication, Champaign, Illinois, 1992.

4. M. M. Blumenthal, *Optimum Frying: Theory and Practice*, Libra Laboratories, Inc., Piscataway, New Jersey, 1987.

5. J. Pokorny, *Flavor Chemistry of Deep Fat Frying*, *Flavor Chemistry of Lipid Foods*, American Oil Chemists Society Publication, Champaign, Illinois, 1989.

6. L. C. Maillard, *Compt. Rend.*, **154**, 66 (1912).

7. L. C. Maillard, *Ann. Chim.*, **9**(5) 258 (1916).

8. J. S. Smith and M. Alfawaz, *J. Food Sci.*, **60**(2), 234 (1995).

9. J. P. Eiserich, C. Macku, and T. Shibamoto, *J. Agric. Food. Chem.*, **40**(10), 1982 (1992).

10. C. W. Fritsch, *J. Amer. Oil Chem. Soc.*, **58**, 272 (1981).

11. J. Pokorny, *Flavor Chemistry of Deep Fat Frying*, *Flavor Chemistry of Fats and Oils*, American Oil Chemists Publication, Champaign, Illinois, 1989.

12. K. S. Markley, *Fatty Acids*, Interscience, New York, 1968.

13. L. L. Seifensieder, *Zig.*, **64**, 122 (1937).

14. E. Y. Yuki, Ishikawa, and T. Okabe, *Yukagaku*, **23**, 489 (1974).

15. M. M. Blumenthal, *Food Technol.*, **45**, 68 (1990).

16. M. K. Gupta, *Oil Quality Improvement through Processing*, *Introduction to Fats and Oils Technology*, 2nd ed., American Oil Chemists Society Publication, Peoria, Illinois, 2000.

17. T. L. Mounts, Effects of Oil Processing Conditions on Flavor Stability—Degumming, Refining, Hydrogenation and Deodorization, Flavor Chemistry of Fats and Oils, American Oil Chemists Society Publication, Champaign, Illinois, 1985.

18. M. M. Blumenthal and J. R. Stockler, *J. Amer. Oil Chem. Soc.*, 63, 687 (1986).

19. M. K. Gupta, in Proceedings of the World Conference on Oilseed Processing and Utilization, American Oil Chemists Society Publication, Champaign, Illinois, 2000.

20. E. N. Frankel, Chemistry of Autoxidation, Mechanism, Products and Flavor Significance, Flavor Chemistry of Fats and Oils, American Oil Chemists Society Publication, Peoria, Illinois, 1985.

21. T. H. Smouse, Flavor Reversion in Soybean Oil, American Oil Chemists Society Publication, Peoria, Illinois, 1985.

22. A. J. Shin and D. H. Kim, *Korean J. Food Sci. Technol.*, **17**, 71 (1985).

23. E. N. Frankel, C. D. Evans, D. G. McConnel, and H. J. Dutton, *J. Org. Chem.*, **26**, 4663(1961).

24. H. W. S. Chan and J. Levitt, *Lipids*, **15**, 837 (1977).

25. W. W. Nawar, Flavor Reversion in Soybean Oil, American Oil Chemists Society Publication, Peoria, Illinois, 1985.

26. G. R. List and D. R. Ericson, Storage, Stabilization and Handling, Handbook of Soy Oil Processing and Utilization, 1st ed., American Oil Chemists Society Publication, Peoria, Illinois, 1985.

27. O. L. Brekke, Bleaching, Handbook of Soy Oil Processing, 1st ed., American Oil Chemists Society Publication, Peoria, Illinois, 1985.

28. H. J. Dutton, *J. Amer. Oil Chem. Soc.*, **58**, 234 (1981).

29. L. H. Weiderman, *J. Amer. Oil Chem. Soc.*, **58**, 159 (1981).

30. D. R. Ericson and L. H. Weiderman, *INFORM*, **2**, 201 (1991).

31. M. K. Gupta, *INFORM*, **4**, 1267 (1993).

32. W. Zschau, Bleaching, Introduction to Fats & Oils Technology, Second Edition, American Oil Chemists Society Publication, Peoria, Illinois, 2000.

33. M. K. Gupta, Presentation at the Short Course on Vegetable Oil Processing, Texas A&M University, 1998.

34. S. S. Chang and F. A. Kummerow, *J. Amer. Oil Chem. Soc.*, **31**, 324 (1954).

35. E. N. Frankel, Soybean Oil Flavor Stability, Handbook of Soy Oil Processing and Utilization, American Oil Chemists Society Publication, Peoria, Illinois, 1985.

36. H. J. Beckman, *J. Amer. Oil Chem. Soc.*, **60**, 282 (1983).

37. Y. Basiron, Palm Oil, Bailey's Industrial Oils and Fats, 5th ed., Wiley, New York, 1996.

38. D. B. Min, S. H. Lee, and E. C. Lee, Singlet Oxygen Oxidation of Vegetable Oils, Flavor Chemistry of Lipid Foods, American Oil Chemists Society Publication, Peoria, Illinois, 1989.

39. J. A. Robertson, W. H. Morrison, and O. Burdick, *J. Amer. Oil Chem. Soc.*, **50**, 443(1973).

40. C. D. Evans, G. R. List, R. E. Beal, and L. T. Black, *J. Amer. Oil Chem. Soc.*, **51**, 544(1974).

41. G. R. List, T. L. Mounts, and A. J. Heakin, *J. Amer. Oil Chem. Soc.*, **56**, 883 (1979).

42. G. R. List, T. L. Mounts, and A. C. Lancer, *J. Amer. Oil Chem. Soc.*, **69**, 443 (1992).

43. E. N. Frankel, Chemistry of Autoxidation: Mechanism, Products and Flavor Significance, Flavor Chemistry of Fats and Oils, American Oil Chemists Society Publication, Peoria, Illinois, 1985.

44. K. R. Ward, J. K. Daunand, and T. K. Thorstainson, *INFORM*, **4**, 519 (1993).

45. R. Usuki, Y. Endo, T. Suzuki, and T. Kanada, Proceedings of the 16th ISF Congress, Budapest, Hungary, 1983.

46. R. Usuki, Y. Endo, and T. Kanada, *Agric. Biol. Chem.*, **48**, 99 (1984).

47. G. R. List, Special Processing for Off Specification Oil, Handbook of Soy Processing and Utilization, American Oil Chemists Society publication, Peoria, Illinois 1992.

48. D. Hildebrand, Genatics of Soybean Lipoxygenase, Lipoxygenase and Lipoxygenase Pathways, American Oil Chemists Society Publication, Peoria, Illinois, 1996.

49. G. R. List and D. R. Ericson, Storage, Stability and Handling, Handbook of Soy Oil Processing and Utiliza-

tion, American Oil Chemists Society Publication, Peoria, Illinois, 1985.

50. B. Mistry and D. B. Min, *J. Amer. Oil. Chem. Soc.*, **65**, 528 (1988).

51. C. D. Evans, E. N. Frankel, P. M. Cooney, and H. A. Moser, *J. Amer. Oil Chem. Soc.*, 37, 452 (1960).

52. in *Bailey's Industrial Oils and Fat Products*, 5th ed., Wiley, New York, 1995.

53. in *Bailey's Industrial Oils and Fat Products*, 5th ed., Wiley, New York, 1995.

54. in *The Lipid Handbook*, 2nd ed., 1994.

55. Oil World Annual Report, 2002.

56. A. Fauziah, R. Ismail, and S. Nor. Anini, Frying Performance of Palm Olein and High Oleic Sunflower Oil During Batch Frying of Potato Chips Proceedings of the Porim International Palm Oil Congress, Kuala Lampur, 1999.

57. S. Masashi, Y. Takashashi, and M. Sonehera, *J. Amer. Oil Chem. Soc.*, **62**, 449 (1985).

58. Specification set by the PORLA.

59. P. Sabatier, Catalysis in Organic Chemistry, Translated by E. E. Reid, Van Nostrand, New York, 1922.

60. W. Normann, British Patent 1, 515, 1903.

61. J. J. Burchenal, U. S. Patent 1, 315, 351, 1915.

62. R. R. Allen, in Bailey's Industrial Oils and fats, 4th ed., Wiley, New York, 1981.

63. J. T. Judd, B. A. Clevidence, R. A. Muesing, J. Wittes, M. E. Sunkin, and J. J. Podczasy, *Am. J. Clin. Nutr.*, **59**, 861 (1994).

64. J. Judd, et al., *FASEB J.*, **12**, 1339 (1998).

65. M. B. Katan, R. P. Mensink, and P. L. Zock, *Annu. Rev. Nutr.*, **15**, 473 (1995).

66. R. P. M. Mensink and M. B. Katan, *N. Engl. J. Med.*, **323**, 439 (1990).

67. K. Sundram, A. Ismail, K. C. Hayes, R. Jeyamalar, and R. Pathmanathan, *J. Nutr.*, **127**, 514S (1997).

68. R. P. Mensink and M. B. Katan, *Arterioscl. Thromb.*, 12, 911 (1992).

69. Rules and Regulations, *Fed. Register*, **68**, 41433 –41506 (2003).

70. S. Koritala, *J. Amer. Oil Chem. Soc.*, **45**, 197 (1968).

71. S. Koritala, *J. Amer. Oil Chem. Soc.*, **49**, 83 (1972).

72. M. Zajcew, *J. Amer. Oil Chem. Soc.*, **37**, 11 (1960).

73. N. O. V. Sonntag, Fat Splitting, Esterification, and Interesterification, Bailey's Industrial Oils and Fats, 4th ed., Wiley, New York.

74. G. R. List, K. R. Steidley, and W. R. Neff, *INFORM*, **11**, 980 (2000).

75. P. Quinlan and S. Moore, *INFORM*, **4**, 580 (1993).

76. Morten Würtz Christensen Technical Service Oils & Fats Industry, Novozymes North America Inc., Personal Communication.

2 人造奶油和涂抹脂

Michael M. Chrysan

本章将讨论的是植物油型人造奶油和含脂量低于80%的黄油代用品。这些产品统称为餐用涂抹脂。近年来，美国餐用涂抹脂的种类已发生了巨大的变化，并且这种变化仍然在不断进行着。一百年之前，黄油人均年消费量为8.6kg，如今这个数据已降到2.2kg以下，但是餐用涂抹脂的人均年消费量却高达4.5kg[1]。表2.1所示为历年来餐用涂抹脂和黄油的生产及消费情况。虽然在1980年前后出现了消费高峰，并且近年来这些产品的平均脂肪含量已不断降低，但在美国人的膳食中，餐用涂抹脂依然是他们摄入脂肪的重要途径。这些产品中，大约75%的产品是以零售的方式出售的，只有19%的产品用于餐饮店，6%的产品用于烘焙和其他行业。

(1)根据欧洲人造奶油协会（IMACE）信息，2001年欧洲人造奶油和涂抹脂的生产量达2191301t。最大的生产国依次为为德国（573973t），英国、比利时（278789t）和荷兰（262006t）；

(2)其他较大的人造奶油生产国除了美国外，还有巴西（485900t），土耳其（266465t）和日本（254200t）；

(3)通过比较发现，1999年黄油和乳品涂抹脂的总产量达到1691900t；

(4)根据欧洲人造奶油协会（IMACE）信息，在欧洲人造奶油和涂抹脂的人均消费量为5.02kg，比1999年的5.18kg、1998年的5.45kg、1993年的6.16kg有所下降。

表2.1 人造奶油和黄油生产和消费情况①

年份	年产量/$\times 10^6$ kg		人均年消费量/kg	
	人造奶油②	黄油	人造奶油②	黄油
1930	147.7	737.5	1.2	8.0
1935	173.1	758.2	1.4	8.0
1940	145.3	833.2	1.1	7.7
1945	278.5	618.6	1.9	4.9

续表

年份	年产量/×10⁶kg		人均年消费量/kg	
	人造奶油②	黄油	人造奶油②	黄油
1950	425.0	628.9	2.8	4.8
1955	596.4	628.8	3.7	4.1
1960	768.9	622.8	4.3	3.4
1965	863.6	599.1	4.5	3.0
1970	1011.7	517.1	5.0	2.4
1975	1093.1	446.3	5.0	2.1
1980	1158.1	519.4	5.1	2.0
1985	1180.9	566.1	4.9	2.2
1990	1255.2	590.6	4.9	2.0
1995	1128	538	4.1	2.0
1996	1124	520	4.1	1.9
1997	1073	505	3.8	1.9
1998	1045	547	3.7	2.0
1999	1029	591	3.6	2.2
2000	1086	—	3.8	—

注：①数据是由美国人造奶油生产协会提供。
②1975 年开始包括涂抹脂制品的份额。

图 2.1 所示为欧盟 15 个国家人造奶油和黄油产量比较。

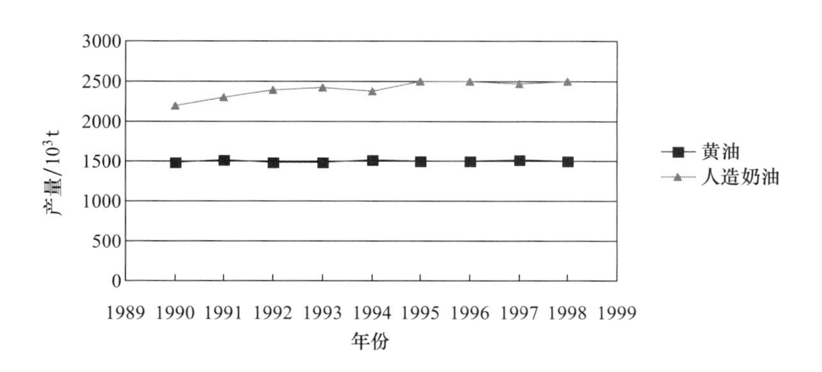

图 2.1 欧盟 15 个国家人造奶油和黄油产量比较[3]

最初发明餐用涂抹脂，主要是迫于黄油的价格居高不下，然而，在过去的四十多年中，餐用涂抹脂的市场已受到胆固醇、多不饱和脂肪、饱和脂肪以及近来总脂量和反式脂肪酸等相关健康宣称问题的极大影响。对消费者而言，产品的组成变得与产品的价格、口感一样对消费者十分重要，所以标签和广告方面的法规成为改进产品配方和油脂混合物的推动力，其结果是如今的餐用涂抹脂产品五花八门，有点让人不知所措，常使消费者感到困惑。

2.1 人造奶油的发展历程[4~7]

人造奶油是法国化学家 Hippolyte Mege Mouries 在 1869 年申请专利并首次生产的。当时研制人造奶油是为了应对由于工业革命时期城市人口剧增而导致的黄油紧缺问题，同时也是为了满足军队急需一种耐储的餐用涂抹脂的要求。最初的工艺是模拟牛乳生产乳脂肪的方法，把新鲜的牛脂用人工胃液在低温下熬制，然后慢慢冷却到 26℃左右使部分脂肪结晶，由此获得柔软的半流态黄色软脂，或称液油，得率约为 60%。接着把该软脂分散在拌有奶牛乳腺组织的脱脂乳中，将乳状物搅拌数小时后，加入冷水使脂肪凝固。沥去水分，剩余的粒状物加盐捏制。

到了 19 世纪末，有些人造奶油开始采用猪油或用未经分提的牛板油为主要原料，并掺入一些像棉籽油或花生油之类的液油来降低产品的熔点。20 世纪初，用椰子油和棕榈仁油配制成功一些 100% 植物油的人造奶油。Clayton[8] 曾介绍过这种调和人造奶油的实例和早期制造人造奶油的方法。尽管早在 1910 年就实现了加氢反应，特别是欧洲，但直到 20 世纪 30 年代，美国才将加氢技术应用于人造奶油的加工方面。当时美国政府由于政治方面的原因不希望进口月桂酸型油脂，故对其课以重税。

除了采用新的油脂原料以外，人造奶油的加工方法也取得了重大进展。用胃酶水解脂肪和使用乳腺提取物的做法很快就废弃了，取而代之的是采用巴氏灭菌牛乳发酵的方法，这样能增强黄油风味。科技人员还发明了一种在金属桶内部通循环冷冻盐水进行干燥冷却的方法，这种方法大大改善了人造奶油生产场地的卫生条件，并降低了脂肪和牛乳的损耗。不过，无论是采用冰水冷却，还是采用冷却辊冷却，产品还是要进行后续加工才能确保均一性。直到 1940 年才首次采用连续式封闭生产系统生产人造奶油。

在人造奶油的发展历程中，立法起到了十分重要的作用。1874 年，当这种产品首次进入美国的时候，乳品业发展正十分迅猛，其速度超过了人口的实际需求，因此许多农场主对引入人造奶油采取敌视的态度，这种局面几乎延续了整整一个世纪时间，也为立法定下了反对廉价涂抹脂产品并课以重税的调子。当时，在黄油中掺加人造奶油，以及后来掺入进口热带油脂的现象引起了政府的干预。1886 年美国政府对人造奶油实行了首次征税，1902 年又对有色人造奶油征加重税，并开征生产许可证费。许多州通过了禁止销售有色人造奶油的法令。1941 年美国联邦政府检验标准(Federal Standard of Identity)正式确认人造奶油为食品，对其进行了定义并允许强化维生素。在第二次世界大战之后，为了应对黄油价格飞涨所引发的公众压力，再加上大豆油、棉籽油的迅猛发展给农业带来巨大收益，政府通过了1950年人造奶油法案（Margarine Act，1950），废止了联邦税。这个法案同时还规定了零售制品单重不得超过0.4536kg。许多州政府很快执行联邦政府的规定，但威斯康星州直到1967年才成为废除禁止有色人造奶油生产法令的最后一个州，1975年明尼苏达州成为废除人造奶油税的最后一个州。

2.2 美国的发展趋势

20世纪50年代初期，几乎所有的人造奶油商品都是块状制品，并通常包装成每块113.4g的印模包装形式进行销售。随着有色人造奶油禁令的解除，人造奶油的销量不断上升，并在1957年超过了黄油的人均消费量。销售额的猛增推动了人造奶油制品加工技术的重大革新，并促使新产品不断涌现（表2.2）。涂抹型人造奶油制品、多不饱和型人造奶油和低脂产品相继问世，满足了消费者对产品方便性、营养性和维持健康体重等方面的需求。

表2.2 1950年以来相继开发的餐用涂抹制品

产 品	上市年份
可涂抹的块状人造奶油	1952
掼奶油	1957
玉米油型人造奶油（高不饱和）	1958
轻质人造奶油	1962
液态人造奶油	1963
餐用型人造奶油（含脂40%）	1964
涂抹脂（含脂60%）	1975
搅打型涂抹脂	1978
黄油混和脂（宽涂抹性）	1981
改善型含脂40%涂抹品*	1986
低脂涂抹品（含脂20%）	1989
无脂涂抹品	1993
平衡涂抹脂	2003

注：*含凝胶剂。

人造奶油的革新始于软质人造奶油的引入，这种奶油采用桶状包装，从冰箱冷藏条件下取出就可以涂抹。1973年这种全脂的软质人造奶油产品的销售额占据人造奶油类产品市场份额的四分之一。如今块状餐用涂抹脂的销售额占餐用涂抹脂产品总销售额近50%。最近的发展趋势明显是由含脂80%的人造奶油转向低脂型涂抹脂。最先发明的涂抹脂含脂量为60%，自1980年以来，市场上已陆续出现了含脂量从75%至不足5%的各种涂抹制品。这些产品以软质、块状、流态和软质搅打型的形式出售。市场份额从1976年的不足5%上升到1983年的15%，到了20世纪90年代初期，这种趋向越来越被人们所认可，目前美国市场上仅有少数几种含脂80%的人造奶油制品。涂抹脂产量迅速增加的原因：

①价格便宜；

②可以买到重量大于0.4536kg的产品；

③其热量和脂肪含量均比人造奶油低。

在如今植物油价格不断上涨的情况下，为了降低生产成本，许多企业从生产人造奶油转向生产涂抹制品。

餐用涂抹脂的市场由几类产品所组成，它们具有不同的价格和外形。最贵的一类产品具有健康或良好黄油风味的特点。健康型产品通常含有液体油，如玉米胚芽油、葵花籽油或菜籽油，并且以胆固醇、总脂量或饱和脂含量等相关宣称进行推广。近十年来，这类产品已占据16%～17%的市场份额。无盐的产品还不普及，只占餐用涂抹脂市场的不到1.5%。在过去的近十年间，具有黄油风味的产品或者由黄油调和而成的产品急速增长，这类产品包括仅通过品牌或者市场定位传达给消费者强烈乳制品风味的涂抹产品，以及不同黄油含量的涂抹制品。品牌产品占据了零售市场约50%的份额，其中包含在全国做宣传且定价低于上述优质产品的品牌。其余的产品，包括地区和私人标签品牌店，通常具有最低的价格。

2.3 美国的法规状况

本节将介绍有关人造奶油和餐用涂抹脂的组成和标签方面的法规要求。对于满足特定宣称的配制产品而言，这些法规是必须了解的；不过，由于这些内容包含了许多细节，所以对那些只要了解一下概况的读者而言，可以略过这一节的全部或部分内容。

2.3.1 定义标准

在美国人造奶油的定义有两类标准。其一为FDA制定了植物油型人造奶油的标准，其二为动物油和动植物油混合型人造奶油的标准，隶属于美国农业部（USDA）制定的联邦肉类检验法规。这两种标准是相似的，但并不完全一致。FDA于1973年修订了其标准[9]，而1983年修订的USDA标准[10]则在更加趋近于FAO/WHO国际食品法典委员会（CAC）的国际标准，在1993年该委员会提出了一部新的有关涂抹脂制品的标准。这部标准的最终版本中还包括了人造奶油、黄油和低脂涂抹制品方面的内容，但离其完成至少还有好几年。下面为FDA现行标准[11]，包括最近允许采用海产油[12]和删除以前有关乳化剂方面限制[13]的修订情况。

(1)人造奶油　是一种塑性或液态乳状食品，含有不少于80%的脂肪。脂肪含量的测定方法执行《美国分析化学家协会的标准分析方法》第十三版（1980年出版）第16.206节所述的“间接法”，该方法隶归属于“脂[47]——官方最终法令”的标题之下，同时还收编有关参考文献。可以从美国分析化学家协会（AOAC）获得复印件，该协会通讯地址：2200 Wilson BIvd，Suite400，Arlington；VA22201－3301，或送交联邦政府注册办公室给予检测，该办公室位于800 North Capitol Street，NW.，Suite 700，Washington，DC 2001。人造奶油只能含有食用安全和适宜的成分，并应符合本章中130.3d节规定。它是用本节中(1)－①、(1)－②段所述的一种或几种适当成分，并可添加本节(2)段所述的一种或几种适当成分加工而成。人造奶油应含有本节(1)－③段所述的维生素A。

①食用脂和/或油或它们的混合物，它们最初来源于植物，或来源于炼制的动物躯体脂肪组织，或来源于经GRAS认定或食品添加剂表中列出的此种用途的海产类生物。它们的部分或全部可以经适宜的物理和化学方法改性。它们可以含有少量的脂质（如磷脂）或不皂化物以及天然存在于油或脂中的游离脂肪酸。

②下列一种或几种液态成分：

a. 水和（或）牛乳和（或）乳制品。

b. 适合食用的蛋白，包括但不限于液态的、浓缩的或干燥的乳清蛋白、降低了乳糖含量和/或矿物质的改性乳清蛋白，及不含乳糖的乳清成分、清蛋白、酪蛋白、酪朊酸盐、植物蛋白或大豆分离蛋白，其用量不得超过获得所期望的效果所需用的量。

c. 在本节(1)－② a和b段中所述的任何两种，或两种以上成分的混合物。

d. 本节(1)－② a、b和c段中所述成分须经过巴氏杀菌，并遵从无害微生物发酵剂方案。本节(1)－② a、b和c中所述的一种或几种成分与食用油脂和（或）配料，一起形成固态或液态的乳状物。

③每磅成品人造奶油含有不少于1500IU维生素A添加量。

(2)可选择使用的成分

①维生素D：每磅成品人造奶油含有不少于1500IU的添加量。

②盐（NaCl），膳食人造奶油用氯化钾。

③营养型碳水化合物甜味剂。

④乳化剂。

⑤包括但不局限于以下品种的防腐剂，其最大用量按最终食品重量百分比率选定：山梨酸、安息香酸及其钠盐、钾盐、钙盐，每种限 0.1% 用量，或混合使用时总量为 0.2%（以酸计）。乙二胺四乙酸二钠钙 0.0075%；没食子酸丙酯、没食子酸辛酯和没食子酸月桂酸酯、BHA、BHT、抗坏血酸棕榈酸酯、抗坏血酸硬脂酸酯，这些均可以单独或者混合使用，添加量 0.02%；柠檬酸硬脂酰酯 0.15%；异丙基柠檬酸酯混合物 0.02%。

⑥着色剂。为了达到本标准中颜色方面的要求，指定维生素 A 原（β－胡萝卜素）作为着色剂。

⑦风味添加剂。如果食品中添加的风味剂不是模仿黄油风味的话，则需按本章 101.22 段的规定，应把风味特性作为食品名称的一部分。

⑧酸味剂。

⑨碱化剂。

(3)符合本法规规定的定义和鉴别标准的食品可称为“人造奶油”。

(4)必须按本章第 101 和 130 条款的要求选用食品中的每种成分，并在标签上加以注明。为了说明本节的目的，举实例示范，例如，使用“牛乳”这一措词应无条件地指来自奶牛的乳汁。如果被采用的奶不全是或者仅部分是奶牛的乳汁，则需在成分栏上标明奶是来自于哪一种动物。有颜色的人造奶油还需要遵守联邦食品、药物和化妆品法规第 407 段的有关条款。

2.3.2　标签要求

联邦法典中颁布了有关人造奶油的详细标签法规[14]。通常商品标签上必须标明：产品名称、净重、厂家或批发商的名称和地址、配料表、食用分量、包装份量数和营养信息。人造奶油名称的字体最小应与标签内其他字体一般大小。对于那些含脂量低于 80% 的类似人造奶油的制品，其名称中必须包含“涂抹”一词，还需标明总脂肪的百分含量，并按含量多少的顺序排列出每一种脂的名称，或可以使用归属词，如“植物油”表示，例如写成“60% 植物油涂抹脂”。这种命名的方法于 1976 年提出[15]，已为企业所普遍遵循，但最终的有关法规尚未正式颁布。1993 年 1 月，FDA 颁布了《1990 年营养标签和教育法案》[16]的补充规定。这个法规作了一些文字上的修正[17]和技术方面的改正[18]之后已经公布，即将出版的联邦政府法规法典会将它收编其中。1994 年 5 月 8 日之后生产的所有食品商品都必须依照此法规行事。这些法规还包括了标准术语的使用规定，例如，“人造奶油”这一术语不适用于那些不符合鉴别标准的食品（如低脂人造奶油，详见下节），因为这些食品的营养成分声称与 FDA 法规存在偏差。除了声称允许的偏差之外，产品的各个方面都必须符合人造奶油标准，不过该标准中未涉及的一些安全和适宜的配料也可以添加到产品中以改善产品的功能特性，使得这些产品不次于“人造奶油”的特性。

法规规定，标签上还需把所有的成分按照含量从高到低的次序列示。假如，一个营养宣称为人造奶油的产品中含有非标准成分的话，这些成分必须被一一注明在成分表栏中。油脂必须根据种类分别列示，并必须注明氢化油或部分氢化油。每种单独的油脂可按含量次序列于成分表中，也可以表示为“植物油混合物”，并用括号注明成分。如果脂肪以重量计是主要成分的话，脂肪清单一栏不能有“和/或”或者“可能含有”的措辞。干燥或浓缩乳制配料（如乳清粉、乳粉或脱脂乳）可以按名称或作为新制作成分加以注明。标准化新制作过程需要过量水分的话，同样必须在成分栏适当位置加以说明。必须列示出所添加的维生素的类型。如果色素和香精采用专用名称列示，例如以“β－胡萝卜素”着色的话，可以不加“人工合成”这一措词。通常对香精不特别加以标示，而只在成分栏目中注明“人工合成香精”。防腐剂必须用它们的通用名称连同指定用途的陈述一起加以标明。例如“安息香酸钠作为防腐剂”或“山梨酸钾作为霉菌抑制剂”。

法规要求所有的产品标签必须标有营养成分表，并对表内的内容和版式作了规定[16,18]。表内营养成分的含量均以每份15mL产品的重量计，取最接近的整数克数。对含脂80%的非搅打型人造奶油而言，这个量是14g。不过对搅打类制品和某些低脂类涂抹制品而言，假如它们的密度与人造奶油相比相差很大的话，上述重量就不一样了。

关于脂肪的营养标签，营养标签中必须注明总脂量、来自脂肪热量、饱和脂肪含量和胆固醇含量。只有当已标明其他成分或已作出关于脂肪酸和胆固醇的宣称后，才有义务标注多不饱和脂肪酸或单不饱和脂肪酸，如果该产品符合了无脂肪产品宣称的标准，则又另当别论。所有脂含量的表示应该遵守以下方式：即当总脂含量少于5g时，应以0.5g增量来表示；如总脂量高于5g时，应以最接近的那个克数来表示；含脂量低于0.5g的可以以“零”表示。饱和脂肪是指所有不含双键的脂肪酸。多不饱和脂肪是指只包括顺－顺亚甲基间隔的脂肪酸，单不饱和脂肪是指顺式单不饱和脂肪酸。饱和的、多不饱和的或单不饱和的脂肪都是以相应的脂肪酸重量来表示，而含脂量是按脂质的脂肪酸总含量折合成甘油三酯总质量来表示。

2.3.3　标签宣称

(1)营养素含量宣称　以下内容简要阐述与人造奶油和涂抹脂产品定位密切相关的营养物含量宣称。读者如想了解其完整内容，可以查阅这项规定的原文[16,18]。新法规已对“无脂”、“低脂”和“降低脂含量”或其他相类似的措词作了全面的定义。当一个产品每份含有0.5g以下脂肪时，就可以宣称为“无脂产品”或“低脂”。如果消费者普遍认为产品中的某种配料含有脂肪，那么在该产品配料表中，必须在这种配料上打星号示意，并加注以表明该成分提供的脂肪含量对整个膳食脂肪量来讲是可忽略不计的。一种宣称百分之百无脂的产品，只有在产品加工时没有外加脂肪的前提下才可以这么宣称。FDA指出[18]“无脂”的宣称和“人造奶油”一词是不能一起使用的，因为标准化食品须含一定量的特殊成分，而人造奶油中的主要特征成分正是脂肪。百分之百无脂的产品可以称为脱脂涂抹制品。每份或每50g的人造奶油或涂抹脂只含有3g或少于3g脂的产品可以称为低脂产品，其脂肪含量限制在6%以内，可以称为低脂产品。每份人造奶油或涂抹脂所含的饱和脂肪酸量少于0.5g，且反式脂肪酸含量少于0.5g的产品可以称为无饱和脂类产品。那些宣称是低饱和脂的食品，必须每份样品中饱和脂含量小于或等于1g，并且饱和脂肪提供的能量只占该品总能量的15%以下。“降脂”或“降饱和脂”的宣称只有当脂肪或者饱和脂肪至少减少了25%以上才能这样宣称。如果涂抹脂50%或更多热量来自于脂肪，那么“低”和“少”的措词只能应用在脂含量比原对照物降低了50%以上的情况；如果涂抹脂中脂肪只提供了少于50%的热量，那么只有当脂含量至少降低了33%时才能冠加“低”或“少”的措词。就“降脂”、“低脂”或其他相应的宣称而言，必须在最贴近首要声明的位置上标明具体的参照物和相应配料所减少的百分率。每份样品所提供的脂肪或饱和脂的克数，连同相应参照物的情况一起，必须在最贴近该声明的位置标出，或者把这些数据标示在营养标签中。

假如每份样品只含不足2mg的胆固醇，且饱和脂量不大于2g，那该产品可以使用“无胆固醇”或其他等同的宣称。如每50g涂抹脂中脂含量高于13g，则必须在每个包装面上最靠近产品名称的位置处标注每份产品的总脂质含量，含有营养标签的包装面除外。假如食品中含有一种被消费者公认为含有胆固醇的配料，那么需要在配料栏该配料上加星号，并紧接着标注该配料提供的胆固醇量是微不足道的。“低胆固醇”宣称的要求与涂抹脂的无胆固醇要求比较类似，只不过规定每份制品中胆固醇必须少于20mg，并且饱和脂量少于2g。“减胆固醇”或者其他比较类的声称，要求明确参照食品、所减少的百分含量以及与胆固醇降低的近似量，这些资料需要在直接贴近标签的最显著的位置处标注，如“无胆固醇人造奶油，与黄油相比胆固醇含量降低100%，与每份黄油含30mg胆固醇相比，该产品不含胆固醇。每份该品包含11g脂肪。”

（2）健康宣称　人造奶油或者涂抹脂获得批准使用的健康宣称与脂肪和癌症、饱和脂肪酸以及胆固醇和心脏病风险、钠和高血压等方面相关。一种食品，如果每50g样品中含有13g以上脂肪、4g以上饱和脂肪、60mg以上胆固醇或480mg以上钠，就不能做任何健康宣称。另外，涉及癌症健康宣称时，食品必须是“低脂”的，适合做心血管疾病健康宣称的食品必须是“低脂”、“低饱和脂”和“低胆固醇”的；适合做高血压健康宣称的食品必须是“低钠”的。对于前两种宣称，只限于含脂量低于6%的涂抹制品，而做高血压健康宣称的涂抹制品要求含钠量不得大于140mg/50g（大约含0.7%的盐。）

2.4 产品特性

人造奶油和涂抹脂对消费者最直观的功能特性就是它们的延展性、滑腻性和熔融特性，这些性质主要取决于产品中脂肪的含量、脂肪的种类以及乳化稳定性。对于平底锅煎炸用的产品，防溅性也是需要十分关注的内容，详见2.6.2。

2.4.1 延展性

延展性是人造奶油最令人关注的特性之一，可能仅次于产品风味。消费者评定组证实：在使用温度下，固体脂肪指数（SFI）为10~20的产品具有最佳的延展性[19]。用来评价脂肪物质硬度的标准方法是锥形针入度法[20]。对某些产品而言，硬度测定值与SFI值之间的相关性并不很好，因为除了固脂含量之外，与加工相关的脂肪晶体网络也会大大影响产品的流变性[21]。针入度值是标准锥体在产品表面释放后5s内在试样中所移动的距离，距离的单位为0.1mm。可以把针入度值换算成与锥体重量无关的硬度指数[22]或屈服值[23]。对黄油、人造奶油所偏好的延展性进行了评估，延展性是温度的函数，并与穿透值相关联，结果表明，屈服值介于30~60kPa时有最佳延展性[24]。也可以用动力学方法测定人造奶油稠度，包括电动式针入度仪[25~27]、挤压装置[28,29]、黏度计[30,31]和力学频谱计[32]。虽然用针入度法测得的结果与用一把小刀涂抹测评得到的结果似乎不同，但这两种方法都是根据形成永久变形所需施加力的大小进行评价的，已证实在一般情况下，锥形针入度读数与延展性相关[33]。这种方法的优点是设备成本较低，所需样品量少且测定结果重现性好。与脂肪晶体网络有关的产品柔软度和硬脆性是无法用锥形针入度仪测出的，它们只能用一种Instron压缩试验的方法来测定[34]。对北美块状人造奶油的研究发现[35]：通过压缩圆柱形样品法检测产品组织结构上的差别是十分灵敏的。恒速穿透法是第二灵敏的检测方法，相比之下，锥形针入度法的灵敏度最低。这些方法同样可应用在北美软质人造奶油制品的质构评价中[36]。DeMan[22]曾对稠度的测定作了全面综述。

为了确保产品的均一性，以及提高产品竞争力，生产厂家通常采用仪器方法。通常在单一温度下进行样品测评，最常用的温度范围是4.4~10℃。测定值只有在规定测定温度时才有意义。例如有两种人造奶油样品，它们在7.2℃时的固体脂肪含量相等，但它们可能具有完全不同的SFC—T（固体脂肪百分含量—温度）曲线；一种样品可能在4.4℃的SFC值比另外一种样品大许多，而在10℃时的SFC值又比另外一种的低。所以在进行延展性能测试时，必须重视温度的影响。当企业试图把产品涂抹测评与消费者在家中凭感官测评产品延展性关联起来时，必须考虑到存放位置和使用条件的不同。

2.4.2 油的离析

当人造奶油中细小的油脂肪晶体没有足够的大小或特性来包络所有液态油时，就会发生油的离析。这个问题对块状制品而言，最为严重，因为内包装物的外表面会被油浸渍，再严重些的话，油就可能从包装中渗流出来。独立包装的印模人造黄油在叠放或堆垛时会受到压力，因此也最易发生油的离析。如果人造奶油要放在乳品展示柜外面销售的话，21.1℃时 SFI 应该尽可能高，并与10℃和33.3℃的要求一致。碗装的软质人造奶油没有那么多的问题，因为有包装容器支撑着，并且产品是容纳在碗中的。只要有3%～4%的固体脂肪留存，就基本不会发生破乳现象（也就是乳相的聚集和絮凝）。测定油的离析最常用的方法是，把一定几何形状和重量的人造奶油样品放在一张金属丝网[37]或一张滤纸上[38]，然后置于26.7℃下（有时温度要稍高些）24～48h，测定油渗过金属丝网或渗入到滤纸上的重量来测评油的离析。另一个测定结构稳定性的试验是坍塌试验，主要是针对块状人造奶油的，进行这一试验时，把标准尺寸立方体的人造奶油样品放在23.9～29.4℃下数个小时，然后参照标准的形变图形来评定该样品立方体变形程度的等级[39]。上述几种试验测得的结果都仅仅是某种趋势，产品在实际配送条件下带包装进行评价更为合适。可以看到，一些商场常常去掉产品的外包装，并堆叠在陈列柜的外面，在这种情况下，对产品结构稳定性的要求是最为苛刻的。

2.4.3 熔融性

高质量的餐用人造奶油放在舌头上应迅速熔化并伴随着凉爽的口感。人的味蕾应马上可以觉察到风味物和盐从水相中释放出来，而毫无油腻感和蜡质感。影响上述品质的因素是脂的熔融曲线、乳化体系的稳定性和终产品的储存条件。为了使人造奶油能完全熔融并且没有黏胶感和蜡感，就必须使它在人体体温下完全熔融，且33.3℃的固脂含量应小于3.5%。黄油是一种能产生凉爽口感产品的范例，这归因于黄油结晶在10～26.7℃温度区间急剧熔融并吸收大量的热，黄油在10～26.7℃是一条陡峭的熔融曲线。这种凉爽的口感，正像差示热量扫描仪（DSC）测定的那样，只有黄油、高脂块状人造奶油、涂抹脂才十分明显[40]。在生产人造奶油的过程中，当物料急冷时会产生高、低熔点甘油三酯，若随后将产品放在较高的温度下，熔融的高熔点固相组分重新结晶，就会产生一种风味释放缓慢且有严重蜡感的产品[41]。

乳化体系的稳定性随产品加工方法、乳化剂含量和水相配方三者的变化而变化。如果水相液滴均一细微，或与乳化剂紧密结合，那么风味物质和盐的释放就较为迟缓。当人造奶油中约95%液滴的直径为1～5 μm，4%为4～10 μm，1%为10～20 μm时，奶油吃起来会很清淡[1]。液滴的大小还影响产品受微生物污染的可能性，某种程度上也影响产品稠度。有报道脉冲式核磁共振仪法（NMR）可根据液滴受限扩散来测定液滴大小[42~44]。Zschaler[45]曾经描述过用显微镜评价人造奶油中液滴分布大小的方法。低脂型涂抹脂的流变性变化往往与它的熔融性质有关，但也与产品所用的稳定剂和乳化程度有关，还与脂相掺和物的熔融特性有关[40]，这一观点同样适用于市场上出售含脂量很低的水包油型或不含固脂的乳化产品。

产品的熔融性质常常采用口头表述来评估。对产品进行感官评定必须在标准条件下采用已确定的等级量表进行[46]。同样可用经验评价法测评产品的口熔性，口熔特性取决于乳化物的紧密度和混合脂肪的熔融曲线。Moran[47]提出了一种“相失稳温度”的理论，相失稳温度是指人造奶油在高剪切状态下电导率突变的那一个温度，它与产品在口腔中变化的状况相似。黏度计测定法主要运用在低热量制品的测定中。可以凭借产品与35℃的金属传感器接触6s时，产生温度落差的方法来估测产品在腭上产生凉爽感的感觉[39]。为评估产品中盐释放的速度，可以把人造奶油产品悬浮在36℃水中，然后测定水中氯离子增加的情况[48]。还可以用梅特勒滴点分析仪来测定产品的软化点，从而估算出当产品与热食品相触时将会熔融掉多少。如今，已经测得了北美产的一系列软质[36]和块状[49]人造奶油制品的软化点。

2.5 植物油型人造奶油和涂抹脂所用的原料油脂

2.5.1 原料油

表2.3所示为美国餐用涂抹制品中油脂的使用情况[2]。大多数餐用涂抹制品是用大豆油配制而成的，而健康型涂抹制品通常是以玉米油、葵花籽油或红花籽油作为主要成分。1985年美国批准在食品中可使用卡诺拉油（低芥酸型菜籽油、芥酸含量<2%）[50]，最近，卡诺拉油已经用于定位健康的餐用涂抹制品中。猪油和牛油往往混合使用，而且猪油占大部分，通常应用于廉价产品中。在欧洲，棕榈油、月桂脂和氢化海产动物脂的使用十分普遍。而在美国，热带油脂如棕榈油、棕榈仁油、椰子油目前还不能广泛地应用在餐用涂抹制品中，这一方面是由于热带油脂富含饱和脂，另一方面是由于在20世纪80年代后期，美国消费者团体发起了强烈抵制热带油脂的浪潮。海产动物油，尤其是加州沙丁鱼油曾广泛应用在美国的人造奶油中，在1936年其用量达到峰值，为1.8万t[51]。但到了1951年这种鱼几乎销声匿迹，因此这种海产动物油已不再作为食品加工用的原料。1989年氢化和部分氢化鲱鱼油（碘值10~85gI/100g）获得了GRAS资格，被允许作为食品配

料[52]，但直到现在美国餐用涂抹制品中仍然未使用鲱鱼油。未氢化的海产油迄今尚未获得GRAS资格。欧洲研究表明，含10%~20%未氢化鱼油的人造奶油制品，尚需攻克产品货架寿命很短的难题[53]。已经有一些脱除鱼油腥味的方法[54~56]，或有关稳定食品风味方面的专利[57~60]。目前美国的鱼油，主要是鲱鱼油，被用于制备防护涂层、脂肪酸及其衍生物。这些油大多数出口到其他国家，用在起酥油、人造奶油的加工中[61]。未来，随着大众媒体对科学文献所报道的流行病学和膳食研究结果的积极传播以及消费者的呼吁，餐桌上的涂抹脂将会出现其他选择。欧洲和加拿大市场上已经出现了含有橄榄油的涂抹脂。1995年美国米糠油的供应有望达到商业规模[62]。已有关于用米糠油加工人造奶油的方法报道[63]。

表2.3 美国1980~2002年人造奶油使用的各种油脂 单位：$\times10^6$lb

年分	大豆油	棉子油①	玉米油①	动物脂②	合计③
1980	1653	25	223	104	2039
1981	1685	25	213	78	2017
1982	1718	22	220	29	1997
1983	1549	34	212	41	1850
1984	1544	26	196	38	1842
1985	1628	8	220	65	1946
1986	1741	24	204	48	2041
1987	1615	28	248	22	1931
1988	1619	D	210	35	1894
1989	1573	D	214	32	1875
1990	1749	D	208	35	2102
1991	1853	25	196	43	2160
1992	1926	24	176	37	2174
1993	2013	26	161	31	2239
1994	1793	D	D	42	2003
1995	1684	D	D	41	1847
1996	1694	D	77	28	1816
1997	1650	D	61	14	1733
1998	1606	D	55	22	1692
1999	1574	D	D	21	1664
2000	1465	D	56	12	1547
2001	1298	D	D	7	1394
2002	1212	D	D	16	1300

注：①D：普查中为避免泄露而隐藏的数据。
②包括猪脂和可食用的牛脂。
③包括少量的其他食用油脂。
资料来源：统计局（美国）。

2.5.2 脂肪结晶

(1)固体脂肪 人造奶油和大多数餐用涂抹脂的稠度和乳化稳定性均取决于结晶的脂肪。脱除油相的人造奶油冷冻电镜照片显示出水滴界面的晶体性质和连续脂相结构，它们看起来像是一种由单个晶体和片状晶体聚集物构成的、相互连接的网络结构[64]。有人曾对人造奶油和起酥油的微观结构作了综述[65]。人造奶油的脂相影响到终产品质构性质的两个主要因素是：固体脂肪含量和人造奶油加工条件。就含相似结晶特性的油脂混合物产品的典型加工情况来看，固体脂肪含量和稠度之间有着直接联系[66,67]。如今测定混合油脂中固体脂肪含量主要有两种方法。固体脂肪指数（SFI）测定法是基于固脂、液油密度上的差异进行测定的经验方法[68]。而最近的核磁共振法（NMR）是依据固、液两相质子磁场的不同而直接得出固体脂肪绝对百分含量的方法[69]。NMR 测得的结果被称为固体脂肪含量（SFC），SFC 值和 SFI 值相似但不能直接比较；不过这两种方法之间有一定的相关性[70]。SFI 值在美国仍然广泛使用于商品品质标准中，而 SFC 值在欧洲更受青睐。

表 2.4 所示为典型的美国人造奶油油相的 SFI 值。这些数值代表了工业化生产的产品情况。不过，就算是同一种类型的人造奶油制品，不同生产厂家的产品，技术指标也可以相差很大，这取决于①所期望的感官特性；②对产品组成的要求，旨在满足营养成分表中营养素含量宣称及其他信息；③产品是否采用非冷藏式陈列柜销售；④所采用的包装设备的类型。在美国，即使不是所有厂商也是绝大多数厂商都采用 10℃、21.1℃和 33.3℃的 SFI 值作为产品最关键的技术指标。这些 SFI 值分别代表了终产品在冷藏温度下的涂抹性、室温下抗渗油的能力和口熔性。

表 2.4 美国餐用涂抹脂的典型的固体脂肪指数(SFI)

产品	SFI				
	10℃	21.1℃	26.7℃	33.3℃	37.7℃
块状	28	16	10	2	0
软块状	20	13	9	2.5	0
软质桶装	11	7	5	2	0.5
流态	3	2.5	2.5	2	1.5
黄油	32	12	7	2	0

(2)同质多晶现象 晶格特性和固脂含量都会影响人造奶油结构的稳定性。许多有机化合物或类似油、脂那样的混合物都可以以不止一种晶型的形式固化。甘油三酯主要有 α、β'、β 晶型，这三种晶型与脂肪酸链的三种主要横截面排列相对应[71]。可以用 X 衍射光谱图[72]和热量分析法中观察到的转化热的情况[73]来区分这三种晶型。至今为止，人

们对各种甘油三酯的相行为尚未完全了解。许多采用拉曼光谱法、X衍射结晶谱图和差示扫描量热法（DSC）的研究成果显示十一烯酸甘油三酯[74]和三硬脂酸甘油三酯[75]都有两种紧密相关的β′晶型。不过Kellens和Reynaces[76]的研究成果并不支持存在截然不同的两种β′晶型的观点。两种观点的分歧归因于所观察到的单一β′晶型体的完美程度。

α型是最不稳定、熔点最低的晶型，在人造奶油生产过程中急冷条件下将首先形成α晶型，不过它很快就转变为β′晶型[41]。Riiner[77]曾研究过含氢化海产动物油的人造奶油，并发现α晶型对物料稠度的无显著性影响。人造奶油的β′晶型，能够组成具有巨大表面积的细微网状结构，进而能够锁定大量的液体油和水相液滴，因此它可能是一种相对比较稳定的晶型。假如人造奶油的油相具有强烈的β结晶倾向，即便已形成了β′晶型体在特定的贮存条件下仍可转变为最稳定、熔点最高的β晶型。但这通常伴随着形成大的晶体产生的粗粒状结构（图2.2）。一项商业化卡诺拉油基人造奶油在存储研究中表明，当晶体粒的直径为约22 μm时，消费者开始察觉到粒感的脂[78]。在更糟糕情况下，产品在向β晶型转化的过程中，也会渗油并发生部分水相液滴的聚集，从而增加了污染微生物的可能性。

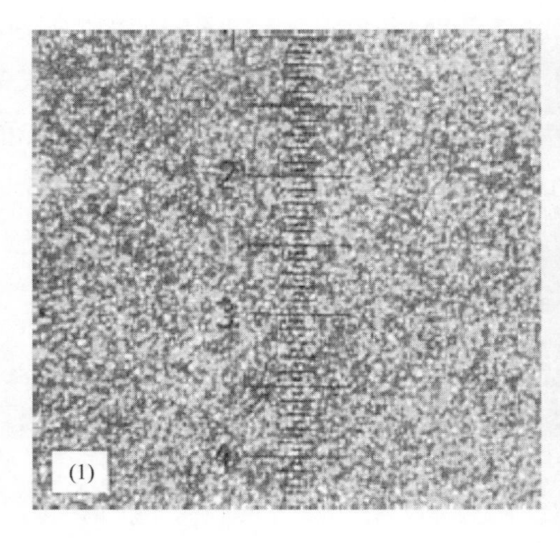

图2.2 用葵花籽油加工的人造奶油的结晶

（1）正常的β′晶型体；（2）粗粒状的β晶型体

有些甘三酯，例如1，3－二棕榈酸－2－硬脂酸甘油酸的β′型晶体十分稳定，但三硬脂酸甘油酯具有强烈的β晶型结晶倾向[71]。同样，脂肪是各种甘三酯混合物，也具有形成同质多晶的特点。Wiedermamn[79]根据结晶习性把常用油脂进行了分类（表2.5）。一般来讲，油脂中最高熔点的甘三酯组分的结构差异愈大，其形成β晶型结晶的倾向就愈小。因此像葵花籽油、红花籽油和低芥酸的卡诺拉油之类的油脂，由于它们的棕榈酸含量很低，并且加氢饱和之后，固体脂由结构十分相似的同类分子组成，所以这些油脂非常容易发生异晶型体间的转化。研究发现全氢化大豆油分别与9种普通油脂按照1∶1的比例逐一酯交换的话，液体油棕榈酸含量高时易于生成β′晶型[80]。Aronhime等[81]研究了一些表面活性剂对饱和的单脂肪酸甘油三酯的同质异晶体间转化动力学的影响。Heertje[64]曾用扫描电镜和光学显微镜观察了有起砂产品的微观结构。

表2.5 根据结晶习性油脂分类[79]

β型	β′型
大豆油	棉籽油
红花籽油	棕榈油
葵花籽油	牛脂
芝麻油	鲱鱼油
花生油	步鱼油
玉米胚芽油	鲸鱼油
卡诺拉油	菜籽油(高芥酸)
橄榄油	牛乳脂(黄油)
椰子油	改性猪油(酯交换改性)
棕榈仁油	
猪油	
可可脂	

注：资料来源：经JAOCS准允，重新编辑。

曾有人报道采用100%的卡诺拉油加工的人造奶油有产生砂粒感的问题[82]。人们对中、低芥酸含量的氢化菜籽油进行研究，证实芥酸含量越低、加氢程度越高的油，其β′向β转化得越快[83]。deMan曾研究了氢化卡诺拉油的β′晶型的稳定性与其碘值及反式脂肪酸含量之间的关系[84]。有研究发现商业化卡诺拉油基软质[36]和块状[46]人造奶油中，脂肪晶体是β晶型。Hernqvist和Anjon[85]发现如果在卡诺拉油基人造奶油中添加0.5%～5%甘油二酯，可以大大延缓人造奶油的起砂。1,2-甘油二酯延缓异晶型体转化过程的能力要比1,3-甘油二酯的大，并且由碳链长度相同的饱和脂肪酸组成的甘油二酯是最有效的脂晶型稳定剂[86]。甘油二酯对脂结晶特性的影响已有报道[87]。有资料报道[88,89]可以采用酯交换的方法减少葵花籽油基人造奶油起砂。人们已对山梨醇酐三硬脂酸酯进行了广泛的研究，发现它具有延缓β′向β转化的作用[90～93]，因此在加拿大的人造奶油标准中，允许它作为结晶抑制剂使用。在卡诺拉油基块状人造奶油配方中添加10%的棕榈硬脂或15%的氢化棕榈油可有效地延缓异晶型体的转变[94]。把棕榈硬脂和氢化卡诺拉油进行酯交换，其产物用作软质人造奶油油相的硬质基料时比未经酯交换的混合油脂的 β 结晶倾向大为减弱[95]。 Ward[96]建议提升加工技术来减少块状卡诺拉油基人造奶油出现的问题。100%大豆油基人造奶油同样发生起砂现象，这可以通过添加棉籽油改善产品[41]。 如今随着更多可涂抹人造奶油产品的开发以及更多油基的使用，开发稳定质构的100%大豆油或者玉米油基人造奶油产品配方业已成为现实。

人造奶油贮存在能够使脂肪熔融或者重结晶的条件下会很快起砂。 将人造奶油的储藏温度降至0℃，不期望的晶型转化随之减少[97]。 快速评价人造奶油起砂的方法是把人造奶油制品周期性放置于7. 2℃和23. 8℃条件下或者把产品放在21. 1 ~ 23. 8℃下存放数个星期。 Madsen[98]发现葵花籽油基人造奶油在18. 3℃下存放4 周，或在25℃存放两周都会转变成 β 晶型。 Van der Hock[99]曾描述过一种快速评估结构稳定性的方法即用高压分离出人造奶油的固脂组分，然后对高熔点组分进行差示热分析，并用显微镜观察它重新结晶的过程。 一些商品化人造奶油的同质多晶行为，与通过丙酮结晶分提获得的高熔点甘油酯组分有关[100,101]，或与用异丙醇萃取到的固体脂肪有关[101]。

(3)结晶速度　就人造奶油的加工而言，油脂的结晶速度和同质异晶体间的转化速度是至关重要的。 搅拌可以加快 α 晶型向 β′晶型转化。 Haighton[66]曾用带刮板的金属膨胀计研究脂肪在动态条件下的结晶速度。 Blanc[102]对一些脂肪在静态、过冷状态时的结晶速度进行了研究，结晶耗时从椰子油的3min 至棕榈油的27min 以及乳木果油的45min 不等。Riiner[103]对同质异构体间转化所需时间进行了研究，发现棕榈油维持 α 晶型的时间较长，也就是说 α 晶型向 β′晶型的转化较慢。 他还发现乳木果油的水解程度会影响异晶型间转化的速度[104]。 Berger[105]观察到棕榈油样品通过色谱柱脱除偏甘油酯和其他非甘油三酯成分之后， α 晶型的寿命从30min 减为4min。 从未破损的棕榈果实中获得的棕榈油含有将近6%的甘油二酯[106]。 Okig[107]证实将从棕榈油中分离到的甘油二酯重新添回到棕榈油纯甘油三酯中,当添加量从2%升高至15%，纯棕榈油甘油三酯的 α 晶型的寿命因甘油二酯含量的增加而延长。 棕榈油的 β′晶型的熔点和熔融热也随甘油二酯加入量的增加而降低。 Yap 等人[108]曾对棕榈油、棕榈油分提物和氢化棕榈油的结晶速度进行了研究。

研究发现在16%水分含量存在并伴有搅拌的条件下，单甘酯促进了各种脂肪的结晶[109]，而磷脂的作用与其相反[110]。 在有关人造奶油油基混合物的一项研究中，Chikany[111]发现增加混合油基中椰子油的比例或降低棕榈油的比例，都会提高该油相结晶的速度。 主要成分为棕榈油的混合油基的结晶问题，可以通过将部分棕榈油与其他脂肪进行酯交换这种方法得到改善[112]。 已证实将棕榈酸蔗糖酯（SPE 平均酯化度5. 4）、硬脂酸蔗糖酯和三硬脂酸山梨醇酯加入到人造奶油中可使其油相的结晶速度加快[113]；而加入月桂酸蔗糖酯，油相的结晶速度会减慢；但油酸蔗糖酯对其结晶速度的影响很小。 Van Meeteren 和 Wesdrop[114] 发现1，3－饱和－2－反式不饱和甘油酯，尤其是1,3－二棕榈酸－2－反式油酸甘油酯具有促使过冷态脂熔体结晶的作用，从而提高一种用缓慢结晶的油脂制备的涂抹脂制品的加工性能。

2.5.3 油脂混合

在美国，大多数人造奶油采用氢化作为原料油脂改性的唯一手段。虽然在一些健康型的制品中也添加了一些葵花籽油、卡诺拉油或红花籽油作为其液油部分，但大部分使用的是大豆油和玉米胚芽油。高品质的人造奶油可以用选择性氢化基料油来制备，这种选择性氢化基料油因含有较高的反式异构体和较低的饱和酸而具有陡峭的 SFI 曲线。虽然酯交换技术也可以用来制备大豆油型人造奶油的油基[115,116]，但是没有必要或动力来采用分提或酯交换的方法制备人造奶油，除非这些组分是其他操作方法的副产物，如冬化的副产品。在美国，除了众多大豆油基的产品外，用于大多数餐用涂抹脂使用的基料油类型在过去15年里变化很小，而涉及大豆油基的产品，加工厂家往往用液体大豆油代替最软质（轻度氢化）基料油。不过，随着人们对各种脂肪酸影响血清脂质方面的近代研究成果的深入了解，加上在脂肪酸商标法规方面可能发生的变化，都可能导致不久的将来人造奶油用油方面的重大变化。

Latondress[117] 曾对一些典型的大豆油基料和用它们加工的人造奶油的情况进行了描述（表2.6和表2.7）。考虑到每批氢化基料油的品质有所不同，所以每种基料油的百分比例应根据产品要求略加调整。基料油的种类越多，在最终混合物达标的前提下，选用稍不符合标准的原料的弹性就越大。质量最难控制的是碘值为66gI/100g（表2.6中序号为4）的基料油，因为在氢化反应的最后阶段饱和脂肪酸的含量迅速上升。棉籽油和玉米胚芽油也可以用来制备如表2.6所示的多种基料油。一套精炼设备可能要精炼八种用来配制混合油的基料油。由于不同的精炼设备可以生产不同质量指标的基料油，因此生产人造奶油的厂家应当意识到不同的供应商提供的基料油，尽管满足固体脂肪含量要求，但是其结晶特性也可能差别很大。Moustafa[118] 曾描述过美国市售软质人造奶油基料油的组成、固脂特性和多不饱和脂肪酸含量。脂肪含量40%～75%的低热量软质和块状涂抹脂所采用的基料油配料与分别加工生产软质和块状人造奶油所采用的配料一致。

表2.6 在大豆油型人造奶油中采用的几种典型基料[117]

基料油编号	1	2	3	4
氢化条件				
起始温度/℃	148.8	148.8	148.8	148.8
加氢温度/℃	165.5	176.6	218.3	218.3
压力/kPa	103	103	103	35

续表

基料油编号	1	2	3	4
性质				
镍含量/%	0.02	0.02	0.02	0.02
碘值/（gI/100g）	80～82	106～108	73～76	64～68
凝结点/℃	—	—	23.8～25(75～77)	33～33.5(91.4～92.3)
SFI（10℃）	19～21	4（最大）	36～38	58～61
SFI（21.1℃）	11～13	2（最大）	19～21	42～46
SFI（33.3℃）	0	0	2(最大)	2(最大)

注：资料来源：经 JAOCS 准允，重新编辑。

表2.7 典型的大豆油型人造奶油配方[117]

种类	软块状	块状	块状	软质桶装
组成/%				
基料1	—	—	60	—
基料2	—	42	—	80
基料3	—	20	25	—
基料4	50	38	15	20
液态大豆油	50	—	—	—
SFI（10℃）	20～24	27～30	28～32	10～14
SFI（21.1℃）	12～15	17.5(最小)	16～18	6～9
SFI（33.3℃）	2～4	2.5～3.5	1～2	2～4

注：资料来源：经 JAOCS 准允，重新编辑。

液态人造奶油的混合基料油是由一种液体油和一种极度氢化脂组成（例如液态大豆油和碘值为5gI/100g 的氢化大豆油）。Pichel[119]根据产品熔点要求，采用0.75%～7.5%的硬脂。硬脂用量多会导致产品黏度过大，用量少会导致水、油离析渗出。Melnick 和 Josefowicz[120]描述了相似的流态制品的 SFI 值范围：10℃时 SFI 为1.4～4.0，33.3℃时 SFI 为1.0～3.0。如果液油用表2.6中第二种基料油替代液态油的话，将会得到氧化稳定性、风味稳定性都较高的产品，但该产品的黏度受温度的影响将变大。

由于相互竞争的油脂价格变化较大且欧洲通常没有限定产品必须以原料油脂主次顺序在标签栏目上加以标注，所以产品中混合基料油的组成常常较为复杂，而且酯交换油的使用也很普遍。由于月桂型油脂的熔距很窄，所以只要价格允许，这些油脂也会少量添加[121]。油相配方会受到经济和货源方面的影响而经常性变更。根据统计的膨胀当量值方法[66]，依据固脂含量和成本为指标可以推算出最优化的基料油配方。这些计算，是基于对可获得的大量基料油混合油测定的基础上的，其假设每一种基料油含量与混合物固脂呈线性。这些经由多元回归分析得出的组成参数，必须在每个关注的温度进行测定。例如椰子油在10℃时有较大的正向固脂影响系数，而在21.1℃则有一个负向固脂影响系数。这种计算方法的有效性，由所研究的混合物的变化范围以及此范围内函数的线性所决定。Cho等人[122]采用经验设计法，用四种原料油脂（其中两种为酯交换的）配制出适宜于人造奶油和起酥油用的独特混合基料油。我们还可以编写出最低成本化的计算机程序，可以把其他一些因素考虑在内，例如除了固体脂肪含量方面的要求外，还有必需脂肪酸含量的最低含量，以及出于成本、结晶特性、货源和生产能力等方面的原因，需对某种组成含量加以限制等要求[123]。

Wieske[123]曾叙述过一种较为通用的计算方法，该法把脂肪酸分成以下四类：即高熔点饱和型C_{16}或更长链的脂肪酸、反式单烯和二烯脂肪酸、中等熔点饱和型(C_{12}和C_{14})脂肪酸、低熔点饱和脂肪酸和顺式不饱和脂肪酸。由上述四类脂肪酸构成的甘油三酯，被划分成具有上述类似熔融特性的类别，这样我们就可以推导出对固体脂肪含量有不同影响的十六种甘油三酯的计算模型。混合基料油中的任何一种甘油三酯类型，它所含的甘油三酯的种类就等于每一种组成中甘油三酯结构分析值的总和。因此，混合物任何部分或者全部进行酯交换的影响可通过数学方法测算。有一项关于人造奶油的专利[124]曾公布了脂肪酸和甘油三酯分类方面的详情。随着对不同类型甘油三酯之间相容性和熔融特性认识的不断完善，以及各种既经济又切实可行的改良甘油三酯结构方法的不断开发，人们仅仅根据油脂原料的脂肪酸组成来配制出最适宜的混合油相将成为可能。

(1)富含液油的混合油　20世纪50年代末到80年代，人们在开发富含亚油酸的人造奶油方面做了相当大的努力。虽然在美国目前不太强调多不饱和脂肪酸含量，但诸如玉米油、葵花籽油和红花籽油之类已作为健康油品受到消费者的青睐，而橄榄油因富含单不饱和脂肪酸，卡诺拉油因饱和脂肪酸含量低也同样受到欢迎。因此含有百分之百的上述油脂之一的产品在销售市场上会占有优势。当将选择性加氢的液油用作硬质基料时，块状人造奶油油基混合物中液体油最高限量为60%～65%，这样配制的产品才可被印模包装成令人满意的形状。对液油含量很高的混合油而言，硬质基料油中形成的反式脂肪酸可使10℃的SFI值适当偏高，且不会因引起饱和量的增加而使33.3℃时的固脂含量过高。这种高反式脂肪酸硬质基料通常是使用硫中毒的催化剂加氢而得[125]。专利文献中已有报道用于人造奶油和涂抹脂的无反式脂肪酸硬质结构酯[126]。软质人造奶油的油相混合物中有85%左右的液体油是完全可能的。正如2.5.2中讨论的那样，用100%的葵花籽油、红花籽油或卡诺拉油加工的人造奶油在存储期间会出现起砂。硬质组分自身随机酯交换[127]或把硬质基料和部分液油一起酯交换[128]，都可以减少质构方面的问题。含有80%以上高不饱和液体油的软质人造奶油放在 -23.3℃以下储藏时，将会呈现粗大颗粒外观和质构的破坏。McNaught[129]发现把少部分液油随机酯交换可以减少上述问题。

（2）低反式脂肪酸混合油　近期发表的研究文献[130~138]表明反式脂肪酸对血清脂质的作用是存在的，媒体的负面报道加深了消费者对这些脂肪酸的了解，特别是在北美。一个消费者权益保护组织已经向美国食品与药物管理局（FDA）提出了产品必须标明反式脂肪酸含量的请求[139]。但目前尚不清楚最终这些反式脂肪酸是属于像饱和脂肪酸一样提高胆固醇含量的脂肪酸，还是属于对健康隐患具有于饱和酸同等负面影响的脂肪酸。近十年来，这种担忧令人们投入相当大的精力，致力于低、无反式脂肪酸人造奶油和涂抹制品的研究和开发。绝大多数这类产品配方中含有大量的液油。当然对那些脂肪含量非常低的涂抹制品而言，混合基料油中反式脂肪酸的含量是微不足道的，因为标签中仅仅需要标示每份样品反式脂肪酸的含量。Haumann[140]曾经描述了在无反式脂肪酸人造奶油和涂抹脂的研制中，一些公司在降低反式酸含量和开发新产品方面所做的工作。在 Haumann[140]的文献中详细介绍了目前一些公司采取的减少反式脂肪酸的方法，并且对无反式脂肪酸人造奶油和涂抹脂新产品进行了综述。

在加拿大和欧洲，人们可以买到富含多不饱和脂肪酸和低反式脂肪酸含量的人造奶油产品。这类产品主要由未经氢化的或者是全氢化的热带油脂加工而成。美国消费者对这些热带油脂态度很负面，因此热带油脂的应用范围不广。棕榈油和月桂酸型油脂如椰子油、棕榈仁油和巴巴苏油都是高饱和脂肪酸型油脂。但是，这类油脂会形成共晶并具有陡峭的熔融曲线，所以如果单纯以这些油脂作为主要硬质基料油而不添加改性成分的话，是无法配制出令人满意的块状人造奶油油相混合物的。Ward 曾发现全氢化棕榈油和巴巴苏油的酯交换产物可以作为高不饱和软质人造奶油[141]和块状人造奶油的基料油[142]，并可用常规设备加工生产。我们可以用极度氢化和随机酯交换的棕榈油和棕榈仁油[143]或棕榈仁三油酸甘油酯[144]配制成与上述产品相仿的，含 90% 左右液体的软质人造奶油。可以用非氢化硬质组分加工软质和块状人造奶油，这类非氢化硬质组分会含有酯交换的椰子油、棕榈油和棕榈硬脂的混合油[145]。如果软质[146]和块状[147]人造奶油使用分提棕榈油或者月桂酸型油脂，或使用棕榈油和月桂酸类油脂混合油脂分提产物的话，那配方中不再需要添加氢化油或经酯交换改性的油脂。曾有人描述过一种采用 1,3 位定向酶法酯交换从高棕榈酸油、高月桂酸油和高山嵛酸氢化油脂来制备硬质基料的方法[148]。也有人用 3% ~ 10% 的全氢化油脂与液体油作为混合油基制备涂抹脂，这种全氢化油脂含有至少 25% 棕榈酸、3% 以下反式脂肪酸以及 10% 以下的三硬脂酸甘油酯[149]。极度氢化鱼油或棕榈油是很适宜的硬质基料油。采用高棕榈酸、和（或）高硬脂酸和高山嵛酸脂进行酯交换反应，反应产物作为硬质基料油，在低添加量的情况下可以用于制备低饱和脂肪酸和低反式脂肪酸的人造奶油[150]。有人曾描述了用全氢化大豆油和九种常见植物油，以1∶1比例混合酯交换得到硬质基料油的性质[80]。低反式脂肪酸和低C_8～C_{16}脂肪酸型人造奶油的油相，可以用一种硬脂酸酯原料和一种液体油进行酶法酯交换来制备[151]。

已经有用单一高亚油酸来源的基料油加工零反式脂肪酸人造奶油的报道。把液态大豆油和全氢化大豆油以80∶20的比率混合进行随机酯交换，反应产物在10℃、21.1℃、33.3℃的SFI值分别为8、3.5、2.2，由此制得的人造奶油具有稳定的晶体结构和良好的氧化稳定性[152]。曾有报道把液油和10%～15%极度氢化大豆油混配进行酶法酯交换，酯交换后产物适宜作为餐用涂抹脂的油相[153]。可以把葵花籽油、大豆油或玉米油和它们各自的极度氢化脂混合进行酯交换，反应产物经分提处理后可以用来制备百分之百葵花籽油或大豆油或玉米油的低反式脂肪酸型人造奶油制品[154]。而分提得到的液油在额外添加其他的一些液体油脂后可以配制出块状人造奶油的基料油。有资料描述了一种用单一非改性油脂制备成的涂抹制品[155]，这种脂优先选用至少含30%二饱和脂肪酸甘油酯，并富含硬脂酸的大豆油。

制造低反式脂肪酸型人造奶油的另一个方法是非氢化液体油脂的直接酯交换。Sreenivasan[156]在非极性溶剂中于-9.4～0℃条件下直接酯交换反应6天制得100%葵花籽油，这种葵花籽油在0℃、21.1℃、26.7℃和33.3℃的固脂含量分别为10.7%、6.0%、5.2%、2.1%。在上述反应温度下，不断产生的二饱和和三饱和型甘油酯将不断从反应体系中凝固析出。在低温时反应终止，反应前后物料含有完全相同的脂肪酸组成。液态玉米胚芽油进行定向酯交换，不加任何溶剂，采用从0.6℃到10℃反复循环的调温方式，反应6h后终止反应[157]。定向酯交换后的玉米胚芽油在0℃、10℃、20℃、30℃、40℃的固脂含量分别为13.1%、10.3%、7.2%、4.8%和2.2%。为了提高定向酯交换产物中固脂的量，可以在反应前的液油中添加少量极度氢化脂[158]。除此之外，还可以不添加氢化油脂，而取走反应过程中饱和度已经下降的那一部分液油，并补加新的原料油，使固体脂肪组分得到富集[159]。虽然可以用100%的液油来配制软质零反式脂肪酸型人造奶油，但只用液油定向酯交换产物作为基料油，显然不符合加工块状人造奶油的要求。有限的熔融范围以及由硬脂酸和棕榈酸组成的甘油三酯的高熔点似乎排除了这种可能性。

除了在油包水型乳状液中添加氢化或者饱和油脂来稳定结构外，还有一种稳定结构的新方法是添加油溶性的聚合物作为增稠剂或者质构稳定剂[160]。这些多聚化合物是羟基酸，或多羟基醇和多元酸的缩合物。目前在食品中使用这类缩合物尚未获得批准。氢化油的另外一种替代方案是基于水包油型乳状液的。含有80%液态卡诺拉油的这类制品已在美国问世[140]。

(3)特殊膳食类油脂 已有一些涉及含有非常规成分的、特殊的健康型人造奶油方面的报道。Stahl[161]曾研究过一种低热量人造奶油，它的油相主要是单甘酯，而甘油二酯和甘油三酯的含量极低。这种产品或许可以作为某些患消化系统紊乱症患者的营养补充剂。也有一些报道用中链脂肪酸甘油酯制备人造奶油，这种甘油三酯的中链脂肪酸主要是辛酸和癸酸[162~164]，它能够迅速被人体吸收，对脂肪代谢异常的患者很有益。也有报道用八碳烯酸蔗糖酯作为脂肪代用品而制备低热量人造奶油和涂抹脂[165,166]。也有报道采用短链和长链脂肪酸蔗糖酯[167]以及含有棕榈油脂肪酸的蔗糖酯[168]改进人造奶油硬基基料油。这些蔗糖酯是一类无法被人体吸收的脂肪代用品，在临床试验中发现这类脂肪代用品对减少热量摄入和降低血清胆固醇水平是十分有益的[169]。将来采用其他普遍认为是有利于身体健康的油脂，如米糠油[170]作为基料油，采用这类油脂制备的涂抹脂或者含有长链高不饱和$\omega-3$脂肪酸[171]或γ-亚麻酸[172]的油配制的涂抹制品会有一定的市场。在美国能否使用后两种油，不仅仅取决于它们是否被准许用于食品，同时还取决于是否有充分的科学依据来支持其健康宣称。富含$\omega-3$脂肪酸的鱼油在食品中的应用和特性已有文章作了论述[53,173,174]。Gunstone[175]曾综述了富含γ-亚麻酸的植物源如玻璃苣、黑醋栗属植物和月见草油以及微生物来源。

2.5.4 油的质量规格

Patel[176]列出了人造奶油油相混合物的通用质量参数，其中包括一些人造奶油产品的油相指标（表2.8）。除这些已经列出的指标外，质量指标有时还包括了茴香胺值、总氧化值和重金属与微生物方面的限量值。人造奶油所用的油应该是最高品质的油，并且油的风味要尽可能清淡。企业在收到油脂之时就应采用类似于美国油脂化学家协会（AOCS）[177]推荐的标准评分系统，对油脂进行风味的感官评定。有一些生产厂家可以通过挥发性物质的分析来确认感官评定的结果，而且用SFI值来描述油的物理性质。有些质量指标还包括了26.7℃和37.8℃的SFI值和熔点或软化点（梅特勒滴点）。配制油相混合物所用基料的性质通常是由油脂供应商来决定的。正如Wiedermann[178]曾指出的那样由于工艺控制至关重要，这样的做法有时可能会给人造奶油的生产带来不少困难。我们不能把SFI曲线仅仅看成三个互不关联的规格区间，在表2.8所示的实例中，SFI值为26-15-1.5和22-16-3（三个数字分别代表三个不同温度时的SFI值）的油都可以满足油脂质量规格的要求，但很可能由此加工出的成品在性质方面存在很大的差异。如果某种给定的混合油具有的SFI-温度曲线要比规格要求的SFI曲线中段的斜率更陡或更平缓，那么用该种油加工出来的产品可能会不符合产品质量要求，或者说用这种产品质量规格去要求是不切实际的。至于多不饱和或饱和脂肪酸方面的规定，通常只有在人造奶油产品需要满足特定的标签方面的要求时才包括在内。将来，如果标签中要强制标明反式脂肪酸，那么，反式脂肪酸的含量就会成为大多数生产厂家质量规格中的一项指标。

表 2.8 典型的人造奶油油相的技术标准[139]

	参数	实例
成分	原料油	100%玉米油
	混合物	50%液油（最小）
	添加剂（允许/需要的）	允许加柠檬酸
质量	风味（感官评分等级）	7（最低）
	色泽（罗维朋红）	3（最大）
	过氧化值/（meq/kg）	1.0(最大)
	游离脂肪酸/%（油酸计）	0.05(最大)
	水分/%	0.05(最大)
	稳定性（AOM 值，8h）	PV<10
物性	SFI(10℃)	22~26
	SFI(21.1℃)	14~17
	SFI(33.3℃)	1.5~3
营养性	多不饱和酸/%（酶法）	28（最小）
	饱和酸/%	19（最大）
装运要求	装载方式	油罐车
	充 N_2 覆盖	需要
	装载温度	57.2℃最大
	到达温度	48.8±15℃

由于美国许多生产人造奶油的企业与供应商相距甚远，需要油罐车或铁路运输货物。因此，在技术标准中需详细说明装货温度和是否需充氮气保护。对油罐车运输而言，技术标准中常常会列出货物达到目的地时的温度，以确保油完全可流动。为了尽可能减少油脂的变质，最好在生产人造奶油时进行各种油脂混配和脱臭。

2.6 其他通用的成分

下面一节内容叙述的是除油脂混合物之外的一些其他配料的作用，这些配料常常用于餐用涂抹制品中。在选择哪些配料以及配料的用量方面存在很大的自由度。这些方面通常是由消费者喜好和生产条件来决定。一些典型的配方如表 2.9 所示。

表2.9　典型的人造奶油和涂抹脂的配方

成分	成品中的含量/%		
	80%脂型	60%脂型	40%脂型
油相			
液态大豆油和部分氢化大豆油掺和	79.884	59.584	39.384
大豆卵磷脂	0.100	0.100	0.100
大豆油型单双甘酯（IV5，最大）	0.200	0.300	—
大豆油型单甘酯（IV60）	—	—	0.500
维生素A棕榈酯－β胡萝卜素混合物*	0.001	0.001	0.001
油溶性香精	0.015	0.015	0.015
水相			
水	16.200	37.360	54.860
明胶（250目）	—	—	2.500
喷雾干燥乳清粉	1.600	1.000	1.000
盐	2.000	1.500	1.500
苯甲酸钠	0.090	—	—
山梨酸钾	—	0.130	0.130
乳酸	—	调至pH5	调至pH4.8
水溶性香精	0.010	0.010	0.010

注：*为定制的混合维生素，保证维生素含量及色泽；分散到玉米油中。

2.6.1　乳制品和蛋白质

FDA阐明[179]在人造奶油的质量标准中，乳制品可以是任意添加量的黄油或者乳脂肪，其添加量只要满足与植物油合用，达到人造奶油要求的脂肪含量至少80%即可。因此，黄油混合物属于FDA人造奶油和涂抹脂法规范畴。过去，几乎所有人造奶油都使用发酵乳。由于牛乳发酵需要一定的时间和场所，所以这种做法已基本被淘汰，取而代之的是脱脂乳，并添加发酵剂馏出液、丁二酮或者其他的香料。在美国，虽然仍然有一些企业采用脱脂牛乳，但目前大多数已被喷雾干燥乳清粉所替代，有时在这种乳清粉中添加酪朊酸钾至标准蛋白含量。大豆蛋白可以在禁止添加乳制品配料的产品中使用。

蛋白质对人造奶油制品的作用包括几个方面。除了增加产品风味外，在煎炸过程中牛乳固形物因发生美拉德反应而变成棕色。低乳糖牛乳或乳清蛋白可以在保持原有风味的基础上，控制或减轻这种褐变效应[180]。牛乳固形物同样具有络合诱导油脂氧化的金属的能力[181]，起到保护剂的作用。蛋白质能使油包水型乳状物失稳。在人造奶油配方中，如果没添加蛋白质，并且加工方式以及脂相与乳化剂系统都没有改变的话，那么产品的风味物和盐的释放将受到抑制，这是由于水相液滴较为细致而乳液具有较好的抗破乳能力所致。Linteris[182]发现添加0.01%～0.1%的酪朊酸钠会增强无乳型人造奶油的盐味。在水相仅含有水、防腐剂、盐、酸和香料的低脂涂抹制品中，添加5～10mg/kg的蛋白质可以明显促进风味的释放[183]。蛋白质的存在易引起的乳状体系的不稳定，这一点在设计脂肪含量低于50%的产品配方时要特别注意。在美国，以往生产的40%脂肪含量的低热量人造奶油都是不含蛋白质的。但是如今许多含脂40%或者更低脂肪含量的涂抹制品会添加凝胶剂或者其他的亲水性配料，这样可以为添加有乳蛋白的涂抹制品提供足够的稳定性。

2.6.2 乳化剂

在人造奶油中，乳化剂具有多种功能。它们降低了油、水界面张力，因此只需较小作用力就可以形成乳液。乳化剂使产品更为稳定，它可以防止产品在储存期间发生渗漏或水相凝聚。乳化剂还具有防溅作用，在煎炸过程中，它能防止水蒸气凝结和强烈爆溅。Dziezak[184]曾列出了常见的乳化剂的种类及其用途。乳化剂在涂抹制品和起酥油中的作用，已由Madsea[185]加以详述。乳化剂和它们之间相互作用的影响是十分复杂的，并且在脂含量较低的情况下，这些作用显得尤为重要。Gaonkar和Borwankar[186]曾经报道过卵磷脂、单甘酯和存在于基料油中的表面活性物质对油－水界面的影响。Heertje[64]通过显微镜发现，饱和型单甘酯比不饱和型单甘酯具有更大的取代油水界面上蛋白质的能力，而卵磷脂比单甘酯具有更大的表面活性。

由于粗磷脂具有防溅的作用，所以几乎所有的人造奶油中都添加0.1%～0.5%的粗磷脂，不过在含脂量很低的涂抹制品中，粗磷脂的存在也许会造成乳化稳定性下降，并促进油的离析。Schneider[187]曾对卵磷脂的生产、性质和在食品中的应用作了报道。卵磷脂可能不脱色或用双氧水进行一次或二次漂白。磷脂除了在煎炸过程中能产生均匀和稳定的气泡外，还有利于蛋白质沉析物的细微分散，磷脂还可与蛋白质作用形成卤汁，并加快盐的释放[188]。卵磷脂经酶法水解后，可得到α－单酰甘油磷脂，它具有改善液态人造奶油煎炸性能和抗油离析的作用[189]。有研究表明：醇不溶性磷脂的分提和部分水解产物，可以改善人造奶油的抗溅性[190]。具有抗溅性的物质还有富含蛋白胨的乳蛋白[191]、金属微细粒子或非金属氧化物[192]、柠檬酸单甘酯[193]、单甘酯的磺基乙酸钠衍生物[194]和聚甘油酯[195]。在产品中掺入精细分散的气体如氮气、二氧化碳或空气也可以减少飞溅[196]。应优先选用氮气，且在搅打型人造奶油和涂抹脂中常常添加氮气。据报道，氮气或者氮气和其他气体的混合物很容易细微、均匀地分散在产品中[197]。

在块状人造奶油中，由于含有较多的、能使结晶乳状物稳定的固体脂肪，所以只需添加卵磷脂就可以。不过，大多数人造奶油同样也含有中低碘值的单、双甘油酯来防止水的离析。已发现高碘值的单甘酯，例如用葵花籽油或红花籽油加工得到的单甘酯，应用在低脂产品中效果很好[198]。曾有人研究了50%油包水型乳状物的絮凝速度，其速度是其亚油酸单甘酯百分含量的函数[199]。在一些含脂量低的涂抹制品中含有聚甘油酯。单甘酯和聚甘油酯的混合物，对含有较多乳蛋白而含脂量很低的涂抹制品的生产是十分有效的，尤其在涂抹制品同时含有凝胶剂的情况下[200]。虽然认为多聚蓖麻酸聚甘油酯效果最好[201,202]，且在欧洲允许使用，但在美国，这种特殊的聚甘油酯尚未准许使用。芥酸聚甘油酯同样被证实具有稳定高内相油包水乳状液的作用[203]。曾有人描述过[204]用蔗糖酯和单一的非氢化液油形成一种稳定的流态人造奶油。同样有报道过[205]用蒸馏山嵛酸单甘酯配制成含有大量液油的、低黏度的、不易渗油的流态人造奶油。

除乳化剂之外，低脂涂抹制品还可能含有水溶性凝胶剂和/或增稠剂，如明胶、果胶、卡拉胶、琼脂、黄原胶、结冷胶、淀粉或淀粉衍生物、海藻酸盐或甲基纤维素衍生物。商业上来讲，上述凝胶剂或者增稠剂中最重要的是明胶。高品质的明胶是一种价格昂贵的配料，而采用膜过滤脱除明胶异味的工艺业已获得专利授权[206]。凝胶剂的作用将在本章的后部分进行详细论述。Heertje[64]曾用显微镜观察了人造奶油和低脂涂抹制品的乳胶微观结构，并对其结构性质进行了评述。

2.6.3 防腐剂

能用于人造奶油的防腐剂有三类：抗氧化剂、金属离子清除剂和抗菌剂。这是因为无论是原料还是餐桌涂抹制品，其终产品都是在一定卫生条件下加工的，因此不会发现分解脂肪微生物，即使在含月桂酸油脂产品配方中，也不会发生水解酸败。为了保证产品质量高含量动物脂肪配方的涂抹脂必须添加抗氧化剂，但对多数植物油型人造奶油而言，可以不添加抗氧化剂。不过，将来含诸如非氢化鱼油这类高不饱和脂肪的涂抹制品，即使含量很低，还是必须添加抗氧化剂。在没有添加抗氧化剂的情况下，含有乳蛋白的植物油型人造奶油在4.4℃下可以保持6个月的稳定[207]。据说植物油中残留的生育酚量已接近起保护作用的最佳水平[208]，超量的生育酚或许会起促使氧化的作用[209]。卵磷脂和抗坏血酸具有抗氧化增效剂的作用[210]。添加非脂解的、非蛋白分解的、好氧酵母菌，被认为是一种防止最终产品自动氧化的方法[211]。耐盐乳酸杆菌能把醛转化为醇，据说它能除去产生异味的氧化物，所以能延长人造奶油的货架寿命[212]。

重金属的存在可使人造奶油在数天内就产生严重金属异味。铜促油脂氧化能力最强，可容许的最大含铜量约为0.02mg/kg[213]。柠檬酸、柠檬酸盐和乙二胺四醋酸（EDTA）有络合金属、使其失活的作用。已发现EDTA防止由铜诱发油脂降解而产生异味的效果很好，并且在无乳型人造奶油中，常常以EDTA二钠钙盐的形式添加。Melnick[214]已获得在

EDTA 存在的条件下，利用盐结晶工艺降低重金属含量方法的专利权。这种高纯度的盐已被有效地应用在人造奶油中。

从微生物的角度来看，油包水型乳状液要比水相自身更稳定。因为只有一小部分液滴会受微生物的污染。液滴的大小会限制微生物的生长，进而限制了这类微生物分泌脂肪酶[215]。由于液滴的大小在很大程度上取决于加工过程的工艺参数，尤其在生产低脂涂抹制品时更是如此，所以生产过程的控制是至关重要的。水相液滴的平均直径和最大直径、pH、有效营养物和沾染细菌的程度，都对产品是否会受到微生物的污染具有极为重要的作用[216]。就 80% 含脂量的人造奶油而言，水相中盐的浓度为 2% 时，对防腐同样有效；但是如果不添加防腐剂或酸化剂，霉菌也许就会趁机繁殖。山梨酸、安息香酸及其盐类可以作为防腐剂使用，尤其适用于低脂和低盐的产品。非离解性酸的防腐作用是非常可靠的，并且 pH 愈低它的效果愈好。但是非离解性酸更容易溶解于油相，而水相恰巧是需要抗菌的部分，山梨酸在水油相间的分配系数使得它更溶于水相。虽然盐对水相中的防腐剂有增效作用，但它对乳状液中山梨酸的分配系数会产生负面影响，它会把较多的游离酸驱逐到油相中去[217]。安息香酸[218]和山梨酸[219]的防腐效果与它们在人造奶油中浓度之间的相关性方面已作了大量的研究。Castenon 和 Inigo[220]建议无盐人造奶油的 pH 为 4 ~ 5，含盐人造奶油 pH 为 5 ~ 6，山梨酸或安息香酸的用量为 0.05%。文献报道乳酸的用量只要不低于 0.2%，它就是最有效的酸化剂，可起到防腐作用[216]。并且，我们也可以添加柠檬酸和磷酸。由于酸乳的脱矿物质处理减少了乳的缓冲剂的能力，造成酸味下降，所以需要调酸到指定的 pH[221]。有建议提出使用两个水相加以配制，使防腐剂和营养物浓缩在同一相中[222]。Klapwijk[223]曾对低脂涂抹制品加工的卫生条件进行研究，并且总结出预测微生物危害分析的预测模型。

2.6.4 风味物

许多人工合成的黄油风味物都可以应用在人造奶油之中。它们通常是那些已被鉴别出对黄油风味有贡献的化合物，例如内酯、短链脂肪酸乙酯、酮和醛类的混合物等[224]。在大多数人造奶油风味物中，二乙酮是主要的挥发性成分，它对黄油香味的贡献最大。黄油中二乙酮的浓度为 1 ~ 4mg/kg[225]，它产自于加了柠檬酸的牛乳的发酵过程。如果牛乳不进行发酵处理，可以添加人工合成的丁二酮或发酵剂馏出液进行增香。牛乳脂肪的脂解也可以产生风味物质，已有人描述过[226]把发酵剂馏出液和热处理过的黄油混合的用法。乳状物的致密性和乳液中脂的熔融性质都会影响人们感知产品风味的速度和顺序。盐的浓度和 pH 也会影响风味的平衡，因为它们可以影响各种风味成分的分配系数。当涂抹制品的含脂量降到非常低的水平时，要求它的口感风味程度与高脂涂抹脂相似，那么风味物配制的难度将会相应提高。

2.6.5　维生素和色素

我们可以通过添加β－胡萝卜素（维生素A原）和/或维生素A的酯化物，来达到强制提高人造奶油维生素A含量的目的。胡萝卜素的用量按产品所需要的颜色来调节，而无色的酯（乙酸酯、棕榈酸酯等）常用于调节产品中维生素至标准含量。维生素D的添加是非强制性的。在美国人造奶油的标准中不允许强化维生素E，但是最近美国市场上出现了强化维生素E的涂抹脂商品。在欧洲，无论是维生素E强化型人造奶油还是强化型涂抹脂近年来都已问世。有人曾对美国市场上可以买到的植物油型人造奶油中天然维生素E的含量作了报道[227]。

人造奶油用类胡萝卜素和合成的β－胡萝卜素着色的方法至今仍被广泛采用。胡萝卜素在油中的溶解十分缓慢，因此先要把这种化合物粉碎成2～5μm的微粒，然后把微晶粒悬浮在油中以延缓氧化[228]。含有类胡萝卜素的天然提取物，如胭脂树橙、胡萝卜籽油还有红棕油都已经在使用。用于黄油着色的胭脂树橙或多或少对光线有些敏感，它呈橙黄色或稍带粉红色，尤其当水相为酸性时更是如此[4]。胭脂树橙和姜黄素复配物要比单用一种胭脂树橙所形成的颜色更有代表性[229]。许多生产人造奶油的企业专门为一些特定的产品定制混合色素和维生素。

2.7　加工

如今人造奶油产业所使用的原辅料范围十分广泛。正如为了满足产品需求而调整油脂一样，为了得到所期望的产品品质，必须根据配方中所用的油脂含量、固脂含量和结晶速度等方面的情况建立适当的工艺参数。人造奶油的生产过程基本包括五个工序：乳化、急冷、捏合、休止和包装。下面将对这些工序分别加以简短的描述，并针对不同品种产品要求结合一些已公开发表的工艺改进措施，对上述工序的用法加以说明。有关设备、工艺、包装和工厂布置，以及酥皮用人造奶油的生产详情，将在本书的其他章节中加以描述。有关制备低脂涂抹品的一些情况将在本章后面加以讨论。

2.7.1　加工工艺

（1）乳化　初始粗乳状液的形成是一个严格的间歇式加工法，在这个工序中温热的油脂与油溶性配料分别称重或者溶化后注入乳化罐中，乳化罐过去也称为搅乳桶。经过巴氏杀菌的水相计量之后，在搅拌下注入乳化罐内。在许多工厂中，巴氏杀菌后的水相在4.4～10℃条件下保温，这样便于将它们加热升温到高于油相熔点以保持乳化。通常情况下乳状液温度保持在42.8~43.3℃。如温度不够高，那么就会产生晶核，并形成一种预结晶的组织结构，从而影响最终产品的稠度[230]。人造奶油的抗溅性也许会受到水相温度的影响[231]。在较低温度下形成的乳状液是十分不稳定的。搅拌一停止，牛乳相液滴马上絮凝析出。当乳状液确保搅拌均匀后，可把它们泵入到一只带搅拌的暂存罐中，这个暂存罐可以随时向下步工序提供原料。

另外也可以用连续式方法来制备乳状液。如果所有的油相配料预先添加入初始的储油罐的话，油、水二相可以分别计量后进入在线进料罐，或用计量泵或流量计进行简单在线混合。哪一种方法更可取，这取决于是否可以提供油脂暂存罐和按照产品配方及生产计划所采用的基料油。一台既能够分别计量诸如盐水、纯水、浓缩乳清蛋白、香精以及防腐剂水溶液等水溶性配料，也能够分别计量基料油、乳化剂以及色素所形成的油相的多头计量泵，决定了生产的灵活性。采用在线静态混合器混合油、水两相，之后注入在线静态混合器乳化。

乳状液预冷至刚好产生少量的固体脂肪（0.5%~2.5%），之后在进行常规工序前均质，有人认为这样做水相呈纤细状分散，可以避免使用防腐剂[232]。最近，有人描述了一种具有均一液滴粒径的稳定低脂乳状液的加工新方法[233]。该法涉及在低压下将分散水相或水包油型乳状液通过一种预先用油相处理过的亲水性微孔膜片进入油相中去的工艺方法。据称，这种方法适用于制备含脂量至少为20%的油包水型乳状液以及含脂量至少为25%的油包水包油型（油/水/油型）乳状液。目前有人介绍日本已经有采用该方法生产含25%脂的涂抹制品，产品不含防腐剂，其货架期长达六个月。

(2)急冷　乳液形成后，被一台高压正向泵送入管道式刮板换热器中，通常称这种换热器为A单元。这种管道式冷却器的典型品牌有Votator（美国Cherry-Burrell公司）、Chemetator（英国Crown chemtech有限公司）、Perfector（丹麦Gerstenbery公司和Agger公司）和Kombinator（德国Shroeder公司）等。在这些装置中，物料会经过转轴和外层隔热夹套之间的环状空隙，隔热夹套中含有制冷剂，制冷剂通常为液氨。通过调节制冷剂的吸入压力来控制温度。这种管体常常是用镀铬的镍合金或不锈钢加工而成，这种管材具有很高的换热系数。安装在空心轴上的、可以自由浮动的刮刀，因离心力作用而连续不断刮擦夹套管内壁，从而使物料得到最有效的冷却。一般情况下，轴的转速为300~700r/min，刮擦夹套筒内壁表面的次数达1500次/min[234]。由刮板和支撑鞘轴产生的很高的管内压和剪切力，使料液迅速形成晶核。在A单元内，高转速下产生的乳状物比低转速下产生的乳状物更为纤细[235]。热水在转轴的夹套管内循环流动，以免形成固体脂肪附着在转轴上。这种A单元有多种规格型号的产品，通常以成套设备应用，可以灵活地适应加工工艺的变化。

(3)捏合　当人造奶油物料从急冷单元中流出时，它只是部分结晶，在大多数生产工艺中，物料将进入捏合单元或混合器，有时称为 B 单元。在一些专利文献中，它又被称为 C 单元或结晶器；也有人把紧接混合器的一种偏心结构的刮板式换热器称为 C 单元。这种捏合器的变速轴上，装有排成螺旋状的鞘轴。这些鞘轴和安装在圆筒体内壁上的固定鞘轴相互啮合。在该混合器内，结晶十分剧烈，并且物料的温度因结晶热和机械捏合热而升高。在结晶器中，搅拌有助于晶体自由扩散到水相液滴的表面，从而形成一种晶体质地的壳体（即所谓 Pickering 稳定）。物料流经捏合单元期间，由于黏度上升，乳状液可能会发生某些絮凝[235]。一些设备制造企业可以提供用 A 单元的变异轴驱动的中间结晶装置。物料流经混合器时，料温上升标志着大量的结晶生成。在捏合单元中物料的结晶程度取决于物料在单元中滞留的时间（容量和流量）、轴的转速和脂肪结晶速度。曾有人论述了根据经验推导出的这些变量间的相互关系，以及控制结晶器中控制结晶程度的自动化程序[236]。

(4)休止　假如产品包装要求物料具有较硬的状态，那我们可以采用静态的 B 单元或休止管来实现这一要求。休止管是一种带有温水套的圆筒，这种圆筒有时会安装有挡板或多孔板，引导产品通过圆筒器的中部区间。静态 B 单元一般由几段带法兰盘的管段组成，这样，其长度可以根据产品需要加以变更。常用安装有回转阀的两个平行的休止管，让物料交替地进入这两根平行的休止管中，以便增加物料休止的时间。

(5)包装　美国目前用的块状人造奶油包装设备主要有两种类型。第一种是模压印模模成型之后进行包装。它既可以是封闭式的也可以是开放式的。在开放式包装设备中，当产品流经多孔板从休止管流出时，形成“条状”落在给料斗中。之后螺旋式搅拌叶把人造奶油挤入模型中，进行印模包装并装箱。封闭式包装设备与开放式设备很相似，只是人造奶油并不是被挤压出来，而是随管道压力直接注入模具的空腔中。第二种包装机是充填式打印模装设备，人造奶油从休止管出口排出时仍为半流态状，它直接被注入预先放有内层包装纸的空腔内，然后折叠包装纸，从模中排出。这种设备较适合于软质黏性物料的灌装，因为这类产品在被包起来之前是没有成型的。软质管状人造奶油是在直线式或旋转式灌装机上，以流态或半流态的形式灌装。

2.7.2 特定的加工方法

(1)块状人造奶油　一种封闭式块状人造奶油生产的典型设备构造如图 2.3 所示。乳状液按比例混合均匀后，急冷并充分结晶，再进行包装。如采用印模包装设备的话，将要求产品从 A 单元流出后直接进入休止管。如果用充填式印模包装设备的话，需在休止管之前装一只小型混合器，以使被包装物稠度适度，但是最终的产品会显得有些软。为了适当地控制重量，必须保持供给填充器充足的物料，因此在封闭式包装系统中，适当超量供料是必然的，所以有必要安装再熔回料管路。超量的产品被送返回料罐，在那儿被重新熔化后，再泵回到生产线路中重新加工。当包装设备出故障时，所有的产品都被送到回料罐中。假如管道的供料是由乳化罐提供的话，那么超量的产品可以在管道内重新熔化后，再回到乳化罐内。

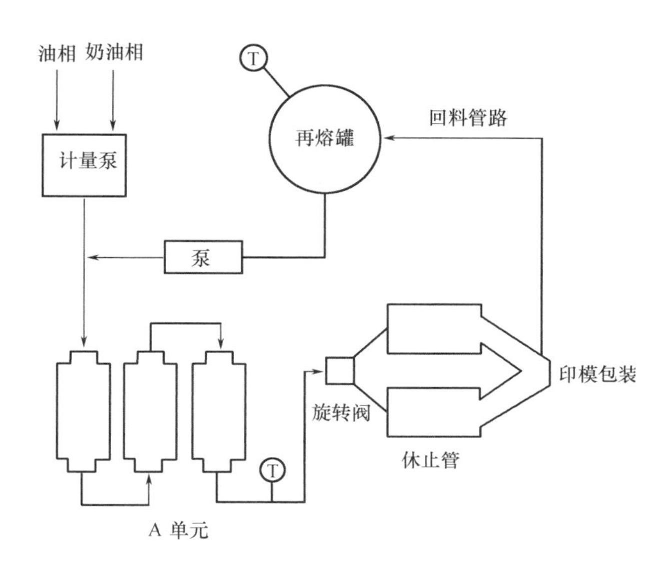

图 2.3 连续式块状人造奶油生产流程

为了获得令人满意的产品脂肪混合物的结晶速度不仅对设备有要求，而且对所需的加工工艺参数也有要求。如果脂肪混合物易于极度过冷，那么它在混合器中，实际上无法获得充足的时间去形成晶格。在这种情况下，该产物在休止管中也许变得十分坚硬，或者它在包装之后变得十分坚硬。为了加工富含棕榈油的油相混合物，Kattenberg 和 Verburg[237] 在 A 单元之间安装了一台慢速搅拌的操作单元，为物料结晶提供了 2 ~ 3min 的滞留时间。

有人提出了一些可以改善人造奶油感官品质的工艺。采用有控制地预结晶的方法，以促使高熔点甘油酯尽快结晶和达到增加晶体大小的目的。该法是把全部或部分油相混合物先送入预冷器预冷后，再与水相混合。另一种做法是部分流出 A 单元的乳状物重新循环与 A 单元入口处的乳状液相混合。有人称[238] 晶体大小分布范围越大，越能改善产品的稠度，有利于风味释放。另一个改进工艺的方法，是把油相混合物和 25% 的水相一起急冷，然后把剩余 75% 的水相在进入混合器前加入到乳状液中[239]。这种水相的加入方式可以扩大制品中水相液滴粒度分布范围，可以得到部分相当大的液滴，有利于风味物和盐的释放。一部分水相在急冷前加入，是为了获得均匀的、没有纯脂肪区域的、不透明的乳状液。据称含双重乳状液（油包水包油）的人造奶油，其风味能够得到改善。这种乳状液形成的方法，是把部分油相先加入到水相中去，形成乳状液后，再把它加入到剩余的油相中去，然后再次乳化[240~242]。据报道，这种做法的优点包括：①由于水相表面积较大所以产品的风味释放性得到了改善；②由于可以用液油作为内相，所以提高液油含量的可能性增加，而产品的稠度由外相所决定；③作为烘焙和烹调用油来讲，可以将更多的风味物质包裹于内层油脂相，同时如果作为涂抹用油的话，还可以保持可接受的风味。据称高脂餐桌涂抹制品的相转变加工工艺可以赋予产品如同黄油般更好的质构和风味释放特性。这种人造奶油是采用添加植物油后的稀奶油进行搅乳的方法来制备的[243,244]。据有关报道，为使这种相转变制备法更为便利，可以在稀奶油搅乳之前加一些油脂，这种油脂应优先选择液体油[245]。

(2)搅打人造奶油　搅打人造奶油通常含有33%体积的氮气(50%的膨胀度)。一般在A单元之前或两个A单元之间的管路上，气体经过一台流量计在线导入。在A单元后面装一只背压阀以保持管道内压力的恒定，而氮气需克服该压力方可注入。当然也可在两台泵之间以低压导入气体，但第二只泵的流量应调得稍大一些。我们也可以在充填式包装机之前，安装一台高速搅打机来确保氮气在人造奶油中的均匀分散。为了控制膨胀度，可在回料管路上装一台换热器，以使回料完全熔化后排出氮气。封闭式包装设备加以改进之后，才能用于搅打黏性料的包装，因为充填机端管部压力释放时，物料将膨胀。管道压力是生产出质地和外观均一的产品的关键[246]。为了适应将产品包成六方块后，放在每箱一磅的纸盒中，包装机械需特殊设计。

(3)软质人造奶油　为了使包装产品的容器能恰好装满，所以软质人造奶油必须是完全可流动的。通常不采用休止管，而是用一只较大的混合器来控制产品的软度，以使物料在混合器中，不会因过度结晶而变得十分硬脆(图2.4)。就固脂含量较低的油相混合物而言，可在A单元之间装一台混合机或一只挤压阀，以避免人造奶油被过分捏合。Bouffard[247]曾描述过一种能控制涂抹用人造奶油制品稠度的预结晶技术。Faur[248]曾指出针对A单元-混合器-A单元的加工组合而言，提高第一只A单元中的制冷量，或在第二只A单元之后另加一台混合器，可以显著提高相同包装温度下包装后成品的涂抹性。

(4)液态人造奶油　可以用制备软质人造奶油的急冷和捏合设备来制备液态或“挤压型”人造奶油[119]。据称，如想改善产品的油脂离析，可以采用把油相混合物冷却静置5h以上然后加入水相，再冷却搅拌的方法[120]。曾有报道，在乳状物中精细分散5%左右的氮气可提高乳液稳定性[249]。采用适宜的乳化剂也可以提高产品的抗渗油能力(详见2.6.2)。高液体油含量的人造奶油的加工已经有报道[250]。

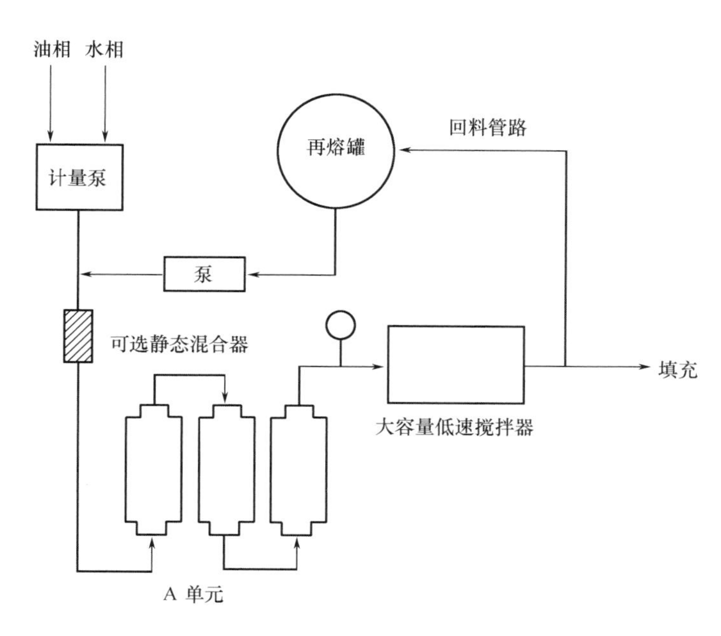

图 2.4　连续式软质人造奶油生产流程

2.8　低热量涂抹脂

20 世纪 60 年代首次研制的低脂涂抹品含有 40% 的油脂，并且其水相只含水、盐和防腐剂。这种涂抹品被称为“节食型人造奶油”，通常由稳定的油包水型乳液组成，其熔融特性和风味释放性都不太好。如今这样的类似产品仍然在市场上销售。早在 20 世纪 80 年代初期，美国市场上首先出现含有乳固形物和 40% 脂肪的产品，这种产品的稳定性实际上是利用了乳蛋白的高度亲水能力。这种涂抹品表现出较差的抗微生物污染特性，不可能像其他涂抹品那样具有 4 ~ 6 个月的货架期，因此该产品已退市。而如今在生产的涂抹制品，脂肪含量更低，品质更好，这些产品往往添加乳蛋白以及各种各样的稳定剂。Moran[251] 曾总结了现代低脂涂抹品的配方和加工方法，而 Madsen[252] 对欧洲的低热量涂抹脂和黄油的生产进行了总结。在欧洲，这类产品被消费者看成是一种涂抹制品，而不被当成全脂人造奶油的替代品。在美国，有相当多的消费者对人造奶油和低脂型涂抹脂之间的差别混淆不清，这种现象也许是由于涂抹脂类产品的脂肪含量不同，其含脂量可以从 20% ~ 75% 不等所造成的。不过含脂量 40% 或者更低脂肪含量的产品一般在包装上标有不用于烘焙或者煎炸的声明。

油包水型的产品深受喜爱，这要归因于该类产品的润滑性、油溶性黄油风味的释放能力、微生物稳定性以及减少水分流失能力。人们更愿意选购那些入口即熔，易于涂抹在热食品上并涂抹时不会渗出水的制品。乳状物稳定性的常规检验方法有电阻测试、载玻片上水溶性色素浸染情况观察测试、室温条件下置于水中搅拌分散难易程度测试、浸润有遇水显色剂（如溴酚蓝）的纸张阴性或者轻微反应测试。

最初只含油脂、水、盐、乳化剂、风味物、维生素和防腐剂的节食型人造奶油的感官性能太差，为了达到所需要的稳定性，产品已被高度乳化。由如此稳定乳状液组成的部分产品，即便置于足以使所有的脂肪熔化的温度下，也不会发生相分离。这样就会导致产品在口腔上颚有一种油腻感，并且风味与盐的释放能力也较差。除了脂肪含量更低、影响乳状液稳定性的工艺参数更关键之外，这种产品的加工工艺与前面章节中所描述的加工工艺十分相似。在乳化过程中，油、水两相的温度必须相近，并且需要慢慢地混合在一起。由于高内相乳液固有的高黏度，为了保证均一性，需要强力搅拌。在乳化过程中还需要注意避免混入空气。为了制备含有蛋白的低脂型涂抹品，Altrock 和 Ritums[253]采用了经过脱气的水以及用油在生产设备中反复循环的方法来浸润整个设备并排除设备中的空气。之后以油相为外层，把油、水两相同轴流向进入急冷机组。曾有人发现低脂乳液对管道内压力和冷却速度十分敏感[254]。由于低脂乳状液更加黏稠，所以灌装温度要高于含脂 80% 的产品的灌装温度。若灌装温度过低，产品就会堆垛在包装用的容器内，过分的堆垛会使产品与容器的盖子相触，并且在包装时可能较脆和渗水[255]。如在生产的前期就产生了太多的晶体，那在加工过程中，机械剪切力就会大到足以使乳液破乳[251]。因此用富含液油和 SFI 值较低的油相混合物来制备低脂产品较为容易[256]。Norton[257]曾用高熔点的单甘酯、甘油二酯和甘油三酯作为晶种，来制备含脂量低于 14% 的油包水型涂抹制品。这种晶种物质的添加允许采用较高的结晶温度，这样的话避免了生成 α 晶型，而是缓慢地直接结晶为 β' 或 β 晶型，从而更易控制。

低热量涂抹制品口感不佳，以及加工过程中遭遇到的难题可以通过添加凝胶剂的方法解决。明胶是最为适宜的，这是由于明胶能够在口中熔化，这有助乳固形物，或者是油相或者水相中溶解的其他促进形成水包油型的配料，破坏油包水乳状液。因此这种涂抹制品熔化很完全，并能很好地释放出风味物和盐分。这种水相可以被冷却到低于凝胶温度，并可捏合形成凝胶粒后与油相混合。或者把油相分散在加热的水相中，形成水包油型乳状液，乳状液被冷却到低于凝胶温度以下后捏合，发生相转变成为一种油包水型乳状物[258]。对于脂肪含量很低的涂抹制品，单甘脂和聚甘油酯乳化剂复合使用，增加了加工方式的灵活性，提高了终产品的稳定性[195]。实际操作中水包油型乳液可以用标准的刮板式换热器，甚至可以用静态换热器冷却[259]，并在高剪切力的捏合单元中完成相转变[260]。在进入捏合单元前允许发生凝胶所采用的冷却时间和温度是非常关键的。已发现添加少量淀粉或淀粉衍生物对提高明胶的凝胶速度十分有效。已用此法制备了含脂27%的涂抹制品[261]。但在流量很大的情况下，或用此法加工富含固体脂的产品如黄油时，要发生相转变还存在一些困难。在大部分乳状液冷却后，并在进入相转变操作单元前，在生产线上物料流中直接注入少部分熔融的脂肪，可以克服上述困难[262]。曾有人报道过一种含脂20%并富含乳蛋白和胶化剂的涂抹制品[263]。在形成油包水型乳液之前，把水相均质处理，可以提高乳液的稳定性。

可用作明胶代用品的一些物质有低熔点卡拉胶[264]、琼脂和/或果胶[265]、结冷胶混合物[266]、凝胶淀粉衍生物[267]。有人曾采用相转变的方法来制备含脂15%～35%且含有大量非胶凝性、低葡萄糖当量的淀粉水解物的油包水型涂抹制品[268]。已有报道，用一种含有淀粉和/或海藻酸钠的非凝胶性蛋白水相加工成具有特定黏度的产品[269]。曾有人提出：如果水相中氨基酸残留量超过200mg/kg，并且这种氨基酸可能是工业胶质的一种组分的话，可能会发生最终产品稳定性方面的问题[270]。

脂肪含量非常低的涂抹脂也可以采用均质和急冷含有高含量的凝胶剂和/或增稠剂的水包油型乳状液[270～274]进行生产。在某种意义上，这种产品可以说成是“双连续相”产品，这是因为虽然实际上油相是分散相，但它显著提高了产品的塑性和感官品质。脂肪含量低至5%甚至更低的水包油型涂抹制品可以开发出来。这些产品至少由两种凝胶水相组成，其中至少一种为连续相，并且它们之中，至少有一种含有能凝聚成胶的物质，如变性淀粉、变性蛋白或微晶纤维素等[275]。已发现一些快速凝胶精制淀粉尤其适用在增香、质构化和稳定性方面的应用[276]。除了含有聚合胶体外，分散系中最好也含有成网凝胶剂如明胶、卡拉胶、海藻酸盐、琼脂、结冷胶、果胶或它们的复配物。这样的涂抹制品可以通过添加大量的酪蛋白来提高品质[277]。优选脱矿物质的乳品配料，这样可以将体系pH降低至抑制微生物所需要的水平。含脂量极低的涂抹制品，同样可以由凝胶或者增稠的水相，以及食品级表面活性剂和水组成的介晶相来制备[278]。

2.9 均衡涂抹脂

通过保持人们日常膳食脂肪中摄入充足需要量的非增加胆固醇的饱和脂肪酸，充足需要量但非超量的由亚油酸组成的多不饱和脂肪酸，而其余膳食脂肪酸以及能量的摄入量主要由油酸组成的单不饱和脂肪酸提供这三者之间的平衡，可以增加人体血浆中HDL浓度以及HDL/LDL比例，这种方法已经由布兰迪斯大学获得专利权。该专利也描述了包括均衡脂肪酸配比的脂肪和加乳制品在内的各种配料[279]。

2004年布兰迪斯大学授权Smart Balance公司生产一种含天然植物油的人造奶油制品，

来改善胆固醇水平[280]。

Smart Balance 是一种含67%的黄油涂抹脂，非常适合用于包括烹调、煎制、烹饪以及餐用在内的多种用途。主要有以下四个优点：

①无氢化油，不含反式脂肪酸。反式脂肪酸可以提高“坏”的 LDL 胆固醇并降低“好”的 HDL 胆固醇；

②三种基本脂肪酸的最优平衡：多不饱和脂肪酸、单不饱和脂肪酸和饱和脂肪酸。产品中的油脂混合物已经获得专利保护，当每天摄入的总脂肪能量限定在总摄入能量的30%以内、膳食胆固醇300mg以下时，摄入这种脂肪混合物能够提高好/坏胆固醇的比例；

③$n-6$ 和 $n-3$ 脂肪酸的比例合理；

④味道和质构类似于黄油。轻质37%黄油涂抹脂和67%黄油涂抹脂具有相同的健康作用，但是，由于含脂肪较低，仅仅可以用于轻质煎炸、嫩煎和餐用。不推荐用于烘焙。

2.10 变质和货架期

在美国，大多数人造奶油的标签上标明了“销售至”或“最佳使用至”的日期，一般以制造日期标起为6～12个月。一些低脂产品只有4个月的货架寿命。餐用涂抹脂通常是在冷藏条件下批发零售。在较高温度下这类产品容易渗油、褪色、产生异味、风味损失、质构变化和发生霉变。在对不饱和型人造奶油的感官评定中，McBride 和 Richardson[281]发现多不饱和型人造奶油在5℃时的货架期为8个月左右，在10℃约为6个月。Naudet 和 Biasini[282]评价了三种类型的人造奶油，存储12个月内的感官性质和化学特性，发现用动－植物油制备的人造奶油在5℃下放20周还可以接受，但在室温下放12周就变得无法接受了。用植物油加工的块状和软质人造奶油，在冰箱中放6个月或在室温下放3个月都是可以接受的。随过氧化值和 Kreis 值的增大，风味变质愈加严重。两种商业化人造奶油样品，通过检测它们在长期存放过程中产品过氧化值的变化，计算出诱导期的方法来评价产品的货架期[283]。人造奶油的存储温度会影响其质构。把刚生产出来的商业化人造奶油放在4℃或13℃条件下，在15℃条件下对样品进行流变性质的检测，我们发现这些产品分别变软或变硬了[284]。在美国，促销期间将人造奶油产品从冷藏柜拿出放置于促销专柜展示是非常普遍的。这样的话会引起高熔点甘油酯的重结晶并且提高了产品的熔点。从感官上来讲这样上颚会有较为厚重的感觉，并且风味和盐释放相对缓慢。如果采用的基料油具有强烈 β 结晶倾向，那么上述做法会促使人造奶油样品产生砂粒感。

在产品保质方面，包装起了重要的作用。假如人造奶油由透光的塑料桶或瓶包装，并且包装后的成品又放在有荧光灯照射下的乳制品陈列柜内，那么几天内产品就会产生异味。含有液态大豆油、卡诺拉油或其他富含亚麻酸的油的产品，易产生类似鱼腥的、光照引起的气滋味。在制备人造奶油包装用的塑料容器和包装薄膜时，同样应重视树脂、颜料、胶黏剂及其他添加剂的选择。包装材料不得有任何未经许可的成分进入到包装食品中去，还不能有溶剂味，不得含有如铜等金属。人造奶油易于吸收周围环境中的不良气味，所以必须考虑到产品运输和储藏条件。Entz 和 Diachenko[285] 对人造奶油中易挥发的卤化烃进行了研究，他们发现可能来自油脂、水或包装材料的易挥发的卤化烃总量少于 100μg/kg。但在一些被调查的样品中，其卤化烃总量也有高达 1～5mg/kg 的，这些样品是从邻近干洗公司的超市上获取的。

人造奶油表面变色是另外一种常见的与包装缺陷有关的现象，这种情况尤其易发生在连续相为油相的低脂和/或低盐的涂抹制品上。当水分蒸发之后，只留下富含油相的外表层，由于油相中有着色剂，所以产品表面的颜色变深。这一现象可以通过在产品中均匀地添加二氧化钛而得以减轻，因为水分蒸发时，二氧化钛可以把光学性质的变化降到最小程度[286]。有人提议在桶装涂抹品表面镀上一层不易察觉的食用脂层，来减轻霉菌的易感性并防止褪色[287]。Poot 和 Verburg[288] 曾推导出一个数学公式，表明人造奶油较高的水分含量、较低的固体脂肪含量与较高的水分损失之间的相关性。干燥速度同样受温度和相对湿度的影响。假如包装容器采用热封口或加上严密的盖子，那么碗状包装的人造奶油就不会发生褪色。用复合膜包裹的块状人造奶油，有时在折叠区表面或薄膜没有贴紧的产品表面，可以看到一条条深黄色的条痕，这与产品表面不规则有关。采用羊皮纸印模包装的产品，其水分损失更为严重。但是其褪色现象比起采用复合薄膜包装时，不是那么明显，这是因为水分蒸发是发生在产品的整个外表面，并不是高度集中地发生在某一局部区间内，因此褪色不是很显著[289]。在确定容器包装产品的填充质量时，应充分考虑到产品在货架寿命期间水分蒸发所造成的损失，必须保证失水后产品质量仍然能符合现行的产品净重法规的规定。水分损失的一个好处是提供了一种微生物不易滋生的表面。

在由微生物引起的食源性疾病方面，人造奶油的健康记录是十分优良的。1989 年英国新闻界认为一例李斯特菌病是由受污染的人造奶油引起的，后来证明这是不真实的[290]。Mossel[291] 已对人造奶油中微生物进行了广泛的研究，并推荐了质量控制程序以及微生物指标。霉菌、酵母菌尤其是解脂酶有时会导致人造奶油腐败变质。添加盐和防腐剂以及控制水相液滴的大小，均可以有效地防止微生物在含脂 80% 的人造奶油中滋生。不过在生产低盐高水分涂抹脂时，无论是配方、原料检验还是包装材料和生产设备方面都必须充分提高警惕。

Faur[292] 曾对不利的存储和运输条件对产品质量的影响进行了综述，Muys 已从微生物学角度论述了人造奶油存储品质[216]。Drifsehel[293] 曾详细地描述过一种根据终产品的外观、质构、风味和包装进行品质评级的方法。

参考文献

1. *Food and agriculture: Consumer Trends and Opportunities, Fats, Oils, and Sweets*, Cooperative Extension. Service, University of Kentucky. (July 2004). Available: *www. ca. uky. edu.*

2. *Oil Crops Situation and Outlook*, Economic Research Servere, USDA (Oct. 2000) (updated 2004).

3. International Margarine Association of the Countries of Europe. (2001). Available: *http: www. imacl. org.*

4. A. J. C. Andersen and P. N. Williams, *Margarine*, 2nd ed., Pergamon Press, New York, 1965.

5. S. F. Riepma, *The Story of Margarine*, Public Affairs Press, Washington, D. C., 1970.

6. S. C. Miksta, *J. Amer. Oil Chem. Soc.*, **48**, 169A (1971).

7. K. Snodgrass, *Margarine as a Butter Substitute*, Food Research Institute, Stanford University, 1930.

8. W. Clayton, *Margarine*, Longmans Green, New York, 1920.

9. *Fed. Reg.*, **38**, 25672 (1973).

10. *Fed. Reg.*, **48**, 52692 (1983).

11. *Code of Federal Regulations*, Title 21, Sec. 166. 10, 1993.

12. *Fed. Reg.*, **58**, 43580 (1993).

13. *Fed. Reg.*, **58**, 21648 (1993).

14. *Code of Federal Regulations*, Title 21, Sec. 166. 40, 1993.

15. *Fed. Reg.*, **41**, 36509 (1976).

16. *Fed. Reg.*, **58**, 2066 (1993).

17. *Fed. Reg.*, **58**, 17096, 17171, 17328 (1993).

18. *Fed. Reg.*, **58**, 44020 (1993).

19. J. M. deMan, J. E. Dobbs, and P. Sherman, in P. Sherman, ed., *Food Texture and Rheology*, Academic Press, New York, 1979, p. 43.

20. American Oil Chemists' Society, *Official Methods and Recommended Practices*, 4th ed., AOCS Press, Champaign, Illinois, Method Cc 16 – 60, Reapproved 1989.

21. J. M. deMan and A. M. Beers, *J. Texture Stud.*, **18**, 303 (1987).

22. J. M. deMan, *J. Amer. Oil Chem. Soc.*, **60** (1983).

23. A. J. Haighton, *J. Amer. Oil Chem. Soc.*, **36**, 345 (1959).

24. H. Rohm and S. Raaber, *J. Sensory Stud.*, **8**, 81 (1991).

25. B. S. Kamel and J. M. deMan, *Can. Inst. Food Sci. Technol. J.*, **8**, 117 (1975).

26. P. W. Board, K. Aichen, and A. Kuskis, *J. Food Technol.*, **15**, 277 (1980).

27. M. Tanaka, J. M. deMan, and P. W. Voisey, *J. Texture Stud.*, **2**, 306 (1971).

28. J. H. Prentice, *Lab. Pract.*, **3**, 186 (1954).

29. I. Vasic and J. M. deMan, *J. Amer. Oil Chem. Soc.*, **44**, 225 (1967).

30. F. Shama and P. Sherman, *J. Texture Stud.*, **1**, 196 (1970).

31. P. Stern and J. Cmolik, *J. Amer. Oil Chem. Soc.*, **53**, 644 (1976).

32. J. L. Kokini and A. Dickie, *J. Texture Stud.*, **13**, 211 (1982).

33. A. J. Haighton, *J. Amer. Oil Chem. Soc.*, **46**, 570 (1969).

34. L. deMan, J. M. deMan, and B. Blackman, *J. Amer. Oil Chem. Soc.*, **66**, 128 (1989).

35. L. deMan, E. Postmus, and J. M. deMan, *J. Amer. Oil Chem. Soc.*, **67**, 323 (1990).

36. L. deMan, C. F. Chen, and J. M. deMan, *J. Amer. Oil Chem. Soc.*, **68**, 70 (1991).

37. P. Seiden (to Procter and Gamble Ltd.), Canadian Patent 718, 372, 1965.

38. J. M. deMan and F. W. Wood, *J. Dairy Sci.*, **41**, 369 (1958).

39. R. B. Lomneth, D. R. Blair, G. L. Parnell, and B. Y. Tao (to Procter and Gamble), U. S. Patent 4,388, 339, 1983.

40. R. P. Borwankar, L. A. Frye, A. E. Blaurock, and F. J. Sasevich, *J. Food Eng.*, **16**, 55 (1992).

41. E. S. Lutton, 5*th Margarine Research Symposium*, October 17, 1958.

42. B. Balinov, O. Söderman, and T. Wärnheim, *J. Amer. Oil Chem. Soc.* **71**, 513 (1994).

43. P. T. Callaghan, K. W. Jolley, and R. S. Humphrey, *J. Coll. Interface Sci.*, **93**, 521 (1983).

44. K. J. Packer and C. Rees, *J. Coll. Interface Sci.*, **40**, 206 (1972).

45. R. Zschaler, *Fette Seifen Anstrichm.*, **79**, 107 (1977).

46. C. Poot, C. Verburg, D. Kirton, and A. MacNeill (to Lever Brothers), U. S. Patent 4,087,564, 1978.

47. D. P. Moran (to Lever Brothers), U. S. Patent 4,115,598, 1978.

48. J. Henricus, M. Rek, and E. Baas (to Unilever), British Patent 1,358,260, 1974.

49. E. Postmus, L. deMan, and J. M. deMan, *Can. Inst. Food Sci. Technol. J.*, **22**, 481 (1989).

50. *Fed. Reg.*, **50**, 3745 (1985).

51. M. E. Stansby, *J. Amer. Oil Chem. Soc.*, **50**, 220A, 222A, 224A (1973).

52. *Fed. Reg.*, **54**, 38223 (1989).

53. V. Young, *Lipid Technol.*, **2**, 7 (1990).

54. S. S. Chang (to Vitrum AB), U. S. Patent 4,101,673, 1978.

55. M. Takso (to Q. P. Corporation), U. S. Patent 4,623,488, 1986.

56. I. P. Freeman, G. J. van Lookeren, F. B. Padley, and R. G. Polman (to Unilever), European Patent Application 0,304,115 A2, 1989.

57. L. R. Schroeder and D. J. Muffett (to General Mills), U. S. Patent 4,913,921, 1990.

58. R. L. Antrim and J. B. Taylor (to Nabisco Brands), U. S. Patent 4,961,939, 1990.

59. R. L. Antrim, N. E. Lloyd, and J. B. Taylor (to Nabisco Brands), U. S. Patent 4,963,368, 1990.

60. R. L. Antrim and J. B. Taylor (to Nabisco Brands), U. S. Patent 4,963,385, 1990.

61. M. E. Stansby, *J. Amer. Oil Chem. Soc.*, **55**, 238 (1978).

62. F. Orthoefer, private communication, 1994.

63. A. Joshi, V. V. R. Subrahmanyam, and S. A. Momin, *J. Oil Technol. Assoc. India*, **25**, 7 (1993).

64. I. Heertje, *Food Struct.*, **12**, 77 (1993).

65. A. C. Juriaanse and I. Heertje, *Food Microstruct.*, **7**, 181 (1988).

66. A. J. Haighton, *J. Amer. Oil Chem. Soc.*, **53**, 397 (1976).

67. J. Lefebvre, *J. Amer. Oil Chem. Soc.*, **60**, 295 (1983).

68. American Oil Chemists' Society, in Ref. 17, Method Cd 10 – 57, Reapproved 1989.

69. American Oil Chemists' Society, in Ref. 17, Method Cd 16 – 81, Reapproved 1989.

70. J. C. van den Enden, A. J. Haighton, K. van Putte, L. F. Vermaas, and D. Waddington, *Fette Seifen Anstrichm.*, **80**, 180 (1978).

71. E. S. Lutton, *J. Amer. Oil Chem. Soc.*, **49**, 1 (1972).

72. C. W. Hoerr, *J. Amer. Oil Chem. Soc.*, **41**, 4, 22, 32, 34 (1964).

73. I. Wilton and G. Wode, *J. Amer. Oil Chem. Soc.*, **40**, 707 (1963).

74. T. D. Simpson and J. W. Hagemann, *J. Amer. Oil Chem. Soc.*, **59**, 169 (1982).

75. L. Hernqvist and K. Larsson, *Fette Seifen Anstrichm.*, **84**, 349 (1982).

76. M. Kellens and H. Reynaers, *Fett Wiss. Technol.*, **94**, 94 (1992).

77. U. Riiner, *Lebensm. Wiss. Technol.*, **4**, 175 (1971).

78. M. Vaisey-Genser, B. K. Vane, and S. Johnson, *J. Texture Stud.*, **20**, 347 (1989).

79. L. H. Wiedermann, *J. Amer. Oil Chem. Soc.*, **55**, 823 (1978).

80. M. A. M. Zeitoun, W. E. Neff, G. R. List, and T. L. Mounts, *J. Amer. Oil Chem. Soc.*, **70**, 467 (1993).

81. J. S. Aronhime, S. Sarig, and N. Garti, *J. Amer. Oil Chem. Soc.*, **65**, 1144 (1988).

82. B. Weinberg, *Can. Inst. Food Sci. Technol. J.*, **5**, A57 (1972).

83. V. Persmark and L. Bengtsson, *Riv. Ital. Sostanze Grasse*, **3**, 307 (1976).

84. J. M. deMan, *J. Inst. Can. Sci. Technol. Aliment.*, **11**, 194 (1978).

85. L. Hernqvist and K. Anjou, *Fette Seifen Anstrichm.*, **85**, 64 (1983).

86. L. Hernqvist, B. Herslöf, K. Larsson, and O. Podlaha, *J. Sci. Food Agric.*, **32**, 1197 (1981).

87. V. S. Wähnelt, D. Meusel, and M. Tülsner, *Fat Sci. Technol.*, **93**, 117 (1991).

88. K. F. Gander, J. Hannewijk, and A. J. Haighton (to Unilever), Canadian Patent 830,938, 1969.

89. B. Freier, O. Popescu, A. M. Ille, and H. Antoni, *Ind. Aliment.*, **24**, 61, 75 (1973).

90. N. Krog, *J. Amer. Oil Chem. Soc.*, **54**, 124 (1977).

91. S. Lee and J. M. deMan, *Fette Seifen Anstrichm.*, **86**, 460 (1984).

92. J. Hojerová, S. Schmidt, and J. Krempasky, *Food Struc.*, **11**, 147 (1992).

93. K. Sato and T. Kuroda, *J. Amer. Oil Chem. Soc.*, **64**, 124 (1987).

94. C. F. Shen, L. deMan, and J. M. deMan, *Elaeis*, **2**, 143 (1990).

95. F. Cho and J. M. deMan, *J. Food Lipids*, **1**, 53 (1993).

96. J. Ward, *J. Amer. Oil Chem. Soc.*, **65**, 1731 (1988).

97. G. K. Belyaeva, N. I. Kozin, V. S. Golosava, and E. Fal'k, *Maslozhirovaya Promyshlennost*, **38**, 15 - 16 (1969); through *Food Sci. Technol. Abstr.*, No. 3, N0096 (1970).

98. J. Madsen, *Zesz. Probl. Postepow Nauk Roln.*, No. 136, 147 (1973).

99. W. van der Hoek, *Rev. Fr. Corps Gras*, **16**, 761 (1969).

100. V. D'Souza, L. deMan, and J. M. deMan, *J. Amer. Oil Chem. Soc.*, **68**, 153 (1991).

101. V. D'Souza, L. deMan, and J. M. deMan, *J. Amer. Oil Chem. Soc.*, **69**, 1198 (1992).

102. I. Blanc, *Rev. Fr. Corps Gras*, **16**, 457 (1969).

103. U. Riiner, *Lebensm. Wiss. Technol.*, **3**, 101 (1970).

104. U. Riiner, *Lebensm. Wiss. Technol.*, **4**, 76 (1971).

105. K. G. Berger, *Chem. Ind. (London)*, 910 - 913 (1975).

106. B. Jacobsberg and Oh Chuan Ho, *J. Amer. Oil Chem. Soc.*, **53**, 609 (1976).

107. D. A. Okiy, *Oleagineaux*, **33**, 625 (1978).

108. P. H. Yap, J. M. deMan, and L. deMan, *Fat Sci. Technol.*, **91**, 178 (1989).

109. E. Sambuc, Z. Dirik, G. Reymond, and M. Naudet, *Rev. Fr. Corps Gras*, **27**, 505 (1980).

110. E. Sambuc, Z. Dirik, G. Reymond, and M. Naudet, *Rev. Fr. Corps Gras*, **28**, 13 (1981).

111. B. Chikany, *Olaj Szappan Kosmet.*, **31**, 107 (1982); through *Food Sci. Technol. Abstr.*, No. 10. N0472 (1983).

112. H. R. Kattenberg and C. Poot (to Lever Brothers), U. S. Patent 4,016,302, 1977.

113. A. Yuki, K. Matsuda, and A. Nishimura, *J. Jpn. Oil Chem. Soc.*, **39**, 236 (1990).

114. J. A. Van Meeteren and L. H. Wesdorp (to Unilever), European Patent Application 0,498,487 A1, 1992.

115. W. Heimann and J. Baltes, *Fette Seifen Anstrichm.*, **73**, 113 (1971).

116. A. Yaron, B. Turzynski, C. Shmulinzon, and A. Letan, *Fette Seifen Anstrichm.*, **75**, 533(1973).

117. E. G. Latondress, *J. Amer. Oil Chem. Soc.*, **58**, 185 (1981).

118. A. Moustafa, *Rev. Fr. Corps Gras*, **26**, 485 (1979).

119. M. J. Pichel (to Swift), U. S. Patent 3,338,720, 1967.

120. D. Melnick and E. L. Josefowicz (to Corn Products Company), U. S. Patent 3,472,661, 1969.

121. F. V. K. Young, *J. Amer. Oil Chem. Soc.*, **60**, 374 (1983).

122. F. Cho, J. M. deMan, and O. B. Allen, *J. Food Lipids*, **1**, 25 (1993).

123. T. Wieske, in 7th European Symposium, 1977, pp. 214 – 224.

124. T. Wieske (to Unilever), British Patent 1,479,287, 1977.

125. J. Baltes (to Harburger Oelwerke Brinckman & Mergell), Canadian Patent 846,842,1970.

126. M. S. Sabasranamam, U. S. Patent Application 2002001662, January 3, 2002.

127. T. A. Pelloso and L. Kogan (to Nabisco Brands), U. S. Patent 4,316,919, 1982.

128. H. Heider and T. Wieske (to Lever Brothers), U. S. Patent 4,230,737, 1980.

129. J. P. McNaught (to Lever Brothers), U. S. Patent 3,900,503, 1975.

130. R. P. Mensink and M. B. Katan, *N. Engl. J. Med.*, **323**, 439 (1990).

131. P. L. Zock and M. B. Katan, *J. Lipid Res.*, **33**, 399 (1992).

132. R. P. Mensink, P. L. Zock, M. B. Katan, and G. Hornstra, *J. Lipid Res.*, **33**, 1493 (1992).

133. A. H. Lichtenstein, L. M. Ausman, W. Carrasco, J. L. Jenner, J. M. Ordovas, and E. J. Schaefer, *Arteriosclerosis Thrombosis*, **13**, 154 (1993).

134. R. Wood, K. Kubena, B. O'Brien, S. Tseng, and G. Martin, *J. Lipid Res.*, **34**, 1 (1993).

135. E. N. Siguel and R. H. Lerman, *Am. J. Cardiol*, **71**, 916 (1993).

136. R. Troisi, W. C. Willett, and S. T. Weiss, *Am. J. Clin. Nutr.*, **56**, 1019 (1992).

137. W. C. Willett et al., *Lancet*, **341**, 581 (1993).

138. J. T. Judd et al., *Am. J. Clin. Nutr.*, **59**, 861 (1994).

139. *Food Labeling News*, **2**(21), 15 (1994).

140. B. F. Haumann, *INFORM*, **5**, 346, 350, 352, 354, 356, 358 (1994).

141. J. Ward (to Nabisco Brands), U. S. Patent 4,341,812, 1982.

142. J. Ward (to Nabisco Brands), U. S. Patent 4,341,813, 1982.

143. H. A. Graffelman (to Lever Brothers), U. S. Patent, 3,617,308, 1971.

144. J. Van Heteren, J. N. Pronk, W. J. Smeenk, and L. F. Vermaas (to Lever Brothers), U. S. Patent 4,386,111, 1983.

145. M. Fondu and M. Willens (to Lever Brothers), U. S. Patent 3,634,100, 1972.

146. R. Keuning, A. J. Haighton, W. Dijkshoorn, and H. Huizinga (to Lever Brothers), U. S. Patent 4,360,536, 1982.

147. W. Dijkshoorn, H. Huizinga, and J. Pronk (to Lever Brothers), U. S. Patent 4,366,181,1982.

148. A. Nagoh, O. Kaizuka-shi, and M. Miyabe (to Fuji Oil Company), European Patent Application 0,526,980 A1, 1993.

149. R. Schijf and V. K. Muller (to Unilever), European Patent Application 0,470,658 A1,1992.

150. A. J. Lansbergen and R. Schijf (to Unilever), European Patent Application 0,455,278 A2,1991.

151. D. K. Yayashi, R. C. Dinwoodie, M. T. Dueber, R. G. Krishnamurthy, and J. J. Myrick (to Kraft General Foods, Inc.), U. K. Patent Application 2,239,256 A, 1991.

152. G. R. List, E. A. Emken, W. F. Kwolek, T. D. Simpson, and H. J. Dutton, *J. Amer. Oil Chem. Soc.*, **54**, 408 (1977).

153. M. A. M. Zeitoun, W. E. Neff, and T. L. Mounts, *Rev. Fr. Corps Gras*, **39**, 85 (1992).

154. W. Stratmann and L. F. Vermaas (to Lever Brothers), U. S. Patent 4,425,371, 1984.

155. P. W. Eiilott, M. R. J. Greep, J. A. Van Meeteren, and L. H. Wesdorp (to Unilever), European Patent Application 0,369,519 A2, 1990.

156. B. Sreenivasan (to Lever Brothers), U. S. Patent 3,859,447, 1975.

157. R. DeLathauwer, M. Van Opstal, and A. J. Dijkstra (to Safinco), U. S. Patent 4,419,291, 1983.

158. J. Boot, A. Rozendaal, and R. Schijf (to Unilever) European Patent Application 0,060,139 A2, 1982.

159. L. Kogan and T. Pelloso (to Nabisco Brands), U. S. Patent 4,335,156, 1982.

160. A. Zaks, R. D. Feeney, and A. Gross (to Opta Food Ingredients, Inc.), International Patent Application WO 92/03937, 1992.

161. M. Stahl, German Federal Republic Patent Application 2,935,572, 1981.

162. H. Menz, J. Rost, and T. Wieske (to Lever Brothers), U. S. Patent 3,658,555, 1972.

163. T. Weiske and H. Menz, *Fette Seifen Anstrichm*, **74**, 133 (1972).

164. G. Von Rappard and W. Kretschner (to Walter Rau), German Federal Republic Patent Application 2,832,636, 1980.

165. B. A. Roberts (to Procter and Gamble), U. S. Patent 4,446,165, 1984.

166. P. D. Orphanos and co-workers, (to Proctor and Gamble), U. S. Patent 4,940,601, 1990.

167. R. J. Jandacek and J. C. Letton (to Proctor and Gamble), U. S. Patent 5,017,398, 1991.

168. F. W. Cain, F. R. De Jong, A. J. Lanting Marijs, and J. J. Verschuren (to Unilever), European Patent Application 0,415,468 A2, 1991.

169. C. J. Glueck and co-workers, *Am. J. Clin. Nutr.*, **35**, 1352 (1982).

170. R. Nicolosi, *INFORM*, **1**, 831 (1990).

171. A. P. Simopoulos, *Am. J. Clin. Nutr.*, **54**, 438 (1991).

172. D. F. Horrobin, *Prog. Lipid Res.*, **31**, 163 (1992).

173. A. P. Bimbo, *J. Am. Oil Chem. Soc.*, **66**, 1717 (1989).

174. F. V. K. Young, "The Chemical and Physical Properties of Crude Fish Oil for Refiners and Hydrogenators," *International Association of Fish Meal Manufacturers Fish Oil Bull., No. 18*, Hertfordshire, U. K., 1986.

175. F. D. Gunstone, *Prog. Lipid Res.*, **31**, 145 (1992).

176. S. Patel, "Quality Considerations in Margarine Oil Manufacturing," presented at ISF AOCS World Congress, New York, 1980.

177. American Oil Chemists' Society, in Ref. 17, Method Cg 2 – 83, Reapproved 1989.

178. L. H. Wiedermann, *J. Amer. Oil Chem. Soc.*, **49**, 478 (1972).

179. *Fed. Reg.*, **38**, 25671 (1973).

180. T. H. Smouse, J. K. Maines, and R. R. Allen (to Anderson Clayton), U. S. Patent 4,038,436, 1977.

181. C. E. Eriksson, *Food Chem.*, **9**, 3 (1982).

182. L. L. Linteris (to Lever Brothers), U. S. Patent 3,721,570, 1973.

183. C. F. Cain, I. J. Day, M. G. Jones, and I. T. Norton (to Unilever), European Patent Application 0,279,499 A2, 1988.

184. J. D. Dziezak, *Food Technol.*, **42**, 172, 174 (1988).

185. J. Madsen, *Fett Wiss. Technol.*, **89**, 165 (1987).

186. A. G. Gaonkar and R. P. Borwankar, *Colloids and Surfaces*, **59**, 331 (1991).

187. M. Schneider, *Fett Wiss. Technol.*, **94**, 524 (1992).

188. W. van Nieuwenhuyzen, *J. Amer. Oil Chem. Soc.*, **58**, 886 (1981).

189. H. W. Lincklaen and J. H. M. Rek (to Lever Brothers), U. S. Patent 3,796,815, 1974.

190. T. Wieske, K. H. Todt, J. A. De Feÿter, and W. A. Castenmiller (to Van den Bergh Foods), U. S. Patent 5,079,028, 1992.

191. H. J. Duin, A. F. van Dam, and J. H. M. Rek (to Lever Brothers), U. S. Patent 4,148,930, 1979.

192. J. H. M. Rek and P. M. J. Holemans (to Lever Brothers), U. S. Patent 4,325,980, 1982.

193. J. Madsen, *Res. Discl.*, No. 238, 91 (1984).

194. B. R. Harris, U. S. Patent 1,917,255, 1933.

195. M. F. Stewart and E. J. Hughes, *Process Biochem.*, **7**, 27 (1972).

196. W. A. Gorman, R. G. Christie, and G. H. Kraft (to National Dairy Products Corporation), U. S. Patent 2,937,093, 1960.

197. W. A. M. Castenmiller, A. K. Chesters, and P. B. Ernsting (to Lever Brothers), U. S. Patent 4,874,626, 1989.

198. K. Brammer and T. Wieske (to Lever Brothers), U. S. Patent 3,889,005, 1975.

199. F. Groeneweg, F. van Voorst Vader, and W. G. M. Agterof, *Chem. Eng. Sci.*, **48**, 229 (1993).

200. J. Van Heteren, T. R. Kelly, R. M. Livingston, and A. B. MacNeill (to Unilever), European Patent Application 0,420,314 A2, 1991.

201. Annon., *Res. Discl.*, No. 329, 689 (1991).

202. Annon., *Res. Discl.*, No. 352, 512 (1993).

203. K. Matsuda and M. Kitao (to Mitsubishi Kasei Corporation), European Patent Application 0,430,180 A2, 1991.

204. K. Terada, S. Fujita, and N. Yoshida (to Asahi Denka), U. S. Patent 3,914,458, 1975.

205. P. F. Pedersen, *Res. Discl.*, No. 321, 64 (1991).

206. B. Barmentlo and N. K. Slater (to Van den Bergh Foods), U. S. Patent 5,145,704, 1992.

207. H. Kanematsu, E. Morise, I. Niiya, M. Imamura, A. Matsumoto, and G. Katsui, *J. Jpn. Soc. Food Nutr.*, **25**, 343 (1972); through *Food Sci. Technol. Abstr.*, No. 12, N0647(1973).

208. E. R. Sherwin, *J. Amer. Oil Chem. Soc.*, **53**, 430 (1976).

209. J. Cillard, P. Cillard, and M. Cormier, *J. Amer. Oil Chem. Soc.*, **57**, 255 (1980).

210. K. Klaui, *Flavours*, **7**, 165 (1976).

211. G. T. Muys, C. T. Verrips, and R. T. S. van Gorp (to Lever Brothers), U. S. Patent 3,995,066, 1976.

212. C. T. Verrips and H. Vonkeman (to Lever Brothers), U. S. Patent 3,904,767, 1975.

213. W. G. Mertens, C. E. Swindells, and B. F. Teasdale, *J. Amer. Oil Chem. Soc.*, **48**, 544(1971).

214. D. Melnick (to Corn Products), U. S. Patent 3,243,302, 1966.

215. C. T. Verrips and J. Zaalberg, *Eur. J. Appl. Microbiol. Biotechnol.*, **10**, 187 (1980).

216. G. T. Muys, *Process Biochem.*, **4**, 31 (1969).

217. E. Lueck, *Antimicrobial Food Additives*, Springer-Verlag, New York, 1980.

218. F. Kapp and B. Mittag, *Lebensmittelindustrie*, **29**, 160 (1982).

219. N. E. Harris and D. Rosenfield, *Food Process. Ind.*, **43**, 23 (1974).

220. M. Castenon and B. Inigo, *Lebensmittel Wiss. Technol.*, **6**, 70 (1973).

221. J. Bodor, A. W. Schoenmakers, and W. M. Verhue (to Van den Bergh Foods), U. S. Patent 5,013,573, 1991.

222. Anon. (to Unilever), Australian Patent Application 52102, 1990.

223. P. M. Klapwijk, *Food Control*, **3**, 183 (1992).

224. T. J. Siek and R. C. Lindsay, *J. Dairy Sci.*, **53**, 700 (1970).

225. J. G. Keppler, *J. Agric. Food Chem.*, **18**, 998 (1970).

226. P. G. M. Haring, J. G. van Pelt, and C. F. Andreae (to Unilever), European Patent Application 0,478,036 A2 (1992).

227. H. T. Slover, R. H. Thompson Jr., C. S. Davis, and G. V. Merola, *J. Amer. Oil Chem. Soc.*, **62**, 775 (1985).

228. H. Klaui and O. Raunhardt, *Alimenta*, **15**, 37 (1976).

229. P. H. Todd (to Kalamazoo Spice Extraction Company), U. S. Patent 3,162,538, 1964.

230. E. Sambuc and M. Naudet, *Rev. Fr. Corps Gras*, **12**, 239 (1965).

231. R. Presse, H. Quendt, and H. Raeuber, *Lebensmittelindustrie*, **22**, 34 (1975).

232. G. Gabriel, M. Havenstein, P. M. J. Holemans, and B. E. Kapellen (to Unilever), European Patent Application, 0,422,712 A2, 0,422,713 A2, and 0,422,714 A2 (1991).

233. S. Okonogi et al. (to Morinaga Milk Industry Company, Ltd.), U. S. Patent 5,279,847, 1994.

234. N. T. Joyner, *J. Amer. Oil Chem. Soc.*, **30**, 526 (1953).

235. I. Heertje, J. Van Eendenburg, J. M. Cornelissen, and A. C. Juriaanse, *Food Microstruct.*, **7**, 189 (1988).

236. P. De Bruijne, J. Van Eendenburg, and H. J. Human (to Unilever), European Patent Application 0,341,771 A2, 1989.

237. H. R. Kattenberg and C. C. Verburg (to Lever Brothers), U. S. Patent 4,055,679, 1977.

238. A. D. Wilson, H. B. Oakley, and J. Rourke (to Lever Brothers), U. S. Patent 2,592,224, 1952.

239. B. D. Miller, P. Phelps, and H. W. Bevarly (to Girdler Corp.), U. S. Patent 2,330,986, 1943.

240. K. Terada, S. Fujita, H. Kohno, and H. Sugiyama (to Asahi Denka), U. S. Patent 3,917,859, 1975.

241. K. F. Gander (to Lever Brothers), U. S. Patent 3,488,199, 1970.

242. D. P. J. Moran (to Lever Brothers), U. S. Patent 3,490,919, 1970.

243. G. C. Cramer (to Madison Creamery), U. S. Patent 4,315,955, 1982.

244. R. D. Price and W. L. Sledzieski (to Nabisco Brands), European Patent Specifications 0, 139, 398 B1, 1988.

245. J. J. Brockhus, D. Schnell, and K. T. Vermaat (to Unilever), European Patent Application 0,505,007 A2, 1992.

246. W. A. Gorman, R. G. Christie, and G. H. Kraft (to National Dairy Products Corporation), U. S. Patent 2,937,093, 1960.

247. C. Bouffard, *Rev. Fr. Corps Gras*, **21**, 351 (1974).

248. L. Faur, *Rev. Fr. Corps Gras*, **27**, 319 (1980).

249. I. Wilton and K. Bauren (to Margarinbolaget), U. S. Patent 3,682,656, 1972.

250. Y. Kahuda et al., U. S. Patent Application 2003016193, August 28, 2003.

251. D. P. J. Moran, *PORIM Technology*, Publication Number 15, Palm Oil Research Institute of Malaysia, 1993.

252. J. Madsen, in D. Erickson, ed., *World Conference Proceedings, Edible Fats and Oils Processing: Basic Principles and Modern Practices*, American Oil Chemists' Society, Champaign, Illinois, 1990, pp. 221 - 227.

253. W. Altrock and J. A. Ritums (to Lever Brothers), U. S. Patent 4,366,180, 1982.

254. E. L. Josefowicz and D. Melnick (to Corn Products Company), U. S. Patent 3,457,086, 1969.

255. J. G. Spritzer, J. J. Kearns, and O. Cooper, U. S. Patent 3,360,377, 1967.

256. L. L. Linteris (to Unilever), Canadian Patent 871,647, 1971.

257. I. T. Norton (to Van den Bergh Foods), U. S. Patent 5,244,688, 1993.

258. I. T. Norton and J. Underdown (to Van den Bergh Foods), U. S. Patent 5,306,517, 1994.

259. P. B. Ernsting (to Lever Brothers), U. S. Patent 4,883,681, 1989.

260. B. Sreenivasan (to Lever Brothers), U. S. Patent 4,849,243, 1989.

261. I. T. Norton and J. Underdown (to Van den Bergh Foods), U. S. Patent 5,151,290, 1992.

262. B. Milo and R. Ochmann (to Unilever), European Patent Application 0,396,170 A2, 1990.

263. S. Madsen, *Res. Discl.*, No. 330, 774 (1991).

264. I. T. Norton and C. R. T. Brown (to Unilever), European Patent Application 0,271,132A2, 1987.

265. I. T. Norton (to Unilever), European Patent Application 0,474,299 A1, 1991.

266. D. J. Pettitt, W. Gibson, and I. A. Challen, *Res. Discl.*, No. 301, 338 (1989).

267. F. W. Cain, M. G. Jones, and I. T. Norton (to Lever Brothers), U. S. Patent 4,917,915, 1990.

268. A. L. Morehouse and C. J. Lewis (to Grain Processing Corporation), U. S. Patent 4,536,408, 1985.

269. I. T. Norton and R. M. Livingston (to Unilever) European Patent Application 0,496,466A2, 1992.

270. F. W. Cain, M. G. Jones, and I. T. Norton (to Unilever), European Patent Application 0, 279, 499 A2, 1988.

271. M. G. Jones and I. T. Norton (to Van den Bergh Foods), U. S. Patent 5,217,742, 1993.

272. P. M. Bosco and W. L. Sledzieski (to Standard Brands), U. S. Patent 4,279,941 and 4,292,333, 1981.

273. D. E. Miller and C. E. Werstak (to SCM Corporation), U. S. Patent 4,238,520, 1980.

274. D. F. Darling (to Lever Brothers), U. S. Patent 4,443,487, 1984.

275. F. W. Cain et al., (to Lever Brothers), U. S. Patent 4,956,193, 1990.

276. L. H. Wesdorp, R. A. Madsen, J. Kasica, and M. Kowblansky (to Van den Bergh Foods), U. S. Patent 5,279,844, 1994.

277. G. Banach, L. H. Wesdorp, and F. S. Fiori (to Van den Bergh Foods), U. S. Patent 5,252,352, 1993.

278. I. Heertje and L. H. Wesdorp (to Unilever), European Patent Application 0,547,647 A1, 1993.

279. K. Sundram, D. Perlman, and K. C. Hayes (to Brandeis University), U. S. Patent 6,630,192, October 7, 2003.

280. *www. Smartbalance. com.* (accessed July 2004).

281. R. L. McBride and K. C. Richardson, *Lebensm. Wiss. Technol.*, **16**, 198 (1983).

282. M. Naudet and S. Biasini, *Rev. Fr. Corps Gras*, **23**, 337 (1976).

283. M. Maskan, M. D. Öner, and A. K. Aya, *J. Food Qual.*, **16**, 175 (1993).

284. J. A. Segura, M. L. Herrera, and M. C. Añón, *J. Amer. Oil Chem. Soc.*, **67**, 989 (1990).

285. R. C. Entz and G. W. Diachenko, *Food Addit. Contam.*, **5**, 267 (1988).

286. H. M. Princen and M. P. Aronson (to Lever Brothers), U. S. Patent 4,176,200, 1979.

287. A. G. Havenstein, W. Kahle, and D. Schnell (to Unilever), European Patent Application 0,240,089 A1, 1987.

288. C. Poot and C. C. Verburg, *Fette Seifen Anstrichm.*, **76**, 178 (1974).

289. E. L. Josefowicz and D. Melnick (to Corn Products Company), U. S. Patent 3,148,993, 1964.

290. P. Barnes, *Lipid Technol.*, **1**, 46 (1989).

291. D. A. A. Mossel in *Margarine Today: Technological and Nutritional Aspects*, Symposium, Dijon, France, March 21, 1969, pp. 104 – 125.

292. L. Faur, *Rev. Fr. Corps Gras*, **27**, 371 (1980).

293. M. E. Dritschel, *Food Eng.*, **42**(10), 90 (1970).

3 起酥油的科学和工艺学

Douglas J. Metzroth

3.1 引言

3.1.1 定义和特征

起酥油是一种工业生产的食用油脂，可应用在煎炸、烹调、焙烤，也可以作为夹心、糖霜和其他糖果的配料。之所以这样命名起酥油，是因为水不溶性脂肪可以防止面团混合时面筋结构的相互粘连，使焙烤食品变得较为松酥，这种作用在文字上称为“起酥”。起酥油是典型的100%脂肪制品，为了具有功能性，用动物油脂和（或）植物油脂精心加工而成，并且脱除了不受欢迎的气味。总而言之，起酥油改善了食品的质构和适口性，同时也为人体提供了能量。

家用起酥油是起酥油中最易识别的一种，是一种白色、相对柔软、风味清淡，几乎觉察不出气味的塑性固体。也有些种类的起酥油具有类似黄油的色泽，且添加了香精。家用和工业用通用型起酥油，是按照既可以用于煎炸又可以用于焙烤两方面的性质进行配制的产品。可倾式起酥油包括了澄清的液体或流态（不透明）起酥油。液态起酥油的典型用途是作烹调或色拉油用。流态或不透明起酥油是一类含有少量固脂，或乳化剂悬浮于油中的可倾式产品。由于其使用起来十分便利，所以在煎炸和焙烤业中的应用愈来愈普遍。起酥油同样有干物形式，如粉末状、粒状或者用水溶性物质包埋的薄片状。已发现的脱脂乳、乳清乳酪、玉米糖浆、大豆分离蛋白和纤维素成分都是适宜的包埋用壁材[1]。

3.1.2 与起酥油特性相似的产品

猪脂、牛脂和印度酥油作为传统的动物脂肪已有好几百年的历史了。和大多数起酥油一样，这些产品是100%的脂肪。在东南亚国家，尤其在印度和巴基斯坦十分流行的植物酥油（Vanaspati）是另一种主要以植物油脂作为原料的纯脂肪制品。其他类似起酥油的工业制备的商品含脂量为5%~90%，其中的大多数含有乳化于油相中的水相。世界范围内生产的黄油和人造奶油是油包水型乳状物，在大多数地区，标签法的有关规定中把它们的含脂量定位在≥80%。餐用涂抹脂通常按40%~80%的中等含脂量来配制，许多流行品牌的产品含脂在50%~70%范围内。新型的低脂或节食型的涂抹制品含脂5%~40%，目前已研制成功并刚刚投放市场。

无论是北美还是欧洲，动物油脂都曾经是重要的油脂资源之一，不过如今常用植物油脂来配制起酥油、人造奶油、涂抹脂和低脂、节食型餐用涂抹制品。含有动物油脂的混合油脂仍然是通用型的，在某些地区十分流行。事实上黄油和植物油的混合制品赢得了消费者的认可。在世界上许多地区，动物脂和海产动物油都是重要的油脂资源，在拉丁美洲、澳大利亚和亚洲，有些高品质产品是基于或大量使用这些油脂的。

3.1.3 起酥油的产量

通常认为起酥油是美国人发明的。表3.1所示为美国1986—2000期间起酥油的供应量和使用量[2]。

表3.1 美国1986—2000期间起酥油的供应量和使用量[2] 单位：$\times 10^6$lb

年份	供应量				使用量			
	生产量			总供应量*	出口	往美国地区的出口量	消耗量	
	植物油	动物脂	总油量				总值	人均值
1986	4238	1136	5374	5500	36	10	5318	22.1
1987	4233	1005	5237	5374	31	10	5195	21.4
1988	4241	1087	5328	5467	40	12	5270	21.5
1989	4288	1027	5315	5460	19	13	5309	21.5
1990	4729	860	5589	5708	21	13	5558	22.2
1991	5004	720	5724	5841	31	8	5654	22.3
1992	4988	731	5719	5866	33	10	5722	22.3
1993	5818	706	6524	6626	37	7	6488	24.9
1994	5658	676	6334	6427	32	14	6291	23.9
1995	5316	659	5975	6065	33	12	5914	22.2
1996	5327	603	5929	6035	40	3	5911	21.9
1997	5034	622	5656	5737	39	3	5603	20.5
1998	5208	516	5724	5815	54	2	5668	20.5
1999	5447	498	5945	6037	65	1	5886	21.1
2000	6105	488	6593	6679	69	1	6512	23.1

注：*非4舍5入计的数据。

资料来源：美国农业部/经济研究服务。

因为起酥油和人造奶油以及相关产品在原料、用途、加工方法和设备等方面都十分相似，所以本章的重点是起酥油，对人造奶油和其他相似产品的情况只作简短的介绍。

3.1.4 功能性

功能性是食品工艺学上常常用来描述在特定的应用场合，产品表现如何的一种术语。起酥油和人造奶油常被当作高功能性产品。在焙烤方面，人造奶油和起酥油赋予终产品含奶油般的质地、浓郁的风味、柔软和均匀的充气性，以有利于水分保存并使最终产品的体积膨大。液态和流态起酥油作为色拉油使用，并用在饭店、工业深度煎炸和浅盘煎炸之中。在煎炸过程中，起酥油的功能，除了作为传递热量的介质外，还与食物中的成分反应，产生独特的烹调风味和香味。干型起酥油无论是存放还是使用都十分方便，油脂不会浸透包装材料。虽然它的价格要高些，但它可以应用在蛋糕、饼干和派饼皮的预制混合物中，这些预制物在室温下可以自由流动。这些配制并加工的脂肪基产品易于塑性延展，能够彻底、均匀地分散于面团、面糊、糖霜等需要较宽温度范围的产品中。

3.1.5 人造奶油的固体脂肪分布

人造奶油和起酥油产品中的油脂以液、固态两种形式存在。固体脂肪指数（SFI）是固体脂肪含量测定值的一种近似数值。SFI 值始终比真实的固体脂肪含量要低，并且只有在几个标准温度下测得的值才有意义，常用的温度是 10.0℃、21.1℃、26.7℃、33.3℃、37.8℃，有时还有 40.0℃。

对餐用人造奶油而言，常常测定在10℃的SFI值，以此作为它在结晶过程和冰箱冷藏时的稠度参考值，21.1℃的SFI值可以作为产品室温使用时的指标，根据产品在33.3℃测得的SFI值可估计出产品的口感或品尝到的品质。如果33.3℃的SFI值太高，那么这种产品在口中的熔融会较缓慢，并常有“蜡”感。块状餐用人造奶油的SFI曲线，从10℃的30%左右通常急剧下降到33.3℃的5%以下[3]。软质管状人造奶油的SFI曲线相对平缓，表示出一种平滑的、更富有塑性的稠度。图3.1表示的是美国典型的软质管状和块状餐用人造奶油的SFI值情况。

3.1.6 起酥油的固体脂肪分布

就起酥油而言，SFI 曲线的形状是表示油相塑性范围的指标。高稳定性起酥油有一条陡峭的 SFI 曲线和一个很窄的可塑性范围。典型的通用型起酥油，在很宽的温度区间均比高稳定性起酥油含有的固脂量多，所以它拥有一条较为平坦的 SFI 曲线。流态可倾式起酥油包括了澄清的液体和流态的不透明两种类型。可倾式起酥油含有很低的固体脂肪量和非常平坦的 SFI 曲线。我们可以根据特殊的用途来配制特定的起酥油，这些特定的用途包括应用在蛋糕、蛋糕预拌粉、面包、丹麦酥饼和酥皮、派饼皮、曲奇、薄脆饼干、糖霜、搅打奶油和夹心、涂层脂、非乳产品和煎炸等方面。根据特殊应用所需的特殊起酥油也许就是

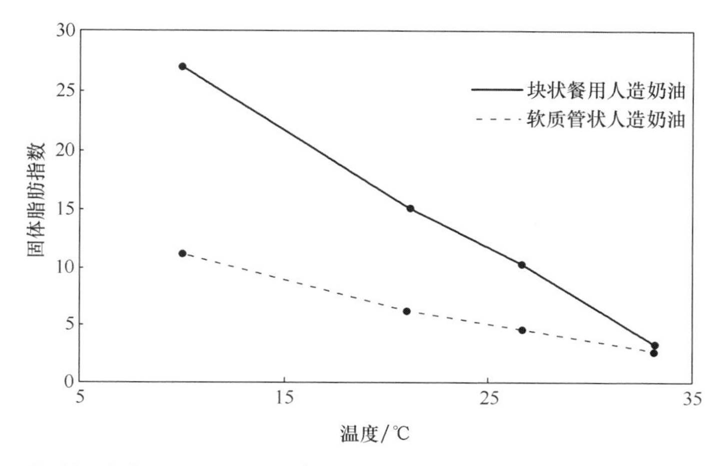

图 3.1 人造奶油典型的 SFI 曲线（经田纳西州孟菲斯市卡夫食品配料公司允许）

任何一种普通型的起酥油，只不过它的 SFI 曲线具有这种特殊起酥油的特点而已。

（1）高稳定型起酥油　一条陡峭的 SFI 曲线表明窄的塑性范围。具有这种曲线的产品常常会是高稳定型起酥油。它在 10℃的 SFI 值约是 50 或者更高，但 40℃时的 SFI 值通常小于 10。正如它们的 SFI 曲线所示，这类起酥油不可能在很宽的温度区间内都是可塑的。在 18.3℃以下，它们变得坚硬易碎，而在 32.2℃以上时，又易变软。高稳定型起酥油可用于深度煎炸，并可以作为糖果和焙烤食品中的夹心脂肪、黄油代用品和涂层脂，可用在植物油/乳品体系中以及用来加工薄脆饼干和硬质曲奇。

（2）通用型起酥油　通用型起酥油是为家庭用开发出来的，而且可用于各个公司多种烘焙制品的生产，但是并不专门针对每一烘焙产品的某一特定类型。典型的通用型塑性起酥油含有 15% ~30% 的固脂（结晶态的脂），并且在 16 ~32℃使用温度范围内仍能保持多数固态[4]。这种产品必须具有很宽的塑性范围，因为在打发过程中起酥油必须能够抗断裂，并且能够适应操作间、运输和储藏过程中大范围的温度波动。焙烤用的通用型起酥油常含有乳化剂，以便提高它的乳化能力和改善持气性能。由于乳化剂的添加，降低了产品的烟点，所以在作为深度煎炸使用的通用型起酥油配方中是不能加乳化剂的。通用型起酥油可以根据某种要求专门设计配方，这种配方也许缺乏起酥油本身的起酥特性，但更适合于煎炸、烘焙以及糖果等多种用途。

（3）可倾式起酥油　通常区分脂肪或者油脂为起酥油还是人造奶油主要看其是否含有水分和其他的非脂成分。液态起酥油包括了澄清的液体油和流动不透明的可倾倒式两类制品。这种澄清液油中含有非常少的油溶性乳化剂或硬脂，所以它的 SFI 曲线非常平缓。这类起酥油可以应用在家庭烧烤和煎炸方面，当它用于传统的深度煎炸时，可提供足够高的周转率（15% ~25%）因此不需担心其稳定性问题。由于采用了部分氢化的大豆油、红花籽油、玉米胚芽油、葵花籽油或其他油，这种起酥油的风味和氧化稳定性有很大的提高。

氢化后，氢化油脂会被分提，澄清液体部分与固体部分进行分离。在16℃以上温度，这种起酥油中通常没有悬浮着的固脂了。

由于含有高熔点的乳化剂或者全氢化的脂肪，流态起酥油外观不透明，这样很容易将它们与液态起酥油区别开来。悬浮固脂总量为5%～10%。这类产品通常在18.3～32.2℃范围内是可流动的。超出这个范围，流态起酥油可能会失去它的可倾倒性，或变得更富有流动性，这取决于使它的固脂含量改变的温度。流态起酥油已广泛应用于商业煎炸，人们同样可以根据烘焙蛋糕、面包、小圆面包、卷式点心和派饼皮的要求来加工制作流态起酥油，这些产品的销路都很好。

（4）特种用途起酥油　裹入型（rou－in）起酥油是一类特殊的产品，它几乎全部用于焙烤制品。它的主要用途是作为酥皮的一种配料。酥皮的加工方法是把一层起酥油片放在一层面团片上面，然后把它们折叠和碾轧，直到存在700层以上的脂－面层为止。焙烤时起酥油熔化，释放出水分，水分变成水蒸气使薄薄的面团层胀大*，形成一种非常易碎的薄片层状结构。用于酥皮的起酥油，其SFI曲线的形状相当平坦，在10℃时其固脂含量为40%或更高，且33.3℃的固脂含量仍有20%左右。

干型起酥油是一种被水溶性包材包埋好的油脂，通常脂肪含量75%～80%。干型起酥油可以用在预混配料中，预混配料物只需加入水，形成糊状就可以进行焙烤了。

由于世界各地的环境温度、油脂来源、操作要求和储存条件都不一样，所以需要把起酥油的SFI曲线形状调节到能满足各种产品的要求。一些典型的起酥油的SFI曲线如图3.2所示。

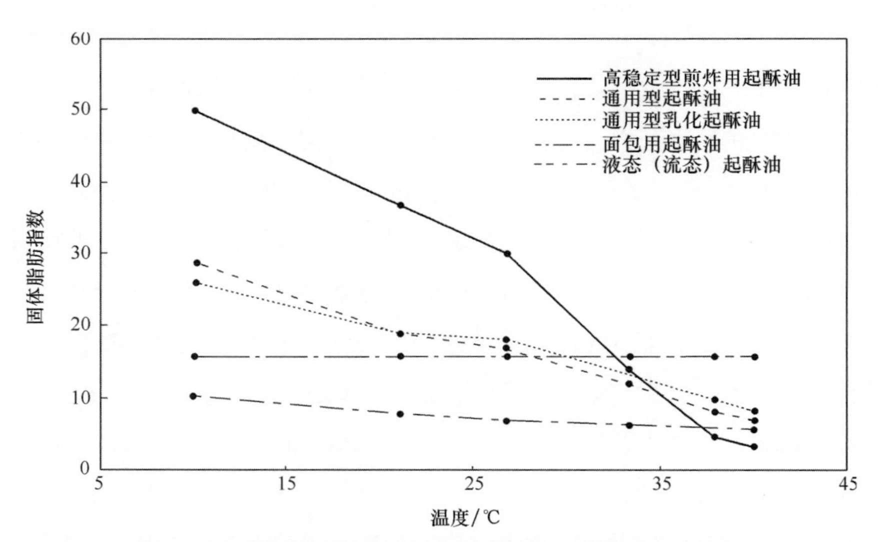

图3.2　起酥油典型的SFI曲线（经田纳西州孟菲斯市卡夫食品配料公司允许）

* 通常含水的称为“片状人造奶油”。——译者注

3.2 塑性理论

3.2.1 塑性固脂

现代的食用油脂是十几种常用油脂中一种或几种的混合物。含有较高脂肪的制品，如起酥油、人造奶油和涂抹脂都是按配方制造的具特殊物性的产品。这些产品看起来是固体，其实当它受到足够大的剪切力时就会产生永久变性，它们将表现出一种黏性流体的流变学流动特征，这样的固体被称为“塑性固体”。它的可塑性本质，赋予它能迅速延展的能力，当它与其他固体或液体混合时，不会发生破裂、破碎现象，也不会发生液油与脂肪晶体离析的现象。通常这些固体物在环境温度下都相当柔软，它们实际上可能只含有低至5%的固脂；如果脂肪晶体以一种均匀的球体紧密地聚集一起构成立方体式样，那理论上固体脂肪含量的最大值应略大于52%。

3.2.2 起酥油的加工定义

起酥油是一种典型的固体。事实上，从加工的角度来讲，起酥油可以定义为多种熔融的食用油脂的混合物，经过正确的配制和精心的冷却、增塑和调温处理的、工业化大批量制造的、高功能性的塑性固体。

3.2.3 可塑性的基本条件

塑性固体的功能性质来源于它的塑性本性。可塑性必须具备三个基本条件[5]：①固、液两相必须共存；②固相必须被细微地分散，固－液基质可以通过内聚力有效地被束缚在一起；③固、液两相比例必须适宜。不适宜的固液比例对产品的流变性产生负面影响，固脂含量不足可能会导致液油的离析，而过量的固脂会导致产品太硬或易碎，而不会有期望的黏性流动性。

3.2.4 晶体大小的影响

晶体的大小对塑性固体的流变性影响很大，因此在塑性固脂的配制中，它成为必须高度重视的一个关键因素。脂肪以三维的液－固基质而存在，其中必定存在液油。熔融的脂肪在静态冷却时下往往形成大颗粒的结晶；晶体的数量较少，这时结晶基质中晶体的总表面积不足以束缚住所有的液相，就会发生油的离析。随着晶体尺寸变小，产品会逐渐变硬。同样的脂肪在快速急冷时，可以产生更多数量的、尺寸更小的晶体，由于它们总的晶体表面积较大，可以使液相更加有效吸附在晶体表面。快速急冷制备出的起酥油要比经静置或缓慢冷却加工而成的产品更为稳定，更为坚硬，并拥有一个更宽的塑性范围。工业化制备的典型起酥油，尤其是用植物油或海产动物油配制而成的起酥油，通常其脂肪晶体的尺寸范围是 5 ~ 9 μm[6]。

3.3 配方

3.3.1 结晶体性质

商品化的脂肪可能是多晶型的结晶体凝结成是固体。人们一般将两种稳定的晶型用希腊字母 β 和 β′来表示。表 3.2[7] 所示为多种常用油脂和它们最通常呈现的同质多晶型体的晶型。

表 3.2 根据油脂结晶习性对油脂结晶晶型的分类[7]

β 晶型	β′晶型
大豆油	棉籽油
红花籽油	棕榈油
葵花籽油	牛脂
芝麻油	鲱鱼油
花生油	步鱼油
玉米油	鲸鱼油
卡诺拉油	菜籽油(高芥酸)
橄榄油	—
椰子油	牛乳脂(乳脂肪)
棕榈仁油	—
猪脂	改性猪脂
可可脂	—

当凝固中的油脂中较高熔点组分以一种稳定的 β′晶型结晶时，那么整个产品都将以这种相同的 β′晶型结晶。β′晶型结晶的塑性起酥油由细小的、均一的针状晶体组成，呈现出一种光滑柔和的组织结构，其充气性很好，具有优良的酪化性（又称打发性），可以作为很好的蛋糕或者糖霜起酥油。棕榈油、棉籽油和它们的部分加氢的油脂常常被应用在人造奶油和起酥油的配制中，以促使它们以 β′晶型结晶，来确保产品的品质。

以 β 晶型结晶的脂肪，倾向于形成一种大颗粒的粗糙晶体结构。这种产品的充气性不好，而用它加工派饼皮的性能却很好。猪油晶体趋于粗大颗粒状，但用猪油加工出的派饼皮质构酥脆，已经获得广泛认可。

油脂的结晶倾向会因不同油脂的相互混合而受到一定影响，但不会像配方中的硬脂部分的影响那么显著。例如，流态人造奶油、含75% ~80%油的块状制品与软质的多不饱和型桶装人造奶油制品等，都可以用大量的液油加上少量的高熔点脂肪混合而成，而50%含油的块状和软质的桶装产品，均可用一半液油和一半软硬适宜的硬脂混合而成。对于大豆油这种明显具有β结晶倾向的油脂，基料油的调和是成功制备100%使用这种油脂的块状人造奶油的基础[8]。

3.3.2 脂肪酸分布

油脂实质上是甘油三酯，即甘油分子上接了三个脂肪酸。化学结构的示意图如图3.3所示。

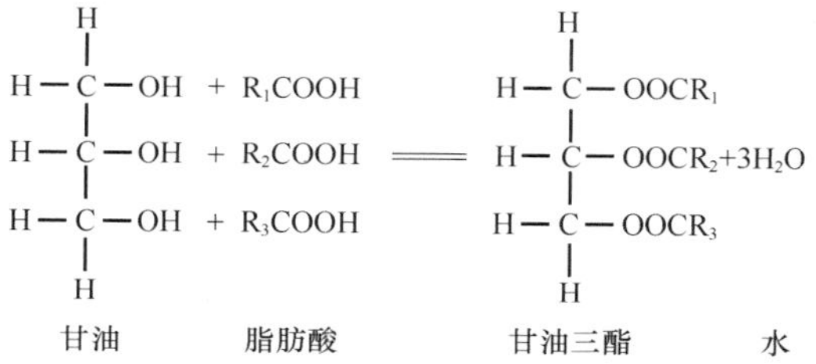

$$
\begin{array}{c}
\text{H} \\
| \\
\text{H}-\text{C}-\text{OH} \\
| \\
\text{H}-\text{C}-\text{OH} \\
| \\
\text{H}-\text{C}-\text{OH} \\
| \\
\text{H}
\end{array}
\begin{array}{c}
\\ \\ +\ R_1COOH \\ \\ +\ R_2COOH \\ \\ +\ R_3COOH \\ \\ \\
\end{array}
=\!=\!=
\begin{array}{c}
\text{H} \\
| \\
\text{H}-\text{C}-OOCR_1 \\
| \\
\text{H}-\text{C}-OOCR_2 \\
| \\
\text{H}-\text{C}-OOCR_3 \\
| \\
\text{H}
\end{array}
\begin{array}{c}
\\ \\ \\ \\ +3H_2O \\ \\ \\ \\ \\
\end{array}
$$

甘油 脂肪酸 甘油三酯 水

图3.3 甘油三酯的结构

图3.3中用R_1、R_2、R_3分别代表了三种不同的脂肪酸链。实际上，它们中的二个或三个脂肪酸链也许是相同的。不管怎样，每一种油脂在甘油三酯分子上都有特定的脂肪酸组成和分布，这并不总是按照我们所期望的或者对我们有益的方向影响凝固脂肪的熔点和结晶结构。例如，字母R所代表的脂肪酸链不同，或者R_1和R_2相同而R_3不同的话，这样的甘油三酯是不对称的。富含不对称型甘油三酯的脂肪混合物，在冷却过程中趋于产生一种颗粒状的黏稠体，这样的脂肪混合物对大多数人造奶油和起酥油而言是不期望的。棕榈油和棉籽油经常添加到混合油中，这是由于这两种油脂的β′结晶习性可以促进产生细小针状结晶，赋予产品柔滑的质构。棕榈油和棉籽油具有β′结晶习性的一个原因是这两种油含有高比例的对称甘油三酯[9]。

油和脂是可以互变的。它们之间的显著差别是在环境温度下各自的物理状态。油常被看成液体，而把脂看成固体。表3.3[10]所示为常用来配制起酥油的各种基料油的熔点、冻点和碘值。一般不检测液态油的熔点，但其冻点和碘值在一般情况下能反映出其相应流动性。冻点测定，是一种测定脂肪凝固点和脂肪酸熔点的分析方法。虽然甘油三酯熔点与其冻点并不相同，但是熔点较高的脂肪的冻点与其真实熔点间仅相差几度。高碘值是液态油的特征，而低碘值是固体脂的特征。某些脂如猪油、棕榈油和可可脂通常为固体，除非在极高环境温度下才熔融，而芝麻油、大豆油和花生油只有在寒带之外的地方才是澄清液体。

表3.3 各种油脂的熔点、冻点和碘值[10]

脂或油	熔点/℃	冻点/℃	碘值/（gI/100g）
椰子油	24～27	20～24	7.5～10.5
棕榈仁油	24～26	21～27	14～22
美洲猪脂	36.5	36～42	46～70
牛脂	—	40～46	35～48
乳脂肪	38	34	33～43
棕榈油	38～45	43～47	48～56
葵花籽油	—	16～20	125～136
芝麻油	—	20～25	103～116
玉米油	—	14～20	103～128
红花籽油	—	—	140～150
菜籽油	—	11.5～15	97～108
大豆油	—	—	120～141
棉籽油	—	30～37	99～113
花生油	—	26～32	84～100
可可脂	—	45～50	35～40
鲱鱼油	—	25	115～160
步鱼油	—	32	150～165
鲸鱼油	—	—	110～135
橄榄油	—	17～26	80～88

为了使起酥油产品具有所期望的物理性质和功能性，商品油脂的熔点和结晶通常可通过氢化、分提、酯交换或这些工艺的组合进行改变。 每一种方法都是一个值得深入研究的课题。 如果没有这些方法，或者没有用这些方法制备得到各种各样的改性油脂，那么人造奶油和起酥油的生产将非常困难。 本章仅对这些加工方法的总体情况，和每一种方法在食用油脂产品配料中所起的作用作简短和笼统的阐述。 这些论述的前提，是经适当改性的产品都可以获得，并且被正确应用。

通常情况下，生产者仅仅依赖少数几种本地油源或低成本的进口油源来进行生产。 美国主要用大豆油，棕榈油的用量很少，且美国本身并不产棕榈油。 加拿大用得最多的是卡诺拉油（低芥酸型菜籽油）。 马来西亚、印度尼西亚和中美洲国家是棕榈油的最大生产国和消费国。 东欧各国像加拿大一样依靠低芥酸菜籽油、葵花籽油和大豆油作为油源。 表3.3所示，很明显人们不可能只用它们之中的某一种油脂来配制出熔点和结晶习性都符合要求的产品。 即便是在某些地区，因经济和环境方面的原因，虽然可获得多种油源，但为了对流变特性加以充分控制，除采用调和的方法之外，仍须采用其他改性的方法。

3.3.3 分提

汽油、润滑油、燃油、柴油和各种溶剂都是从石油中获得的性质相仿的产品。在石油精炼厂，常采用好几种方法来分离原油和回收这些有用的组分。

食用油同样含有固、液组分，并可以采用分提的方法把固、液组分分开。干法结晶分提是熔点不同的两种或者两种以上的组分基于其在不同温度下的溶解度和结晶的差异进行冷却分离的工艺。结晶分提的方法常用于分离棕榈油，得到棕榈液油和棕榈硬脂。

溶剂分提是把甘油三酯溶解于溶剂中分离得到各种组分的工艺。之后将溶解得到的溶液精心冷却直到期望得到的组分沉淀析出为止。沉淀析出物通过过滤得到。实际上，溶解分提可以应用于任一食用油脂[11]。

3.3.4 氢化

氢化是将氢气和油脂进行反应，通过将液体组分转变为半固体提高油脂的氧化稳定性和热稳定性的化学反应。油脂的熔融和结晶特性得以改变，对于配制期望具有特定的物理和功能特性起酥油至关重要。

氢化是一种取决于催化剂种类、温度、时间、压力、搅拌和起始原料油的催化反应。曾经用铂和钯作为催化剂，但是，目前最为常用的是由惰性载体支撑着的镍催化剂。一般在加氢反应之后，采用过滤的方法除去催化剂。

脂肪酸链上的每一个碳原子都可以与其他四个原子——两个氢原子和两个碳原子键合。当这四个键都存在时，它们被称为单键，这种脂肪酸链被氢原子所饱和。天然存在的甘油三酯含有碳原子通过双键相互连接的不饱和脂肪酸链。在氢化反应中，氢气选择甘油三酯脂肪酸链上的不饱和处进行反应。

氢化反应既可以采用间歇式反应器，也可以采用连续式反应装置来进行。通过停止氢气流的方法来控制氢化反应。当氢加到双键上时，原来油脂的熔点逐渐提高。如果液油，如大豆油或棉籽油，只是加成了少量氢，那最终的氢化产物仍然能保持液态。如果较多的氢参与了反应，就可获得较高的饱和度，并且可获得适合于起酥油配方要求的软质基料。可以连续加氢直到所有双键都被饱和为止，这时油被完全硬化。这种完全硬化的产物在室温下是固态的。虽然一般情况下，这种全硬化脂是坚硬并易碎的，但它们仍然是很有用的配制基料。

加氢反应是放热反应，这有节能方面的应用可能。反应释放出的热量可以用于进料的预热，也同时冷却了氢化油。已经有利用反应释放的热生产蒸汽的系统。

氢化技术已得到极为广泛的应用，是制备具有重要物性和功能性起酥油基料油的切实可行的方法。目前人们利用氢化来改性和稳定海产油、动物油和所有的植物油。Edvardsson 和 Irandoust[12] 已对间歇式和连续式加氢方法进行了很好的概述。

3.3.5　酯交换

酯交换是一种提高和/或降低食用油熔点的十分有效的方法。和加氢反应一样，它也是一种催化化学反应；但它是通过甘油三酯分子中脂肪酸重排而进行油脂改性的。这种分子重排可以依据随机或定向分布的方式进行。在实践中，完全随机酯交换反应应用最广，无论是哪一种随机酯交换，都会使物料的甘油三酯组成情况发生明显的变化，这种改变遵循概率论法则，是在反应前物料的甘油三酯组分基础上进行的。

可以在间歇式或连续式反应器中进行随机重排反应。间歇式反应器是带搅拌的，并装有氮气分布器和加热与冷却用的盘管。在真空条件下加热脂或油脂混合物可以去除能使碱性催化剂失活的水分。干燥后的油冷却到反应温度，把催化剂加到反应器中，强烈搅拌油和催化剂混合物 30～60min。在连续式反应器内，脂肪经过快速干燥，添加催化剂到液体油中，并流经按大小顺序排列的盘管以保证充足时间进行随机酯交换，在此过程中不断形成脂肪与液油的悬浮液。当反应完全时，加水或酸中和催化剂，形成的盐通过过滤或离心去除。

在定向重排反应中，由于随机重排反应所产生的一部分或几部分的产物连续不断地蒸馏出来，或结晶分提有选择地逐出反应体系，使得随机分布过程中断，而保留在反应体系中的反应物继续随机重排，促使特定甘油三酯的形成。

最近十年中棕榈油的产量已有了巨大的增长，恐怕在不远的将来它的产量会超过所有的其他食用油脂的产量。而且棕榈油是唯一不因酯交换过程而导致结晶习性发生改变的 β' 晶型油脂。酯交换也不能改变 β 晶型油脂的结晶习性，不过当有另外一种油脂参与的随机酯交换可以减少原来的 β 结晶倾向[13]。

棕榈油、棕榈仁油、椰子油常常采用酯交换的方法加以改性，以能适用于各种糖果、人造奶油、烹调和煎炸油脂的制备，这种酯交换油脂和月桂型油脂的混合可用在低热量涂抹制品中。上述三种油脂的结晶都较为缓慢，常给急冷和包装带来一些困难，而且用它们加工出的产品在储存期间会渐渐变硬和出现起砂。采用酯交换改性后，可以减轻甚至消除这些不期望的特性[14]。

3.4　生产过程和设备

3.4.1　概况

产品可以达到的最大稠度取决于配方中的油脂成分、加工过程、凝固所用的设备和工艺参数以及产品在使用之前储存的条件。正确配制的液体混合油，只有在所用设备提供了可控的冷却、结晶和捏合等工艺条件下，才可转变为可塑的固体脂肪。在某种意义上，这些塑性和结晶的理论是否成立和实施可以通过对工业生产设备的审视加以辨别。

3.4.2 滚筒式急冷机

滚筒式急冷机是理论和设备相结合的最早实例之一，实践中，它被用于凝固猪油和起酥油。1881 年，芝加哥的 Anco 公司提供了一种工业化生产设备，并成为这类设备的最早供应商。如图 3.4 所示，这套设备是由一只空心的可通制冷剂的、转速 7 ~ 11r/min 的铸铁圆筒和存放有稍高于熔点的熔融脂肪的料槽组成。当圆筒体旋转时，一薄层脂在筒体外表面上凝固，并被刮刀不断刮下。这些已凝固的脂片落到一台特殊的，被称为采集箱的螺旋输送机中。输送机的螺带上分散装有许多刮刀，这些刮刀把空气和脂片搀杂在一起，并同时挤压和捏合这些脂片。接着高压泵把脂物料压入并通过喷管、狭窄的通管、滤网和阀门，使结晶的油脂破碎，并使掺入的气体进一步分散均匀。

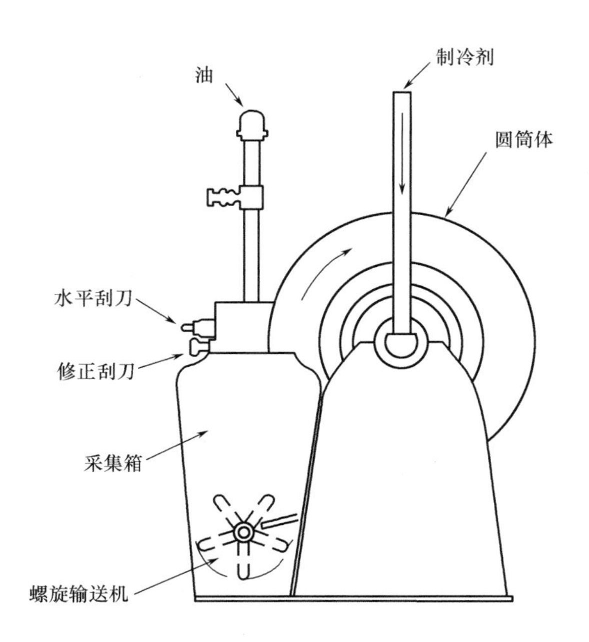

图 3.4 Anco 滚筒式急冷机的示意图（经肯塔基州路易斯维尔市 Cherry – Burrell 公司允许）

图 3.5 是一张带有辅机的 Anco 滚筒式急冷机的照片。圆筒体的尺寸范围为从直径 610mm，762mm 长，到直径 1219mm，长 2743mm。其猪油的加工生产能力为 454 ~ 6350kg/h，起酥油加工生产能力为 227 ~ 3175kg/h。虽然如今仍有人用这种设备来生产片状脂肪，实际上对人造奶油和起酥油的结晶和增塑而言，已不再采用这种装置，几乎全部用 Votator

加工法来替代这种工艺。

图 3.5 Anco 滚筒式急冷装置（经肯塔基州路易斯维尔市 Cherry – Burrell 公司允许）

3.4.3 Votator 工艺

自 60 多年前发明 Votator 以来至今，Votator 仍是世界上唯一用于食用脂肪的急冷、结晶和增塑的密闭式连续工艺。图 3.6 所示为这种方法的简图。这套装置采用 Votator 刮板式换热器（A 单元）作为冷却器，并采用带搅拌的滞容器（B 单元）作为产品结晶时的捏合和增塑机。容积式泵附接上一只特殊的挤压阀后，使冷却单元和捏合单元产生很高的内压，以避免起酥油结晶过程中的晶体聚集，使充气更加均一，并获得合乎要求的质地和塑性结构。

3.4.4 Votator 的刮板式换热器

就急冷食用油脂而言，刮板式换热器是最为通用的设备。Votator 生产的第一台刮板式换热器是在 20 世纪 20 年代初期，由此 Votator 变成了这一类设备的同义词，并且有许多刮板式换热器目前都被统称为“Votator”。

图 3.7 所示为一套双筒的 Votator 加上一组重力式液氨制冷系统的设备。刮板式换热器的主要结构见图 3.8，图 3.8 所示为换热器横剖面图。每一只滚筒器通常是由直径为 152mm、长度为 1829mm 的中空圆筒形管组成。圆管的外夹套是采用盐水，或者像液氨那样的制冷剂直接膨胀汽化来达到制冷的目的。当配制好的熔融的油相流过此管时会被冷却，安装在通物料的圆管内部的中心轴用一台电机驱动。在这种“变异”轴两端安有机械密封垫圈，而且在轴上安有可动式刮刀，当轴旋转时，刮刀刮擦换热器内表面，除去筒壁上的产品层使其始终保持清洁。每一根变异轴上，沿着轴的整个长度，交错式安装着两列长 152mm 的刮刀。这种交叉排列的刮刀装置的混合效果要比老式的刮刀排列成一排的常规设备更好。所有的人造奶油和起酥油的冷却单元都装备了变异轴和旋转式中心轴，中心

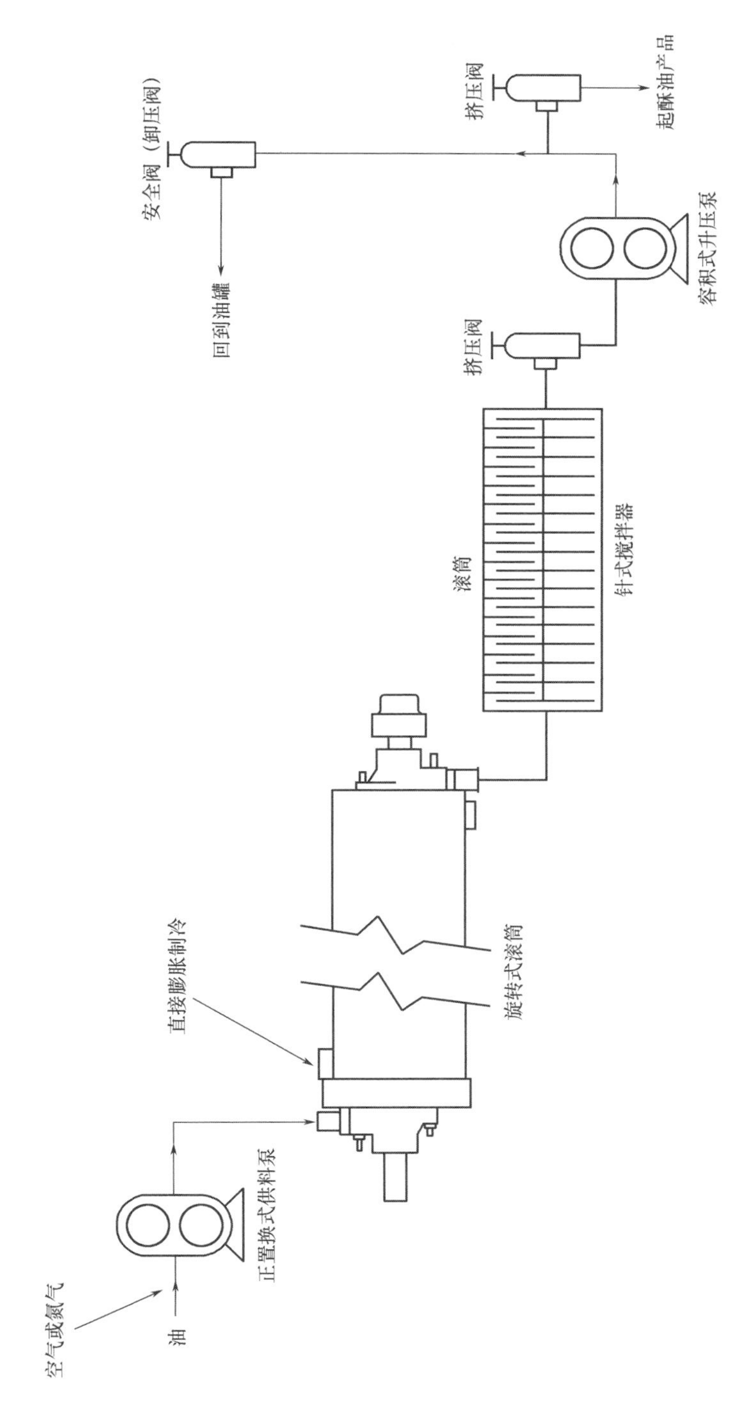

图 3.6 Votator 起酥油生产工艺流程简图（经肯塔基州路易斯维尔市 **Cherry – Burrell** 公司允许）

轴和热水循环系统相连，以防固脂堆积在旋转的轴上。标准轴的直径为119mm，转速为400r/min左右。为了适应某种特殊的应用，可以购买直径更大一些，或较小一些，安有三、四排，排列成行或交错排列刮刀的设备。

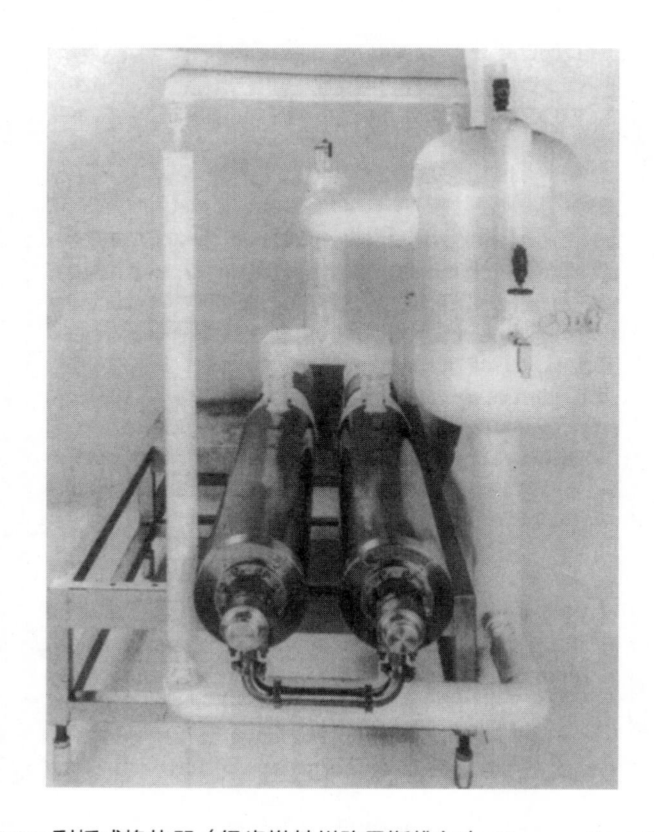

图3.7　Votator刮板式换热器（经肯塔基州路易斯维尔市Cherry – Burrell公司允许）

起酥油生产设备是用碳钢制成的。由于人造奶油的水相有高腐蚀性，而在清洁要求中需要用化学法清理所有的生产设备，所以生产人造奶油的设备中，换热器的材质为镀铬的工业纯镍，所有与产品相接触的表面为不锈钢材质。

3.4.5　过冷和直接膨胀制冷

为了形成细小的晶体，起酥油必须快速冷却。此处的快速实际上是指在Votator出料口，流出的物料在足够低的温度下存在高含量的固体脂肪，但是并不含有任何脂肪结晶。实际上换热器必须具有使熔融的脂肪过冷的能力。幸运的是，所有的甘油三酯都显示出明确的过冷倾向，但是为了达到上述过冷的目的，物料在冷却器中滞留的时间必须限制在20s之内。这样的要求势必需要用高效的换热器和采用具有适当物理特性并能有效传递热量的冷媒。氨和含氟氯烃可以满足上述要求，作为制冷剂广泛应用在起酥油冷却用的换热器中。

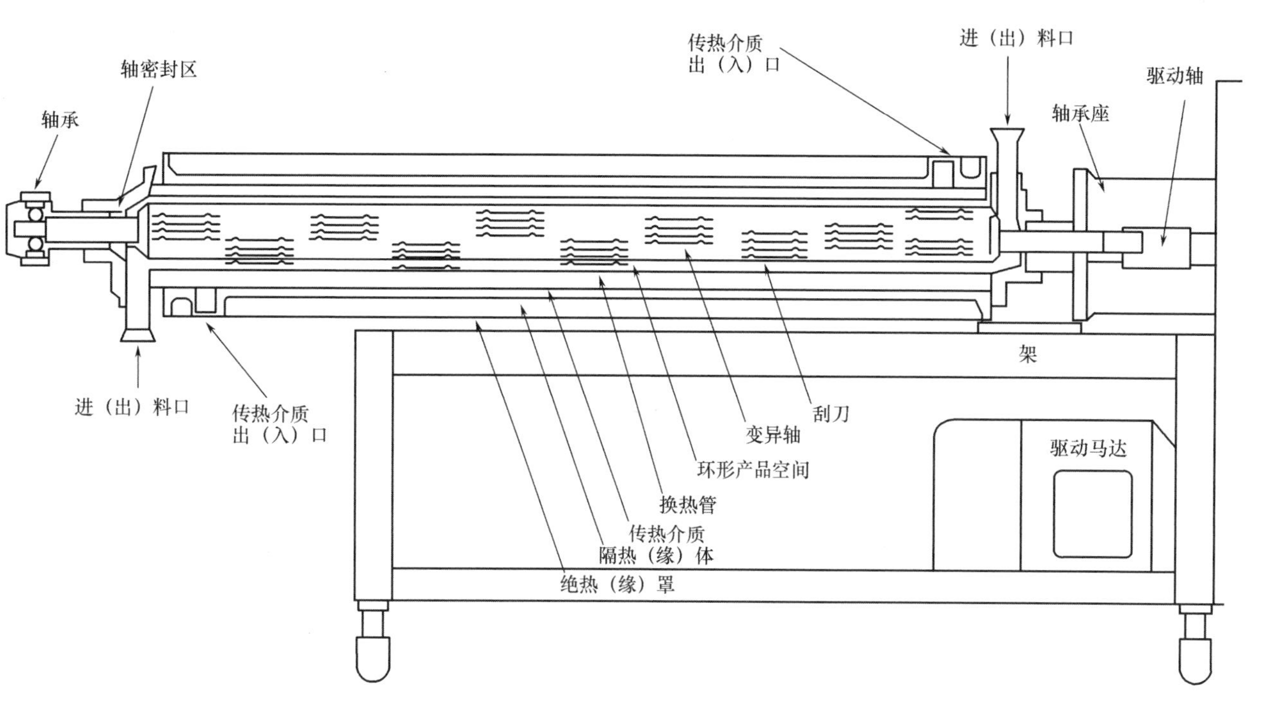

图 3.8 **Votator** 刮板式换热器的横截面视图（经肯塔基州路易斯维尔市 **Cherry – Burrell** 公司允许）

这种冷却方式通常被称为直接膨胀制冷。如今有四种不同的基本类型：重力式、强制循环式、汽化池式和液体溢流式。

（1）重力式制冷系统　图3.9表示的重力式制冷系统是最容易理解的。液态的制冷剂从压缩机房的接受器流到装在急冷机上方的平衡罐内。通过调节恒温控制器上的膨胀阀来自动保持平衡罐内冷媒的正确液位高度。液态冷媒的温度即便处于过冷也不会影响这套系统的操作运行。冷媒由于重力作用流入冷却夹套内，冷却套管内产品热量使液态冷媒部分汽化，从而使剩余冷媒的容积密度降低。冷媒蒸汽气流和这种密度差的协同作用导致典型

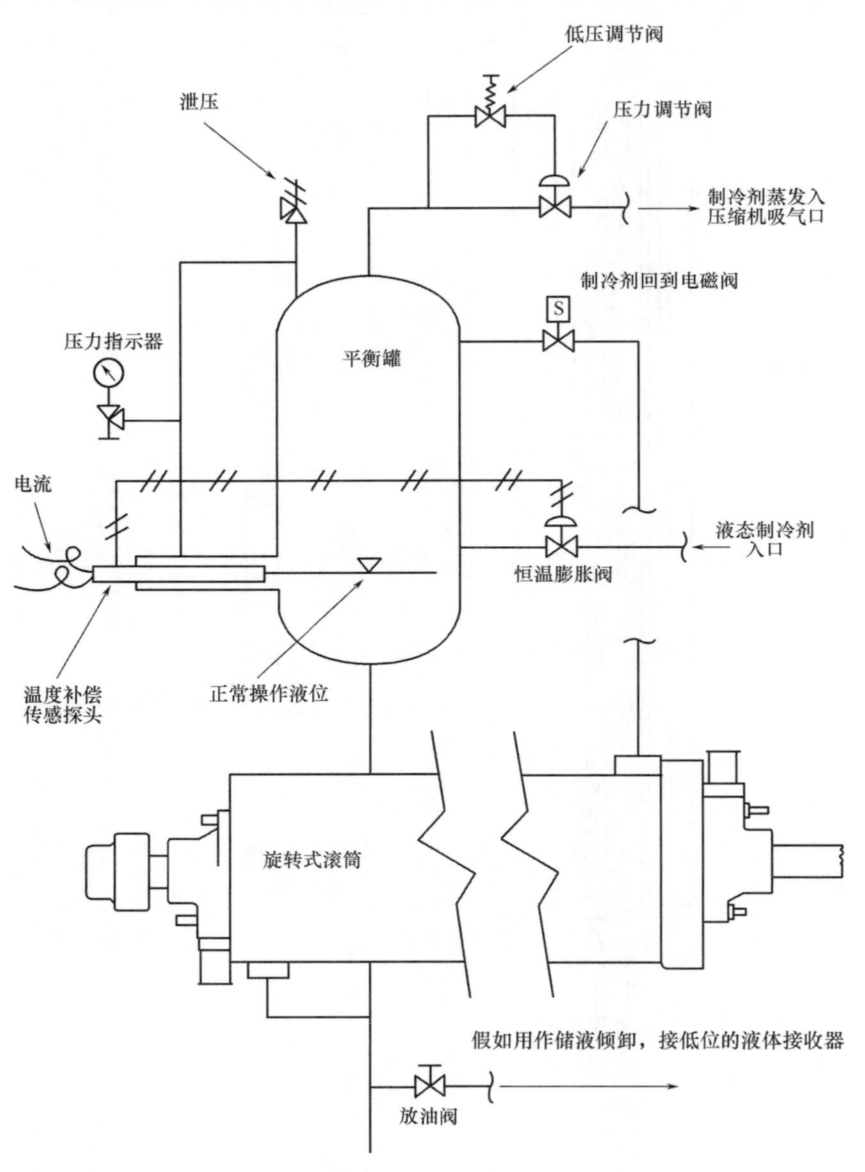

图3.9　直接膨胀的重力式制冷系统（经肯塔基州路易斯维尔市Cherry－Burrell公司允许）

的热虹吸作用，迫使液态冷媒在平衡罐和冷却器之间进行循环。平衡罐中的挡板有效地隔开了液体和气体。调压阀控制了平衡罐内的压力，自然控制了冷却滚筒的温度。补充的冷媒液通过液位控制，流入连续不断的整体循环中。一个平衡罐可以配备一个冷却滚筒，或者也可以配备三个冷却滚筒。

为了防止冻结，重力式制冷系统通过一组即时电流继电器装置进行保护。可以时实监控换热器电动机的输出电流，当电流值达到稍高于期望操作水平的预设置值时，从冷却滚筒到平衡罐管路上的电磁阀会关闭。冷媒的循环立即停止，而热金属表面和产品的残余热量使足够的冷媒立即汽化，从而产生足够的压力迫使液态的冷媒回到平衡罐内。当电动机输出电流恢复正常值时，电磁阀打开，换热器自动恢复冷却作用。可选用加热气体控制装置，排空去除冷媒。

(2)强制循环制冷系统　强制循环直接膨胀式制冷系统的使用原理与重力式制冷系统相仿。由于平衡罐通常安装在换热器的下方，所以冷媒必须被强制转移到冷却滚筒机内。冷媒的液位高度可以采用恒温控制器或浮标阀进行调节。有些装置是采用了机械泵，而另外一些装置是根据压力差和气体压力迫使液态冷媒充满换热器管路。根据 Bernoulli 定理设计的喷射器，充分利用液体的供给压力，把平衡罐中的冷媒输送到冷却滚筒体内。防冻结的装置自动感应电动机负荷，通过关闭泵，或者通过停止冷媒液流向喷射器的方法来保护机组。由于平衡罐位于冷却滚筒器的下方，所以冷媒自流到平衡罐内。同样可以安装加热气体装置。

(3)汽化池式制冷系统　在汽化池式的制冷系统中，换热器管道四周的套管可作为冷媒的平衡罐使用。换热器管中充满了液态的冷媒，当冷媒液汽化时，通过简单的补充液态冷媒，用一只液位控制器来保持这种全充满的状态。通过管路上的一只阀门迫使冷媒蒸汽返回压缩机房内，以调节冷却滚筒器外套管内的压力和温度。这种系统通常装有一只暂存罐，以便排空时释放制冷剂容量或者防止冻结。加热气体装置是通用的。

(4)液体溢流式制冷系统　前面三种制冷系统的相同之处是：所有进入系统中的液态制冷剂都是设定以冷媒蒸汽的形式返回。而液体溢流法（LOF）是一种验证直接膨胀的方法，在这种情况下流入换热器中的冷媒液只有25%～35%真正被汽化了。一只较大的低压接受器替代了独立的平衡罐。正常情况下，低压接受器安装在压缩机房内，它是为循环制冷液和冷媒蒸汽分离而设计的[15]。系统包括过载保护防冻装置，并可以提供加热气体装置。

已经使用 LOF 装置的企业，或者新装设备需要四个或者更多的平衡罐时，LOF 更为经济。其优势包括：

①用一只低压接收器代替多个平衡罐；

②不需要平衡罐控制和安全装置；

③操作区域冷媒量减少；

④油脂不会在夹套中堆积；

⑤低压接受器同时可以作为液体分离器；

⑥可以使用过冷冷媒液；

⑦冷媒液可以从接受器返回到压力比它更高或更低的接收器中；

⑧冷媒汽化尤为迅速；

⑨降压过程中冷媒液立即返回低压接受器中。

据了解，只有 Votator 设计了备有 LOF 制冷系统的刮板式换热器，并已经有工厂利用这一原理成功运行。

3. 4. 6 结晶

通过直接膨胀制冷换热器的有效冷却，使产品处于过冷状态，料温大大低于它结晶的平衡温度，为结晶作好了准备。 一种过冷的油脂混合物在无搅拌和无机械捏合的条件下凝固，将形成一种很硬的晶体网，并且产品的可塑性范围很窄。 对块状人造奶油的配制而言，上述结果也许是一种希望获得的品质，但对于那些要求具有特殊质地和可塑性的产品，在从过冷状态结晶的过程中可以采用机械捏合脂肪的方式改变或者延长其塑性范围[16]。 一般情况下，这类脂肪在机械捏合条件下所需的结晶时间为 2 ~ 5min。 Votator 为了达到这个目的，研制出一种特殊的设备——搅拌捏合单元。

3. 4. 7 Votator 的搅拌捏合单元

图 3. 10 所示为一台 Votator 捏合单元，即通常称为“B 单元”的横截面剖视图。 根据产品以及物料滞留时间，B 单元的大小范围为直径 76mm 长 305mm 到直径 457mm 长 1372mm。 所有尺寸的设备都包含一根直径相当小的轴，轴上从头到尾都安装着搅拌用的鞘轴。 图 3. 11 所示为 B 单元的照片。 在走物料的圆筒体内壁上焊了许多鞘轴，当轴旋转时这些鞘轴与中心轴四周的鞘轴相互啮合。 在结晶初期，通过 B 单元完成机械捏合，把结晶潜热均匀地释放出来，并形成一种细小和离散的晶粒均匀地分散在整个结晶物料中。 对起酥油而言，标准轴的转速为 100 ~ 125r/min，物料在 B 单元中的滞留时间为 2 ~ 3min。 加工人造奶油时，物料的滞留时间一般较短并且可变，搅拌转速较高些。 虽然 B 单元中物料料温将会上升，但是通常 B 单元没有冷却用的外夹套。 生产人造奶油时，可以通热水夹套保温 B 单元，这有助于熔融和清洗。 起酥油生产用的 B 单元可以用碳钢制造，但人造奶油生产用的设备部件需要用不锈钢制造。

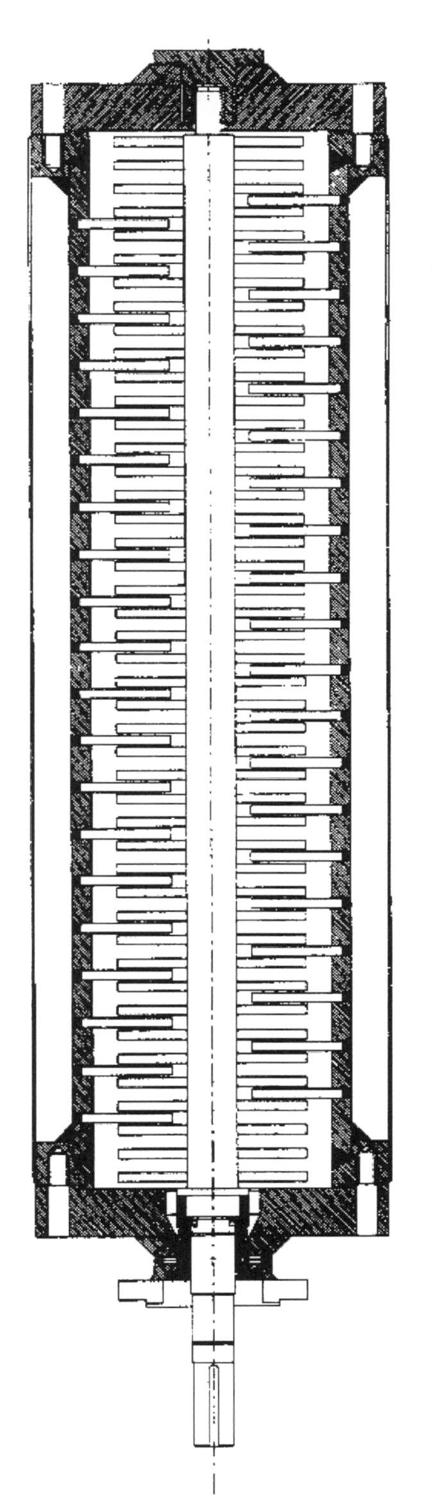

图 3.10 Votator 搅拌捏合单元的横截面视图（经肯塔基州路易斯维尔市 Cherry – Burrell 公司允许）

图 3.11　Votator 搅拌捏合单元（经肯塔基州路易斯维尔市 Cherry－Burrell 公司允许）

3.4.8　熟化

（1）定义　除了餐用人造奶油外，塑性食用脂通常在其包装之后，应立即运到恒温室中存放 24～72h。这种静置的热处理被称为“熟化”。一般在 27℃左右进行熟化比较适宜，熟化改善了产品的塑性和酪化性，并提高了塑性脂肪在储存期合理的温度波动下保持均一稠度的能力。

（2）理论　在熟化过程中到底发生了什么变化，严格地讲，至今还存在着相当大的疑惑，并缺乏确切的理论来解释。有一种观点认为在熟化期间，低熔点甘油三酯熔解和重结晶，产生一种更坚固、更均匀的结构[17]。另外一种看法认为最初所有的晶型都会存在，在熟化过程中，它们转变为一种更稳定的同质晶型体，为了使各组分的转化更为缓慢，需要把产品静置在刚好低于最低熔点晶型的熔点处，29℃是一种可以接受的折中的温度[18]。这些产品都具有复杂的甘油三酯组成，并可以以多种晶型结晶。由于在一般情况下，产品从熔融状的油相，到被包装好的塑性固脂历时不超过 5min，所以各种可能的晶型都会存在。不过它们之中大多数是不稳定的，而且只要给予它们充足的时间和输入充足的能量，所有的结晶都将转变为稳定的结构。无论哪一种观点，一般都认为产品受结晶转变影响最大的流变学特性，在最初的48h熟化过程中会得到很大程度的稳定。

焙烤行业中所有环节，对流态起酥油的认可程度正不断提高。用β′晶型硬脂为基料的流态产品，采用正常的静置熟化的方法处理可以更加稳定；而用β晶型基料制备的制品需要在搅拌条件下熟化，以形成一种稳定的悬浮物流体。目前Votator对烘焙用起酥油体系和流态起酥油的一般推荐是有必要在搅拌条件下熟化时间至少4h，当然达到6h更好，这样既可以形成良好的结晶分散，又能保证恰到好处的黏度，既能方便输送，又能长时间保持稳定。采用恒温室来熟化起酥油的生产成本相当高，并且还存在存放和循环库存方面的统筹学难题。当恒温室熟化无法省略时，许多情况下产品熟化的时间可能减少50%以上。显而易见，刚离开B单元的物料既未完全结晶，也不是一种完全稳定的晶型结晶。不过它必须遵循物理化学的定律。如它被进一步冷却的话，受相平衡定律的支配，它所包含的另一些液油必然会凝固。可以采用一台特殊的刮板式换热器或者常被称作C单元的“后冷却器”，使黏稠结晶相进一步冷却。

(3) Votator C单元　Votator C单元实际上是一台装着一根变异轴（偏离换热器管中心6mm）的A单元。这种偏心机构迫使刮刀随轴每一次旋转进行一次偏心运动，而且这种连续不断的摆动，在不断捏合产品的同时又清理了管内壁。因此即便在很低的轴转速下也能形成充分的混合和有效的热传递。由于不需要很高的轴转速，因此施加的机械力也被降到最低。最后的结果：B单元的黏性结晶物料进一步冷却到原先在A单元中已达到的料温。在静置的情况下，流态状的脂体可以朝着使已存在的晶体实现晶体生长，结晶产生较稳定的、单一的晶体。采用C单元处理可以缩短产品熟化所需的时间，并提供了一种控制产品灌装时黏度和温度的方法。

3.5 起酥油生产设备

3.5.1 用于加工猪油和起酥油的Votator碳钢设备

由于起酥油是一种100%油脂制品，所以不需用昂贵的不锈钢设备。型号LS182的Votator起酥油成套设备全部是用低碳钢制造的。所有的设备只用热油循环到设备内脂肪被熔化排出为止，然后用惰性气体或经净化的空气来清除设备中残剩的油，不需要进行化学清洗。

这套装置的主要设备是一只储存直接膨胀制冷液的贮罐和它所必须有的阀门和控制装置，两只直接安装在冷媒贮罐下方的$\phi 6 \times 72$的Votator，以及一只$\phi 18 \times 54$的搅拌捏合单元。在图3.12中，储罐位于图上方右边，紧靠在两只圆筒形刮板式换热器上方。安装在同一机架上的捏合单元位于冷却圆筒器的正下方。在左边的泵系统中，包括了一只原料暂存罐和两只高速旋转齿轮泵，泵采用一台单相双轴头电动机驱动，特殊的挤压阀和回压阀安装在与产品相连接的管道上，这些装置在车间现场安装。

图3.12所示为前面所描述的LS182型Votator起酥油装置的工艺流程图。按配方配制的起酥油基料油通常存放在49～60℃条件下。熔融的油可以用泵输送或者凭借重力从储罐流入位于图3.12中右端下角处的原料暂存罐中。当用一台高速容积式转子齿轮泵泵送油时，储罐上安有浮标阀，以保持料罐内液位的恒定。通常在这台泵处注入空气或惰性气体。通过回压控制阀把泵的输出压力恒定在2.4MPa附近。由于原料罐的液位得到控制，并采用了一台恒速容积泵，气体能以固定的比例进入，从而保证产品密度恒定不变。起酥油一般含有其体积10%～15%的气体，虽然在某些适当的配方中，可以均匀添加更多的气体。

熔融的油可以用一台带冷水夹套的夹套式管道换热器预冷到温度刚好高于它的熔点，一般为43～46℃。油从预冷器中流出直接进入Votator的两台A单元中。预冷器的主要作用是减轻A单元的热负荷，使它的冷却能力达到最大，并确保油脂过冷时能产生最多数量的晶核。A单元把来自预冷器的物料冷却到18℃左右，或者冷却到某个预先设定的温度，使产品获得所需的塑性。虽然我们根据产品的SFI曲线，可以看出物料在A单元的出口温度应有25%或更多的油脂结晶，但是实际上在A单元中物料只含有少量的脂晶体。从A单元排出的物料完全处于一种半液态的过冷状态，这种过冷的物料已经作好了产生大量晶体的准备，同时为利用B单元增塑，做好了理想的预制备工作。

来自A单元的过冷物料直接进入捏合单元。物料流过B单元时料温通常升高5～8℃，这绝大多数是由于结晶潜热的释放所造成的；而机械能对总热量的增加影响不大。B单元排出的物料被强制通过一只特殊的挤压阀，挤压阀使所有A、B单元内的压力保持在1.7～2.0MPa。这个压力加上挤压阀自身的作用，可确保气体均匀分散和打碎任何可能形成的结晶聚集体。第二台转子齿轮泵提供了把这种粘性的结晶物料输送到远处的灌装机处所需的压力，而紧靠灌装机前端的第二台挤压阀产生足够的压力，以得到产品最终的质地。

实际上，通过改变急冷和捏合单元的尺寸和数量，可以获得任何期望产能的系统。成套设计的起酥油生产设备和预包装好的起酥油系统的生产能力为1361～9072kg/h，同时还可以买到加工能力为91kg/h的实验性装置。

3.5.2 不锈钢的Votator人造奶油/起酥油成套装置

虽然许多生产商仅仅生产起酥油，但对于那种既能生产起酥油又能生产人造奶油的联合装置的需求与日俱增。1993年Votator公司开发出一系列不锈钢猪油/起酥油的成套系列

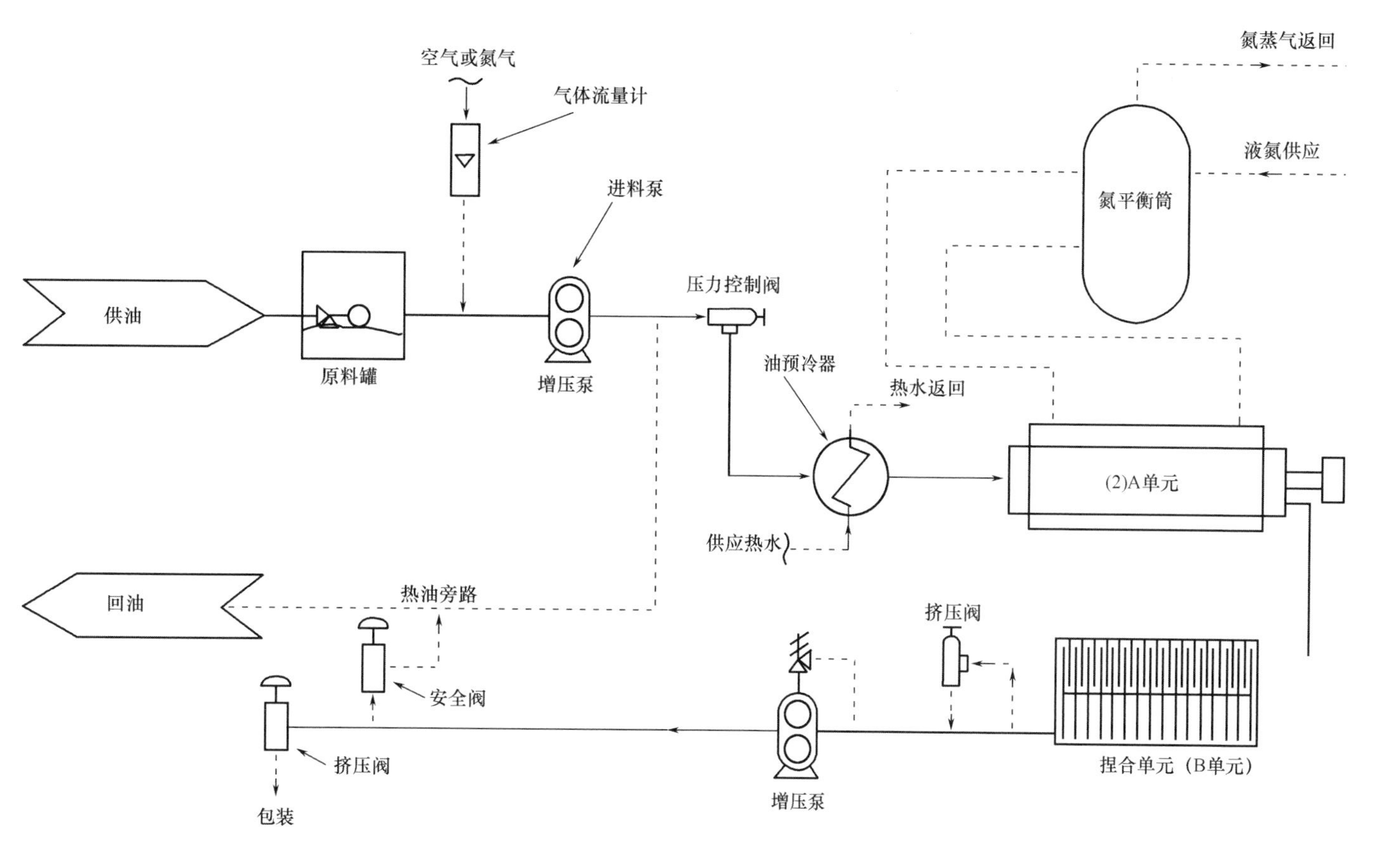

图 3.12 LS182 型 Votator 起酥油装置的工艺流程图（经肯塔基州路易斯维尔市 Cherry – Burrell 公司允许）

设备（SLS）。如今可以提供全面完整设计、销售、组装、工厂调试好的SLS联合装置，其起酥油的生产能力范围为从1361～9072kg/h不等，块状或者桶状人造奶油生产能力范围为1043～6350kg/h不等。

图3.13是一张起酥油加工能力为4536kg/h、人造奶油加工能力为3175kg/h的成套设备的照片。进料泵金属表面、B单元和所有连接阀、管道以及框架装置都是不锈钢的。除了换热器管是用硬质铬镀面的工业纯镍制造之外，Votator的A单元与产品接触的所有表面都为不锈钢。所有A、B单元都配有各自的齿轮电机。

图3.13 SLS182型Votator人造奶油与起酥油装置
（经肯塔基州路易斯维尔市Cherry－Burrell公司允许）

图3.13的Votator的SLS182型人造奶油/起酥油成套系统流程图如图3.14所示。A单元使熔融的油脂混合物过冷，在其结晶过程中，B单元进行捏合和质构化。高压不锈钢供料泵产生足够高的压力去克服过冷和增塑过程中的阻力，并把黏性物料送到灌装的位置。由此A、B单元经受的内压要比用两台泵输送物料时的压力高，所以它们的强度必须按压力至少为4.1MPa来设计，目前较新型的设计操作压力为6.8～10.2MPa。当从生产起酥油切换为生产软质人造奶油时，只需改变进料泵和B单元的电机转速就可以了。尽管采用不锈钢建造并且增加了齿轮电机驱动装置，但是由于取消了原料暂存罐、供料泵和一些控制阀

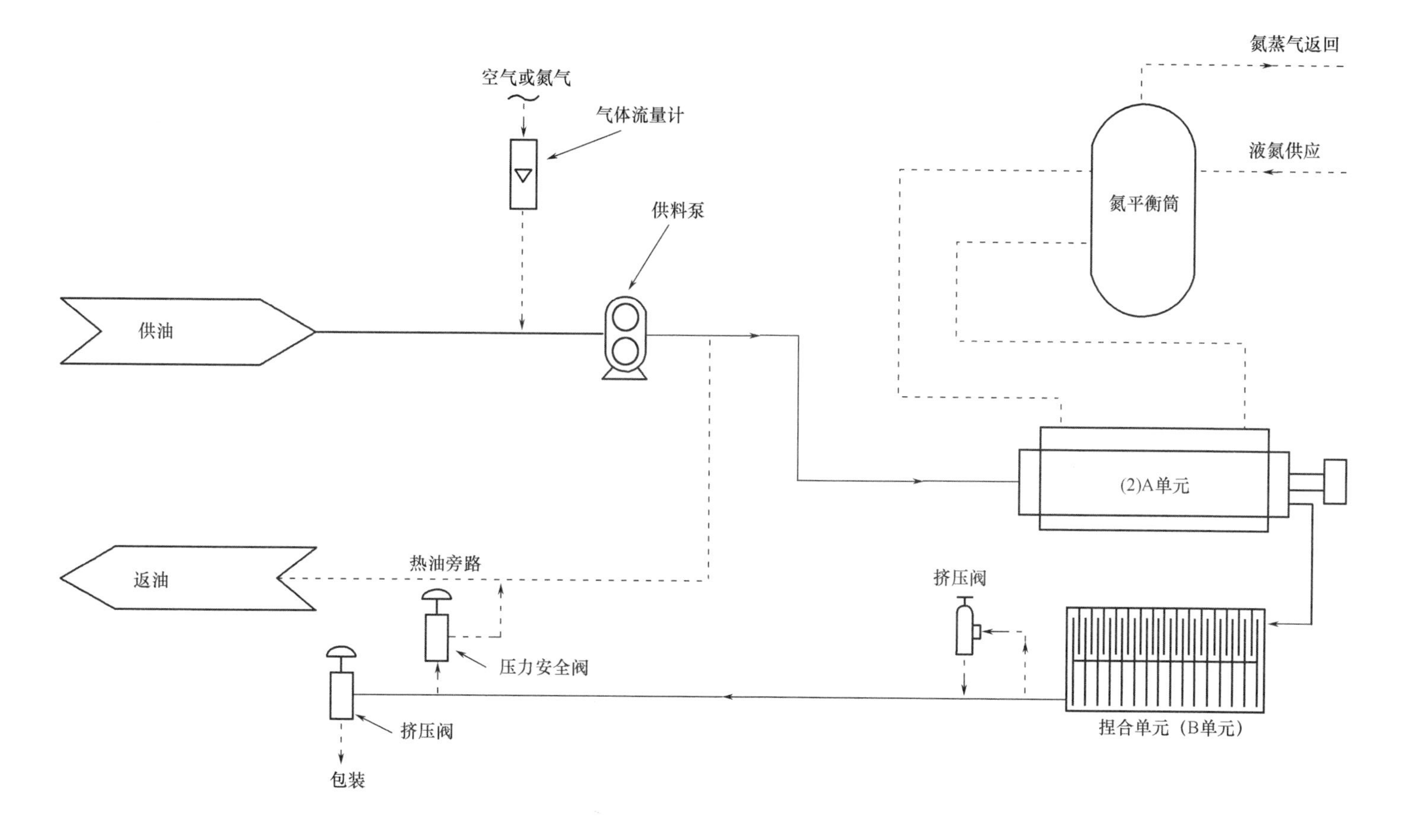

图 3.14 **SLS182 型 Votator 人造奶油与起酥油装置的工艺流程图（经肯塔基州路易斯维尔市 Cherry – Burrell 公司允许）**

门，一整套 SLS 成套系统仅比全碳钢猪油/起酥油（SL）成套系统贵约 20%。

完整的重新设计的手动式控制仪表柜如图 3.15 所示。如今，操作控制柜的外壳是一种可以冲洗的不锈钢罩，上面还装有必要的起动与停止触摸式按扭开关、各种表示运行的灯以及显示产品和制冷温度的数字式指示器。在操作仪表板上可以进行制冷温度的调节。遵循国际电器法规（IEC）用电路电流断路器取代熔断器式保护电机启动装置。自动检测电机电流强度并显示在电流表上。当电流强度达到制造厂预先设置的水平时，就会停止制冷以保护设备以免冻结，这种电流水平很容易重置。

图 3.15 SLS 型 Votator 人造奶油与起酥油装置的控制柜
（经肯塔基州路易斯维尔市 Cherry – Burrell 公司允许）

3.5.3 Chemetator 刮板式换热器

在 1993 年，美国明尼苏达州皇冠钢铁工程公司（Crown Iron Works Company）获得一家总部在英国的新合资企业的控股权，这家名为皇冠化学技术有限公司（Crown Chemtech Ltd.,）的新公司制造了生产人造奶油和起酥油的生产设备。图 3.16 所示为配有四只冷却圆筒器的 Chemetator246 - A4M 型设备。每只冷却圆筒都配有独立的氨冷却系统和各自的电机。

图 3.16 Chemoreator 刮板式换热单元（经英国雷丁 Grown Chemtech 公司允许）

3.5.4 格斯顿贝和阿格公司的人造奶油/起酥油装置

格斯顿贝和阿格 A/S 公司也能提供人造奶油和起酥油的整套生产设备。图 3.17 是一张生产能力为 10000kg/h 的起酥油设备照片。它有四只急冷管、两组独立的冷却系统，这一套设备同样适用于生产软质人造奶油。这套设备的独到之处包括独有的暂存系统以保证产品不会在急冷管内解冻，以免产品断流，允许的产品最大压力可达 8MPa，高效的急冷管外侧有波纹，内表面镀铬处理，采用碳化钨加工的机械产品密封垫圈，每根急冷管都有各自的制冷系统。这种换热器装有特殊的浮动式刮刀，如图 3.18 所示。

图 3.19 所示为一张生产能力为 4000kg/h 的生产酥皮用人造奶油的整套设备。它配有六组急冷管、三组独立的制冷系统，操作压力最大额定值为 18MPa，还配有一种刮刀装置称为“斗牛犬（bulldog）”。这套设备同样具有图 3.18 所示的（2 +2）×92R 型 Perfector 起酥油生产装置所具有的特色。

图 3.20 是一组中间结晶器的图片。这种结晶器直接安装在每一根急冷管上，以确保各种产品，例如餐用人造奶油、软质人造奶油、起酥油及蛋糕和裱花用人造奶油能获得适宜的塑性和晶体结构。中间结晶器同样可以安装 T 型鞘轴，这种结晶器尤其适合于酥皮用

图 3.17 格斯顿贝和阿格公司的（2 +2）×92R 型 Perfector 装置
（经丹麦哥本哈根格斯顿贝和阿格 A/S 公司允许）

人造奶油的生产。

3.6 分析评价和质量控制

最终产品品质和稠度的控制取决于对冷却、结晶、质构化基本原理的理解、坚持和运用，以及对组成配方的各种配料的选择和控制。 美国油脂化学家协会官方推荐方法[19]是油脂行业对原料和最终产品品质评价的权威性分析方法参考书。 这些方法在行业中被简称为 AOCS 方法。 对所有的分析实验室而言，这是一本必不可少的工具书。 第四版的 AOCS 有 1200 页左右，装在两大本耐用型散装活页夹中，其中有四百多个经联合测试认证的方法，并已被四十多个国家所应用。 有关起酥油相关特性的必要的全部分析步骤和所用的仪器都已作了详细的描述。 典型的分析方法将指导人们如何测定晶体大小、颜色、固体脂肪指数或固体脂肪含量（SFI 或 SFC）、碘值、折射率、威氏熔点、滴点和软化点、氧化稳定性、过氧化值、黏度、针入度、稠度和质构。

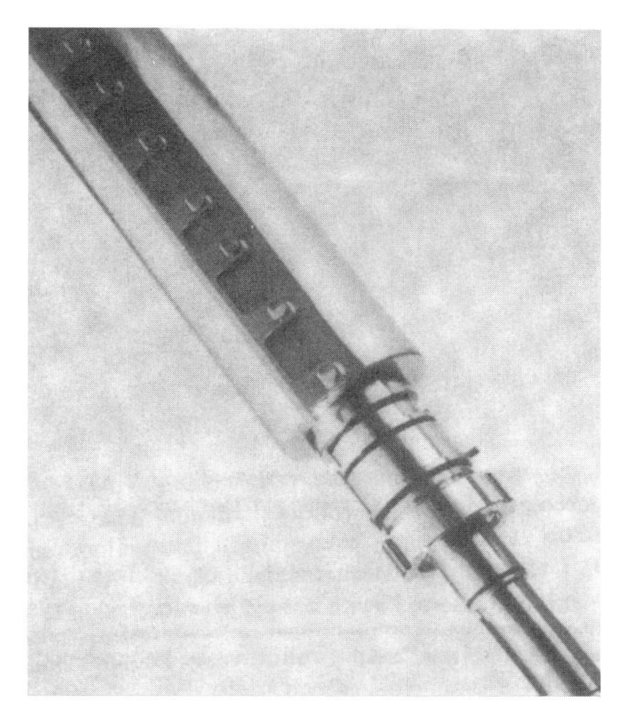

图 3.18 格斯顿贝和阿格公司的（2+2）×92R 型 Perfector 的浮动刮刀变异轴装置
（经丹麦哥本哈根格斯顿贝和阿格 A/S 公司允许）

图 3.19 格斯顿贝和阿格公司的（2+2）×180 型 Perfector 装置
（经丹麦哥本哈根格斯顿贝和阿格 A/S 公司允许）

图 3.20 格斯顿贝和阿格的 15L 型中间结晶器，适用在 125 型 Perfector 装置
（经丹麦哥本哈根格斯顿贝和阿格 A/S 公司允许）

在影响起酥油流变性的主要因素的测定方面，为了减少测定所需的时间已研制出不少高级的仪器。这些高级的仪器包括核磁共振仪（NMR）、偏振光学显微镜、X－射线衍射仪、旋转式激光探测仪、气－液色谱仪（GLC）、高效液相色谱仪（HPLC）、薄层色谱仪（TLC）和差示扫描量热仪（DSC）。

最初人们是用偏振光学显微镜来测定晶体大小和分布，但分析需要花费很多时间，而且分析结果不够准确。近来光学和 X 射线衍射仪和沉降法结合计算机分析给我们提供了新颖的、改良过的测定晶体平均尺寸和晶粒粒度分布情况的手段。由莱塞颗粒计数器发展而来的一种旋转式激光探测仪，连接上一台计算机，采用特殊的软件，就可以去测定和记载结晶过程的数据资料。晶体的结构可以用偏振光学显微镜进行观察。

用膨胀计或脉冲核磁共振仪可以测定 SFI 和 SFC 值。目前认为膨胀计法准确度高，NMR 法更迅速。

在色谱仪问世之前，甘油三酯和脂肪酸的分析费时又费力，如今用 GLC、HPLC 或 TLC 分析是日常的工作。

DSC 被用来测定起酥油的熔融习性。把少量的样品用液氮迅速冷却，然后再渐渐加热。加热和冷却的速度准确地控制在每分钟 5℃左右。绘制成能量－温度函数图。在此图曲线上，出现一个峰就意味着发生了结晶放热。对大多数起酥油而言，在高于产品软化点温度 4℃或 5℃处，曲线图上会出现单一的一个主峰。以 β′晶型结晶的产品的曲线上只出现唯一一个尖的熔融峰，而以 β 晶型结晶的产品曲线上出现的峰较宽。氢化脂在较高的熔融温度处也许会出现一些其他的峰。DSC 分析法可用于纯组分同质多晶现象的测定，但是这些熔融曲线不是复配型起酥油的晶体结构的绝对标志[20]。

已成功研制出运用压缩的方法测定产品硬度和塑性的装置，用这种装置可以获得施加的压缩力与其产生的变形之间的相关性曲线。由于变形程度取决于产品的配方和施加的力，所以最初的曲线是直线形的。如压力继续提高，大多数起酥油样品就会碎掉。坚硬和易碎的样品的塑性范围很窄，它们在很小的变形之后立即就会破裂。曲线后段有一段较长的扁平形曲线的样品，象征着产品是一种黏性流体或是一种可塑性物体。

锥形针入度法也可以用于硬度的测定（AOCS 方法 Ce16 – 60）[21]。一只一定质量和大小的锥体落下，并插入预先制备好的样品上，样品的相对硬度用针深入的程度除以锥体质量的比值来衡量。锥体插入软质样品中的距离越深，产品的硬度相对较低。但一个单一温度下的针入度值不能真实地反映出产品的总体塑性。当样品在低温和较高温度下测到的针入度值间的差异很小的话，这表示该产品具有宽的塑性范围；相反，当差值很大时，表示产品的塑性范围很窄。可以根据地理位置和期望用途，将产品加工的较硬些。

管理部门的支持是每一个质量保证计划方案的关键。必须制定出优质产品的质量标准，生产线上的监督人员通过技术培训并获得相应的权威度，在上级管理部门的支持下，去实施这些管理，确保生产出各种优质的起酥油产品。

3.7 包装和储藏

半固体塑性起酥油通常包装在 0.5kg 和 1.5kg 的罐子或者立方盒、50kg 的纸板箱和 175kg 产品的桶中。塑性起酥油也有以“圆筒形”装的、印模状的和为直接使用作准备的片状出售。

立方体的纸板箱外加打包带捆扎的包装形式大概是用于食品服务和加工业的最大众化的包装方式。装有光学传感器的设备，保证空纸板箱在灌装机开始灌装之前，就处在所规定的位置上，并且产品被自动控制灌装入箱到准确的重量。大多数灌装机采用两列灌装方式，即在第一只纸箱灌装结束之前，灌装机头已熟练地转向第二排上的纸箱。立方体的箱子的容量范围为 10 ~ 25kg。

圆筒形包装在拉丁美洲十分流行。它们被机械加工成圆筒形薄板，并在圆筒体中灌装 0.11 ~ 5kg 的起酥油。然后用金属钳把圆筒体两端卷曲密封。

印模包装是把产品直接模压成条状或块状，成品重量在0.5～5kg之内。印模式包装也可以采用旋转式灌装机把塑性起酥油灌注入用纸叠成的容器中。在灌装时，被迅速冷却的起酥油必须具有足够的流动性，才可确保它能被填充成容器的形状，并且能够迅速结晶为坚固的外形结构。

酥皮用起酥油可以被挤压成平展的片状或以2kg或4.5kg的块状印模包装。它通常被放在用波纹纸制成的盒子中，一只盒子可以放几薄片或几厚片。在厚片之间用大张的纸隔离，以免它们粘在一起。

流态或液态起酥油常常以每只容器装4L、8L和20L，也有散装成200L一桶和40000L一罐，或以更大容量的罐方式销售。20L的规格一般是刚性包装，是由软塑料容器放在一只波纹纸的纸盒中所组成。因为光线可以促使油脂氧化，所以液油最好装在深色容器中。不过作为家庭使用的产品，消费者宁愿选购容器透亮的产品，一些品牌甚至采用透光玻璃瓶或塑料容器包装。由于氧气能透过聚乙烯板，加上产品消费的周转率很低，所以存放在透光的聚乙烯容器中的家庭用油，常常不等吃完就变质酸败了。一些不透氧的塑料，如聚氯乙烯、不透明的聚乙烯和偏二氯乙烯与氯乙烯共聚物涂层的聚乙烯似乎是更好的包装材料。

假如起酥油中气体分散不均匀，塑性结构较弱，配方中硬脂含量不充足或产品的储藏温度过高，常会在包装物中出现油游离出所形成的空穴。假如把产品放在一个能使它所含有的较低熔点馏分熔融的温度下，塑性起酥油将会发生不适当的重结晶，从而丧失原有的功能性。储存期间受热损害的产品必须重新熔融和重加工后，才能重新恢复它的可塑性。一般情况下，固态起酥油不需冷藏，然而由于起酥油会吸收气体，所以储放起酥油的地方必须凉爽、干燥且没有其他有气味的物质存在。经过正确配制和适宜工艺生产出来的塑性起酥油比较稳定，在储存和运输中，具有抵抗不良条件伤害的能力。

澄清的液态烹调油和色拉油不需特殊的仓储条件。它们不具备晶体结构也不含悬浮的固脂，并且如果储存温度低到足以产生一些固体脂肪的话，把它们放回到正常的储藏温度之后，这些固脂通常会熔化。如果这些固脂不能重新熔化的话，在使用这些受到影响的油时，可以先把它们适当地混合，并使固脂悬浮之后才用。

流态（不透明）起酥油常常用在那些注重产品可倾倒性、均一性、稳定性，而不重视其结晶性质的场合。由于流态起酥油含有悬浮状的固体，所以储存温度十分重要。在美国，大多数流态起酥油是为了能储存在18.3～35℃范围之内而配制的。在低于上述温度范围下存放，流态起酥油会发生凝固而失去流动性。把它加热到正常状态，它将会恢复。但是如把它放在太高的温度下，将导致部分或全部悬浮的固脂熔化。这种状况是无法复原的，因为当储存温度再次降低时，会产生较大的晶体，这些大晶体也许会沉淀在容器的底部。失去了这些固态组分也许不要紧，但对产品功能性的影响可能是灾难性的。

干的和粉末状的起酥油产品常包装在复层式纸袋或纤维制的桶中。纸袋通常装25kg/袋，而每一桶装载45～90kg。正如前面针对半固态塑性产品的储藏条件所建议的那样，这些产品同样必须放在凉爽、干燥和无气味物存在的地方。

所有类型的起酥油都经历配制和加工，以持有基本的功能特性。产品在包装、储存或交易过程中，即便被暴露在过高温度下的时间很有限，它的功能性都可能会受到伤害或者可能会全部破坏。

3.8 创新技术

3.8.1 自动化和计算机控制

在生产工艺适宜，生产所用的设备经过长时间的考验被证实是可靠的情况下，最近的技术革新是直接朝着改善工艺控制手段和使生产自动化的方向进行。目前起酥油生产线已配备了半自动或全自动的电视屏幕控制系统。

图3.21所示为生产焙烤用起酥油的自动化生产工艺流程图。加工过程的核心设备是标准的A、B单元联合装置。为了达到辅助温度控制，使晶体稳定化和产品灵活化等目的，在B单元后面增加了一台C单元。从B单元流出的起酥油被送入有搅拌的夹套式调温罐中进行保温熟化，为应用做好准备。根据需要，调温罐内的起酥油经计量器计量后直接提供给用户。一种可编程序的逻辑性控制系统（PLC）连续不断地监控调温罐内产品的液位。按照所需，用与罐内物相一致的物料去增补满每一只调温罐。配方的每一次变更，PLC系统都会发出自动排空的指令，以免发生混料。有一个便利产品用户的通讯中心，可以转述用户对产品任何反常情况的反映，并有一块图形化的控制板，可以用来显示设备的当前状态。

下面有三张图：图3.21、图3.22、图3.23分别是焙烤用起酥油Votator装置中的典型控制柜、PLC系统和图形化显示器。图3.21、图3.22还包括了所有的高压转换器、电机启动器和装有触摸式按钮台、以及运转灯的操作控制器等。图3.23所示为PLC系统。图3.24描绘的是图3.22中控制系统的工艺流程图，并提供了工艺过程和设备状况的直观标志。

和生产设备连接在一起的自动化和控制系统，将半自动化生产过程中所发生的各种信

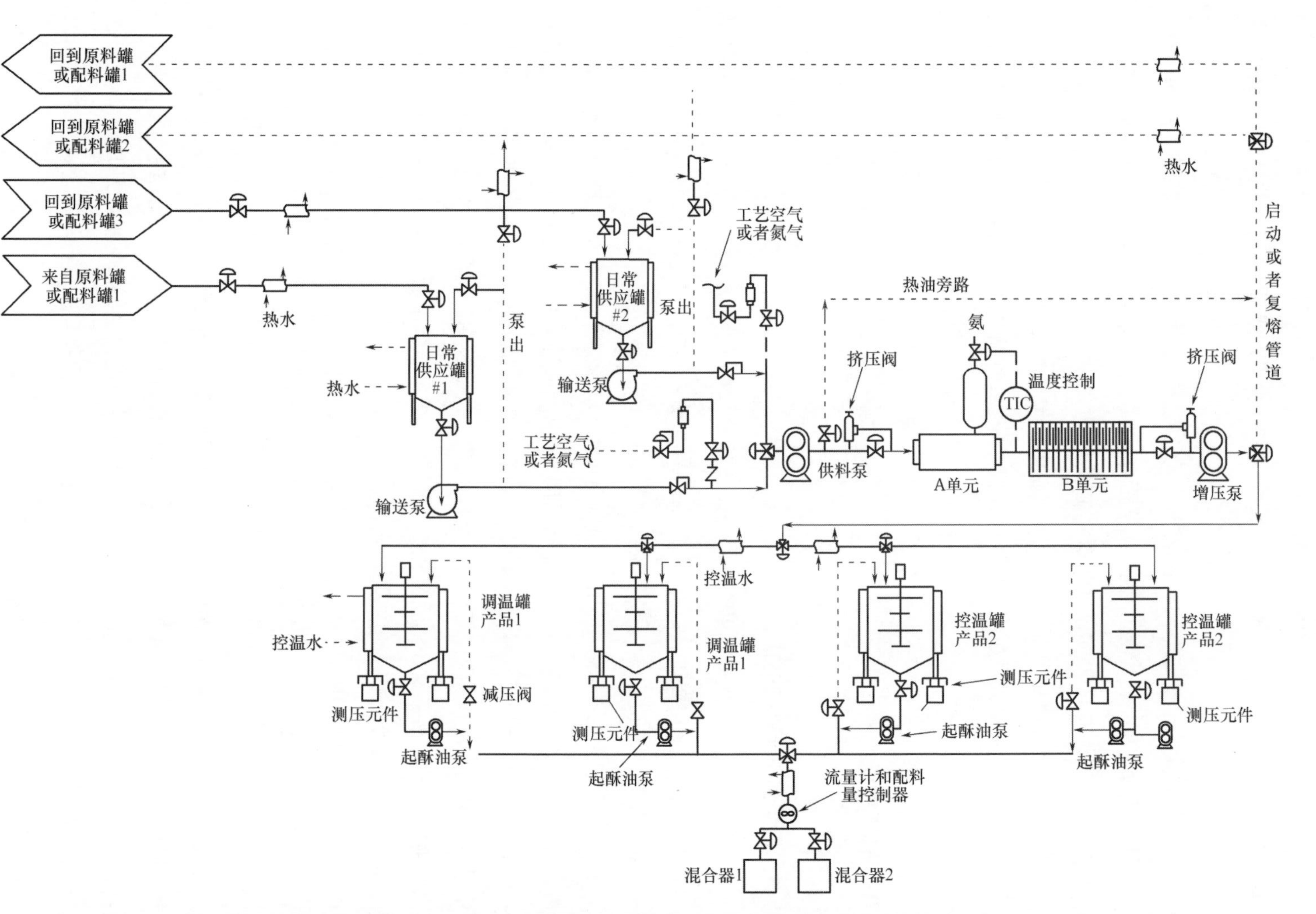

图 3.21 焙烤用起酥油加工用的自动控制 Votator 装置的工艺流程（经肯塔基州路易斯维尔市 Cherry – Burrell 公司允许）

图 3.22 焙烤用起酥油 Votator 装置的自动化控制柜
（经肯塔基州路易斯维尔市 Cherry – Burrell 公司允许）

图 3.23 焙烤用起酥油 Votator 装置的自动化控制系统的 PLC 装置
（经肯塔基州路易斯维尔市 Cherry – Burrell 公司允许）

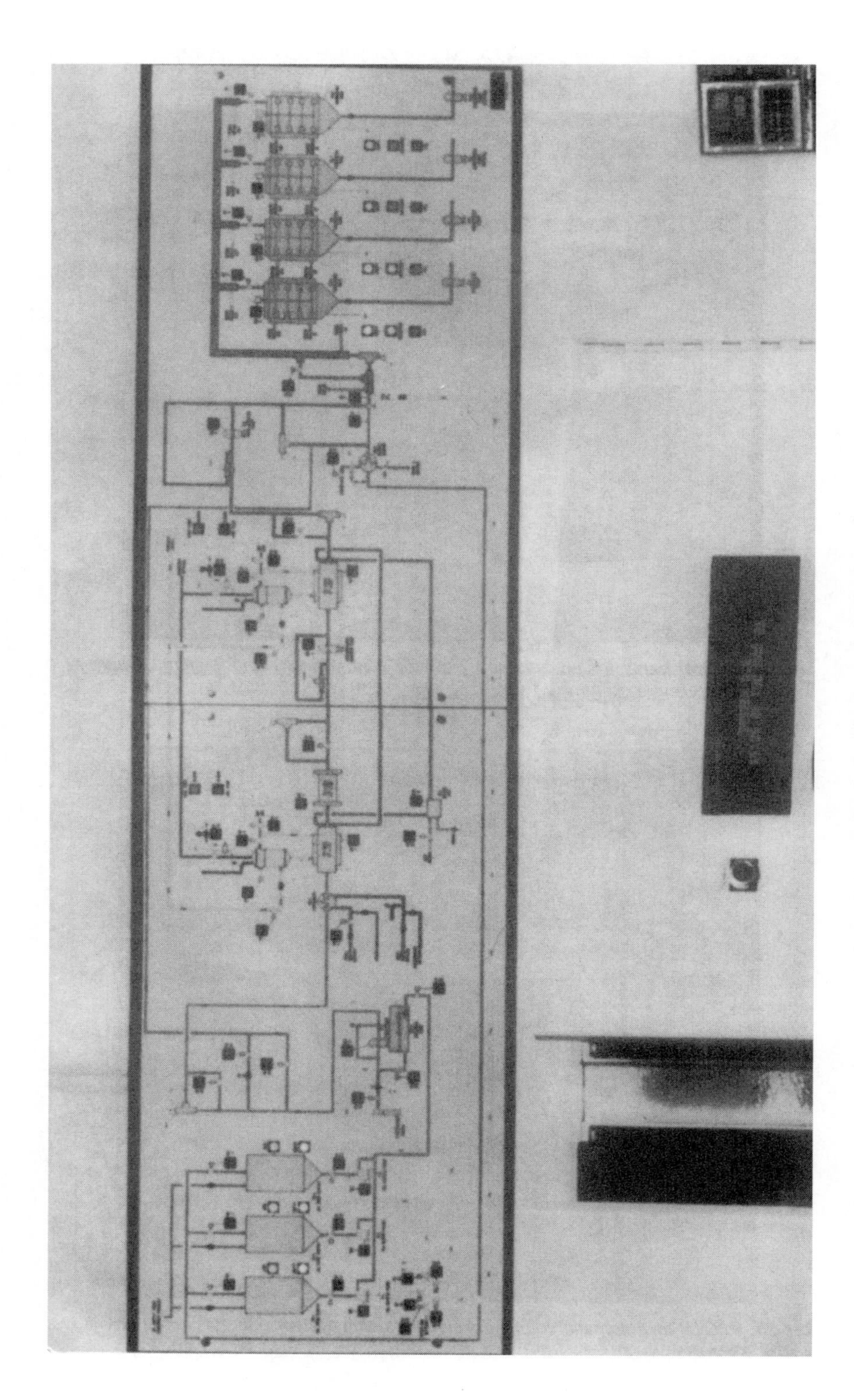

图 3.24 焙烤用起酥油 **Votator** 装置的自动化控制系统的图示
（经肯塔基州路易斯维尔市 **Cherry – Burrell** 公司允许）

息传递到全彩色的屏幕界接口上，只要窥视窗正在工作，界接口就把信息遥送入可视界面中，工艺流程图上将显示出产品和生产的真实现况、各种阀门关启的位置、电机负荷状况、报警器现况和所有的其他关键参数，并且只要简单直接触摸显示屏幕，就能重新设置控制变量。 图 3. 25 所示为一套全自动屏幕控制系统。 图 3. 26 所示为一张典型的加工过程屏幕显示器和仪表图。

图 3. 25　全自动屏幕控制系统
（经肯塔基州路易斯维尔市 Cherry – Burrell 公司允许）

现代化的控制系统具有累计、储存和出示生产记录的功能。 通过记载下来的有特征的资料可以根据要求提供数据报表或规律变化图。 也还包括利用屏幕来显示和重新设置控制生产的工艺参数值，以及显示报警信息。

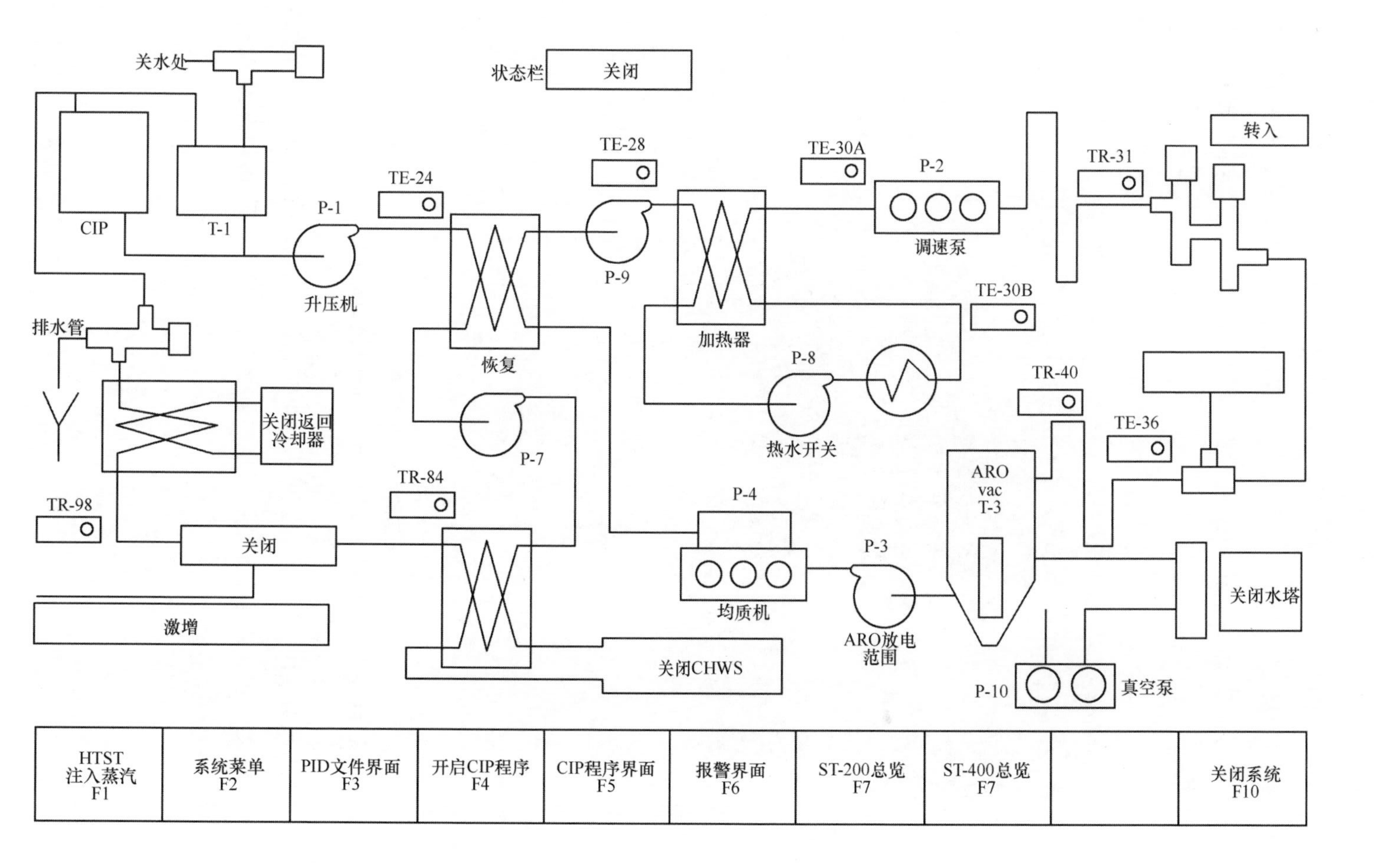

图 3.26 典型的加工过程屏幕显示器和仪表图（经肯塔基州路易斯维尔市 **Cherry – Burrell** 公司允许）

参考文献

1. T. J. Weiss, *Food Oils and Their Uses*, AVI Publishing Co., Westport, Connecticut, 1983, p. 129.
2. *Oil Crops Situation and Outlook*, Economic Research Service, USDA, Oct. 2000, online update 2004.
3. E. G. Latondress, *J. Amer. Oil Chem. Soc.*, **58**, 187 (1981).
4. A. E. Thomas III, *J. Amer. Oil Chem. Soc.*, **55**, 831 (1978).
5. A. E. Bailey, *Industrial Oil and Fat Products*, 2nd ed., Wiley - Interscience, New York, 1951, pp. 211 - 212.
6. P. Chawla and J. M. deMan, *J. Amer. Oil Chem. Soc.*, **67**, 329 (1990).
7. L. H. Wiedermann, *J. Amer. Oil Chem. Soc.*, **55**, 825 (1978).
8. Ref. 7, p. 826.
9. M. S. A. Kheiri, *J. Amer. Oil Chem. Soc.*, **62**, 414 (1985).
10. N. O. V. Sonntag in *Bailey's Industrial Oil and Fat Products*, vol. 1, 4th ed., Wiley - Interscience, New York, 1979, pp. 292 - 448.
11. Institute of Shortening and Edible Oils, Inc., *Food Fats and Oils*, **13** (1988).
12. J. Edvardsson and S. Irandoust, *J. Amer. Oil Chem. Soc.*, **71**(3), 235 (1994).
13. Ref. 7, p. 825.
14. S. J. Laning, *J. Amer. Oil Chem. Soc.*, **62**, 403 (1985).
15. American Society of Heating, Refrigeration and Air - conditioning Engineers, *Refrigeration Handbook*, vol. 2, 1990, pp. 2. 1 - 2. 9.
16. Ref. 7, p. 827.
17. N. T. Joyner, *J. Amer. Oil Chem. Soc.*, **30**, 531 (1953).
18. Ref. 4, p. 832.
19. *Official Methods and Recommended Practices of the American Oil Chemists' Society*, Champaign, Illinois.
20. L. deMan, J. M. deMan, and B. Blackman, *J. Amer. Oil Chem. Soc.*, **68**(2), 64 (1991).
21. W. E. Link, ed., *Official and Tentative Methods of the American Oil Chemists' Society*, American Oil Chemists' Society, Champaign, Illinois, 1974.
22. S. Mielke, *J. Amer. Oil Chem. Soc.*, **64**(3), 298 (1987).

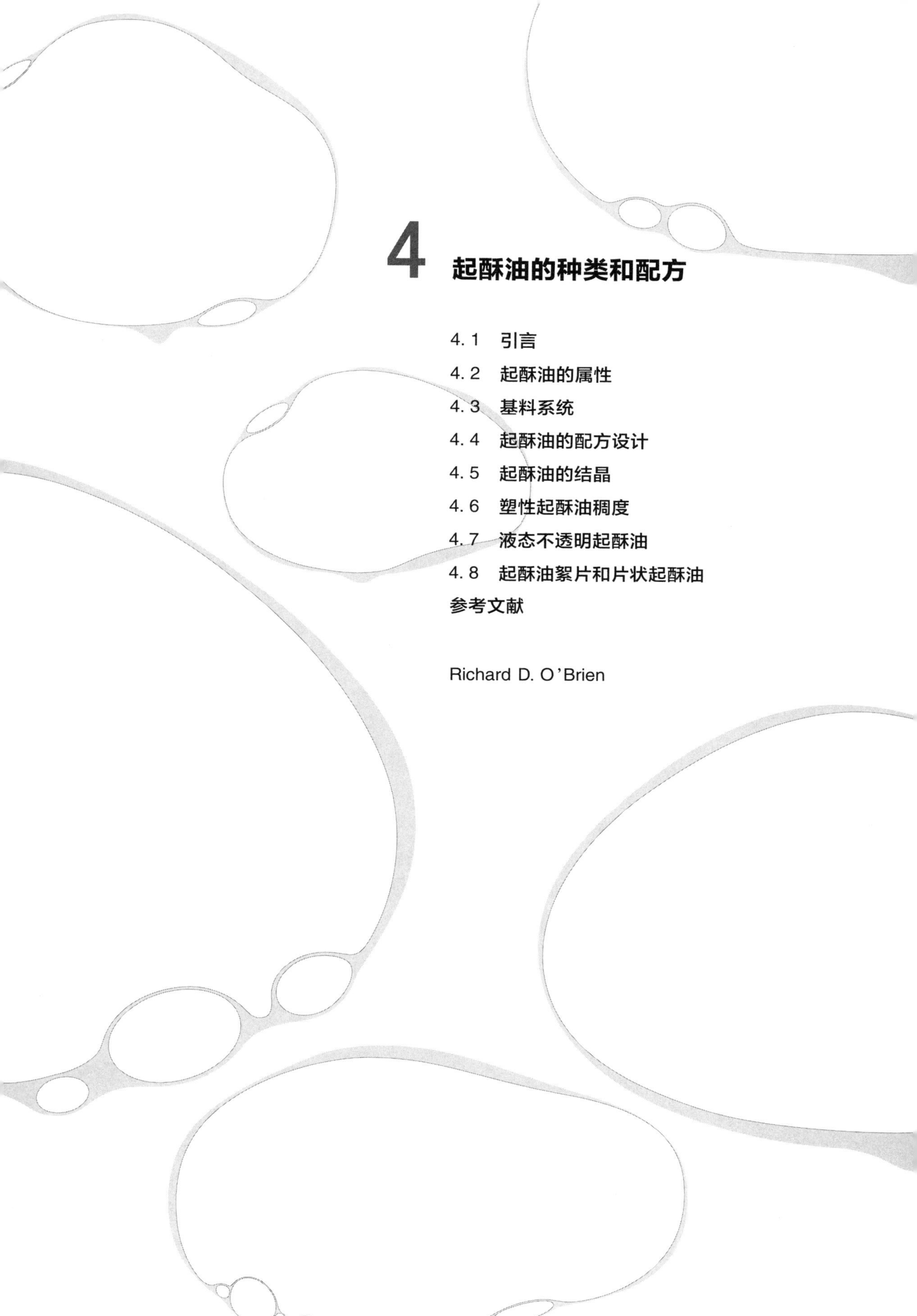

4 起酥油的种类和配方

Richard D. O'Brien

4.1 引言

以前一提到起酥油，就使人联想到那些在室温下呈固态可用于焙烤食品加工，使其酥松的天然脂肪。然而现在用来制备起酥油的原料，已经从天然脂肪转变为油和硬脂的混合物，并进一步发展为氢化液油和硬脂混合，然后又发展到加入诸如乳化剂、抗氧化剂、消泡剂、金属螯合剂、抗溅剂之类的添加剂。尽管发生了这些改变，但是如今起酥油仍然是为了使焙烤食品变得松软或酥脆，当然除此之外，起酥油还具有许多有益于焙烤和其他预制食品的功能。如今的起酥油，实际上已经成为每一种预制食品中的基本成分。它将对预制食品的组织结构、稳定性、风味、储存品质、口感和外观质量产生很大影响。

4.1.1 历史

人类最早使用的油脂或许是用动物的尸体熬制的。后来在动物驯养之后，它们的畜体脂肪就成为了一种重要的食品资源，并被应用在其他方面，如润滑、照明和制皂。首先作为食用油脂的是猪板油或肥膘油，而其他的动物油脂则属于非食用应用。选择猪脂作为食用油脂的理由之一是它具有令人满意的香味。不过，猪脂受欢迎的主要原因是它具有可塑的稠度。在室温下具有良好硬度的猪脂可以掺入到面包、蛋糕、酥皮和其他焙烤食品中去。就这种用法而言，牛脂太硬了，而其他可用的海产动物油脂又太富有流动性[1]。

在西半球，塑性脂肪的应用十分普遍，主要原因是此地域的人们嗜好食肉，还可从他们食用的动物身上获取相应的脂肪。具有塑性动物脂肪全部物性的植物型起酥油是美国人的发明，也是棉花种植业和大豆油利用的产物。美国国内战争结束到19世纪末期期间，由于棉花种植面积扩大，导致棉籽油产量大幅上升。同时养猪业无法满足人们对塑性脂肪的需求。起初人们把棉籽油掺在动物脂中，并把这种混合物称作“混合猪脂”或直接称为“混合脂肪”，作为猪脂的代用品销售。在起酥油产业的发展中，肉类工业起了显著的作用，这归因于动物性硬脂已是起酥油必不可少的成分[2]。

大约在1910年前后，氢化工艺传入美国，由此植物型起酥油朝着两个不同的道路发展。肉类加工业继续生产复合型或混合型起酥油，采用加氢工艺，仅仅是为了制备硬化油，以在某些场合下能替代硬脂。而其他一些企业放弃了生产猪脂代用品的做法，去生产比传统猪脂品质更佳的制品。“复合型猪脂”和“复合型”的名称已被一些不会使人联想到肉类脂肪的专用名称或品牌所替代。

植物型起酥油加工厂商已发明了许多能改善其产品的方法，以便赢得市场份额。比起传统的复配猪脂，植物油需要更为精心的精炼和脱色。他们研制了一种新的高真空、高温的脱臭方法来脱去植物油所有微量的气味和异味，以生产出“清淡的”起酥油。氢化技术的进一步发展，使人们有能力制备出氧化稳定性更高、均一性更好、功能性更佳的起酥油制品。另外，在凝固、灌装、包装和晶体生长等工艺方面，他们发明了许多更好的方法，从而使起酥油产品外表更美观、保质性更好，而且性能也得到了改善[3]。

纯植物型起酥油迅速地占了优势，作为一种优质产品得到了家庭主妇和面包师傅或工业用户的认可。它所具有的清淡风味、均匀的白色、光滑柔和的质地也许是影响消费者接受它的主要原因。不容置疑，这些因素同样会影响面包师傅的选择，但起决定性的因素是这种产品的氧化稳定性有所提高，而且酪化性也有所改善[4]。

天然脂肪化学，曾是一个尚未探索的领域，它并没有吸引太多的化学家进行这方面的研究。然后到20世纪20年代后期，人们对脂质化学的兴趣激增。在液油加氢方面取得的进展呈现出的显而易见的机会，吸引了新的研究者进入这个领域。这种吸引力的不断增加引导人们去开发各种新型的分析工具和技术，加上大批重要的新商业化产品消除了人们从前对天然油脂单纯性的偏见。研究发现，这些天然油脂可经受各种典型的有机化学反应：同分异构化、聚合、氧化、酯化、酯交换、缩合、加成和取代反应[5,6]。

1933年前后发明的高比率起酥油，给焙烤和起酥油行业带来了巨大的变革。这些起酥油含有单甘酯、甘油二酯，有利于脂肪更为精细地分散，产生更多更小的脂肪球，使蛋糕糊更坚挺。面包师用乳化型起酥油加工蛋糕的话，可以添加其他的液体，也便于添加更多的糖。另外，高比率起酥油具有优良的酪化性即包裹空气的能力。总而言之，使用超甘油化起酥油可以加工出更为湿润的、体积更大的、质地细腻均匀的蛋糕。由此作为一种额外的收获：用高比率起酥油加工出来的糖霜比重很轻，而且可含有较多的水[7]。

乳化剂的发展以及它们显著改善焙烤制品的能力，为油脂工业的发展增添了新的空间，迎来了按照各种需要制作起酥油的新时代。在第二次世界大战之后，新型起酥油，特别是单一用途的起酥油，如夹心蛋糕、重油蛋糕、蛋糕预混料、奶油夹心、糖霜、裱花、面包、甜面团和其他焙烤制品等方面，得到迅速地发展和推广[8]。特殊用途起酥油的发展进一步推动了油脂工业的方方面面的发展，如加工技术和设备，质量控制方法和工具，加工过程的辅助设备、添加剂、分析仪器和方法、包装容器和设备，加上其他众多的无法枚举的方面。

技术进步使人们对油脂的了解与日俱增，以致能够根据食品工业各方面：零售消费、食品服务和食品加工等的需求，去配制出十分复杂的产品。今天我们在食品服务业和食品加工业范围内取得的许多进展都与各种特定起酥油的应用息息相关。同样的道理，每发明一种新的食品就需要一种全新的起酥油产品。目前除塑性起酥油外，还可以将起酥油分为流态起酥油、片状起酥油和粉末型起酥油，后面三种新增的起酥油的问世顺应了食品工业的特殊需要。

4.1.2 油脂资源

起酥油原料的选择一直受到原料的供应和成本方面的影响。这些因素也就是人们研制猪油代用品、发明纯植物型起酥油、对主要加工方法进行改革、开发新型添加剂强化性能和进行其他方面的很多变革的主要理由。表4.1所示为2002—2003年美国食用产品中油脂的使用情况[9]。表4.2所示为1990—2002年期间美国食用油脂的生产和消耗[10]。需要指出的是这里的“消耗”被USDA－ERS定义为从开始食品原料，生产，进口，减去出口，船运往美国，到最终结算库存。

表4.1 2002—2003年美国食用油脂信息* 单位：$\times 10^3$lb

	2002.10	2002.12	2003.02	2003.04	2003.06	2003.08	2002.10～2003.09
椰子油：							
总食用量	27706	23207	24436	24645	27201	25892	280461
玉米油：							
焙烤或煎炸	D	D	D	D	D	D	D
人造奶油	D	D	D	D	D	D	D
色拉或烹调	D	D	D	D	D	D	D
总食用量	141092	128579	116510	D	129486	132085	D
棉籽油：							
焙烤或煎炸	19000	15500	12464	14817	12310	13973	159165
人造奶油	D	D	D	D	D	D	D
色拉或烹调	20100	20800	27364	23198	D	23479	227311
其他食用	D	D	D	D	D	D	D
总食用量	41400	37700	41257	D	36192	39067	386983
猪脂：							
焙烤或煎炸						D	D
人造奶油	1821	1805	782	695	702	477	11843

续表

	2002.10	2002.12	2003.02	2003.04	2003.06	2003.08	2002.10～2003.09
其他食用	D	D	D	D	D	D	D
总食用量	21823	21525	15425	14780	17673	15340	198054
棕榈油：							
焙烤或煎炸	D	D	D	D	D	D	D
总食用量	D	D	D	D	D	D	D
花生油：							
色拉或烹调	D	D	D	D	D	D	D
总食用量	D	D	D	D	D	D	D
食用菜籽油：							
焙烤或煎炸	D	D	D	D	D	D	D
色拉或烹调	78287	66600	50015	53575	61207	65490	666293
总食用量	95117	81400	62594	63322	72803	77530	809413
红花籽油：							
总消费量	D	D	D	D	D	D	D
大豆油：							
焙烤或煎炸	818750	678675	622495	672673	646872	696112	7640653
人造奶油	126923	116526	91382	91246	87372	90723	1079206
色拉或烹调	707009	624782	585096	677748	697105	638744	7248926
其他食用	10913	8813	9383	10550	10439	10143	109958
总食用量	1663595	1428796	1308356	1452217	1441788	1435722	16078743
葵花籽油：							
总食用量	13586	15607	11861	14928	12481	15566	
食用牛脂：							
焙烤或煎炸	D	D	D	D	D	D	D
总食用量	23288	22372	18744	19852	15226	18581	214217
食用产品中的总油脂							
焙烤或煎炸	923585	770422	702737	750445	728045	780565	8605542
人造奶油	135511	126956	97466	96655	95167	96561	1156075
色拉或烹调	991575	881607	801231	916860	941157	890675	9978189
其他食用	40128	25632	30096	32569	30748	33492	362630
总食用量	2090779	1804617	1631530	1796529	1795117	1801293	20102436

注：* 选择的月份是从2002年10月到2003年9月共12个月；

D：数据保留，以免泄露；

资料来源：人口普查局。

表 4.2　1990—2002 年期间美国食用油脂的生产和消耗量　单位：$\times 10^6$lb

项目	1990	1991	1992	1993	1994	1995	1996	1997	1998	1999	2000	2001[①]	2002[①]
进口													
椰子油	946	838	1162	999	1100	873	1188	1440	791	926	1100	1150	1150
棉籽油	3	18	38	26	0	0	0	0	48	8	0	0	0
橄榄油（净进口）	211	216	253	262	260	227	304	333	355	397	455	455	455
棕榈油	284	220	267	368	218	236	322	282	284	345	399	490	460
棕榈仁油	306	342	302	304	280	262	392	359	401	393	351	330	379
花生油	10	1	0	11	4	5	14	10	73	12	79	39	45
卡诺拉油	583	815	861	902	938	1086	1075	1088	1060	1139	1193	1108	1027
红花籽油	22	22	15	16	26	35	30	51	51	33	34	40	43
大豆油	17	1	10	68	17	95	53	60	58	82	73	46	65
葵花籽油	33	9	0	7	1	2	22	8	5	4	8	16	5
生产													
玉米油	1656	1821	1878	1906	2227	2139	2230	2335	2374	2501	2403	2459	2575
棉籽油	1154	1279	1137	1119	1312	1229	1216	1224	832	939	847	870	865
猪油	934	1016	1011	1015	1052	1013	979	1065	1106	1069	1050	1080	1085
花生油	213	356	286	212	314	321	221	176	145	229	172	230	206
卡诺拉油	18	32	49	406	299	355	342	451	548	617	656	713	560
红花籽油	78	69	87	111	115	127	103	115	111	91	88	76	89
大豆油	13408	14345	13778	13951	15613	15240	15752	18143	18081	17825	18434	18898	18930
葵花籽油	536	911	730	580	1165	860	840	959	1177	1046	873	713	570
食用牛脂	1202	1515	1414	1499	1542	1505	1390	1517	1677	1810	1814	1920	1800
出口													
椰子油	51	22	15	20	18	11	11	7	11	14	8	11	10
玉米油[②]	498	566	712	717	865	977	986	1118	989	952	843	1130	1150
棉籽油	249	281	177	248	338	221	240	208	111	141	140	140	125
猪脂[②]	107	129	126	116	138	92	102	120	138	187	92	85	98
棕榈仁油	2	2	9	4	2	2	2	2	2	2	2	2	2
棕榈油	4	7	7	7	13	20	9	11	11	11	11	10	11
花生油	25	151	52	61	97	108	21	13	10	18	14	18	12
卡诺拉油	7	15	16	76	153	147	295	349	272	284	187	276	187
红花籽油	56	73	65	75	93	122	83	83	92	51	35	37	40
大豆油	780	1648	1461	1531	2683	992	2033	3079	2371	1376	1430	2500	2400

续表

项目	1990	1991	1992	1993	1994	1995	1996	1997	1998	1999	2000	2001①	2002①
葵花籽油	359	471	586	450	978	628	709	815	800	630	545	465	235
食用牛脂②	239	327	296	301	259	233	176	234	319	214	305	465	290
国内总消费													
椰子油	897	906	1082	1067	1082	941	1111	1190	1021	927	968	1100	1201
玉米油	1149	1202	1220	1228	1250	1298	1244	1268	1397	1417	1711	1342	1400
棉籽油	851	1075	995	873	1006	996	1004	1004	772	833	674	767	725
猪脂	825	885	886	890	924	922	880	925	987	886	962	989	982
橄榄油	211	216	253	262	260	227	304	333	355	397	455	455	455
棕榈油	256	223	271	359	225	201	298	282	260	335	375	471	474
棕榈仁油	362	344	254	315	295	293	362	344	390	414	243	355	440
花生油	197	179	236	187	206	193	194	217	208	233	244	250	245
卡诺拉油	577	801	898	1162	1165	1271	1134	1143	1287	1435	1744	1493	1389
红花籽油	58	15	47	40	57	17	67	73	59	86	102	89	93
大豆油	12164	12245	13012	12939	12913	13465	14267	15262	15655	16056	16210	16958	17350
葵花籽油	200	396	188	129	171	168	207	186	320	385	357	375	315
食用牛脂	955	1197	1109	1239	1275	1345	1218	1286	1360	1599	1498	1474	1500

注：①ERS 和 WAOB 预测；

②猪脂、玉米油和牛脂，不包含进口的。

资料来源：人口调查局。

1940 年起酥油加工所用的猪油总量降到历史最低水平，棉籽油成为起酥油的主要原料。有趣的是，最初大豆油的用量只占起酥油用油量的 18%，随后的十年里，正如表中列示的各种油脂用量数据，已发生了很大变化：①大豆油替代棉籽油，其用量已占总油脂用量的 49%，跃居首位；②1950 年用结晶法改性猪油加工的起酥油问世，使猪油重新成为生产起酥油的原料。用酯交换改性后的猪油生产的起酥油具有全植物型起酥油同样优良的外观和酪化性。

在 1940 年之前，大豆油是一种次要的、缺乏了解的问题油脂，由于第二次世界大战期间其他油源匮乏，大豆油的地位开始逐步上升。到大战结束之后，大豆油地位岌岌可危，除非有办法改善大豆油产品的风味稳定性。改善大豆油风味稳定性的技术有使用金属螯合剂、氢化技术和高选择性催化剂氢化、添加抗氧化剂、表面活性剂等。这些技术以及其他的一些因素促成大豆油在 1960 年跃居起酥油用油量的首位，其用量超过总用量的 50%，并且一直保持着这个优势。在 1992—1993 年作物年度时，大豆油所占的份额已上升到75%。

在20世纪60年代中期的美国，棕榈油有可能成为起酥油中的一种主要原料。不到十年的时间，棕榈油的用量已达到起酥油总用油量的15%以上。研究证实棕榈油是一种优良的、导致起酥油以β′晶型结晶的增塑剂。因此，起酥油中棕榈油比例的提高，主要是以降低棉籽油和牛油的比例为代价的。20世纪80年代后期棕榈油的份额开始减少，这主要是由于饱和脂肪酸不利于公众健康的担心，在此之后棕榈油用量预计降到只占起酥油总用油量的2%～3%。

由于椰子油和其他月桂酸型油脂的塑性范围很窄，并且它们与其他油脂混合后用于深度煎炸有起泡趋向，所以不适合作为起酥油的原料。不过椰子油曾是煎炸墨西哥食品用的一种十分流行的煎炸介质，并在1980—1981年获得很高的使用率。但是椰子油的使用也受到人们的反对，迫使食品服务行业改用更具有健康形象的煎炸起酥油。这种变化也许可以解释1990年玉米油用量的上升。

20世纪50年代期间，用肉类脂肪加工的起酥油重新受到欢迎之后，猪油和牛油成为两种重要的起酥油原料油：用酯交换猪油生产的起酥油用于焙烤，而把牛油作为煎炸起酥油及起酥油的增硬/增塑剂。后来又研制成功用牛油替代改性猪油的方法，从而使肉类脂肪用量持续增长。这种局面一直延续到人们对胆固醇问题的高度关注，并迫使起酥油的生产者去提供具有较好健康形象的产品为止。1992年肉类脂肪占起酥油总用油量的比例不足11%。经过调整后稍有回升，多年来一直稳定在略大于25%。

美国起酥油行业已具有开发利用多种不同油源的加工技术的能力。许多营养方面的挑战性可能会导致人们直接朝着改变原料油脂组成的方向去进行研究探索。植物生化技术方面的进展为油品脂肪酸组成的遗传学修饰提供了可能。这意味着人们可能不再仅依靠加工的方式去提供某种特性，而将通过种植直接实现这些特性。表4.3中列出了采用生物技术改变植物油脂肪酸组成方面的情况。

表4.3 经遗传学改性后的植物油组成[11]

油料种子	类型	脂肪酸组成/%					
		$C_{16:0}$	$C_{18:0}$	$C_{18:1}$	$C_{18:2}$	$C_{18:3}$	$C_{22:1}$
大豆	常规	11.0	3.0	22.0	56.0	8.0	—
	N－87－2122－4	5.3	3.2	48.0	38.9	4.6	—
	N－85－2176	9.5	3.3	44.4	38.5	3.3	—
	A－6	8.4	28.1	19.8	35.5	6.6	—
	C－1727	17.3	2.9	16.8	54.5	8.3	—

续表

油料种子	类型	脂肪酸组成/%					
		$C_{16:0}$	$C_{18:0}$	$C_{18:1}$	$C_{18:2}$	$C_{18:3}$	$C_{22:1}$
葵花籽	常规	7.0	5.0	20.0	68.0	—	—
	G-8	3.3	8.2	84.2	3.5	0.8	—
菜籽	常规	4.0	2.0	18.0	14.0	9.0	53.0
	M-30	2.4	1.0	91.6	1.5	3.3	0.2

4.2 起酥油的属性

任何一种专用于某种食品的起酥油制品的开发，都取决于许多相互交织的因素。这些要求可以因消费群体的不同而异，而且还取决于生产设备、工艺局限性、产品嗜好情况、客户基础以及许多其他影响因素。目前人们为了满足某种独特的需求而设计油脂产品，与此同时，为了使它具有更广的应用潜力，也设计了通用型油脂产品。通用型产品的设计标准没有特定产品或工艺开发所要求的那么严格。

应用于不同食品的起酥油，它们的重要属性具有明显差异。在某些食品类别中，起酥油提供的风味也许并不重要但它对成品的口感却具有有益的作用。在最近开发的许多无脂起酥油产品中，开发人员经常遇到这种情况，最初尝试的消费者也深有遗憾。这种无脂产品的性质缺陷是缺乏正常状况下由起酥油带来的那种口感特色。在大多数产品中，如蛋糕、派饼皮、糖霜、曲奇和其他糕点中，起酥油是一个影响产品结构和口感的主要因素，并对成品的品质产生了其他方面的重要影响。起酥油的良好性能取决于多个因素。对它的应用影响最大的五个值得重视的要点是:①风味；②物理性质；③晶体结构；④乳化性质；⑤添加剂。

4.2.1 风味

总的来讲，起酥油的风味必须尽可能温和，这样可以增强食品香味而不是去提供某种风味。在一些特殊的场合，希望起酥油的风味就是其原料油脂的原味，例如某些食品有时需要有一种猪油味。在某些起酥油制品中，我们添加人工风味料去增强这种效果。无论是温和型或是有代表性的风味都必须在食品的货架寿命期内保持稳定。因此必须根据终产品氧化稳定性的要求来确定起酥油氧化稳定性的最低限度。起酥油制品氧化返味的速度与它的不饱和脂肪酸的种类和含量直接相关。三种最常见的不饱和脂肪酸的氧化速率已确认如下[12]：

脂肪酸	氧化速率
油酸（$C_{18:1}$）	1
亚油酸（$C_{18:2}$）	10
亚麻酸（$C_{18:3}$）	25

脱臭后的起酥油会返味，即返回其原先毛油时的特有气味。必须让起酥油具有适合于终产品要求的稳定风味。通过氢化或分提降低它的不饱和脂肪酸含量，可以提高其风味稳定性。

4.2.2 物理性质

在设计某种特定用途的起酥油时，起酥油采用的原料油脂的性质是第一重要的。油脂可以通过各种改性来获得所需要的性质。氢化是用来改变油脂物性的首要途径。一种油的熔点或硬度可以因氢化而完全改变，并且这种变化可以通过调节油脂加氢的条件来控制。硬化过程中，在适宜的温度、压力下进行搅拌，氢气可在催化剂存在下和油发生反应。操作者通过上述条件和氢化终点的控制，就能制备出能很好满足起酥油产品性能要求的氢化油脂。图 4.1 所示为几种典型的起酥油的 SFI 曲线范围，说明了如何利用氢化方法制备物性适合于性能要求的产品。

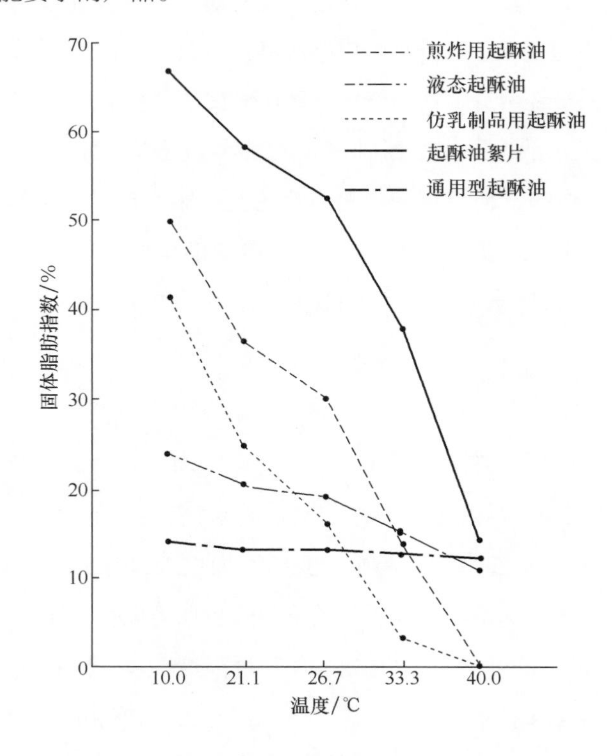

图 4.1 典型的起酥油制品

4.2.3 晶体结构

任何一种原料油脂都具有固有的结晶倾向，或许是β′结晶倾向，或许是β结晶倾向。这种细小均一且紧密结合的β′晶体形成一种质地光滑柔和的起酥油，这种起酥油具有很好的塑性、抗热性和酪化性。而那种较大的β晶体可以导致砂粒感的、坚硬并易碎的结构，当酪化性很重要的时候，这种起酥油的焙烤性能很差。不过这种大的β晶体十分适用于加工派饼皮或用于煎炸等。我们可以通过原料油脂的选择并辅助对增塑条件的控制，以及在产品包装后进行缓慢结晶的调温处理等措施来控制晶体习性。

4.2.4 乳化性质

起酥油是在调整了脂肪结构和添加表面活性剂的前提下才具有乳化性的。对于一种成功开发的起酥油而言，典型的食品乳化剂增强和改善了其功能性，例如，作为润滑剂，使面糊中的脂肪乳化、建立质构、充气、改善口感、延长货架寿命、晶体改良、抗粘锅、分散和保湿等。显而易见，没有一种乳化剂或乳化剂体系可以发挥上述所有功能。在选用适宜的乳化剂或乳化剂体系时，研制者必须考虑到应用途径、制备方法、乳化类型、其他成分的影响、成品的经济成本以及其他可供借鉴的标准等。大多数可应用在起酥油中的乳化剂见表4.4。表4.4所示为联邦政府法规（CFR）21章的部分编号和应用建议。

表4.4 起酥油中使用的乳化剂

乳化剂	CFR 21	应用范围*
单甘酯和甘油二酯	182.4505	全部
卵磷脂	182.1400	全部
乳酸单甘酯	172.852	C和M
硬脂酰乳酸钙	172.844	B和S
硬脂酰乳酸钠	172.846	B和S
丙二醇单甘酯	172.856	C、M、B和S
二乙酰酒石酸单甘酯	182.4101	B
乙氧基化单甘酯	178.834	B
单硬脂酸山梨醇酯	172.842	C和M
吐温60	172.836	全部
聚甘油酯	172.854	全部
琥珀酸单甘酯	172.830	B
硬脂酰富马酸钠	172.826	B和S
蔗糖酯	172.859	C、B和S
硬脂酰乳酸酯	172.848	C、B和M

注：*应用代号：B—面包；C—蛋糕；F—夹心；I—糖霜；M—预混蛋糕粉；S—甜面团；全部—包括上述全部应用。

4.2.5 化学助剂

除乳化剂外，还有多种别的化学组分为某些类型的起酥油提供了特殊的功能。这些添加剂可以分为以下几类：

(1)消泡剂 二甲基聚硅氧烷作为消泡剂，加热煎炸时它在起酥油表面形成单分子层，从而使油的氧化和起泡得以延缓。在煎炸用起酥油中，这种聚硅氧烷化合物的添加量为0.5~3.0mg/kg。高于这个浓度并不会更有效地抑制起泡，如果超过美国联邦法规所允许的最大加量10mg/kg时，反而导致迅速起泡。使用消泡剂还可能引起另外一些问题：①消泡剂不小心加入到焙烤用起酥油中的话，加工出的蛋糕会不合格；②在有消泡剂存在下煎炸面包圈，炸出的面包圈不光滑和缺乏光泽；③有消泡剂存在下油炸出的土豆片可能不够松脆[13]。

(2)抗氧化剂 抗氧化剂是一种可以抑制氧化、延缓不良风味和异味发生的物质。植物油含有天然抗氧化剂——生育酚，在油脂加工过程中生育酚可以大部分被保留下来。已确认几种酚类化合物可以提供氧化稳定性。选择几种油脂，用四种不同的酚类化合物处理后，经活性氧法测定得到的AOM值见表4.5[13]。这些数据只能作为辨别抗氧化剂效果的一种标志而已。总的来讲，TBHQ是一种对未氢化植物油最有效的人工合成抗氧化剂，其次是没食子酸丙酯。TBHQ对肉类脂肪同样有效，但用BHT和BHA也同样有效。

表4.5 根据AOM稳定性评价抗氧化效果

抗氧化剂①	AOM稳定性/h			
	PV达70为终点		PV达20为终点	
	大豆油	棉籽油	猪脂	牛脂
不加	11	9	4	16
TBHQ	41	34	55	133
BHA	10	9	42	95
BHT	13	11	33	138②
PG	26	30	42	③

注：①添加200mg/kg；
②BHA和BHT各为100mg/kg；
③没有分析。

(3)金属螯合剂 油脂所含的金属物是来自植物生长的土壤以及在后来的破碎、加工、储存期间接触到的物体。这些金属物中的大多数能诱促油脂自动氧化，使其产生异味，并且伴有成品起酥油色泽变深。研究表明，铜和铁是最有害的金属，其次是锰、铬和镍。猪油的研究结果如表4.6所示。油在脱臭过程中或脱臭之后，添加少量的金属清除剂，有助于去除有害的金属。广泛使用的螯合剂是柠檬酸，添加量为 50 ~ 100mg/kg，加 10mg/kg 的磷酸和 5mg/kg 的卵磷脂同样有螯合金属的作用。

表 4.6 猪油 AOM 值降低 50% 所需的金属痕量浓度[14]

金属	含量/（mg/kg）
铜	0.1
锰	0.6
铁	0.6
铬	1.2
镍	2.2
钒	3.0
锌	19.6
铝	50.0

（4）着色剂　起酥油用的着色剂一般是油溶性类胡萝卜素，其颜色范围可以从黄色到微红橙黄色。美国食品与药物管理局（FDA）批准使用的类胡萝卜素包括胡萝卜素、胭脂树橙和阿朴 - 6 - 胡萝卜醇。类胡萝卜素是热敏性的，但可以通过添加 BHA 和 BHT 获得更大的热稳定性。胭脂红已经获得 FDA 的批准可以使用且热稳定性好，但是需要剧烈搅拌才能使油脂不溶性成分悬浮于油脂中。阿朴胡萝卜醇是 FDA 允许使用的一种人工合成的色素，它主要作为 β - 胡萝卜素的色泽强化剂使用[15]。

（5）风味剂　起酥油中所用的风味剂大多数是黄油类似物。丁二酮一直被用作油脂制品中最主要的黄油风味物，直到分析测试的技术改善到已能鉴别出黄油中其他风味化合物为止。今天，美国食品与药物管理局（FDA）允许使用安全的化合物对终产品进行适当的调味处理[16]。对某种风味剂或混合风味物的选择，取决于产品开发者的专门技能及品位方面的偏好。

4.3 基料系统

过去，预加工食品用各种现成的成分配制而成。如今，大多数预加工食品是根据产品的用途来设计原料，或者在许多情况下，是根据特殊产品和/或根据生产者所用的加工技术来设计原料。这些因用户需求而加工的特色食品，使得油脂加工企业的产品种类从几种基本产品发展到几百种产品。

一个生产多种起酥油的厂家，常需为了每一种不同要求的产品准备好某些特殊的原料油脂或多种系列的基料体系。这样做的话，随着产品种类的不断增加，对大批生产出来的产品进行调度成为一件十分可怕的事，整日都将纠缠在料罐储存余地和库存货物的盘查之中。采用一种基料系统的方法，是指采用有限几种氢化油基料，通过相互混合的方法去满足各种产品加工的需要，这种方法已被大多数生产起酥油的企业所采用。

4.3.1 基料系统的优势

基料系统提供了两方面的优势[17]。

(1)管理方面

①把分批加氢的氢化油混合在一起，使差异很小；

②由于经常生产相同的氢化油，所以改善了产品的均一性；

③因为可以按顺序安排生产相同的产品，所以减少了由于不同产品交叉生产带来的污染；

④从试产一直到终产品应用的一条龙管理，减少了产品偏差；

⑤在产品被使用之前采取了严防产品变质的管理措施，所以排除了产品返工的可能。

(2)效率方面

①不是根据用户的订货单，而是根据基料油库存的情况安排油脂氢化；

②每一次氢化都是满装载量处理，替代了为满足某种需要而进行不满额的氢化生产，从而减少了氢化操作中残渣废料的量；

③可以更好地安排好反应时间，以便更好地为用户服务。

4.3.2 基料均一化控制

基料的稠度控制是一次通过的关键所在，也就是说，特定的基料才能达到成品规格要求。大多数起酥油制品的物理特性是用 SFI、IV 和/或熔点分析法加以控制的。不过对氢化油脂而言，还有一个加氢反应时间限制的要求，不允许为获得某些结果而白白让时间消耗掉。控制基料加氢反应终点的快速测定方法有：

(1)IV≥90gI/100g 的软质基料，在氢化车间里，用折光仪（RI 或 RN）测定判断终点已足够了。梅特勒滴点测定和大多数其他的熔点分析法一样，其再现性不佳，而且测定很费时间；

(2)中等碘值的基料（IV55～89gI/100g），优先采用折光仪（RI 或 RN）结合梅特勒滴点测定法（AOCS 方法 Cc18－80）[18]的控制方法。将油加氢到预定的折光指数值后停止反应，直到可以测出梅特勒滴点值为止。熔点是一种核对分析的方式。假如熔点测定的结果表明氢化产物比所需要的稠度软的话，可继续加氢，并重复上述过程直到达到企业内部指定的终点为止；

(3)低 IV 的硬质基料，可以采用冻点快速测定法来控制反应终点。这种评价方法有多种版本，但基本测试都是把一只玻璃温度计的球茎浸渍到温度高于其熔点的热液态脂中，并快速旋转它，使脂冷却。当脂在温度计球茎表面上发生混浊时，这时温度计上的温度就是该脂的冻点。这种快速的近似冻点测定法测出的结果，和采用 AOCS 方法 Cc12 – 59[19]的真实冻点测定法测得的结果其差值是个恒值。

那些费时但较为准确的分析方法起到一种校对的作用，以确保快速测定控制值与实际值具有高度相关性。

4.3.3 大豆油基料

基料油要求会依据服务的客户而变化，显而易见，这也决定了终产品的特性。可用于起酥油基料油的众多原料油脂如表 4.1 所示。但是由于诸如客户类型、成本、宗教禁令、传统喜好、作物经济性、法律法规、来源的稳定性、运输以及其他因素，这些因素把原料油限制在很窄的选择范围内。综合考虑这些因素，大豆油是美国国内一个很不错的原料油。所以美国大多数生产起酥油的厂家其基料系统中大豆油占统治地位，其他油源只占很少部分。这一小部分基料油主要作为 β' 晶型促进剂提高产品塑性，如棉籽油和棕榈油，或者满足特殊产品需求的油脂原料油。

表 4.7 所示为七种氢化大豆油的基料系统；从碘值为 108gI/100g 的部分氢化基料到碘值最大为 5 的硬基料。第八种基料是精炼和脱色过的液态大豆油，这种油同时又是氢化反应的原料油。采用一种相仿的基料系统，将赋予加工者用两种或两种以上基料调配混合去满足大多数起酥油制品技术要求的能力，除了一些特殊的产品之外，它们只能通过特定的加氢条件来制备。

表 4.7 大豆油基料

碘值 /（gI/100g）	固体脂肪指数（SFI）/%					梅特勒滴点/℃	快速冻点/℃
	10.0℃	21.2℃	26.7℃	33.3℃	40.0℃		
108	≤4.0	≤2.0	—	—	—	—	—
85	15 ~ 21	6 ~ 10	2 ~ 4	—	—	28 ~ 32	—
80	22 ~ 28	9 ~ 15	4 ~ 6	—	—	31 ~ 35	—
75	38 ~ 44	21 ~ 27	13 ~ 19	≤3.5	—	34 ~ 37	—
65	59 ~ 65	47 ~ 53	42 ~ 48	23 ~ 29	3 ~ 9	41 ~ 45	—
60	65 ~ 71	56 ~ 62	51 ~ 57	37 ~ 43	14 ~ 18	45 ~ 48	—
>5	*	*	*	*	*	*	50 ~ 54

续表

碘值/(gI/100g)	固体脂肪指数（SFI）/%					梅特勒滴点/℃	快速冻点/℃
	10.0℃	21.2℃	26.7℃	33.3℃	40.0℃		

加氢条件	温度	压力	催化剂浓度	搅拌
非选择性	低	高	低	固定
选择性	高	低	高	固定
选择性不重要	高	高	高	固定

注：* 由于太硬不便分析。

油脂氢化有两个主要目的，既制备具有一定可塑性的固态或半固态产品，又提高油的稳定性。可以通过改变氢化反应工艺条件，控制油加成的饱和程度，生产出各种各样的氢化油脂。对氢化油的脂肪酸组成和性质产生决定性影响的可控因素有：反应温度、压力、搅拌、催化剂种类和活性、催化剂浓度。由于大多数情况下，搅拌速度已被设定，所以一般不能把它看成是操作者可加以控制的因素。氢化反应条件的改变将影响氢化油的选择性，即亚油酸被饱和的速度超过了油酸被饱和与反式脂肪酸形成的速度。氢化选择性将影响氢化油 SFI 曲线的斜率，选择性氢化导致陡峭的 SFI 曲线，而平缓的 SFI 曲线是非选择性氢化的结果。

大豆油基料系统所使用的部分选择性或非选择性氢化油已被列于表 4.7。对低碘值的硬质基料而言，加氢选择性是不重要的，因为它们一直被连续加氢到几乎全部饱和为止。因此这种反应的主要目标是尽可能快地达到最大饱和。每个工厂中的氢化装置因设计和其他方面的原因而各不相同，因此无法对氢化条件的实际效果加以确认[20]。针对每一种氢化设备，我们必须研制出其独特的工艺条件以满足 SFI、IV 和熔点的关系曲线。

4.4 起酥油的配方设计

大多数起酥油制品是根据它的用途来辨认和配制的。图 4.1 中表示了五种不同种类的起酥油制品各自的 SFI 和熔点的关系曲线。该图表明了它们在可塑范围方面的这种差别是成品履行不同功能要求的必然结果。SFI 曲线上最为平坦的起酥油具有最宽的可塑范围，在较冷或较高温度下它的可操作性均很好。通用型起酥油的塑性范围最宽。仿乳起酥油和固态煎炸用起酥油的 SFI 曲线很陡峭，因此在室温下它提供了一种坚硬并易碎的硬度，但只要略微提高一下温度，它们就几乎可以流动。

SFI 曲线平缓且可流动的不透明或可泵送的起酥油产品使用方便，在某些情况下降低了成本，且饱和脂肪酸含量低，因此越来越受欢迎。在这种产品体系中，为了产生并维持流动性，形成β晶型是非常必需的。

近来开发的起酥油絮片可以作为一种特殊的成分加到面团、饼干、曲奇和其他焙烤制品中去。这种独特的产品是片状脂肪（fat flakes）的改良制品，片状脂肪仅仅是一种饱和脂肪或硬脂，而起酥油絮片是用选择氢化基料按配方配制而成的，这种选择氢化基料的熔点高到足以形成薄片状，但熔点又低到具有良好的口感。如今这类产品包括传统的片状脂肪硬脂、起酥油絮片和糖霜及上光剂的稳定剂。

4.4.1 宽塑性起酥油

通用型起酥油已成为起酥油种类中基本的一类，对这类起酥油来讲，酪化性、宽操作性和耐热性非常重要。通用型起酥油在某一温度下的功能性是同一温度下固体脂肪含量功能性的具体体现。通常根据在10～16℃时不太硬，在32～38℃又不过分软的要求来配制通用型起酥油。最初人们在一种液态油中掺加一种硬脂，来制备混合型的、SFI曲线很平坦的、可塑性很好的起酥油。不过，这种起酥油的氧化稳定性较差，影响了它在许多产品中的应用。目前绝大多数这类产品用部分氢化大豆油基料和低碘值的棉籽油或棕榈油硬基料配制而成。添加硬脂的目的既可以扩大塑性范围，又可以改善高温时的耐热性，同时也改善了产品的晶体晶型和稳定性。β'晶型的棉籽油硬基料的作用，主要是作为增塑剂改善产品的酪化性。

起酥油基料油的氢化提高了它的氧化稳定性。一般来说基料油的IV越低，AOM稳定性越好。不过随着基料的硬度增加，为获得所需稠度需要添加的硬基料的量越少。硬基料用量的降低导致产品塑性范围变窄且耐热性降低。因此氧化稳定性的改善是以牺牲塑性为代价的。所以我们需根据食用产品的预期要求，来确定为改善起酥油的某种属性而使另一属性让步的程度。

应用在酥皮类和搅打类焙烤用起酥油的可塑范围是十分重要的，因为产品的稠度是随温度的变化而改变的。稠度高于可塑范围时，起酥油变得十分硬脆易碎，而低于可塑范围时又变得太软。这两种情况对酪化性和可操作性都很不利。具有正常塑性和可操作性的起酥油其SFI值在15%～25%。因此SFI曲线斜度较平缓的起酥油比斜度很陡的起酥油的塑性温度区间大得多。图4.1中的通用型起酥油的可塑温度区间为23℃，而煎炸起酥油的可塑温度区间只有4℃。理论上讲，若在29～33℃温差为4℃的条件下用煎炸起酥油制备焙烤食品的话，其表现出来的可操作性与通用性起酥油一样好。如果煎炸起酥油用于焙烤的话，那将需要非常严格地控制好温度，这在大多数面包烘焙房是不可能做到的。对通用型起酥油而言，具有从10～33℃的23℃温差范围是较为切实可行的。

表4.7中列出的两种基料是为宽塑性范围的起酥油设计的，这两种基料是碘值为80和85的非选择性氢化油基。虽然这两种基料的碘值只相差五个碘值单位，但把它们各自和棉籽油硬脂掺和到在26.7℃具有相等的稠度时，两种混和物在可塑范围和稳定性方面表现出明显的差异。碘值为85gI/100g的较软基料需多加入2.5%硬脂才能使混合物在26.7℃的SFI值达到20%。硬脂加量较高的混合物表现出较好的耐热性和较宽的塑性范围，但是它的AOM值要比用较低碘值的基料配制的混合物值低些。碘值为80gI/100g的较硬基料只需少添加2.5%的硬脂，就可以使26.7℃的SFI值达到20%，但是它的可塑性范围减少了4.5℃，但AOM值提高到100h，而用碘值85gI/100g的基料配制的混合物的AOM值只有65h。图4.2明确地表明了这些结果。

图4.3图解说明了硬脂对SFI曲线的斜度和可塑范围的影响。为了证明硬脂的增塑作用，在碘值为85gI/100g的大豆油基料中添加了棉籽油硬脂；随着硬脂添加量的增加，起酥油的SFI斜度逐渐变平缓而硬度变得越来越大。在配制羊角包、酥皮和其他需要适当塑性和硬度的起酥油时，可以采用较高的硬脂添加量。

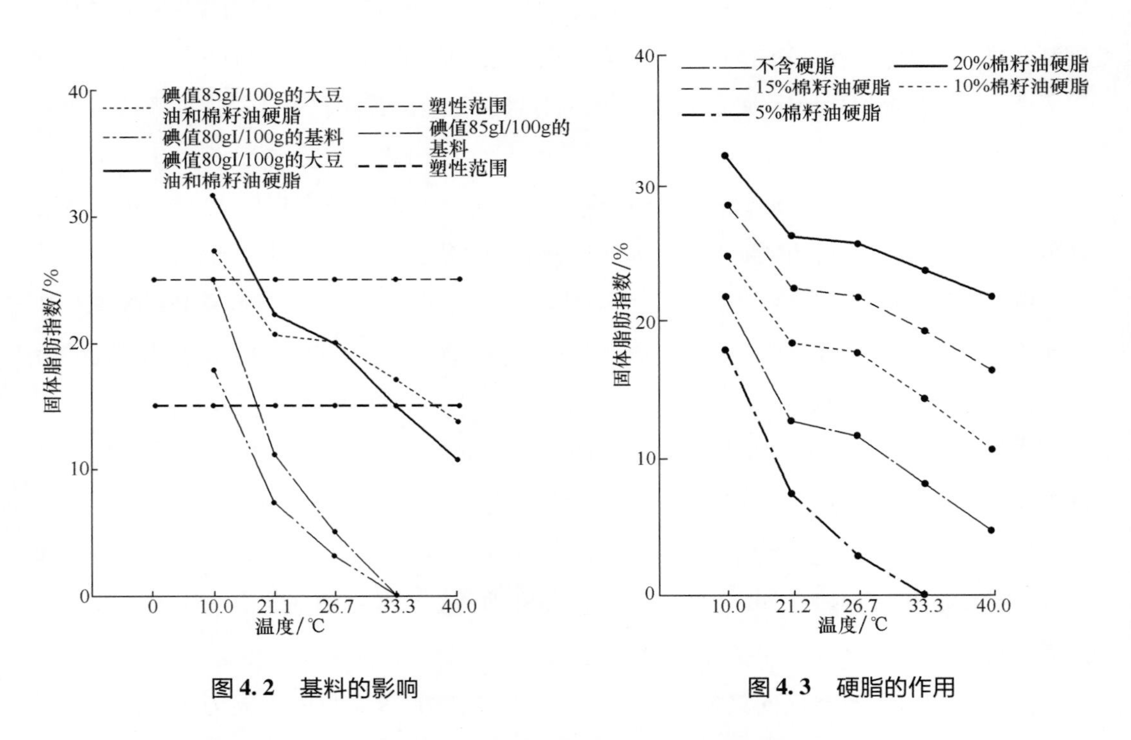

图4.2 基料的影响

图4.3 硬脂的作用

采用部分氢化基料加硬脂的方法来制备宽可塑性范围和优良酪化性的起酥油产品的做法，已经逐渐推广到特种起酥油研制的整个领域。这些产品的开发研制将涉及选择适宜的氢化基料和硬脂以能获得所需要的塑性范围和AOM值。这种开发已分为两个方向：①在通用型起酥油中加乳化剂或乳化剂体系，或②配制成具有特殊功能的非乳化型产品。这两类起酥油的品种已列于表4.8。

表4.8 宽塑性范围起酥油种类

无乳化剂型	有乳化剂型
通用型	家用型
丹麦酥饼	蛋糕和糖霜
酥皮	糖霜和夹心
曲奇	预混蛋糕粉
派	特殊的糕点
面包圈	发酵面团

4.4.2 窄塑性起酥油

对需要高氧化稳定性和/或陡峭熔融特性的产品来讲，塑性并不重要，有时甚至是有害的。那些针对特定的油炸、仿乳制品、曲奇夹心而专门设计的起酥油，以及那些强调风味稳定性和口感良好的糖果脂，它们都不能采用适度加氢的油与硬脂的混合脂来制备。这些产品需用碘值较低的起酥油来满足氧化稳定性方面的要求，为了获得很好的口感，起酥油的SFI曲线斜率必须陡峭，而且其熔点必须低于人体温度。图4.1中的煎炸用以及仿乳制品用起酥油的特性曲线，说明了在SFI曲线斜率陡峭方面的情况。

煎炸用起酥油既满足了餐饮业作为一种稳定传热介质的需求，也成为食品的一部分，它不光提供了某种质地特性和口感，而且增加了加工食品的香味。仿乳制品用起酥油的品质要求与煎炸用起酥油相似。起酥油对被加工产品的质构和口感都会产生影响。SFI曲线较平缓的起酥油既会掩盖产品的预期风味，又可能因熔融不完全而沾嘴。乳类产品的风味会因回味或氧化异味而改变，因此它的风味稳定性同样十分重要。

通常采用选择性氢化基料制备的产品，其SFI曲线斜率很陡，低温时固脂含量很高，熔点较低，其熔化时固脂含量迅速减少。这些性质对产品所期望达到的口感或口熔特性，以及优良的氧化稳定性很有利。通常这些产品就是某种单一的硬质基料，但有时也会用两种选择加氢的基料加工而成。用两种基料制得的产品与用一种基料加工的产品，它们的SFI曲线斜率稍有不同。例如，图4.1中仿乳制品用起酥油就只用一种碘值为75gI/100g的选择氢化大豆油基料制备而成的。煎炸用起酥油可以用碘值分别为65gI/100g和75gI/100g的两种基料来制备。

4.4.3 流态起酥油

流态或可泵送式起酥油是一类固体脂肪悬浮分散于液态油中的、可流动的产品。 根据最终产品稠度和氧化稳定性方面的要求，液态油可以是经过氢化或没有氢化的油。 低碘值的大豆硬脂能促进结晶过程的发生，其添加量可以从1%到较高量不等，这取决于最终产品的稠度要求。 由于大豆油很易转变成稳定的 β 晶型体，所以是流态起酥油的理想基料[21]。

为食品加工而专门开发的不透明的流态起酥油，在室温或低于室温时必须具备可倾倒或可泵输送的特性。 这些产品主要用于以下几方面：

(1)煎炸　流态起酥油可以直接倒入油炸锅内，并被迅速地加热到煎炸所需温度，因此给使用者带来了便利；

(2)面包和蛋糕　面包房用的流态起酥油通常含有高熔点的乳化剂，它与油一起提供了最佳的可操作性，不需加热就可以大批量处理，并且仍然可保持所期望的特定产品的性能；

(3)仿乳制品　流态起酥油体系提供了一种高不饱和的、稳定的、在室温下可以很方便地泵送的起酥油，它在仿乳制品，例如植脂末、还原牛乳、植脂奶油等方面的应用十分引人注目。

表4.9所示为四种不同类型流态起酥油的典型组成和SFI值方面的情况。 这些产品为了具有流动性，必须含有大量的液态油或轻度氢化油。 因此在所有的流态起酥油中，添加剂都对产品的功能性起到重大作用。 正如表4.9所示的组成情况那样，流态起酥油中的主要添加剂，对煎炸用而言是消泡剂，对蛋糕和仿乳制品用而言是乳化剂。 而面包加工用的流态起酥油不一定要使用添加剂。 润滑是面包用流态起酥油的基本功能。 不过，能改善面包货架寿命的乳化剂通常是用全氢化饱和的脂加工而得，对面包师来讲，把这样的乳化剂直接添加到面团中去是十分困难的，而流态起酥油却是这些乳化剂的理想载体，因此它又为使用者提供了另一种便利。

表4.9　流态不透明型起酥油的典型配方

大豆油基料	煎炸用	面包用	蛋糕用	仿乳品用
碘值 135gI/100g	—	90	—	—
碘值 108gI/100g	98	—	99	98
碘值 5gI/100g	2	10	1	2
总计	100	100	100	100

续表

大豆油基料	煎炸用	面包用	蛋糕用	仿乳品用
添加剂				
二甲基聚硅氧烷	1.0mg/kg	无	无	无
乳化剂/%	无	无	有	有
分析值范围:				
10.0℃时 SFI 值/%	≤4.0	13.0	7.0	5.5
26.7℃时 SFI 值/%	≤2.0	12.0	5.5	2.5
40.0℃时 SFI 值/%	≤0.5	10.0	1.0	1.0
α 单甘酯/%	—	—	1.5	4.0
PGME/%	—	—	2.8	—

用于流态起酥油的另外一些添加剂是着色剂和风味剂。为了使仿乳制品更完美，在它用的流态起酥油中加了类似黄油风味的香精和黄色素。在餐饮食品行业内，一种改良的煎炸用流态起酥油形成了另外一种产品类型——煎、烤用流态起酥油。在煎炸用流态起酥油中，加上类似黄油风味的风味剂和黄色着色剂以及卵磷脂，就可以制备出煎、烤用流态起酥油。卵磷脂是一种天然乳化剂，这里它的作用是防止食品沾粘。

4.4.4 片状起酥油和絮片状起酥油

片状起酥油是一种固化成薄片形式的高熔点食用油脂产品，这种产品便于操作，熔融较快或者在食品生产中具有特定功能。传统的片状产品是低碘值的固体脂肪或者硬脂构成的饱和脂肪。这种片状固脂与其他的产品配制用于期望采用絮片状脂肪的特殊用途。而这些特殊用途的絮片状产品就是起酥油絮片，并作为糖霜和上光的稳定剂。

对固体脂肪或者硬脂而言，因为氢化反应进行至油几乎完全饱和，所以氢化反应的选择性是不重要的。然而，为了使絮片状起酥油和糖霜稳定剂具有适宜的功能，对这些产品来讲氢化反应选择性是非常重要的。絮片状起酥油为了拥有很陡峭的 SFI 曲线斜率需要进行选择性氢化，而且其熔点要尽可能低，但又必须确保它在包装之后到食品加工厂将其添加到预制食品中，最后家庭主妇把预制食品放入烤箱中加热制成一种层状的软点心，在这个过程中它必须始终保持絮片状态。根据所期望的熔点和 SFI 要求来混和碘值分别为 60gI/100g 和 65gI/100g 的两种基料油脂，以制备絮片状起酥油。用非月桂类脂制备的絮片状起酥油的熔点通常为 43～48℃。同样也可用氢化月桂酸类脂（棕榈仁油或椰子油）来生产絮片状起酥油。这种月桂酸类基料加工的絮片比用大豆油或棉籽油制备的絮片熔点更低，熔化更迅速敏锐。这种月桂油絮片的熔点通常为38～42℃。

可以把风味剂、着色剂和/或香精包埋在起酥油絮片中，在焙烤中，絮片熔融，原被包埋的色素和风味物就会留在原处。风味起酥油絮片已经商品化，例如清淡型、奶油型、加糖肉桂型和蓝莓型。

糖霜稳定剂同样是熔点大多为45℃、47℃、52℃的选择性氢化脂，常根据最终糖霜或上光剂流动性方面的要求来决定是否添加卵磷脂。当卵磷脂加量≤0.5%时，随其添加量的增大，糖霜或上光剂的流动性逐步提高，但当添加量超过此值时，这种作用受到限制。糖霜稳定剂，除了熔点为45℃的产品之外，都必须被氢化到符合特定的SFI－熔点的要求；它也可以像起酥油絮片那样被混和使用。但任何情况下，都不可以用低碘值的固体脂肪来调节混合脂的熔点，因为这样会影响口感。

4.4.5 粉末起酥油

粉末起酥油有两种产品：①经喷雾干燥的、含有载体的脂肪乳化物；②经过喷雾冷却或加工成粒状的混合脂。各种喷雾干燥制备的粉末起酥油都是部分氢化起酥油被包埋于水溶性物质中的制品。油脂可以与各种载体，例如脱脂乳、淀粉糖浆干粉、酪朊酸钠、大豆分离蛋白以及其他一些物质一起均质成溶液。为了使成品具有一定的功能，在油相中可以添加乳化剂。产品含油量可以从50%到82%，这取决于初始乳液的组成[22]。由于喷雾干燥粉末起酥油可以很容易地与其他干物料混合，所以它应用在某些预混制品方面。

在无载体相助的条件下，也可以把固体脂肪加工成粉末或微珠粒状。有两种制备粉末或粒状固体脂肪的方法[23]，即塔内部喷雾冷冻法，或脂通过在冷却滚筒表面上凝固，然后被破碎、筛分到一定粒度范围的方法。这些产品的部分应用包括作为花生酱稳定剂、特种预混产品以及需要更快熔融的地方取代片状固体脂肪。

4.5 起酥油的结晶

食用固脂的功能性受三个基本加工过程的影响，它们是：

(1)配方配制 包括原料油脂的选择和制备原料油所采用的氢化工艺；

(2)急冷 它是结晶过程的起始；

(3)调温熟化 产生并稳定预期的晶核。为了控制稠度，首先需要配方配制，这方面的内容已在前面的章节中加以综述。本节讨论的是冷却和调温过程，以及由产品的组成所决定的、所期望的晶体结构会在这些过程中产生、熟化和稳定，这些会在本节讨论。

起酥油包装之后才进行急冷和调温处理。食用油脂产品的物理形态对其在食品中的正确操作和特性展现是十分重要的。不要过度强调起酥油稠度的重要性，这是因为许多应用依赖于包装产品的独特物理特性，如柔软度、硬度、油腻性、酪化性、熔融特性、表面活性、操作性，溶解性、充气能力、可倾倒性以及其他特性。但对于塑性起酥油而言，从烘焙制品和相关产品中的使用和性能角度来讲，稠度都是非常重要的。稠度对于流态起酥油的重要性也是显而易见的，因为为了正确发挥作用它必须保持均匀一致的悬浮状态[24]。

4.5.1 脂肪可塑性

食用脂肪制品外观是一种均匀的软质固体；不过在显微镜下它显示出大量细微晶体，且液油陷于晶体网络中。这种晶体是一些能独自运动并各自离散的晶粒。因此，起酥油必须具备三个基本条件才能成为一种可塑物，这三个条件为：

(1)固、液两相共存；

(2)精细分散的固相应具有足够的内聚力，以确保聚集在一起；

(3)固、液两相比例适宜。

食用油脂制品的塑性或稠度，取决于其固形物的数量、大小、形状及其分布，并且与所产生的晶核承受高温肆虐的能力，及其晶核作为所期望的新晶体生长中心的能力相关。对塑性起酥油稠度影响最大和最直接的因素是固相百分率。固脂含量愈多，食用油脂制品的硬度愈高。固脂百分率受油脂加氢的程度及其氢化反应所伴随的异构反应程度的影响。晶体颗粒愈小，起酥油也就愈坚硬，这主要由于愈小的晶粒间相互碰撞的机会更多，流动阻力更大所致。随长针形晶体交织而导致硬度上升的幅度要比随较紧密的相同尺寸晶体所导致的硬度上升的幅度更大。一个新固化的产品被进一步处理时，晶核会按“记忆”生长。如果熔融体先急冷到29℃，保温24h以上后立即再冷却到21℃，会产生一种较为柔软的稠度，并经得住温度广泛波动，并在室温下仍能恢复到最初具有的稠度[25]。

4.5.2 脂肪结晶习性

脂肪结晶是其分子构型处于较低内能状态的表征。当温度上升时，脂肪保持足够的分子运动阻碍晶体组织成为稳定的晶体结构。随着冷却，食用油晶体相经历一系列的日益紧密的结晶相，直到最终形成一种稳定的晶体。这个过程可以在不到1s的瞬间内发生，或者需要数月以上的时间才能完成。大多数脂基产品的质构和功能性受其晶体晶型的限定。

起酥油或其他脂基产品的晶体结构由下列因素所决定：①原料油脂的组成；②加工方法；③调温或熟化。脂肪熔融体迅速冷却到开始产生晶核或晶种，这时就会诱导结晶。之后以晶核的形式为模板生成晶体。配方、冷却速度、结晶热和搅拌强度都会对形成的晶体数量和类型产生影响。

每种原料油都会显示出其独特的内在结晶倾向。 一种脂在呈现β晶型或β′晶型体之前，恐怕它已经经历了一种或数种不稳定晶型体的转化过程。 三种晶型体的差别如下[26]：

（1）α晶型体是不稳定的，它将迅速转变成较稳定的β或β′晶型体；

（2）β晶型体是一种粗大的、自我闭塞的晶体；

（3）β′晶型体是细小的针状晶体，它们可以相互聚集成稠密的细微粒状结构。

每一种常用的油脂都具有各自明确的结晶习性，这种习性取决于以下四个因素：①棕榈酸含量；②棕榈酸和硬脂酸在甘油三酯分子中的分布和位置；③氢化程度；④随机分布的程度。

表4.10中列出了多种食用氢化油的结晶习性[27]。

表4.10　氢化油结晶体结构

β晶型	β′晶型
卡诺拉油	棉籽油
可可脂	乳脂
椰子油	鲱鱼油
玉米油	步鱼油
橄榄油	改性猪脂
猪脂	棕榈油
棕榈仁油	菜籽油
花生油	牛脂
红花籽油	鲸鱼油
芝麻油	
大豆油	
葵花籽油	

很多食用油脂产品中都含有各种具有β和β′结晶习性的组分。 虽然β－β′晶体的比例有助于我们去确定主要的结晶行为，但是脂产品中熔点较高的甘油三酯组分常会迫使脂以它的晶型模式结晶。 固体脂肪产品的晶型是影响其质构特性的主要因素。 一种稳定β′晶型的脂产品外观光滑柔和，具有很好的充气性，并用它制造蛋糕、糖霜和其他焙烤制品会表现出优良的酪化性。 与此相反，以β晶型易形成大的颗粒，使产品具有蜡感和砂粒感，充气性能差。 这种β晶型的产品应用在如派饼皮加工等要求粒状结构的方面时效果很好[28]。 为了保证不透明的流态起酥油的稳定性和流动性，同样应优先选用这种砂粒状的晶体。

4.6 塑性起酥油稠度

起酥油产品的稠度是影响其结晶和塑性的所有因素，如急冷、捏合、搅打充气、压力和调温等综合作用的结果。每道工序单独来看或作为整体的一环都很重要。如果影响稠度的因素，与起酥油开发过程中所建立起来的指标不一致的话，可能会对起酥油的性能产生负面影响。表4.11概括了结晶过程中各种因素对起酥油稠度的影响，涉及的因素会在接下来的段落中详细描述。

表4.11 影响起酥油稠度的因素

稠度（软）	加工（工序）	稠度（硬）
冷	急冷	热
较大	捏合	较小
高充气	充气	不充气
高压	压力	低压
热	调温	冷

4.6.1 急冷

最早采用的起酥油固化方法之一，是采用内部循环冷冻盐水制冷的冷却滚筒机法。把熔融的脂注入料槽中，当滚筒旋转时，从料槽中流下来的脂液在滚筒体表面形成一薄层物体，当滚筒旋转一周时，它凝固成半固体。刮刀把这薄层凝固的脂刮下，脂片落入一个溜槽内，溜槽内装有一根带金属扒子的旋转轴，这种设备被称为采集盒，在采集盒中产品被捏制均匀并且和空气掺和，然后利用泵把起酥油传递到灌装机中。除了某些非常特殊的产品之外，这种方法在美国已逐步被废弃。这种加工起酥油的方法过时的原因是：为了生产出某种均一的产品，对工艺变量进行控制时碰到困难[29]，热效率不高，而且冷却滚筒机表面常常凝结着水汽。

目前大多数起酥油采用密闭的薄膜刮板式换热器急冷。就大多数此类装置而言，脂肪以很薄的油层进行冷冻固化的成套组装设备是它们的主要操作设备，这套设备配有简单的控温装置，采用刮刀把已冷冻固化的脂层连续不断地刮下来。物料在换热器管内滞留的时间非常短，几乎都不超过20s。由于所有的甘油三酯都具有过冷结晶的强烈倾向，因此换热器出口处料温常低于结晶平衡温度，此温度取决于起酥油的类型，一般为15.5～26.7℃。

急冷单元的温度调节范围视灌装试验情况而定，对任何一种起酥油产品而言，灌装试验是用来验明使产品达到需要的稠度和塑性所必要的工艺条件。最初人们常常需要通过试验去确认生产过程中的温度、压力范围，但另一方面，对产品性能的评价又常常在产品调温之后才能进行，所以在进行温度、压力范围的限定时常会发生差错，导致起酥油在灌装时形成一种细长圆柱状物体或者堆垛在灌装容器的表面上。最终起酥油产品的稠度因温度下降变得更软，而因温度较高变得更为坚硬和易碎。当某种产品的操作范围被确认之后，加工过程中的温度调节幅度必须控制在1℃之内，这样有利于得到均一的产品。因此，一旦满足增塑控制和配方技术规格方面的要求，那么就可以复制出原本的产品。

4.6.2 捏合和灌装机压力

假如产品在无搅拌的条件下固化，它将形成一种非常坚硬的晶体网络，且产品的塑性范围很窄。这样的稠度对块状人造奶油或许是所期望的，但对那些要求具有塑性稠度的产品而言是有害的。因此在最初快速冷却之后，物料的处理要与产品的稠度或结构要求相适宜[30,31]。装有速度调节器的密封式捏制机，代替了早期增塑工艺中连接在冷却滚筒机后面的采集盒。在这些设备中结晶热得到迅速消散，同时产品通过捏合，晶体变得更细小。在大多数装置中，安装了挤压阀，以把均匀丝滑的产品送入灌装机，灌装时的压力为1723 ~ 2736kPa[29]。

4.6.3 充气

在敞开式采集盒加工工艺中，通过搅拌掺入空气，如今，此法已被在冷却器进气口通入氮气并严格控制进氮量的方法所替代，正常状况下，标准的塑性起酥油的充气量为其体积的12% ~ 14%，充气后产品的外观为乳白色奶油状，起酥油的可操作性得到提高。为了产品的外观和稳定性，恰当的充气量是很重要的。含有适当气体量的起酥油是洁白的奶油状，并具有明亮的表面光泽。充气量太少，将会产生一种浅黄色的油滑外表，而没有充气的起酥油看起来像是凡士林。充气量太高会导致惨白的白垩色，且表面形状毫无生气，而且产品中常包藏着大的气泡，给人一种膨胀或黏稠的感觉。气体分散不均匀会使产品出现很难看的条纹。

根据起酥油产品要求，其可以不充气或充气量高达30%不等。有代表性的各种起酥油的充气量被验明如下：常规的增塑型为12% ~ 14%；预乳化型19% ~ 25%；酥皮型不充气；液态起酥油不充气；起酥油絮片不充气；特种起酥油按需要进行充气。

4.6.4 调温

大多数技术专家赞成这样一种观点，即起酥油只有当其含有的硬脂组分形成了一种稳定的晶体基质，使晶体结构达到平衡状态时，调温才算完成。结晶结构会包裹住起酥油的液体部分。高、低熔点固脂组分的混合物经历了低熔点组分重新熔化，然后重结晶成为一种更为稳定的、熔点更高的晶型体的转变过程。这种转变过程可能需花费 1 ~ 10d 的时间，这全取决于起酥油的配方和包装大小。起酥油被初步放置后，仍然存在一些 α 晶型体。在调温过程中，这些 α 晶型体重新熔化并缓慢地重新以 β' 晶型结晶。对大多数塑性起酥油而言，尤其是那些专为乳化或叠层用而设计的产品，β' 晶型更合适[31]。因此，用大豆油基料加工的起酥油需配加 5% ~ 20% 的具有 β' 晶型结晶倾向的硬脂，才会有一定的塑性范围。这种 β' 硬脂的熔点一定比大豆油基料的熔点更高，以确保起酥油整体以稳定的 β' 晶型结晶。

调温对塑性起酥油的作用可以通过产品性能测试获得最好的验证。在某些情况下，调温过程中产品的针入度值发生了一些变化，显示出调温过的起酥油比没有调温的更为柔软。调温的作用可以通过感官评定或检测起酥油的可操作性来加以辨别；调温后的产品由于具有良好塑性所以较为光滑柔和，而没有调温的起酥油的可塑性很差并易碎。以 β' 晶型结晶的起酥油在灌装后立即被转移到寒冷的地方，会导致永久性坚硬易碎，这样的产品无法通过调温处理使性能得到修复。

需要一定塑性稠度的起酥油在包装之后，必须立即存放在温度稍高于灌装温度的地方，静置 40h 或更长的时间。实际上把它们放在 29℃处 24 ~ 72h，或者直到形成一种稳定的晶型为止的方法是一种可接受的折衷的方法[28]。调温的主要目的是为了对已固化的起酥油进行调质，以使它在随后的储存过程中能经受得住温度很大的波动，并且，当把它放回 21 ~ 24℃处时，它仍然具有均匀的稠度，对大多数塑性起酥油而言，21 ~ 24℃是它们的应用温度[30]。

4.6.5 快速调温

为了调温而设置的恒温室，面临着费用和调度安排两方面的问题，这使得一些设备制造厂商开始进行机械设备改革方面的研究，以减少对调温处理的需要。开发的绝大多数系统并不能完全去除调温工序，但的确可以使产品调温的时间缩短 50% 或更多些。大多数成为快速调温的系统是在传统类型的急冷和捏合系统后面加一个后冷和捏合单元用于调温。推定这类系统的机理是迫使液体脂肪单独、快速结晶，生成了更小更加稳定的晶体，而不是像传统调温那样在已经存在的晶体上结晶增大现有晶体的尺寸[30,31]。

据说，经快速调温处理的产品和经过 24h 很好调温处理的起酥油，它们的操作性能相同[32]。这些设备已被生产起酥油的厂家所认可和采纳，但是各种标准调温法，仍然被大多数生产宽塑性起酥油的企业所采用。

4.6.6 质量保证的评估

起酥油的稠度是由两个决定性的因素控制：①SFI 值，它取决于脂相混合物的组成；

②产品固化、包装和调温处理所采用的工艺条件。当固化的条件恒定不变时，脂相混合物的分析特性和起酥油稠度之间有很强的相关性。在调温之后，应对固化的起酥油的外观、质构和稠度性质进行评价，以确定可能的可塑性方面的缺陷，并为其进一步加工提供改进措施。一种建议的评价方法是直观角度和物性角度来检验起酥油的包装。这种物性评价包括挖出一小块产品，并用手捏它。具有优良的宽塑性范围的产品应是平滑柔和的，在用手捏它时不会变得胶黏或散开。因加工过程造成的起酥油缺陷以及如何改进的办法概述如下：

(1)出现条纹，这可能因增塑过程中的多种处理不当造成：①对操作背压而言，急冷温度过低；②加入的气体分散不稳定；③物料中出现孔道，使半液态的油，得以流经急冷单元而没有得到适当的冷却；④不同操作温度下的急冷单元中流出的物料被混合；⑤冷却单元压力不稳定[33]。

(2)有砂粒或细小的结团现象，这是由于急冷单元温度过低或在冷却单元前预结晶过度。

(3)产品出现皱纹，这是一种硬质和软质产物层交替的现象，造成这种情况的原因如下：①急冷单元温度过低，且操作压力低；②从两个操作温度不同的急冷单元中流出的物料进行了混合；③因冷却温度太低造成产品在灌装时过分堆垛。

(4)产品过于蓬松是由于充气量过大，或压力太低无法使气体精细地分布。

(5)产品过脆是由于：①冷却单元温度过高；②在冷却之后未捏合；③一种窄塑性范围的配方。

(6)油的离析或游离是由于：①冷却单元温度较高；②采用预结晶工艺；③产品包装之后温度失控；④配方问题。

(7)白粉状的外表是充气量过高所致。

(8)像凡士林或浅黄色油腻状的外观是不充气型起酥油的特征。

(9)变白的程度可以通过调节充气量和气体分散程度来控制[34]。

4.7 液态不透明起酥油

人们可以通过外观和组成情况来区分液态不透明起酥油和液油。这两种产品都是可倾倒的，但液油是澄清的，而液态起酥油由于含有悬浮着的固体所以是不透明的。这些悬浮的固体可以是固体脂肪，也可以是乳化剂或者是它们二者，这取决于产品被指定应用在哪一方面，即煎炸、面包、蛋糕或仿乳制品等。简而述之，液态起酥油是一种可流动的，固体脂肪和/或乳化剂悬浮于液油中的产品。

4.7.1 结晶工艺

(1)有β结晶倾向的固体脂肪，如类似于基料系统中，碘值大于5gI/100g的大豆油固体脂肪，这类固脂可以在液油中快速形成晶核，促使产生细小和充足的晶体，以确保产品的可倾倒性，并避免发生固、液离析。有许多有关不透明型液态起酥油的不同结晶法的专利，下面会对其中的一部分作简短的介绍[35~38]；

(2)熔融的产品在温和搅拌下，渐进式冷却到β晶型体的形成。这种制备方法通常总共需要3~4d；

(3)在渐进式冷却之后，用一台均质机或胶体磨把晶体弄碎。这种加工估计总共耗费3~4d；

(4)通过一台刮板式换热器速冷之后在温和的搅拌下至少保温16h，使其流态化后直接去包装；

(5)把精细研磨的固体脂肪或者乳化剂分散到液油中，然后用一台均质机、胶体磨或剪切泵把其分散；

(6)大量固体脂肪添加到少量液体油中形成高浓度的混合油，快速急冷，随后送入搅拌储罐中保温一段时间以使β晶体生长，然后在室温下把已经稳定的浓缩混合物用液油稀释混合，并以含有β晶型固体脂肪的油作为晶种；

(7)把β晶型倾向的固体脂肪和液油的溶液快速急冷到38℃，释放出的结晶热使冷却油温回升到54℃以下。据报道，用这种方法完成结晶只需20~60min；

(8)把含有固脂的热油溶液反复循环于搅拌储罐和刮板式换热器之间。在储罐中溶液缓慢冷却，并且在最初阶段形成的晶体将在热油中熔化。最后，物料一直冷却到形成的晶体不能再被熔化，并且α晶型转变为β'晶型，最终成为稳定的β晶体为止。停止进一步冷却，然后把所产生的不透明的可倾倒式起酥油包装起来；

(9)采用两套冷却与调温装置，首先把物料从65℃冷却到43℃，接着在温和搅拌条件下结晶2h，然后再过冷到21~24℃，接着进行为时1h左右的第二阶段结晶。根据经验，当结晶热使物料温度上升9℃左右，这种不透明的液态起酥油就可以被包装了。

上述的各种制备不透明流态起酥油的方法在以下几个方面是相一致的：①都是固、液组分的分散；②对加晶种结晶而言，β晶型的固体脂肪是优先选用的固脂馏分；③必须在产物达到稳定之前把结晶热消散掉。另一个共识是，在流态起酥油加工的全过程中，结晶前、中、后阶段都必须避免空气的混入。混入空气会使产品黏度较大或失去可倾倒性和加速产品离析。有关产品储存情况方面的研究表明，为获得悬浮稳定性，流态起酥油中空气含量应少于1.0%。

4.7.2 调温和储存

不透明的液态起酥油在包装之后，并不需要进行任何进一步的调温处理，但是它的储存温度尤为重要。 把流态起酥油储放在18℃以下，将会使其固化从而失去流动性，如在35℃以上温度处储放，将导致悬浮着的固体物部分可能完全熔融。 由低温造成的固化，可以通过采用不超过其熔点的控制性加热处理的方法使产品复原。 不过由于高温造成的伤害是无法弥补的，除非把产品完全熔化后再重新加工。

4.8 起酥油絮片和片状起酥油

正如前述，片状起酥油是一种凝固成薄片状的较高熔点的食用油脂产品，这样是为了处理起来更为便利，以及能较快地再熔化或为了食品制品的某种特定的功能。 起酥油、人造奶油生产最初阶段用的速冷的、能形成片状的滚筒机，虽然后来它被刮板式换热器所替代，但它仍然被用来制备片状起酥油。 滚筒式急冷机可以适用于加工多种不同片状的产品，这些产品在特殊的配方食品中提供了有特色的功能。 用户的需求就是开发特种油脂制品的动力。 为了一些特定的应用，人们已开发出一些专用的高熔点脂肪絮片，如表4.11所示，它们的熔点是可变的。 由于不断地推陈出新，各式滚筒式急冷机非但没有过时，反倒能满足各种特殊脂基产品生产所必需的设备要求。

4.8.1 滚筒式急冷机

可以获得在尺寸、构造、表面处理、喂料机构等方面不相同的各种滚筒式急冷机，但它们之中大多数都是用机床加工过的表面光滑、具有正圆形的空心的金属圆筒体。 滚筒内部均可以用溢流式或喷射式制冷系统制冷，圆筒体随纵向水平轴缓慢转动。 冷却滚筒机提供熔融油脂的供料机构有以下几种形式：

(1)在滚筒顶部和底部之间的位置上安装一只料槽；

(2)在滚筒的底部装一只浸渍盘；

(3)在冷却滚筒和一只较小的涂敷滚筒之间的上端供料；

(4)两根或复式并排安装的、相互离得很近的滚筒一起旋转，把脂熔体喷射在两个滚筒上面。 脂熔体在旋转着的滚筒表面上覆盖，并在凝固后用刮刀刮下，这使进料机构的设定成为整个设计的首要部分。

4.8.2 膜片式结晶过程

在食用氢化油脂产品的结晶过程中，移走液态油的显热，直到它的温度达到产品的熔点。 料温到达熔点时再继续移走热量就可以发生结晶。 与这现象相关的热被称为结晶热。对大多数普通的硬脂产品而言，显热（比热容）约为1.13J/g，结晶热为116.40J/g。使硬化油结晶所需要移走的总热量等于把这油冷却到如此低温度所需移走的显热的100倍[39]。

4.8.3 形成絮片状的条件

起酥油絮片的质量要求决定了滚筒式急冷机的操作条件和产品包装前后必需的辅助处理条件。不过可就一些与滚筒式急冷机操作条件有关的产品质量方面的情况作一些总结：

(1)晶体结构 每一种片状产品，其结晶的必要条件均取决于原料油脂的种类、熔点、饱和程度以及所要求制品的物性情况；

(2)片的厚度 有四个影响片厚度的可调变量：①供给冷却滚筒的料温；②冷却滚筒的温度；③冷却滚筒的转速；④供料机构的结构；

(3)在包装温度方面 如果在包装之前结晶热还未完全除去的话，结晶热会导致包装后的产品温度上升。温度回升可导致产品部分熔化，加上产品堆积造成的压力，将导致产品熔合成块；

(4)形成片状的条件 由于凝固不完全，液油在薄片表面成膜状，产生有光泽或湿润感的薄片。冷却滚筒温度不管是太高还是太低，都会发生这种现象。过高的温度将无法提供充足的制冷，使絮片不能完全固化。过低的滚筒温度可能使油膜骤然收缩，从而在尚未完全固化之前，片就从滚筒表面撕扯开来。这两种情况下都会产生湿润状的絮片，并导致包装之后的产品结团。

参考文献

1. K. F. Mattil, in D. Swern, *Bailey's Industrial Oil and Fat Products*, 3rd ed., Interscience, New York, 1964, p. 265.
2. W. H. Shearon, Jr., *Ind. Eng. Chem.*, **July**, 1278 (1950).
3. Ref. 1, p. 267.
4. J. E. Slaughter, Jr., *Proceedings*: *A Six Day Short Course in Vegetable Oils*, sponsored by The American Oil Chemists' Society, Aug. 16 – 21, 1948, p. 120.
5. K. S. Markley, *Fatty Acids*, Part I, 2nd ed., Interscience, New York, 1960, pp. 6 – 13.
6. K. S. Markley, *Chem. Soc.*, **54**, 557 (1977).
7. D. I. Hartnett, *J. Amer. Oil Chem. Soc.*, **54**, 557 (1977).
8. H. E. Robinson and K. F. Mattel, *J. Amer. Oil Chem. Soc.*, **36**, 434 (1959).
9. *USDA Oil Crops Situation and Outlook* Economic Research Service, USDA, Oct. 2000, Table 40 updated on-

line 2004.

10. Ref. 9, Table 36.

11. R. F. Wilson, *INFORM*, **4**, 193 (1993).

12. F. D. Gunstone and T. P. Hiloitch, *J. Amer. Oil Chem. Soc.*, **22**, 836 (1945).

13. T. J. Weiss, *Food Oils and Their Uses*, AVI Publishing, Westport, Conn., 1983, p. 112.

14. F. J. Flider and F. T. Orthoefer, *J. Amer. Oil Chem. Soc.*, **58**, 270 (1981).

15. Ref. 13, p. 114.

16. Ref. 13, p. 116.

17. E. G. Latondress, *J. Amer. Oil Chem. Soc.*, **58**, 185 (1981).

18. *Official Methods and Recommended Practices of American Oil Chemists' Society*, 4th ed., American Oil Chemists' Society, Champaign, Illinois, 1994, Method Cc 18 – 80.

19. Method Cc 12 – 59, in Ref. 17.

20. E. J. Latondress, in D. R. Erickson, E. H. Pryde, O. L. Brekke, T. L. Mounts, and R. A. Falb, eds., *Handbook of Soy Oil Processing and Utilization*, American Soybean Association and AOCS, Champaign, Illinois, 1980, pp. 145 – 152.

21. R. D. O'Brien, in R. Hastert, ed., *Hydrogenation: Proceedings of an AOCS Colloquium*, American Oil Chemists' Society, Champaign, Illinois, 1987, pp. 157 – 165.

22. Ref. 13, pp. 129 – 130.

23. M. M. Chrysam, in T. H. Applewhite, ed., *Bailey's Industrial Oil and Fat Products*, Vol. 3, Wiley – Interscience, New York, 1985, pp. 97 – 98.

24. R. J. Bell, in P. J. Wan, ed., *Introduction to Fats and Oils Technology*, American Oil Chemists' Society, Champaign, Illinois, 1992, pp. 187 – 188.

25. Ref. 1, pp. 272 – 281.

26. D. Best, *Prepared Foods*, May, 168 (1988).

27. L. H. Wiedermann, *J. Amer. Oil Chem. Soc.*, **55**, 825 (1978).

28. A. E. Thomas, *J. Amer. Oil Chem. Soc.*, **55**, 830 (1978).

29. C. E. McMichael, *J. Amer. Oil Chem. Soc.*, **33**, 512 (1956).

30. N. T. Joyner, *J. Amer. Oil Chem. Soc.*, **30**, 526 (1953).

31. C. W. Hoerr and J. V. Ziemba, *Food Eng.*, 90 (May 1965).

32. Ref. 13, pp. 96 – 97.

33. Ref. 13, p. 125.

34. D. R. Erickson, *J. Amer. Oil Chem. Soc.*, **44**, 534A (1967).

35. Ref. 12, pp. 126 – 129.

36. T. Petricca, *Baker's Digest*, **Oct.**, 39 (1976).

37. Ref. 1, pp. 1064 – 1068.

38. Ref. 23, pp. 100 – 104.

39. P. J. Wan and A. H. Chen, *J. Amer. Oil Chem. Soc.*, **60**, 743 (1983).

5 糖果脂质

Vijai K. S. Shukla
International Food Science Center, Lystrup, Denmark

5.1 引言

巧克力不仅具有营养价值，还是一种能够寄托强烈情感的糖果制品——可以用它来放松身心、表达歉意、庆祝以及表示感谢。巧克力是由可可树（*Theobroma cacao*）上采集的可可豆精炼而成的。可可寓意“上帝的食物”，可可的历史与它的风味一样丰富。

据说，至少在4000多年前人们就在亚马逊河或奥里诺科河流域发现了这种树。1502年，哥伦布在第四次新世界航海途中发现了可可豆，成为发现可可豆的第一个欧洲人，但那时他并没有重视。直到二十年后，西班牙征服者埃尔南·科尔特斯（Hernando Cortés）将这种有价值的豆类传播到了加勒比和非洲，并在1528年把巧克力饮料引入到西班牙。现在，可可树种植在西非、南美、美国中部以及远东地区。全世界范围内，可可的需求量通常都是通过参考世界碾磨量进行估计的，在2003/2004年度，全世界可可豆的碾磨量达到300万t。

5.2 巧克力的化学成分

可可豆要经过烘烤、风选及碾磨才能变成巧克力液块。直至1828年，有名的巧克力产品只有“巧克力饮料”，但其高脂肪含量影响了产品的可接受度。1828年，荷兰的Van Houhen发明了可可压榨法，才开始出现一种接受度更好的产品。现在可可液块可以通过压榨进一步加工成可可脂和可可粉。获得大量可可脂后，就可加工成“可食用的巧克力”了。可可液块、可可脂和可可粉现在已经成为巧克力产业和糖果产业的重要原料。其中，可可脂最贵，其次为可可液块和可可粉。可可粉主要用于巧克力饮品和糖果涂层。可可液块、可可脂、卵磷脂和糖是制作黑巧克力的主要原料，也可以添加奶屑（milk crumb）或乳粉来生产牛乳巧克力。后面将详细阐述各种植物来源糖果脂肪，它们也同样可在巧克力体系中表现出新的功能特性。制作巧克力时，要将精炼、精磨、标准化和造模等技术相结合。

5.3 可可脂的特性

可可豆脂肪总量占干重的48%～49%，主要成分是甘油三酯。一颗成熟的可可豆可以储存多达700mg的可可脂。如果一株可可树一年可以产2000颗种子，那么一株树每年就能产出15kg的可可脂。

可可脂是巧克力配方中一种极其重要的成分，也是最贵的一种。可可脂的主要成分（大于75%）是油酸分布在*sn*－2位的对称型甘油三酯[1]。大约20%的甘油三酯在室温下是液体，可可脂的熔化温度为32～35℃，软化温度为30～32℃，这些都是可可脂在应用中必备的功能特性。此外，可可脂含有微量的不对称型甘油三酯（PPO、PSO、SSO，P为棕榈酸，O为油酸，S为硬脂酸，字母的顺序表明脂肪酸在甘油三酯分子中的位置）。

这种特殊的甘油三酯组成，以及其极低含量的甘油二酯，使可可脂具有令人满意的物理特性，且在加工过程中可以达到稳定晶型的重结晶能力。可可脂结晶行为的复杂性在于：随着甘油三酯组分、生产与贮藏过程中结晶和调温条件的不同，甘油三酯能形成多种类型的晶体。

表5.1至表5.3分别列出了各种可可脂的脂肪酸组成、分析参数、甘油三酯组成。结果表明，马来西亚可可脂含有最多的单不饱和甘油三酯，而巴西可可脂和甘油三酯和最多的其它不饱和甘油三酯。印度和斯里兰卡的可可脂在硬度和甘油三酯组单不饱和甘油三酯含量最低，其他不饱和甘油三酯含量最高。

表5.1 由GLC测得各种可可脂的脂肪酸组成

单位：%（质量分数）

可可脂样品	C_{14}	C_{16}	$C_{16:1}$	C_{17}	C_{18}	$C_{18:1}$	$C_{18:2}$	$C_{18:3}$	C_{20}	$C_{20:1}$	C_{22}	C_{24}
加纳	0.1	24.8	0.3	0.3	37.1	33.2	2.6	0.2	1.1	微量	0.2	0.1
印度	0.1	25.3	0.3	0.2	36.2	33.5	2.8	0.2	1.1	0.1	0.2	微量
巴西	0.1	23.7	0.3	0.2	32.9	37.4	4.0	0.2	1.0	0.1	0.2	微量
尼日利亚	0.1	25.5	0.3	0.3	35.8	33.2	3.1	0.2	1.1	0.1	0.2	0.1
科特迪瓦	0.1	25.4	0.3	0.2	35.0	34.1	3.3	0.2	1.0	0.1	0.2	0.1
马来西亚	0.1	24.8	0.3	0.3	37.1	33.2	2.6	0.2	1.1	微量	0.2	0.1

表 5.2 各种可可脂的分析参数

可可脂样品	IV /(gI/100g)	C3[①]	DAG /%	FFA /%	脉冲核磁共振扩展[②]				脉冲核磁共振 BS684 方法[③]			
					20℃	25℃	30℃	35℃	20℃	25℃	30℃	35℃
加纳	35.8	32.2	1.9	1.53	84.0	78.0	36.0	0.1	76.0	69.6	45.0	1.1
印度	34.9	32.4	1.5	1.06	88.1	83.3	44.7	1.8	81.5	76.8	54.9	2.3
巴西	40.7	32.0	2.0	1.24	67.7	56.6	18.5	0.6	62.6	53.3	23.3	1.0
尼日利亚	35.3	33.1	2.8	1.95	83.7	77.3	35.4	0.1	76.1	69.1	43.3	0.0
科特迪瓦	36.3	32.0	2.1	2.28	82.3	74.8	32.7	0.9	75.1	66.7	42.8	0.0
马来西亚	34.2	34.3	1.8	1.21	89.3	83.7	49.6	1.8	82.6	77.1	57.7	2.6
斯里兰卡	35.2	33.2	1.1	1.58	—	—	—	—	79.7	74.2	50.4	0.1

注：IV：碘值；DAG：甘油二酯；FFA：游离脂肪酸。

①在 25℃稳定 64h 测得的熔点。

②在 20℃调温 64h。

③BS 684：英国标准 684 方法。 在 26℃调温 40h。

表 5.3 高效液相色谱测得各种可可脂的甘油三酯组成

单位：%（摩尔分数）

	甘油三酯	加纳	印度	巴西	科特迪瓦	马来西亚	斯里兰卡	尼日利亚
三饱和	PPS	0.3	0.6	微量	0.3	0.8		0.3
	PSS	0.4	0.5	微量	0.3	0.5	1.9	0.5
总量		0.7	1.1	微量	0.6	1.3	1.9	0.8
单不饱和	POS	40.1	39.4	33.7	39.0	40.4	40.2	40.5
	SOS	27.5	29.3	23.8	27.1	31.0	31.2	28.8
	POP	15.3	15.2	13.6	15.2	15.1	14.8	15.5
	SOA	1.1	1.3	0.8	1.3	1.0	1.0	1.0
总量		84.0	85.2	71.9	82.6	87.5	87.2	85.8
双不饱和	PLiP	2.5	2.0	2.8	2.7	1.8	2.5	2.2
	POO	2.1	1.9	6.2	2.7	1.5	2.3	1.7
	PLiS	3.6	3.1	3.8	3.6	3.0	1.4	3.5
	SOO	3.8	3.3	9.5	4.1	2.7	3.9	3.0
	SLiS	2.0	1.7	1.8	1.9	1.4		1.8
	AOO		0.8		0.5	0.5		0.5
总量		14.0	12.8	24.1	15.5	10.9	10.1	12.7
多不饱和	PLiO	0.6	0.5	1.5	0.8	0.3	0.8	0.4
	OOO	0.4	微量	1.0	微量			微量
	SLiO	0.3		1.2	0.5	微量		0.3
	ALiO		0.4					
	LiOO			0.3				
总量		1.3	0.9	4.0	1.3	0.3	0.8	0.7

这些可可脂的甘油三酯组成和固体脂肪含量之间具有良好的相关性。马来西亚、斯里兰卡和印度的可可脂是最硬的，而巴西的可可脂最软，其他的介于中间。把巴西可可脂与马来西亚可可脂混合可提高巴西可可脂的质量，使其在各温度下的固脂含量更高。

国际食品科学中心已经检测到可可脂中甘油二酯的水平在1.5%~2.8%。较高的甘油二酯水平会显著影响可可脂的结晶特性，因此，尽力使可可脂中甘油二酯的含量降低至上述水平，确保可可脂具有较高的质量。

马来西亚可可豆的主要缺点是它们有很重的酸味，而巧克力风味却较弱，此外还含其他异味。在改善它的特性方面，已经做过很多尝试[2]。

可可脂的脱臭是必要的，可以减少游离脂肪酸含量，同时赋予产品一种能满足当前日常需求的中性温和的风味。脱臭对于去除可可脂中部分含氯杀虫剂是一种很合适的方法。一般的脱臭温度是160~180℃。脱臭过程中不同可可脂的氧化稳定性不受影响，其值很高，见表5.4。抗氧化能力取决于可可脂中天然存在的抗氧化剂。生育酚组成见表5.5，其中α-生育酚是主要的成分，总的生育酚含量约为100~300mg/kg。Dimick发现在不同来源的可可脂中，磷脂的含量为3.62~4.72μg/500μg（表5.6）。Dimick正在把这项研究的范围扩展到研究磷脂对硬型和软型可可脂结晶的影响上[3]。

表5.4 可可脂的氧化稳定性

样品	120℃下的诱导时间/h
特立尼达可可脂	42.3
巴西可可脂	35.3
哥伦比亚可可脂	38.4
委内瑞拉可可脂	41.3
厄瓜多尔可可脂	19.1
科特迪瓦可可脂	42.9
加纳可可脂	42.2

表5.5 高效液相色谱法测得的不同可可脂的生育酚含量

样品	总计	生育酚含量/（mg/kg）						
		α-生育酚	β-生育酚	τ-生育酚	δ-生育酚	α-生育三烯酚	τ-生育三烯酚	δ-生育三烯酚
巴西	176	0.7	1.2	164	6.9	—	2.0	0.7
加纳	198	2.7	1.5	183	6.8	0.6	2.3	0.7
印度	265	6.5	2.2	245	9.1	—	2.3	—
科特迪瓦	126	0.4	0.4	117	6.2	—	2.3	—
马来西亚	149	0.5	—	140	7.4	—	0.6	—

表 5.6 不同产地可可脂样品中磷脂的含量

可可脂	磷脂/μg	含量*/%
马来西亚	3.62	0.72
科特迪瓦	4.35	0.87
加纳	4.72	0.94
厄瓜多尔	3.80	0.76
多米尼加共和国	4.72	0.94
巴西	4.54	0.91

注：* 磷脂质量与样品质量（500 μg）的比值为 100。

表 5.7 中的热流变实验结果与表 5.2 中的核磁共振数据表现出非常高的相关性。 因此，马来西亚可可脂的结晶速度较快，而巴西可可脂结晶最慢，这与核磁共振测得的这些可可脂的硬度相关。

表 5.7 不同种类可可脂的热流变值（TRG 值）

可可脂	不同的 MPS 时间（检测温度：22℃）/min		
	30mp	50mp	80mp
马来西亚	13	16	20
斯里兰卡	12	14	15
加纳	31	36	42
巴西	178	187	199

把乳脂加入到可可脂中会导致其熔点显著降低[4]，且对结晶行为和硬度都有不利的影响，见表 5.8。 通过 Jensen 曲线可以发现固体脂肪含量明显减少，同时凝固性能变差。 通过比较不同比例混合的乳脂和可可脂的曲线，进一步证实了结果。 以下是硬度显著变差的两个原因[5,6]：①由于乳脂中的液体油成分具有流动性，使可可脂软化；②固体脂肪成分与可可脂中的甘油三酯形成共晶体。

表 5.8 可可脂（CB）与乳脂（MF）混合的分析结果

样品	碘值	NMR BS684 方法 2				凝固曲线（Jensen）		
		20℃	25℃	30℃	35℃	最大温度/℃	最大时间/min	温度升高/℃
CB 马来西亚	35.6	82.1	78.3	57.9	2.1	31.0	40.0	7.3
CB 马来西亚（90%）MF（10%）	35.4	69.1	63.9	43.0	1.2	29.5	39.0	6.0

续表

样品	碘值	NMR BS684 方法 2				凝固曲线（Jensen）		
		20℃	25℃	30℃	35℃	最大温度/℃	最大时间/min	温度升高/℃
CB 马来西亚（85%）MF（15%）	35.3	61.4	56.7	37.1	1.0	29.0	37.0	6.1
CB 马来西亚（80%）MF（20%）	35.2	53.9	49.3	31.0	1.0	28.5	35.0	5.7
CB 马来西亚（75%）MF（25%）	35.1	46.0	42.1	25.5	1.3	27.5	32.5	5.0
CB 巴西	39.7	62.8	53.5	29.9	0.4	29.0	30.5	4.6
CB 巴西（90%）MF（10%）	39.1	53.5	42.9	19.8	0.0	27.5	37.0	5.9
CB 巴西（85%）MF（15%）	38.8	46.1	36.1	13.0	0.5	26.5	34.5	4.9
CB 巴西（80%）MF（20%）	38.4	36.3	29.9	11.5	0.0	26.0	37.5	4.7
CB 巴西（75%）MF（25%）	38.1	27.2	17.9	6.3	0.0	25.5	45.0	4.6
CB 加纳	35.6	77.8	72.9	49.2	0.6	30.5	36.5	5.6
CB 加纳（90%）MF（10%）	35.4	64.2	58.6	35.2	0.0	29.0	35.0	5.0
CB 加纳（85%）MF（15%）	35.3	56.8	51.7	29.7	0.3	28.5	37.0	5.2
CB 加纳（80%）MF（20%）	35.2	48.3	43.3	24.5	0.0	27.5	42.0	5.2
CB 加纳（75%）MF（25%）	35.1	39.6	34.9	18.4	0.1	27.0	47.5	4.4

马来西亚可可脂的分提产物分析结果见表5.9。所得硬脂产物主要是POP、POS和SOS的混合物，而且在室温或接近室温时没有组分为液态。在去除可可脂中具有缓和作用的较多液态组分后，可可脂分提物（CBF）的结晶更多也更复杂化，熔程变窄，熔解热升高。

这种硬脂的硬度非常大，可以有效地用来改善软型可可脂的品质。人们已经尝试通过分提来改善巴西可可脂的特性。

表 5.9 马来西亚可可脂的分提

样品	得率/%	碘值/(gI/100g)	NMR BS684 方法 2				甘油三酯组成/%（摩尔分数）(HPLC)										
							单不饱和				二不饱和						
			20℃	25℃	30℃	35℃	POP	POS	SOS	总量	PLiO	PLiP	POO	PLiS	SOO	SLiS	总量
马来西亚可可脂			82.1	78.7	58.3	2.4	12.5	45.3	37.2	95	痕量	2.2	0.7	0.6	1.6		5.1
可可脂硬脂	79.4	29.7	96.1	95.7	89.1	13.7	11.4	51.3	37.3	100			痕量	痕量			
可可脂软脂	20.6	52.2	1.2	0.0	0.0	0.0	11.3	19.1	17.5	47.9	3.6	16.3	6.6	9.0	15.6	1.0	52.1

注：BS684：英国标准 684 方法。

5.4 糖果用脂

可可豆价格的波动导致可可脂供应的历史不确定性和可可脂价格的变化，这使得糖果制造商不得不去寻找其他的代用脂肪，以稳定可可脂的价格。对巧克力和巧克力制品的需求使得人们对可可豆的需求逐年增加。然而，目前还较难对可可豆的供应作出预测。这就需要有来源可靠、经济的植物油脂来代替巧克力和糖果制品中的可可脂。早在 1930 年，就有糖果制造商试图在其糖果配方中用其他脂肪来代替可可脂。但是由于脂类间的不相融性，导致了变色和起霜，从而使得这些试验失败了。然而，这些试验也证明了可可脂类型的脂肪在巧克力和糖果工业中的必需性。

在糖果科学方面开展的持续研究促进了与可可脂特性类似的替代脂肪的开发。这些脂肪统称为硬质脂肪。这些替代脂肪是利用棕榈仁油、椰子油、棕榈油和其他外来脂肪，比如婆罗脂、牛油树脂和力泼脂等油脂作为原材料。生产这些脂肪的加工过程包括氢化、酯交换、溶剂或干法分提以及调配。最初级的硬质脂肪是结合氢化和分提工艺加工而成的。

5.5 硬质脂肪

硬质脂肪可根据它们的特性以及加工它们所用的原材料来分为以下三种：

(1)月桂酸代可可脂（月桂型 CBS） 这些脂类与可可脂不相融，但是具有与可可脂相似的物理特性；

(2)非月桂酸代可可脂（非月桂型 CBS） 这些脂类与可可脂部分相融；

(3)可可脂等同物或改善剂、类可可脂（CBE） 这些脂类与可可脂完全相融（化学与物理特性也与可可脂相似）；

其他用来描述硬质脂肪的术语包括，可可脂部分替代物、全替代物、修饰剂和改善剂。所有这些种类可以根据满足特定加工目的的需要进一步分成一系列的特种油脂。

5.6 月桂酸型代可可脂

这是一类可以提供一系列不同物理特性的糖果脂质，但它们所含有的甘油三酯组成都不能与可可脂相融，也就是说它们都与可可粉复配主要用于制作巧克力涂层。

代可可脂是用月桂酸型油脂来制作的，这些月桂酸型油脂主要来自于不同品种的棕榈树产的棕榈仁油和椰子油。月桂酸型代可可脂不同于非月桂酸型代可可脂，主要是其脂肪酸包含了47%～48%的月桂酸，同时有少量的其他中短碳链脂肪酸。这赋予了该类脂肪在较低温度下可稳定地保持固体的特性，且在30℃以下不会熔化。实际上，寻找合适且可靠的可可脂替代物可能主要是出于对经济成本的考虑。氢化月桂酸型油脂也是制备代可可脂的另一选择，但相对而言棕榈仁硬脂比氢化棕榈仁油（HPKO）具有更好的特性，具体都要依赖于分提的程度。

目前棕榈仁硬脂的功能特性已与可可脂相似，它有陡峭的NMR曲线，质地酥脆，熔程窄，熔化快速且口感良好，其软化点与熔点间距短。这使得该类原料的制作工艺优于可可脂。用于常规涂层的话，调温工艺可以简化或省略。植物脂肪在结晶过程中会产生一系列的同质多晶体，最普遍的形态为α、β'和β，稳定性、熔点、熔化热、密度按上述顺序依次增加。通常月桂酸型脂肪在β'状态下是稳定的。α型结晶的速度比β'型要快，而β型最慢。加工月桂酸型代可可脂的其他原料来源包括椰子油、南美棕榈仁油、南美洲图皮棕榈油、巴西棕榈油、巴巴苏油以及小冠椰子油。除了原产国之外，绝大多数的这些小品种油料极少在欧洲出现，但是它们确实具有特殊的性能。

5.6.1 优点

月桂酸型代可可脂的主要优点如下：

(1)良好的氧化稳定性，货架期长；

(2)良好的咀嚼性和风味释放能力，后味无蜡感；

(3)质地与可可脂非常类似，具有良好的硬度和脆度，并且摸上去没有油腻感；

(4)调温或不调温都能很快凝固；

(5)良好的光泽和保光性；

(6)比可可脂便宜得多。

5.6.2 缺点

月桂酸型代可可脂的主要缺点如下：

(1)与可可脂混合会出现共晶现象。如果制造者生产线要把巧克力切换成糖衣，油罐和涂层系统需要彻底清洗。最好能有独立生产线。这些脂肪都不能含有多于6%的可可脂；

(2)月桂酸型代可可脂暴露在有水分和脂肪酶的环境中，会有脂肪水解的风险，分解出的月桂酸会有一种明显的皂味，即使在含量很低的情况下也能检测出来。与长链脂肪酸相比，这些分解后的脂肪酸的风味阈值更低。

列举如下：

丁酸($C_{4:0}$)	0.6mg/kg
己酸($C_{6:0}$)	2.5mg/kg
辛酸($C_{8:0}$)	350mg/kg
癸酸($C_{10:0}$)	200mg/kg
月桂酸($C_{12:0}$)	700mg/kg
硬脂酸($C_{18:0}$)	15000mg/kg

(3)乳脂耐受力相对较低。

5.7 非月桂酸型代可可脂

非月桂酸型代可可脂主要由氢化油的分提组分组成，氢化油包括大豆油、棉籽油、玉米油、花生油、红花籽油和葵花籽油。在选择性氢化条件下，促进了反式脂肪酸在这些油脂中的生成，从而极大地提高了油脂的固体含量。顺式油酸的熔点是14℃，而异构体油酸的熔点为51.5℃。

由于碳链长度和分子质量与可可脂类似，这种类型的油脂在用作糖衣时可以含25%的可可脂。

非月桂酸型代可可脂具有较好的风味、气味和色泽特性，并且不需要调温。

5.8 类可可脂

类可可脂是非氢化特种油脂，与可可脂一样含有相同的脂肪酸和对称的单不饱和甘油三酯。在巧克力生产中，它们与可可脂完全互融，可以任意比例与可可脂复配。

根据表5.3可以明确地得出，可可脂是一种简单的三成分体系，包括POP、POS、SOS，如果这三种甘油三酯以合适的比例混合，随之得到的植物脂肪就是100%的类可可脂。因为纯甘油三酯价格较贵，故将各种甘油三酯混合制取类可可脂是不可行的，但理论上这是生产类可可脂的一种方法。棕榈油分提可以得到POP含量较高的中等熔点组分。此外，对婆罗脂、牛油树脂和力泼脂等外来原料的脂肪进行分提，可以制得POS、SOS含量较高的甘油三酯组分。通过精心制备和混合这些甘油三酯，可以生产物理特性上与可可脂类似的制品。因此，这些脂肪被称作类可可脂。在油脂工业中，配制合适的类可可脂是一门最高水平的艺术。

5.8.1 缺点

可可脂的主要缺点如下：

(1)低乳脂耐受力；

(2)温度高时稳定性差；

(3)易起霜。

5.8.2 优点

在可可脂中混合类可可脂后，主要优点如下：

(1)类可可脂比可可脂便宜，可以降低巧克力的生产成本；

(2)受可可脂价格波动的影响较小；

(3)能提高对乳脂的耐受力；

(4)在高温下具有更长的储存期；

(5)可控制起霜。

最重要的优点在于，这些脂肪可以与可可脂互融。

1996年10月由作者主持的英国化学工业协会举办的研讨会出版了糖果用脂的最新文集[7]。

5.9 有机巧克力和糖果

由于在设计终端产品的过程中没有可利用的各种配料，因此早年有机巧克力和糖果的市场开拓一直不是很成功。而现在随着一些新巧克力、冰淇淋和其他糖果产品的出现，这个市场变得繁荣起来。近年来已经设计了许多有机产品，比如有机冰淇淋、混合巧克力和咖啡淡奶油。这些产品为该领域今后的发展开辟了新局面（表5.10）。

表 5. 10　实现产业化的有机脂肪*

产品名称	碘值 /（gI/100g）	经 NMR 测得的固体脂肪含量			
		10℃	20℃	25℃	30℃
咖啡淡奶油脂肪	43 ~ 49	45 ~ 55	15 ~ 23	6 ~ 13	最大为 5
冰淇淋涂层脂肪	22 ~ 30	54 ~ 64	14 ~ 22	最大为 2	0
冰淇淋涂层脂肪	16 ~ 22	67 ~ 74	24 ~ 34	2 ~ 9	最大为 1
冰淇淋夹心脂肪	43 ~ 50	44 ~ 54	14 ~ 22	6 ~ 12	最大为 6
棕榈起酥油	50 ~ 55	52 ~ 62	23 ~ 31	13 ~ 21	6 ~ 12

注：* 经 IFSC 同意。

5. 9. 1　有机化的理由

（1）安全、营养、纯净的食物；

（2）没有人工合成的化学物、杀虫剂和肥料；

（3）极少的抗生素和催熟剂；

（4）环境友好；

（5）非 GMO 生产；

（6）强调动物福利；

（7）减少对不可再生资源的依赖；

（8）基于对生态的现代化和科学性理解；

（9）基于土壤科学，并通过作物轮作保证土壤肥力；

（10）口感更佳。

5. 9. 2　优点

（1）目前对有机食品的需求正在不断增长（每年增长 25% ~ 50%），这主要是由于消费者对食品质量和安全的认知；

（2）在对有机食品需求的国际协作上，欧洲（EU）和国际组织（Codex）对于有机食品的生产、加工、商标和市场的法规建立已经迈出很重要的一步；

（3）有机标签已经不是一种健康标识，而是一种工艺标识。 有机食品和传统食品的感官品质之间还没有呈现出明显的差异；

（4）由于有机食品中化学添加剂使用量很少，必须提供更好的储存和运输条件以便保证食品的新鲜度；

（5）今后的研究重点将集中在通过设计更精密的实验来比较有机食品与传统食品的营养价值。

5.10 配方工程和油脂加工

在专用油脂的加工中，配方工程的作用很大。主要的分析技术，如气液相色谱、高效液相色谱、低分辨率脉冲核磁共振、差示量热扫描、各种静态和动态结晶测试技术，以及流变学，都是用来鉴定最终产品的手段，可应用于糖果工业。

大型食品制造商需要和乐意接受不断改进的标准，希望标准连贯一致。具备了可以对痕量杂质和物理化学特性进行监控的仪器，标准得以更新和完善，凭借这些标准可以规范原材料运输和精炼设备的建造。在本章中，所使用的加热系统类型同样也是很重要的。应客户的要求，各地的精炼商都把传统油浴加热系统转换为高压蒸汽系统，因为使用热油加热系统会有污染产品的风险。在不废弃锅炉的情况下可以有很多方法改造旧工厂，但最好最简单的选择是建造新的设备，同时充分利用现有的先进设备。

最后，脂肪不仅仅为产品提供功能和结构，更可以主导产品的口感和风味，甚至包括异味。因此，在加工专用产品时，充分考虑每一个细节是非常重要的，这样才能生产出口味新鲜、货架期又长久的产品[8]。

5.11 结论及远景

由于甘油三酯分子的多样性以及一些表面活性物质的存在，糖果科学是非常复杂的，这些表面活性物质对最终产品的品质影响很大。

在揭开了巧克力专用油脂神秘面纱的过程中，先进分析方法起到了主要作用。最近，欧盟统一了巧克力专用油脂的法律，这有助于评估进口的新原料，满足未来的需求。

参考文献

1. V. K. S. Shukla, W. Schitz - Nielsen, and W. Batsberg, *Fette Seifen Anstrichmittel*, **85**, 274 - 278 (1983).
2. R. J. E. Duncan, et al., *The Planter*, *Kuala Lumpur*, **65**, 157 - 173 (1989).
3. P. S. Dimick, personal communication.
4. V. K. S. Shukla, in R. J. Hamilton, ed., *Developments in Oil and Fats*, Blackie Academic & Professional, Glasgow, United Kingdom, 1995, pp. 66 - 94.
5. V. K. S. Shukla, D. P. J. Moran and K. K. Rajah, eds., *Fats in Food Products*, Blackie Academic & Profes-

sional, Glasgow, United Kingdom, 1994, pp. 256 – 276.

6. V. K. S. Shukla, *World Ingredients*, **January – February**, 30 – 33 (1995).

7. W. Hamm and R. E. Timms, eds,. *Production and Application of Confectionery Fats*, Society of Chemical Industry and Lipid Technology, 1997.

8. V. K. S. Shukla, *European Food and Drink Directory*, 11 – 16 (1994/1995) (Contract Communications Ltd., London, United Kingdom).

6 烹调油、色拉油和色拉调料

Steven E. Hill 和 R. G. Krishnamurthy

6.1 引言

习惯上把用于制作食品的油脂按照它们在大约25℃的稠度分为两大类：①液体油，例如：大豆油、棉籽油、葵花籽油、红花籽油、花生油、橄榄油和菜籽油；②固体和半固体脂，例如：猪脂、牛脂、棕榈油、椰子油、棕榈仁油、可可脂。在制作一些食品时，使用的油脂原料是液体还是固体，并没有特别的差异性，但是在某些情况下，油脂的稠度是非常重要的，它决定了油脂的使用量。例如制作蔬菜色拉时，主要目的是提供一种爽滑的口感，因此必须使用液体油。对于含油量较低的色拉调料，使用低熔点的脂肪可能会得到更好的质构。另一方面，烘焙食品往往需要塑性脂肪来保留发酵面团所用的空气。但是随着乳化剂的发展，很多焙烤食品中也可以使用液体油配上合适的乳化剂[1,2]来达到这个目的。

过去由于历史和气候的原因，食用固体脂或者是液体油的消费群有明显的地域性差异。中欧和北欧的居民食用的大部分油脂来源于家畜，因此他们的饮食习惯和烹调方法是向塑性脂肪的方向发展的。然而，温暖的南欧、亚洲和非洲居民主要使用液体油。在西半球，因为早期的移民以北欧人为主，塑性脂肪成为最广泛使用的油脂。然而，由于全球性人口流动、塑性脂肪与心血管疾病有关、通过生物技术研发的新成分油脂等原因，这种差异发生了明显的改变。总体来说，除了高比率面团结构、糖霜或夹心需要用到塑性脂肪外，更多的情况是采用液体油。

除了家庭用油，烹调油在许多深度油炸食品上大量使用，这些食品在油炸后需立即食用。过去因为贮存期间的稳定性原因，固体脂是用于需要一定贮存期的包装食品（如土豆片、玉米片和其他小吃食品）的理想煎炸油。最近，具有低不饱和度及高煎炸稳定性的液体油的使用明显增加。但是像甜甜圈这类产品仍然需要塑性脂肪来煎炸，因为如果使用液体油，产品表面会很油腻。

尽管可以通过分提[3]动物脂肪（如乳脂和牛脂）和植物油（如棕榈油）来生产烹调油，但大多数烹调油还是来源于植物。唯一来源于动物的天然液体油是海产动物油，不过，海产动物油从它们的天然结构上来说很容易氧化，需要特殊处理才能使用。在世界各地，有大量的海产油在氢化后用于食品。不过，高度不饱和脂肪酸如 EPA 和 DHA 有益健康[5]，使得液体鱼油的稳定技术[4]得到了发展。

6.2 天然和经过加工的烹调油和色拉油

使用天然的还是经过加工后的烹调油，取决于生产方法、当地口味、习惯和营养观念。在东方国家多使用天然状态的油。在西方国家油被加工成清淡状态。在用油方面的这种地区差别可能与从原料中提取油脂的方法不同有关。然而，使用加工油脂在世界各地变得更为普遍，这是因为更多高效的制油技术在全球扩散，如高压压榨和溶剂浸提可以得到高产量的油，这些技术也使油内含有大量的非甘油三酯成分（如色素和胶质）。这些油由于含有非甘油三酯成分、很强的风味和明显的色泽，所以必须采用适当的加工使它们变得可以接受和可食用。通常通过碱炼、脱色、脱臭等工序把毛油加工成清淡柔和的中性油。色拉油和烹调油之间一个重要的差别是它们氧化稳定性和热稳定性的差异。烹调油在更高温度下（如深度油炸）必须比色拉油更稳定。色拉油这个词适用于那些在冰箱内，如约 4.4℃温度下仍然保持完全液态的油。评价色拉油的标准方法（AOCS 方法 Cc 11－53）是冷冻试验，即油脂样品置于 153.40g 的密封瓶子中，并把瓶置于 0℃冰浴中，如果油在 5.5h 后仍然澄清透明则符合色拉油或者冬化油的标准。高品质的冬化油保持澄清透明的时间要长于 5.5h。从实用的观点来看，油在 0℃即冷藏温度条件下长期贮存所析出晶体的数量和特性比油变浑浊的时间更有意义。要获得高品质的乳状液，油脂需具有更长的冷冻试验时间。如已经用卵磷脂、聚甘油酯结晶抑制剂来延长冷冻试验的时间，其他结晶抑制剂，如羟基脂肪酸的二糖酯[6]、单糖酯[7]和多糖酯[8]也已申请了专利，但这些添加剂在商业上的使用范围尚不明确，曾被广泛使用的羟基硬脂精是采用部分氢化棉籽油为原料，通过有控制的氧化而制得，但现在已不再作为结晶抑制剂。葵花籽油、红花籽油和玉米油需要经过脱蜡处理才能达到色拉油标准。大豆油、高芥酸菜籽油和低芥酸菜籽油符合色拉油的定义，不过因为它们含有大量相对不稳定的亚麻酸，在许多食品应用中都是将它们进行部分氢化以提高稳定性。但在制备色拉调料时大豆油和低芥酸菜籽油都没有氢化。棉籽油含有较多的高熔点甘油三酯，必须经过冬化处理才能制得色拉油。花生油或棕榈油不能满足色拉油标准（因为花生油的高熔点组分要形成非晶体状的凝胶结构，棕榈油的棕榈酸和结晶含量高）。但棕榈油可以通过冬化处理得到液体烹调油。

通过农作物生物技术开发的高油酸（高至80%）红花籽油和葵花籽油[9, 10]是一种稳定的烹调油和色拉油。最近，通过传统的育种技术开发出来一种葵花籽油（称为NuSun，油酸含量为50%～60%）[11]，结果发现它是一种非常理想的烹调油。脱蜡稻米油稳定性好，具有非常明显的商业价值，特别是在亚洲国家。Linola（一种通过农作物生物技术开发的低亚麻酸亚麻籽油）在加拿大被批准用于食品。高油酸含量的一系列花生油也被报道过[12]，高油酸花生油稳定性的提高使食品制造商受益，营养价值的改善也使得消费者受益。橄榄油是一种高油酸油脂，在世界各地既用作烹调油也用作色拉油。橄榄油具有独特的天然风味，深受消费者喜爱，但橄榄油价格高，使其使用受到限制。制取像橄榄油这种天然风味的色拉油，只需要通过压榨油料取油和过滤澄清。商业橄榄油是一种典型的调和油，是不同来源的橄榄油调和的，橄榄油的质量和风味随季节和产地不同差异很大，要使产品质量保持一致，灌装者必须使用多种来源的橄榄油调和。

冷榨花生油、芝麻油、红花籽油和葵花籽油在许多国家均有一定的市场。在美国，因为关注营养和重视轻加工食品，最近几年使用这种未经加工处理的油变得更流行。不过，这些油的消费量还没有可靠的数据。全世界各种类型食用油脂的消费都在逐渐增加。作为食品成分之一的油脂消费通常分为两大类：作为食品原料的可见油脂和本身就天然存在于食品中的不可见油脂。在美国可见油脂的人均消费量从1965年的104.9kg增加到1992年的144.5kg，到2002年增加到了149.6kg[13]。

在世界上一个特定区域主要使用一种特定的油，这与世界贸易的运作相关。许多年来，棉籽油是美国烹调油和色拉油的主要油源。然而，自从第二次世界大战开始，大豆油成为主要油源。其他油，特别是那些高油酸含量或者低亚麻酸含量的油变得越来越重要，因为它们不需要氢化来提高稳定性[14,15]。一些商业上重要的烹调油和色拉油的典型成分见表6.1。

表6.1 普通的和改性的商业色拉油的典型成分

油源	脂肪酸组成/%					
	棕榈酸	硬脂酸	油酸	亚油酸	亚麻酸	其他
大豆油①	11.0	4.0	23.0	55.0	7.0	1.0
卡诺拉油①(LEAR)	4.0	2.0	61.0	20.0	9.0	4.0
葵花籽油①	7.0	2.0	20.0	70.0	0.0	1.0
葵花籽油①（高油酸）	4.0	4.0	86.0	3.0	0.0	1.0
葵花籽油②（NuSun）	4.5	3.7	58.9	30.9	0.0	1.5
红花籽油①	6.5	2.5	20.0	75.0	0.0	1.5

续表

油源	脂肪酸组成/%					
	棕榈酸	硬脂酸	油酸	亚油酸	亚麻酸	其他
亚麻籽油①	6.4	3.5	20.2	17.1	53.0	
棉籽油①	25.0	2.0	18.0	53.0	0.0	2.0
玉米油①	11.0	2.0	26.0	59.0	1.0	2.0
棕榈油①	45.0	5.0	39.0	9.0	0.0	2.0
花生油①	10.0	3.0	56.0	24.0	0.0	7.0③
菜籽油①	4.0	1.0	15.0	14.0	9.0	55.0④

注：①资料来源参考文献［16］。
②资料来源参考文献［17］。
③主要是 C_{20} ~ C_{24} 酸。
④主要是 $C_{22:1}$（45%）和 $C_{20:1}$（10%）。

6.3 色拉油和烹调油的稳定性

通过适当的加工处理，许多油都可加工成清淡稳定的油品。要完全把玉米油的“玉米味”去掉是相当困难的，幸好在生产某些食品时消费者喜欢玉米油的这种风味，如玉米片。在贮存和烹调过程中，即使清淡的油也要产生物理和化学变化，因为它们对光和热非常敏感。另外，微量金属（例如铜和铁）、叶绿素以及其他尚不清楚其性质的促氧化剂都会催化这些化学反应，特别是在有氧的条件下。

在低氧化程度下，油脂风味类型和强度的改变称为回味，每一种油脂都具有这种特征。例如：大豆油回味产生豆腥味或青草味，这是由于生产了2－戊基呋喃[18]和3－顺－己烯[19]。卡诺拉油(LEAR)产生的回味与大豆油的回味类似。葵花籽油和红花籽油的回味被描述为“种子味”。同样玉米油和棕榈油产生截然不同的回味。在形成其他令人不快的氧化风味物质前的很长一段时间，就可以察觉到这种回味。这些油产生回味的原因还不清楚，在最良好的加工条件下生产的油，回味问题并不经常发生。

油脂与氧反应的最初产物是氢过氧化物，它是没有味道的。当氢过氧化物分解时，就会生成多种化合物，包括醛、酮、酯、醇、羟基化合物、内酯、碳氢化合物、二烯醛、环氧化合物和聚合物。我们在油和油脂产品中察觉到的异味通常是这些分解产物产生的。这些化合物通常仅有十亿分之几的含量，这些化合物也不都是令人讨厌的，许多相关的酯、醇、酸、酮和内酯是番茄汁、熟香蕉、黄油、橄榄油和其他一些食品具有令人愉快香味的来源。油炸食品的风味主要来源于2,4－癸二烯醛，它也是大豆油的异味成分。与化合物的类型相比，油脂中存在的这些化合物的量以及比例，是决定风味好坏更为重要的因素[20]。油脂的货架稳定性与多种因素有关，如油脂组成和结构、毛油的最初品质、加工条件、后处理、天然抗氧化剂是否存在及其含量多寡、容器的种类、光照的条件、贮存的温度等[21]。然而一般说来，含有亚麻酸的油，不管是否被氢化，其稳定性均低于具有相应碘值但不含亚麻酸的油。也证实了多不饱和脂肪酸油脂的氧化稳定性可以通过与含多不饱和脂肪酸低的油脂相调和来提高，这可能是因为降低了多不饱和脂肪酸的总量[22]。

对于烹调油来说，热降解和氧化降解都是很重要的。油的热变化会产生聚合物和发生其他形式的油脂改变，因此，这些变化对营养和外观具有重要影响，常受到广泛的研究和讨论[23~31]。不幸的是，许多油脂降解研究实验所采用的条件与烹调油的实际使用过程相差太大，这就导致通过煎炸食品而被消费者食用的烹调油的营养价值存在很大的不确定性。研究显示在食用油快速周转的油炸操作中，油脂降解最初很快，而后变慢[32]。不同烹调油的挥发性和不挥发性的分解产物也有报道[33~37]。

6.4 色拉油和烹调油质量的评价

成品油的加工和贮存已有很多报道[38]。从油料的采收开始直到成品油被消费的整个过程中，减少油脂的氧化对于油脂及用油脂做成的食品的质量和稳定性是很重要的。为此有多种质量控制方法来测定油脂氧化程度。色拉油和烹调油最重要的质量指标是清淡的风味，任何程度的氧化都可能使风味发生变化。测定清淡风味的常用方法是感官评定法，感官评定法带有主观性，并受多种因素影响。要减少这种影响，需要组织一定数量通过感官评定训练的专家（组成的评定小组）。此外，还有几个评价油脂质量的客观方法也在使用。这些方法通常是以氧化分解产生的挥发性和不挥发性化学物质所具有的官能团通过物理或者化学方法检测到为基础而建立的。对于任何有使用价值的方法，其检测结果必须与油脂的感官评定方法结果一致，同样重要的是，检测方法要能预测油脂及使用油脂做成的产品的贮存稳定性。老的方法如 Kreis 试验和羰基价已很少使用[39~41]。

6.4.1 过氧化值

过氧化值是测定油脂品质使用最广泛的方法（AOCS 的方法 Cd S－53 和 Cd 8b－90）。油脂的初始氧化产物是氢过氧化物，氢过氧化物可以通过测定它们与碘化钾反应释放出的游离碘的量来定量。过氧化物的含量是以每千克油脂所产生的碘的毫克当量数来表示。可是当这些氢过氧化物开始降解产生异味物质时，过氧化值与油脂质量和稳定性的相关性就不再成立了。新鲜脱臭油的过氧化值应该为零，在多数情况下，要获得可以接受的贮存稳定性产品，油脂在使用前其过氧化值应该小于1.0meq/kg油。

6.4.2 联苯胺或茴香胺值

联苯胺或茴香胺值测定方法利用了不挥发的α-不饱和醛或β-不饱和醛与联苯胺或茴香胺试剂的化学反应[42,43]，用1cm的测量槽在350nm下测定吸光度。过去常用联苯胺作试剂，后来，因为联苯胺有致癌性，推荐使用茴香胺。这种测定氧化程度的方法被广泛用于欧洲各国及世界其他地区。至今的数据显示，这种方法在测定毛油的质量和加工过程中各工序的有效性方面比测定成品油在贮存和运输过程中的质量更有用。这种方法的一种延伸方法是总氧化值（TOTOX）[44]法，其值等于茴香胺值加上2倍过氧化值。

6.4.3 戊烷和己醛值

色拉油和烹调油的氧化产物之一是戊烷，可以通过气液色谱（GLC）来定量测定。在油脂贮存的前几周，戊烷值与感官评定结果有很好的相关性。然而在油脂贮存的后期戊烷值与感官评定结果的相关性没有建立起来。同样地，己醛值也被用作油脂及含油脂产品质量的定量指标。在感官评定中，因为油或产品在贮存过程中分解，其他降解产物比己醛更重要[45,46]。

6.4.4 硫代巴比妥酸试验

硫代巴比妥酸试验（AOCS方法Cd 19-90）这一方法最初是用来测定丙二醛的，后来被用来测定多不饱和脂肪酸的氧化降解产物[47,48]，但此方法缺乏灵敏性[49]。

上述的所有方法在给定的条件下是有效的手段，但对测定和预测油脂及其制品的质量不具有通用性。

6.4.5 挥发性组成测定法

挥发性组成测定法是一种直接采用气相色谱来检测油脂及其制品中挥发性物质的方法[50~54]。只要控制好条件，该法重现性好。检测结果经过统计学处理后与感官评定的结果关联性好。已经建立了两种挥发性组成的测定方法并制订了标准（AOCS方法Cg 4-94和Cg 1-83）。

6.4.6 加速实验

色拉油贮存稳定性的研究很费时间，需要几个月才能完成。但从商业上来说需要在短时间内完成测定。因此，利用油脂对光和温度的敏感性建立起来的众多加速试验已有部分取得了成功。Moser[55]等设计了一个利用荧光加速油脂老化的装置。Radtke[56]等研究了不同强度和波长的光对色拉油氧化变质的影响，他们发现光化学反应与波长有关，缩短波长引起光化学反应的增加程度要比从能量角度所预测的大得多。其他一些人也做了类似的研究[57,58]。 从这些对光的研究来看，通过将油脂暴露于短波长光中，然后采用挥发性组成测定法来分析挥发物质，用这样的方法来减少贮存稳定性的测试时间是可能的。 这些方法只能显示相对稳定性，却不能预测绝对稳定性。

在评价油脂氧化稳定性方面，也可使用几种升温催化的稳定性实验。 最老的方法是 Schaal 烘箱试验[39]，这个方法使用感官和气味评定，因此价廉但带有主观性，试验需要几天时间才能得到结果。 这个方法也已标准化并纳入 AOCS 推荐方法（AOCS 方法 Cg 5 - 97）中。 活性氧法（AOM）[39]测定过氧化物随时间的变化，由于过氧化物的产生与降解是动态的过程，因此本方法所得到的结果，与实际应用条件下所观察到的油脂的实际稳定性没有良好的对应关系。 其他以氧吸收为基础建立的方法有重量法[59]和顶空氧浓度测定法[60,61]。

近来，随着更多高端科技的出现，在测量油脂的稳定性方面，老的加热方法已由采用自动仪器设备的测定程序所取代（Rancimat、油脂稳定性指数即 OSI、和氧化曲线）。 Rancimat 和 OSI 方法是测定油脂氧化产生的气体挥发物经蒸馏水收集后所引起的蒸馏水电导率随时间的变化[62-65]。 这两种仪器的测定程序与 AOM 一样，一定流速的空气通过一定温度的热油，分解产物被蒸馏水吸收，蒸馏水电导率的快速增加即显示为诱导期的终点。 OSI 的方法最近被 AOCS 采纳为推荐方法（AOCS 方法 Cd 12b - 92）。 氧化曲线法[66]是改进的 FIRA Astell 仪器法[67]，它是测定含油体系中氧的压力随时间的变化，这个方法测定得到的曲线类似于用 Rancimat 仪测定得到的电导率随时间的变化曲线。

至于烹调油，其降解类似于色拉油，但降解程度更小。 但在烹调过程中，由于高温和水、氧、食品原料的存在，将会引起更严重的分解。 这些变化反映在颜色、游离脂肪酸、聚合物、极性化合物、起泡等方面。 直到今天都还没有一种可靠的方法可以预测烹调油的性能，也没有建立使用过的油的废弃点标准。 但是已推荐了几个用于测定油在煎炸过程中破坏程度的经验方法[68]。

6.4.7 游离脂肪酸

游离脂肪酸可能是油品质量控制应用最广泛的特征指标（AOCS Ca 5a - 40）。 脱臭油的游离脂肪酸通常低于 0.05%。 在煎炸过程中，游离脂肪酸会累积。 在烹调初期阶段，游离脂肪酸由于油脂的氧化分解产生，但是在后期，由于食品中存在的水分使油脂水解而引起游离脂肪酸增加。 由于氧化和被从食品中蒸发出来的水蒸气带走了一些游离脂肪酸，游离脂肪酸有所损失，这是一个动态的过程。 另外，游离脂肪酸能催化烹调油水解。 游离脂肪酸的增加会促使油的烟点下降。 当油中积累了大量的游离脂肪酸后，冒烟严重且食品质量下降，这种油必须要废弃。

6.4.8 色泽

由于氧化物质（包括聚合物和煎炸食物中存在的油溶性物质）的形成，油在烹调过程中的色泽会加深。一般来说，如果仅仅油的色泽加深而没有其他降解产物时，只会使食物看起来稍微深色一些，不会对食物味道有大的影响。单独用色泽指标（AOCS Cc 13b－45）来测定烹调油的降解程度是极不可靠的。

6.4.9 氧化的脂肪酸

有许多方法可以用来测定烹调油中氧化脂质的含量[69,70]。氧化降解会影响食品的外观、味道、营养等品质。

6.4.10 聚合物

当烹调油氧化时会形成聚合物，从而引起油脂起泡。另外，氧化的油脂黏度增加，会使大量的油黏附在烹调食品的表面，从而使食品看起来有油腻感。已经有许多方法推荐用于测定油中聚合物的含量[71~74]。

6.5 色拉油和烹调油中的添加剂

色拉油和烹调油中含有不同数量的天然抗氧化剂，主要是生育酚。合成抗氧化剂的使用，通常用于补充天然抗氧化剂的不足。常用的合成抗氧化剂有2－叔丁基－4－羟基茴香醚（BHA）、2,6－二叔丁基－甲基苯酚（BHT）、没食子酸丙酯（PG）、抗坏血酸棕榈酸酯及2,5－二叔丁基氢醌（TBHQ）。因为BHA和BHT可能对健康有影响，现在BHA和BHT的应用较少。近来由于TBHQ有良好的抗氧化性能，因而比其他合成抗氧化剂用得更为广泛。抗氧化剂的现状和应用已有报道[75]。

从鼠尾草、迷迭香和绿茶中提取的抗氧化剂因其天然来源而变得更受欢迎[76~78]。另外，这些来源的抗氧化剂显示比其他合成抗氧化剂具有更好的热稳定性，特别是用在肉制品中。然而这些抗氧化剂会影响食品的颜色和风味。

金属离子会加速油脂的氧化进程，通常加入柠檬酸来螯合这些微量金属离子。聚甲基硅酮（聚二甲基硅氧烷）在油、空气和烹调器具的表面起作用，在烹调油里面加入1～10mg/kg作为消泡剂使用，也能减少油在高温下的氧化速度。也有许多其他的添加剂被推荐或者申请专利，用来提高油脂的稳定性或功能性，但是还没有一个在商业上使用[79~82]。

6.6 色拉油和烹调油的营养发展趋势

和其他许多工业化国家一样，美国膳食富含能量，能量主要由油脂提供。因此，有需求通过科技创新，寻找低能量或者无能量的替代品，这些替代品具有普通油脂的性能，也不影响食品的美观和营养价值[83~85]。这些合成脂肪的生产都必须确认此类替代品是适合人类食用的。即使蔗糖聚酯被证明在食品中使用是安全的，也被FDA批准用于某些食品，但因为它有一定的副作用，故还没有在食品中得到大量使用。对提高色拉油和烹调油的营养功能也做了很多其他努力和尝试[86,87]。

最近发表的几篇文章和专利报道了甘油二酯油（DAG）的生产工艺、组成和效果。这些文献指出甘油二酯油有独特的代谢作用，它可以减少脂肪的沉积和体重的增加[88~90]。甘油二酯油结构独特，它在甘油的1位和3位含有脂肪酸，而不是在1位和2位或者2位和3位。其甘油二酯分子里面的2位上的羟基没有与脂肪酸结合，是自由的。对于甘油二酯油怎样影响体重和体脂量的生物化学机制的了解还很少。然而，甘油二酯油已经在日本被用作色拉油和烹调油，最近被引入到美国市场。由于甘油二酯结构增加了极性，故生产含油高的食品如蛋黄酱时，可以仅仅通过改变配方而使油乳化。文章显示甘油二酯油的风味清淡类，似于色拉油和烹调油[91]。

6.7 新型色拉油和烹调油

人们对特定脂肪酸如饱和脂肪酸、氢化产生的反式脂肪酸、菜籽油中的芥酸等对健康的影响方面的担心，促使了通过生物技术研发新的具有低饱和脂肪酸的植物油，这种油在高温煎炸条件下稳定性较高。有些油（高、中油酸葵花籽油、低芥酸菜籽油、高油酸大豆油、高油酸卡诺拉油）已经商业化。一些在商业化早期阶段或者处于开发过程中的其他油的近似组成成分见表6.2。

表6.2 某些已经商业化和开发中的烹调油和色拉油的组成和功能性[16]

农作物品种	功能性	近似脂肪酸组成/%					
		棕榈酸	硬脂酸	油酸	亚油酸	亚麻酸	其他
大豆（普通型）	多功能	11.0	4.0	23.0	55.0	7.0	1.0
大豆（低饱和型）	营养好	3.5	2.8	22.7	60.3	9.8	1.0
大豆（高油酸型）	高温稳定性	11.0	4.9	26.2	53.1	3.5	1.0
大豆（高硬脂酸型）	稳定性	8.0	24.7	17.2	39.2	8.3	2.4*
卡诺拉（普通型）	多功能	4.0	2.0	61.0	20.0	9.0	4.0
卡诺拉（高油酸型）	稳定性	4.0	2.0	65.0	26.0	2.5	—
花生（普通型）	稳定性	10.0	3.0	37.0	41.0	0.0	7.0*
花生（高油酸型）	稳定性	7.0	3.0	76.0	4.0	0.0	9.0*

注：*主要是C_{20}~C_{24}酸。

6.8 油基调味料

油基调味料按质构分成两大类："勺舀式"（色拉调味料、蛋黄酱及其低能量产品）和"倾倒式"（多种品种，包括低能量产品）。

6.9 黏稠调味料或勺舀式调味料

6.9.1 使用

大约从1988年开始，消费者对膳食脂肪引发各种衰竭性疾病的认知增加。许多含油产品，包括色拉产品的消费开始减慢，因为消费者开始寻求更健康的替代食物。AC尼尔森公司是一家监测消费品销量的公司，它所提供的数据表明从1988年到2003年色拉调味料和蛋黄酱类的购买量总体是在下降。所监测到的购买量下降是和消费量的减少联系起来。低热量的色拉调味料和蛋黄酱的产量在1989年达到顶峰，然后开始下降，因为无脂肪的替代产品在1989年上市。然而，无脂肪的色拉调味料和蛋黄酱型产品在1994年产量达到顶峰，从1994—2001年消费量一直在下降。按照AC尼尔森公司的数据，从2001年开始，无脂肪产品的消费进入平台期。

6.9.2 成分

6.9.2.1 蛋黄酱

美国食品与药物管理局（FDA）1950年采用的官方定义这样描述蛋黄酱："蛋黄酱是一种半固体食品，由以下原料制造而成：食用植物油、蛋黄或蛋白（新鲜的或者冰冻的或者干燥的）、任何以水稀释到一定酸度的醋（以醋酸计不低于2.5%的质量分数）、柠檬汁或者酸橙汁及以下一种或多种物料：盐、甜味剂、辣椒粉、谷氨酸钠、其他合适的食品调料，最终产品中植物油的含量不低于65%。"但这一定义并不是通用的，具有不同百分含量的油的其他类型的调味料在世界上其他很多国家以蛋黄酱产品的形式在市场上销售。其特征标准见表6.3。可用的甜味剂有蔗糖、右旋葡萄糖、玉米糖浆、转化糖浆、非糖化麦芽糖浆、葡萄糖、蜂蜜或者高果糖玉米糖浆。芥末、辣椒粉、其他香料或任何香料油或香料提取物都可使用，但不能用姜黄和藏红花的香料油或者提取物，因为它们会给蛋黄酱类似蛋黄的颜色。虽然芥末和辣椒油也会给蛋黄酱带来黄色，但是他们用量少，不会导致产品与鉴别标准不一致。谷氨酸钠因其可能是一种过敏原，正在被FDA和不同消费者审查团进行详细的审查，虽然不会从清单上除去，但谷氨酸钠很少用在蛋黄酱内。任何无害的食品调味料或者香料，只要它不是假冒的，且不会给蛋黄酱带来与蛋黄相似的色泽，都可使用。

表6.3 蛋黄酱的特征标准（联邦法规169.140部分，描述：蛋黄酱是一种乳化的半固体食品，由植物油、一种或两种清单中的酸味剂、一种或多种清单中的含蛋配料制成）

配料	质量分数
配料油	植物油，不低于65%
酸味剂配料	(1)醋或选择性加有一种酸味剂的醋，以醋酸计酸度不低于2.5% (2)柠檬汁和/或酸橙汁作为酸化剂，以柠檬酸计酸度不低于2.5%
蛋配料	含蛋黄的配料包括蛋黄或全蛋，可以在里面加入蛋白
可选用的配料	(1)盐 (2)营养型碳水化合物类甜味剂 (3)任何香料（姜黄和藏红花除外）或天然风味剂 (4)谷氨酸钠 (5)螯合剂，包括但不限于EDTA (6)柠檬酸和/或苹果酸，以醋酸计不大于醋添加量的25% (7)结晶抑制剂

用醋、柠檬或酸橙汁所提供的酸度，以醋酸计应不低于产品重量的2.5%。因为1978年1月1日，FDA批准了苹果酸可以作为酸味剂，当选择一种酸味剂配料例如柠檬酸时，在包装的标签上必须标明“添加柠檬酸”。

允许使用乙二胺四乙酸（EDTA）二钠钙或EDTA二钠来保护产品风味。蛋黄酱的物理组成是：由油滴组成的内相或不连续相，分散在由醋、蛋黄和其他配料组成的外相或连续水相中。因此，蛋黄酱是一种水包油型乳状物，它的稠度范围很宽，主要取决于水相和油相的比例，以及所用蛋固体的品种和数量。乳状物的稳定性不仅与配料有关，而且受设备的类型和生产时的操作条件影响很大。表6.4是常见的蛋黄酱组成，蛋黄酱的颜色是淡黄色，其色泽主要来自蛋而不是油。

表6.4 蛋黄酱的典型组成

配料	质量分数/%
植物油	75.0~80.0
醋（乙酸含量4.5%）	9.4~10.8
蛋黄	7.0~9.0
糖	1.5~2.5
盐	1.5
芥末	0.5~1.0
白胡椒	0.1~0.2

制作蛋黄酱用的植物油可以含有不大于0.125%的结晶抑制剂，以阻止高熔点甘油三酯结晶。虽然法规规定的蛋黄酱含油可低至65%，然而实际上在美国生产的蛋黄酱许多含油量达75%~82%，通常用的是未氢化的大豆油。其他的色拉油包括冬化棉籽油、红花籽油、玉米油、冬化或不冬化的部分氢化大豆油，都能用来生产蛋黄酱[92, 93]。含有大量饱和脂肪酸的油如棕榈油，或者在冷藏温度下容易固化的油如花生油和橄榄油，都很少用来生产蛋黄酱，因为它们在冷藏温度下易破坏乳化。如果需要较稠的蛋黄酱，用油量可以比表6.4给出的范围高1%~2%，但当蛋黄酱的含油量超过85%时，乳状液会趋向不稳定。

用在蛋黄酱和许多其他调味料中的醋有双重目的。醋酸作为一种防腐剂，可以防止微生物包括一些酶母引起的腐败[94]。醋酸对微生物的作用理论已有综述[95]。含量适当时，醋酸也是一种风味配料，但是过量的酸则影响风味。添加的水和醋中的水一起形成乳状液的连续相。通常醋酸的浓度是醋中可挥发物的3.5%。醋中可能含有大量的微量金属，微量金属对蛋黄酱的稳定性有害，因此所用醋的质量非常重要。

蛋固形物在蛋黄酱中的主要作用是作为一种乳化剂，蛋黄是天然的优良乳化剂之一，蛋黄酱乳状物就是以它为核心的。影响这种乳状物硬度和稳定性的因素之一是所用蛋黄的品种和添加量。蛋黄是一种脂质含量高的复杂的化学物质，其脂质的含量约占总固形物的65%。蛋黄中脂质的组成如下[96]：以总固形物为基础，甘油三酯占40.3%，磷脂占21.3%，胆固醇占3.6%，其脂肪酸30%为饱和脂肪酸，其余的为不饱和脂肪酸。蛋黄的脂质组成对蛋黄酱和其他调味料的风味、色泽和蛋黄酱的稳定性有非常显著的影响。蛋白是一种复杂的蛋白质体系，它在酸作用下凝聚后形成一种凝胶结构，有利于乳化作用[97]。许多更为详细的蛋和蛋的蛋白质组成信息可以从文献中获得[98]。

芥末通常以粉状形式用于蛋黄酱内。芥末分白色和褐色两种。白芥末品尝起来辣但气味特别小，而褐芥末有刺激性气味。因此把这两种芥末按照各种不同的比例混合起来，可以得到所期望的辣度和风味[99]。芥末含有葡萄糖苷，当这种葡萄糖苷水解时能释放出辛辣的芥末油——异硫氰酸烯丙酯，从而使蛋黄酱带有刺激性。根据Corran[100]的研究，芥末除了提供风味外，它的品种、产地、添加方法都对乳化有影响。他同时强调芥末也是一种有效的乳化剂，与蛋黄配合使用效果更好。

由于香精油的含量是变化的，而且芥末粉与植物油难混合在一起，Cummings[101]推荐使用芥末油替代芥末粉。如果使用芥末油，就失去了芥末粉作为一种辅助乳化剂和一种可能的蛋黄酱着色物的优点。

其他允许加入的配料，辣椒粉增加风味，盐和糖对味道有贡献，并且影响一些微生物和蛋黄酱的物理稳定性。

6. 9. 2. 2 其他勺舀式色拉调味料

大约1935年，在经济萧条时期，色拉调味料作为蛋黄酱的一种替代品首次出现。通常这些产品被称为色拉调味料，与蛋黄酱一样，FDA对它们也有一个标准的定义。在标准的定义里色拉调味料的组成描述如下：色拉调味料是一种乳化的半固体食品，它由下面的原料生产：不少于30%的植物油；酸味剂配料（通常是用醋）；不少于4%的蛋黄；由木薯淀粉、小麦淀粉、黑麦淀粉或者玉米淀粉的一种或者几种复合制备的淀粉糊。淀粉可以是天然淀粉，或者抗缩水或者酸解等物理稳定性良好的化学改性淀粉。通常淀粉糊和醋、香料混合，然后与改性的蛋黄酱基料混合得到勺舀式色拉调味料终产品。还包括下面这些可选择的配料：盐、无营养的甜味剂、香料、谷氨酸钠、增稠剂、稳定剂、螯合剂、结晶抑制剂。与蛋黄酱采用同样的标准来选择油。制造含有碘值高于75gI/100g的液体甘油三酯和含有碘值不超过12gI/100g的固体甘油三酯的稳定性色拉调味料的生产工艺已经申请了专利[102]。

6. 9. 3 蛋黄酱的生产

由于蛋黄酱含有的油是水的7倍多，且蛋黄酱乳状物是水包油型的，因此要制备一种稳定的蛋黄酱乳状物是困难的。为了达到这一目标，蛋黄酱的主要生产者都开发了自己的专有技术。影响蛋黄酱稳定性的各种因素的交互影响效果还不清楚，因此生产稳定的蛋黄酱在一定程度上还需要一些技巧。虽然蛋固体是稳定性蛋黄酱乳状物的骨架，但是加工条件起着非常重要的作用，不过目前我们对加工条件之间的交互作用还知之甚少。

间歇式生产蛋黄酱的生产过程是：在混合器内把蛋黄、糖、盐、香料和一部分醋进行混合，然后加入油内逐渐搅打，最后混入剩余的醋来稀释。根据这种混合方法加工的产品要比在操作开始时一次性把醋全部加入所得到的产品稠度更好。

Gray等人[103]研究了混合方法对乳状物稠度的影响，并推荐在开始时加三分之一的醋，剩下的醋在最后时加入。另外，Brown[104]推荐当加入油时，蛋和其它配料的混合物要尽可能的稠，加入油的过程中可以通过加入少量的醋来控制稠度。据称该制备方法可以产生非常小的油滴，这使乳状物稳定性很高。

在混合时，油和其他配料的温度也影响蛋黄酱的质构性质。若操作时使用温热的原料，则会得到稀薄的产品。Gray和Maier[105]建议采用15. 5～21. 1℃的温度。由于随着产品的稍微老化，低温加工所获得的最初的优点会失去，所以操作温度低于15. 5℃既不方便也不值得这样做。不过，Brown[104]推荐采用4. 4℃。

制造蛋黄酱和其他调味料常用的设备是迪西（Dixie）混合器和夏洛特（Charlotte）胶体磨，并用阀门和泵适当地连接起来。胶体磨是一个由高速转子（3600r/min）和一个固定的定子组成的设备，被加工的物料从两者之间通过，物料进入速度很低，然后经受很强的剪切力使物料的粒度变小。转子和定子之间的间隙决定：①剪切力的大小和最终产品的黏度；②胶体磨的处理能力。Weiss[99]推荐间隙范围为25～40mil（注：mil即密耳，长度单位）。用混合器来制备粗的乳状物，然后用胶体磨处理粗的乳状物得到奶油状的质构。第二个系统是AMF系统[106]，它由一个预混料进料罐和两个混合段组成。在预混料罐，维持慢速的搅拌来保持配料很好地分散，不让乳状物变稠，预混合罐的物料含有除一部分醋以外的其他所有配料，它在第一混合段被处理成粗乳状物，然后用泵送到第二段。在这一段加入剩余的醋。混合器以475r/min转速转动，远比胶体磨低，但因为它的齿形设计，混合强度非常剧烈。据称，这种系统与胶体磨相比能产生更小更均匀的油滴，因而能得到稳定性更高的乳状物。

其他推荐使用的设备有加得莱（Giedler）CR混合器[107]和Sonalator[108]，Sonalator是一种超声均质器。一个超声均质器和胶体磨生产调味料的比较研究表明超声均质器可以用作一定类型的调味料的生产，但不能用来生产蛋黄酱[109]。色拉调味料工业的自动化生产技术也有讨论过[106]。关于蛋黄酱和其他调味料的先进生产技术也有文献[110]报道。能提高生产效率和适用于不同调味料生产的多功能性连续生产系统也有文献[111-114]描述。文献[113]提到一种简化的效率更高的生产线。

6.9.4 质量控制和稳定性测定

蛋黄酱可归为半易腐产品。蛋黄酱不用冷藏，在有限时间内可以保持稳定。但是随着贮存时间的延长，蛋黄酱慢慢变稀。机械振动可以使蛋黄酱的两相分离和变稀作用大大加速。低温也能导致蛋黄酱的两相分离。Gray[115, 116]研究了蛋黄酱的两相分离并得出结论，蛋黄酱的水分含量越高就需要越多的蛋固体来稳定乳状液。其他破坏蛋黄酱的原因有在乳化时加油太快和不规则搅拌、高温贮存、运输过程中受到振动。

其他常见的蛋黄酱变质的形式有各种成分的氧化降解，特别是植物油和蛋内脂质的氧化降解。因为蛋黄酱的含酸量高对产品具有良好的保护作用，所以很少发生微生物引起的变质。不过，霉菌和酵母，有时甚至乳酸杆菌，可能在蛋黄酱中找到适合生长的条件[117]。

油的质量在蛋黄酱和其他调味料中对风味稳定起着主要作用，应该使用最高品质的油。风味质量通常采用主观的品尝方法来判定。但是Dupuy等[50]开发了一种气相色谱方法来客观评价风味质量。

使用质量差的油将生产出货架期短的劣质产品。同样的道理，蛋的质量无论是从微生物或者化学成分的角度来要求，都应该是优等的，否则就会在风味和乳化稳定上出现问题。芥末粉不能有杂质。对原料进行严格的微生物控制是十分重要的。在加工过程中必须对维持正确的温度和控制乳化操作程序予以重视。适当的配料添加顺序和混合的时间对乳化稳定性是很重要的[119]。要得到一个好的乳状物，油滴应该是均匀的，大小在1～4 μm[120]。据报道，在无氧条件下加工得到的蛋黄酱可以维持很长时间的新鲜度[121]。在氮气保护下加工，蛋黄酱的货架期可以从180天延长至240天[117]。适当充入惰性气体的产品，其相对密度为0.90～0.92，而没有充气的产品是约0.94。气体的充入量必须控制在6%以下，否则运输过程中的收缩会使产品变坏[117]。已发现色氨酸及其衍生物[122]和L-胱氨酸[123]都能提高蛋黄酱的贮存稳定性。

多种仪器设备被推荐用来测定蛋黄酱和其他调味料的稠度、稳定性和风味质量等重要特性。使用改良型加德纳黏度计来测定稠度[124]，它原本是用来测定油漆、清漆和瓷漆的。流变计是黏度计的一种特殊形式，它是把一个已知重量的打孔活塞落入样品中去，产品的稠度以秒的形式表示。Kilgore[125]发明了一种简单的方法，特别适合生产控制，它是把一根尖的棒或者“铅锤”从一个确定的高度落入样品中，记下它插入的深度，不需要更多的操作。针入度与黏度成反比。Brookfield Helipath 黏度计通常用来测定黏度。这些稠度测量不能全部反映出蛋黄酱或其他调味料的酱体和结构的主要特性。蛋黄酱乳状物抵抗机械振动的能力，通常是把样品置于模拟运输条件下来评估的。

6.10 倾倒式调味料

与蛋黄酱和勺舀式调味料相比，倾倒式调味料是杂货店食品类的新产品。最初在市场上，倾倒式调味料只有有限的几种风味，如法式调味料和千岛调味料。在近几十年，品种变得越来越多。在美国，倾倒式调味料法规上的定义仅适用于法式调味料。标“法式调料”的产品含油大于35%，含有一种或多种配料：盐、营养甜味剂、芥末、辣椒粉或其他香料提取物、谷氨酸钠（MSG）、合适的天然增香剂（不包括人工合成的）、各种形式的番茄、雪利酒、色素添加剂、植物胶或增稠剂、螯合剂（如EDTA）或结晶抑制剂。由于在法规上缺乏对“调味料”的定义，因此给了生产商家很大的弹性，除法式调料外，调料生产厂家几乎可以把使用任何配方的任何风味产品都称作“调味料”。

与色拉调味料和蛋黄酱不同，从1988—2003年，倾倒式调味料的产量缓慢、稳步增长。低热量的倾倒式调味料的产量在1989年达到顶峰，也就是在这一年脱脂的倾倒式调味料上市。在牺牲低热量产品的代价下，无热量倾倒式调味料在整个1993年持续增长。然而在1994年这种趋势发生逆转，无热量产品开始慢慢下降，低热量产品又开始增长。这些趋势部分归因于在这几年公众更加健康的生活方式和饮食理念。沙拉已经成为美国人餐桌上的主食，倾倒式调味料的总产量也反映出了这种趋势。

大多数倾倒式调味料是在常温下进行流通和销售的。由于调味料中的多种成分适合微生物生长，因此可能发生变质。倾倒式调味料大多都配有酸－盐防腐剂来预防产品在货架期变质。后来，冷藏调味料（下面再讨论）进入市场出现在食品店。

调味料可以粗略地分为两种不同的最终形态，简单描述为双相和单相。通常两者的区别是是否经过均质。双相调味料的明显特征是在水层上面有一层游离的油层，双相调味料的水相通常含有调料和风味剂，油作为填充物加入。双相调味料的例子如油和醋，意大利调料及某些法式调料。这些产品使用前需摇动，在静止后又回到原来的两层状态。

单相调味料可采用均质和混合的生产方法。如果均质，则是通过采用均质机把调味料中的油滴变得细小，从而形成光滑像奶油一样的调料。均质的调味料有：牧场风味、法式以及各种类型的奶油黄瓜风味。混合调味料的特征是存在油和水两部分，它们形成一种松散的混合物，并采用胶体来增稠和稳定。典型的混合式调味料是某些甜的法式调味料和意大利调味料。

6.10.1 配料

倾倒式调味料的品种多，生产厂家所使用的配料种类也多。下面讨论了倾倒式调味料生产厂家所使用的主要功能性成分和风味配料。

6.10.1.1 植物油

传统上，在许多调味料品种里，植物油都是一个主要配料。用在倾倒式调味料中的第一种植物油是棉籽油。由于在20世纪60年代，美国高质量的大豆油供应丰富，大豆油就变成了主要使用的植物油。最近，出于对健康的关心，卡诺拉油和其他一些低饱和脂肪酸的植物油开始得到使用。加拿大主要使用卡诺拉油，其他的油如葵花籽油、菜籽油、大豆油则在欧洲市场上得到使用。植物油赋予调味料以圆滑的令人愉快的口感。均质作用使水包油型调味料黏度增加，植物油的一些其他功能包括溶解一些油溶性的风味剂和对整个调味料的风味起平衡作用。

6.10.1.2 水

所有调味料都含水。水的存在使调味料体系具有流动性，并且作为水溶性风味剂的载体。许多配料必须溶解后才能发挥其功能，水是这些配料的主要溶剂。要生产对微生物稳定的调味料，水的含量是一个关键指标。

6.10.1.3 醋

醋在勺舀式调味料中具有双重功能：风味剂和微生物抑制剂。在诸如意大利风味（zesty－style Italian）的调味酱种类中，醋是主要的风味剂，而在酪乳基调味料中则不需要醋的风味。一般稳定货架期调味料 pH 为 4.2 或更低，这样可控制致病菌。也有使用其他的酸味剂，一些专利声称使用如乳酸、磷酸、苹果酸、柠檬酸等[126~129]。这些酸大多能加强风味且能控制微生物生长。然而一些酸（如磷酸、乳酸）因为有相对较低的 pK_a 值，它们在降低 pH 方面更有效。它们对控制含缓冲性配料（如酪乳、蓝奶酪）高的调味料的 pH 非常有价值。

6.10.1.4 乳基配料

倾倒式调味料中使用奶制品可以形成特有的风味和质构。在酪乳是田园风味类调味料的主要配料，当然也是酪乳调味料的主要配料。酸奶油和酸奶也在一些奶油型调味料中有使用。蓝奶酪是很受欢迎的调味料种类，如果制造工艺中有烹饪工序，则会得到一种光滑的奶油调味料。蓝奶酪也可以在乳状结构形成后加入，这样就得到厚实的蓝奶酪调味料。酪乳和奶酪也能供蛋白质，这有助于油脂的乳化。蛋白质也有助于形成令人满意的口感。牛乳和奶酪中来的蛋白质对 pH 的升高有缓冲作用，要达到 pH 标准需要调整配方。

6.10.1.5 盐

众所周知，盐作为一种防腐剂已用了多个世纪。盐在生产货架稳定型调味料中用为醋和其他防腐剂的补充剂。盐也是优良风味的重要来源，并作为许多其他配料的风味增强剂。

6.10.1.6 糖

糖可以抵消醋和盐的刺激风味，同时也能增加调味料的风味。糖可以以各种形式加入，包括：蔗糖、果糖、玉米糖浆、麦芽糖浆。糖也增加了调味料中固形物的含量，这有助于提高圆滑的口感。不同的糖不仅可以提供风味外，也可以作为其他配料的风味增强剂。

6.10.1.7 香料

在沙拉上浇调味料的目的是给味道相对清淡的蔬菜增加风味。香料给予各种调味料以特征风味。如千岛酱中加了丁香，法式调味料中加了芥末，意大利调味料中加了百里香和牛至。某些香料也有抗菌和抗氧化功能。

6.10.1.8 乳化剂

乳化剂有助于形成水油的连续乳化相，像油和醋这样的双相调味料不含乳化剂或含极少量的乳化剂。加少量的乳化剂，在加入色拉前进行摇动，可以使双相调味料顷刻间就能形成松散的更稳定的乳状物。一些不同的配料也可以作为乳化剂在倾倒式调味料中使用。蛋（蛋黄或蛋白）用作千岛酱的乳化剂，也可以提供一些风味。吐温 60 是一种合成乳化剂，通常用在奶油类调味料中。它能够使油滴细小产生一种非常白的乳状液。乳化剂也能帮助稳定风味，并提高整体的风味感觉。

6.10.1.9 胶体

胶加入到调味料中的目的是产生一种圆滑的质感，增加或改善黏度，控制流动性。常用的胶包括黄原胶、海藻酸丙二醇酯（PGA）、角叉胶、纤维素胶。在倾倒式调味料中，黄原胶用得最多。黄原胶能够在调味料酸性介质中不被水解，维持产品在整个货架期中的黏度。每一种胶体物质都会影响调味料的流变学特性。这些胶体也常常结合使用。除了调节黏度外，一些胶体如 PGA 也有助于乳状液的形成和稳定。

6.10.1.10 稳定剂

在调味料加工中，通常提到的稳定剂指两类配料。螯合剂（EDTA）和亲水胶质（胶），其中胶质已经讨论过。

调味料中使用螯合剂可以稳定其中的油脂成分不被氧化，EDTA 是最常用的螯合剂，常使用其钙钠盐形式。调味料中的植物油容易被氧化从而引起调味料的风味劣变。铜和铁离子的存在可以加速油脂的氧化，但是螯合剂可以螯合这些金属离子或使它们失活，这样金属离子就不能促进油脂氧化。EDTA 也能帮助稳定调味料成品的风味和颜色。

6.10.1.11 色素

在调味料中使用的几种不同的色素包括 β - 胡萝卜素、阿朴 - 胡萝卜醛、美国联邦食品药品和化妆品法（FD&C）认证色素、姜黄素和二氧化钛。色素加入到倾倒式调味料中使它们看起来更吸引人和增加天然的色泽。

6.10.1.12 风味剂

风味剂可以用来扩大调味料的使用范围。风味剂可以是天然的也可以是合成的。加入风味剂可以替代许多昂贵的配料，或者提供配料不能提供的风味。

6.10.1.13 防腐剂

虽然醋是常用的一种防腐剂，对一些柔和风味的调味料，如牧场风味，要达到控制微生物的目的性，所需要加入的醋的量会使产品太酸且产生刺激性风味。在这些产品里面加入防腐剂，既要维持微生物稳定性，又要保证令人满意的柔和酸味，通常使用山梨酸（有时加山梨酸钾）作为防腐剂。苯甲酸钠也是一种可选择的防腐剂，但不常用。

6.10.2 生产

倾倒式调味料的加工是一个相对简单的单元操作。当设计加工程序时要考虑添加顺序。大多数胶体与水简单混合后，就能缓慢溶解。胶质的吸湿性使胶粒的外层迅速与水结合，但阻止了胶粒内层与水结合。这样就导致部分胶体水化，通常称之为“鱼眼”。有三种方法可以使胶质溶解于水。第一种是使用高剪切混合，但是这通常会带进去很多空气；第二种是预先把胶质与其他干物质（糖、盐）混合，这可以使胶粒彼此隔离，当这种混合物加入水时，胶质能有效地分散。这种方法用在干混调味料、沙司、肉汁上；第三种是最常用的方法，是在加入水之前把胶质分散在植物油内，植物油使胶粒之间有效地隔离，加水后能有效地与水结合。

芥末粉应该加入到不含醋和盐的水中。芥末粉的水化能促进一个酶过程的发生，从而产生特有的风味。然而，如果有酸的存在，这个酶过程所产生的理想的风味成分会很少。

大多数倾倒式调味料的生产加工都是设计成间歇式的，这主要是因为通常要生产许多品种的产品，而间歇式的工艺比连续和半连续的工艺在进行品种转换时更有效。

6.10.2.1 胶浆

胶浆罐通常在主混合罐旁边，其体积大约是主混合罐的十分之一。采用混合器或类似的搅拌器将胶质分散在部分植物油中。

6.10.2.2 主混合罐

把水加入到主混合罐，然后加入胶浆混合物，需要混合 2 ~ 3min 让胶质溶解并水化。再加入固体配料和水溶性液体配料。有些配料如芥末粉、海藻酸丙二醇酯、大蒜粉和微晶纤维素，应该在盐和酸之前加入。这是因为这些配料对盐和酸敏感，如果在盐和酸的存在下加入，可能失去其功能性。大多数配料加入后再加入酸，剩余的植物油通常是最后加入。

6.10.2.3 均质

均质产生一个均一的稳定的乳状液。几类设备可以用来均质，如活塞型、静态剪切型、胶体磨。

6.10.2.4 颗粒配料的添加

均质后，再加入不能进行均质的配料，这些配料是在第二混合罐内加入。这些配料通常是大的香料颗粒（意大利调味料的典型配料）和酸黄瓜（千岛酱调味料的常用配料）。

6.10.3 质量控制和稳定性测定

倾倒式调味料的质量控制需要考虑的事项与在蛋黄酱中讨论的类似。要生产能维持 8 ~ 12 个月货架风味的高质量的调味料，使用高质量的配料是非常重要的。有些倾倒式调味料含有高含量的香料和调料。特别是香料极易携带微生物。特殊配料如块根农作物，必须附带其携带微生物的详细说明。用来生产倾倒式调味料的香料和其他配料也可能含有高含量的铁和铜离子，它们能催化油脂氧化使产品风味变差。

牧场风味的调味料含有发酵乳制品，如酪乳，往往是益生菌的来源，这些益生菌一般是异型发酵乳酸菌，会使产品产生青草味或者腐败变质。故生产工艺内通常包括奶成分的巴氏杀菌。

倾倒式调味料的生产加工中，通常采用的质量检测指标包括脂肪、水和盐的百分含量。为了确保调味料的微生物稳定性，酸度和 pH 是关键控制点。黏度取决于胶质的水化和混合条件，黏度的测定通常采用 Brookfield 黏度计，使用标准的锭子来测定。

6.11 低能量调味料

在 1993 年以前，如果调味料（包括勺舀式和倾倒式）的能量至少比类似的全能量产品降低 30%，则这个调味料可以生产并声称为低能量调味料。减少的能量很大程度上是通过减少油的含量来获得的。1993 年的营养标签教育法（NLEA）[130] 改变了低能量声称的要求，这就产生了涉及黏度、货架期和风味口感等方面的质量问题。

使用适当的稳定剂来提高低能量调味料的质量已经讨论了[131]。采用阿朴－胡萝卜素（一种人工合成的天然类胡萝卜素）作为着色剂用在非标准化的调味料和涂抹酱上的优点已有报道[132]。耐冻沙拉酱采用非冬化油和抗冻淀粉制得的熟化淀粉混合物为原料来生产制造[133]。已报道使用高度酯化的蔗糖酯可减少调味料的能量[134]。脂肪含量 10% ~ 12%、能量仅为 5 ~ 20kcal/勺的稳定低热量奶油型沙拉酱已经有过报道[135]。采用琼脂和甲基纤维素混合物来生产低能量调味料的技术已经申请了专利[136]。把油脂（如葵花籽油、椰子油、猪脂和棉籽油）与（含来自于小麦、全乳、葵花籽球蛋白、菜籽等的）蛋白溶液通过均质而制得的乳状基料用来生产低能量调味料[137]。把角叉菜胶、长豆角胶和瓜尔豆胶结合使用来生产低能量调味料也申请了专利[138]。Weidemann 和 Reinicke[139] 制备了一种营养色拉调味料，只含 15% ~ 35% 的油，除了具有低 pH 的保护作用，产品在 95℃下巴氏杀菌 40min，可以延长产品货架寿命。

6.11.1 组成

在 1993 年，NLEA 法规开始执行[130]。这个法规对低能量调味料制定了一个新标准。简而言之，在参考可倾倒型调味料的基础上，该方案宣称所谓“低能量”，调味料必须比参照调味料的能量低 25%。读者可以参考法规原文以获取更多的信息[130]。另外，法规规定倾倒式调味料的分量为每份 2 勺（先前的规定是 1 勺）。

这个法规为低能量调味料设定了一个新的方向。市场上的许多产品不得不通过重新设计配方满足这个声称，一些产品中止了这个声称。在同一时间，无油调味料进入市场，这些新产品为消费者提供了另外的选择。

低能量倾倒式调味料通常是紧跟全能量调味料的风味趋势，使用相似的配料。但是为了保证微生物稳定性，要进行必要的调整。因为在许多产品中，碳水化合物的含量很低，提供的能量少，所以减少能量就意味着要减少油。在生产低能量调味料时，通常减少脂肪，并用水和添加胶质来替代。高水分含量增加了微生物腐败的可能性。水相中醋酸（醋）和盐浓度的增加控制微生物的生长。由于脂肪减少，就必须增加水分含量，就需要添加更多的酸和盐以达到控制腐败变质所需要的酸和盐的浓度。在实际应用中，盐通常保持不变，通过增加醋的添加量来维持微生物稳定性。酸度的增加会给调配的调味料带来很刺激的酸味，面对这种挑战，产品开发者通过使用合适的酸的量来确保微生物稳定性，同时选择可以抵消高酸味的配料。勺舀式和倾倒式低能量调味料的生产加工与普通（全脂）调味料类似。

6.12 无脂调味料

20 世纪 80 年代的健康潮流使食品产品的发展以非常低含量的脂或无脂的方向为中心。在 1980 年以前市场上已经出现了无油（无脂）调味料，但这些产品很少有消费者注意，是一种小众产品，这些产品大多数（尽管不是所有的）质量很差，因为需要加入相对较高的酸来稳定产品，防止微生物腐败，导致产品有刺激的酸味和似水的质构。关于“无脂”的定义也多种多样，在产品标签和组成上也很少一致。在 20 世纪 80 年代末，对于倾倒式调味料，已取得了某些一致意见，即每份（1 汤匙 =16g）产品脂肪含量低于 0.5g 称作为无脂。

6.12.1 组成

在 1993 年，FDA 公布了 NLEA 法案[130]。这个法规对无脂调味料中脂肪的最大添加量作了相关规定，法规对许多食品标签中营养组分的格式也做了规定，也重新定义了每份倾倒式调味料的大小，最早每份的大小是 1 汤匙（16g），NLEA 定义每份倾倒式调味料为 2 汤匙。要在标签上标无脂，倾倒式调味料必须是每份的脂肪含量低于 0.5g，这等于产品内含 1.56% 的脂肪。

对于黏性（勺舀式）调味料，每份的量仍然保留为 1 汤匙，同样，无脂的要求是每份提供的脂肪含量低于 0.5g，因此无脂肪的黏性调味料可以含有大约 3% 的油脂。

6.12.2 脂肪替代物

脂肪或植物油在调味料的口感和风味方面起着关键作用。添加足够的油来生产低能量调味料可以使产品有满意的口感和可接受的风味。事实上，少量的油，5% ~15% 的油就可以赋予调味料很好的食用品质。当没有油存在时，风味太刺激，口感差，调味料吃起来味道不好。消费者通常不愿意牺牲产品风味来换取无脂调味料相关的功能特性。

为了替换食品产品中的脂肪，开发了许多类型的脂肪替代品，这些替代品通常分为两类：脂肪替代物和脂肪模拟物。

6.12.2.1 脂肪替代物

脂肪替代物是指具有脂肪的特点但是能量少或是没有能量的物质。几种最近开发出来的脂肪替代物料已有相关的报道，只有蔗糖酯得到 FDA 的批准用于食品[140,141]。

6.12.2.2 脂肪模拟物

脂肪模拟物是指能在适当的加工过程中起到模拟脂肪作用的物质。许多不同的食品配料都可以用来模仿一些油特性来产生特定的质构。设计无脂调味料的产品开发者所面临的挑战是通过选择现存的食品配料和加工工艺来模拟含脂调味料的口感特性。

6.12.3 风味品质

从经验来看，调味料中的脂肪会使风味在口中慢慢加强，令人满意的风味高峰在口内停留一个明显的时间段然后慢慢消散，并在品尝后在口内留下余味。一些无脂调味料会迅速形成一种非常陡峭的风味峰，有时可以比含脂调味料高 2～3 倍，然后迅速下降，有很小或者没有令人满意的余味产生。风味开发人员面临的挑战就是要通过配料的选择使无脂调味料的风味感觉能够与含脂调味料的风味相匹敌。

6.12.3.1 膨胀剂

改进低脂调味料的常用方法是添加膨胀剂。大量的不同种类的膨胀剂用在调味料内，它们包括：微晶纤维素、葡聚糖、淀粉、糊精。使用微晶纤维素[142]或者微晶纤维素与其他膨胀剂结合使用[143]的特殊工艺的专利已获得授权。由于这些物料是溶解或者可分散在水里的，因此有利于形成无脂调味料的主体和口感。膨胀剂增加了固体含量，降低水分活性，有助于储存。各种各样的膨胀剂替代脂肪的利用是以脂肪模仿理论为基础的，多种不同类型的膨胀剂用在调味料中。

6.12.3.2 风味技术

风味化合物是复杂的化学物质，一些是脂溶性的，另一些是水溶性的。在传统的含脂调味料产品中，风味组分在油相和水相中达到了天然的平衡状态，这种天然的比例分布在食用的过程中提供了一种令人满意的风味释放。去除了油脂，这种天然比例也被去除了。如果把含脂调味料的风味体系用在无脂调味料中，这种风味体系是不平衡的。

此外脂肪也起着口腔风味受体涂层的功能，有效地减慢了对风味的感觉。相反，如果没有脂肪，则对风味的感觉很快速，通常使人感觉到不自然。

为了解决这些风味问题已做了很多努力，风味供应商也开发了许多试验产品来解决风味问题。可以说无脂调味料和其他食品的风味技术仍处于开发阶段。

6.12.4 微生物稳定性

微生物稳定性这个问题前面已讨论过，因为无脂调味料全部是以水相为基质的，其中的微生物稳定性比低脂调味料更重要。微生物稳定性除了通过调整醋的含量外，常常通过添加防腐剂如山梨酸－山梨酸钾和苯甲酸钠来解决。酸的刺激性是一个问题，这可以通过选择填充剂和膨胀剂相结合的方式来解决。通常通过在产品上接种从腐败变质的调味料中分离出来的微生物来对产品的微生物稳定性进行评价。

6.12.5 加工

传统的调味料加工包括液体和固体物料的混合，在这样的加工过程中黏度会增加。无脂调味料的加工包括各种膨胀剂的水化，这种单元操作通常需要高速剪切混合来使脂肪模拟物充分分散和水化，因为配料中没有油，胶质与糖在调味料制造前进行干混，这种干混可以帮助防止“鱼眼”的形成。不需要均质，但是搅拌是必需的，可以实现整个脂肪替代体系的功能性。

6.13 冷藏调味料

冷藏调味料包含了一小部分倾倒式调味料，作为一种新鲜产品，它们在超市的出现引起了消费者的兴趣。尽管一般人认为冷藏销售的调味料是保存在冰箱内的，但实际上他们经常被放在室温条件下，因此它们通常按货架稳定性相类似产品的方式来生产，以防止在非冷藏条件下的败坏。

6.14 热稳定性调味料

如果调味料在加热到高温时颜色和重量没有损失，则调味料的货架寿命可以得到改善。而且这种热稳定性调味料可以添加到罐头肉、鱼、蔬菜色拉和其他食品中。一种微晶纤维素可以使产品具有这种稳定性[144]，甚至在存在食用酸的条件下加热到115.6℃也能保持稳定。同样，用黄原胶生产的产品，没有出现肉眼可见的油的分层，且在较大的温度范围内，产品的黏度仍然保持不改变。

一种把配料进行干加工然后通过简单的添加水即可重新形成色拉调味料的方法已取得专利[145]。美国已有几家公司在市场上出售这类产品。

参考文献

1. G. P. Lensack, *Food Eng.*, **12**, 98－100(1969).

2. ICI United States, Inc., Bulletin, 222 - 228.

3. E. Deffense, *J. Amer. Oil Chem. Soc.*, **70**, 1193 - 1201(1993).

4. C. Jacobsen, K. Hartvigsen, M. K. Tomsen, L. F. Hansen, P. Lund, L. H. Skbsted, G. Holmer, J. Adler - Nissen, and A. S. Meyer, *J. Agric. Food Chem.*, **49**, 1009 - 1019(2001).

5. E. B. Schmidt and J. Dyerberg, *Drugs*, **47**, 405 - 424(1994).

6. F. J. Baur and E. S. Lutton (to Procte & Gamble Co.), U. S Patent 3,158,900, November 24, 1964.

7. F. J. Baur (to Procte & Gamble Co.), U. S Patent 3,211,558, October 12. 1965.

8. F. R. Hugenberg and E. S. Lutton (to Procte & Gamble Co.), U. S Patent 3,353,966, November 21, 1967.

9. G. Fuller, G. O. Kohler, and T. H. Applewhite, *J. Amer. Oil Chem. Soc.*, **43**, 477 - 478(1966).

10. G. N. Fick (to Sigco Research Inc.), U. S. Patent 4,627,192, December 9, 1986.

11. L. W. Kleingartner, *Nusun Sunflower Oil: Redirection of an industry*, ASHS Press, Alexandria, Virginia, 2002, pp 135 - 138.

12. D. A. Knauft, D. W. Gorbet, A. J. Norden, and C. K. Norden, (to University of Florida), U. S. Patent 5, 922,390, July 13, 1999.

13. USDA, Oil Corps Situation and Outlook (2002).

14. R. Purdy, *J. Amer. Oil Chem. Soc.*, **62**, 523 - 525(1985).

15. T. L. Mounts K. Warner, G. R. List, W. E. Neff, and R. F. Wilson, *J. Amer. Oil Chem. Soc.*, 71, 495 - 499 (1994).

16. D. Firestone, *physical and chemical characteristics of oils, Fat and Waxes.* AOCS Press, Champaign, Illinois, 1999.

17. K. Warner, B. Vick, L. Kleingartner, R. Issak, and K. Doroff, Compositions of Sunflower, NuSun (Mid - Oleic Sunflower) and High - Oleic Sunflower Oils, Presented to the 18th session of the Codex Committee Fats and Oils, Feburary, 2003.

18. S. S. Chang, T. H. Smouse, R. G. Krishnamurthy, B. D. Mookherjee, and B. R. Reddy, *Chem. Ind.*, **46**, 1926 - 1927(1966).

19. G. Hoffmann, *J. Amer. Oil Chem. Soc.*, **38**, 1 - 3(1961).

20. S. S. Lin T. H. Smouse, and R. R. Allen, paper presented at the American Oil Chemists' Society Spring Meeting, Mexico City, 1974.

21. W. E. Neff, T. L. Mounts, W. M. Rinsch, and H. Konishi, *J. Amer. Oil Chem. Soc.*, **70**, 163 - 168(1993).

22. E. N. Frankel and S. W. Haung, *J. Amer. Oil Chem. Soc.*, **71**, 255 - 259(1993).

23. N. R. Artman, *Adv. Lipid Res.*, **7**, 245 - 330(1969).

24. H. W. Schultz, E. A. Day, and R. O. Sinnhuber, *Symposium on Foods: Lipids and Their Oxidation*, The AVI Publishing Co., Westport, Connecticut, 1962.

25. Anonymous, *BIBRA Bull.*, **10**, 4 – 8(1971).

26. R. Guinaman, *Rev. Fr. Corps. Gras.*, **18**, 445 – 456(1971).

27. J. P. Freeman, *Food Process Mark, London*, **38**, 303 – 306(1969).

28. R. J. Sims and H. D. Stahl, *Baker's Dig.*, **44**, 50 – 52(1970).

29. U. Shimura, *J. Jpn. Oil Chem. Soc.*, **19**, 748 – 756(1970).

30. E. Yuki, *J. Jpn. Oil Chem. Soc.*, **19**, 644 – 654(1970).

31. W. W. Nawar*J. Agr. Food Chern.*, **17**, 18 – 21(1969).

32. C. Cuesta, F. J. Sanchez – Muniz, C. Gorrido – Polonio, S. Lopez – Varela, and R. Arroyo, *J. Amer. Oil Chem. Soc.*, **70**, 1069 – 1073(1993).

33. B. R. Reddy, K. Yasuda, R. G. Krishnamurthy, and S. S. Chang, *J. Amer. Oil Chem. Soc.*, **45**, 629 – 631 (1968).

34. K. Yasuda, B. R. Redd, and S. S. Chang, *J. Amer. Oil Chem. Soc.*, **45**, 635 – 628(1968).

35. R. G. Krishnamurthy and S. S. Chang, *J. Amer. Oil Chem. Soc.*, **44**, 136 – 140(1967).

36. M. C. Dobarganes, M. C. Perez – Camino, and G. Marqucz – Ruiz, *Fat Sci. Technol.*, **8**, 308 – 311(1988).

37. D. M. Lee, *Bull Brit. Food Manuf. Ind. Res. Assoc.*, **80**, (1973).

38. L. M. Wright, *J. Amer. Oil Chem. Soc.*, **53**, 408 – 409(1976).

39. V. C. Mehlenbacher, *Analysis of Fats and Oils*, Gerrard Press, New York, 1960.

40. S. S. Chang and F. A. Kummerow, *J. Amer. Oil Chem. Soc.*, **32**, 341 – 344(1955).

41. M. Loury and L. Garber, *Rev. FR Corps. Gras.*, **15**, 301(1968).

42. U. Holm, K. Ekbom, and G. Wode, *J. Amer. Oil Chem. Soc.*, **34**, 596 – 599(1957).

43. G. R. List et al., *J. Amer. Oil Chem. Soc.*, **51**, 17 – 21(1974).

44. G. Johansson and V. Persmark, *Oil Palm News*, **3**, 10 – 11(1971).

45. R. G. Scholz and L. R. Ptak, *J. Amer. Oil Chem. Soc.*, **43**, 596 – 599(1966).

46. C. D. Evans, G. R. List, R. L. Hoffmann, and H. A. Moser, *J. Amer. Oil Chem. Soc.*, **46**, 501 – 504(1969).

47. G. A. Jacobson, J. A. Kirkpatrick, and H. E. Goff, *J. Amer. Oil Chem. Soc.*, **41**, 124 – 128(1964).

48. J. A. Fioriti, M. J. Kanuk, and R. J. Sims, *J. Amer. Oil Chem. Soc.*, **51**, 219 – 223(1976).

49. B. Tsoukalas and W. Grosch, *J. Amer. Oil Chem. Soc.*, **54**, 490 – 493(1977).

50. H. P. Dupuy, S. P. Fore, and L. A. Goldblatt, *J. Amer. Oil Chem. Soc.*, **50**, 340 – 342(1973).

51. A. D. Waltking and H. Zaminski, *J. Amer. Oil Chem. Soc.*, **54**, 454 – 457(1977).

52. H. W. Jackson and D. J. Giacherio, *J. Amer. Oil Chem. Soc.*, **54**, 458 – 460(1977).

53. J. L. Williams and T. H. Applewhite, *J. Amer. Oil Chem. Soc.*, **54**, 461 – 463(1977).

54. D. B. Min and T. H. Smouse, *Flavor Chemistry of Lipid Foods*, American Oil Chemists' Society, Champaign, Illinois, 1989.

55. H. A. Moser, C. D. Evans, J. C. Cowan, and W. F. Kwolek, *J. Amer. Oil Chem. Soc.*, **42**, 30 – 33(1965).

56. R. Radtke, P. Smits, and R. Heiss, *Fett Seifen Anstrichmit*, **72**, 497 – 504(1970).

57. A. Sattar, J. M. deMan, and J. C. Alexander, Lebensm. *Wiss. Univ. Technol.*, **9**, 149 – 152(1976).

58. A. Sattar, J. M. deMan, and J. C. Alexander, *J. Can. Inst Food Sci. Technol.*, **9**, 108 – 113(1976).

59. H. S. Olcott and E. Einst, *J. Amer. Oil Chem. Soc.*, **35**, 161(1958).

60. W. M. Gearhart, B. N. Stuckey, and J. J. Austin, *J. Amer. Oil Chem. Soc.*, **34**, 427(1957).

61. B. S. Mistry and D. B. Min, *J. Food Sci.*, **52**, 831(1987).

62. N. W. Labuli and P. A. Bruttle, *J. Amer. Oil Chem. Soc.*, **63**, 79(1986).

63. J. M. deMan, F. Tie, and L. deMan, *J. Amer. Oil Chem. Soc.*, **64**, 993(1987).

64. T. A. Jebe, M. O. Matlock, and R. T. Sleeter, *J. Amer. Oil Chem. Soc.*, **78**, 1055 – 1061(1993).

65. S. E. Hill, INFORM, **5**, 104 – 109(1994).

66. J. C. Allen and R. J. Hamilton, *Rancidity in Foods*, Elsvier Applied Science, Publishers, Ltd., Barking, United Kingdom, 1989.

67. British Food Manufacturing Industries Research Assoc., Technical Circular No. 605, Leatherhead, United Kingdom, 1989.

68. D. Firestone, R. F. Stier, and M. Blumenthal, *Food Technol.*, **45**, 90 – 94(1991).

69. M. Ahrens, G. Guhr, J. Waibel, and S. Kroll, *Fette Seifen Anstrichmit*, **79**, 310 – 314(1977).

70. U. J. Salzar and J. Wurziger, *Fette Seifen Anstrichmit*, **73**, 705 – 710(1974).

71. M. R. Sahasrabudhe and V. R. Bhalerao, *J. Amer. Oil Chem. Soc.*, **40**, 711 – 712(1963).

72. E. G. Perkins, R. Tanbold, and A. Hsieh, *J. Amer. Oil Chem. Soc.*, **50**, 223 – 225(1973).

73. G. Billek and G. Guhr, paper presented at the American Oil Chemist' Society Meeting, New York, 1977.

74. A. E. Waltking and H. Zaminski, *J. Amer. Oil Chem. Soc.*, **47**, 530 – 534(1970).

75. E. R. Sherwin, *J. Amer. Oil Chem. Soc.*, **53**, 430 – 436(1976).

76. Q. Chen, H. Shi, and C. Ho, *J. Amer. Oil Chem. Soc.*, **69**, 999 – 1002(1992).

77. Z. Djarmati, R. M. Jankov, E Scbwirlich, B. Djulinac, and A. Djordjevic, *J. Amer. Oil Chem. Soc.*, **68**, 731 – 734(1991).

78. Y. Hara, American Biotechnology Laboratory, 1994, p. 48.

79. R. G. Cunningham, R. D. Dobson, and L. H. Going(to Procter & Gamble Co.), U. S. Patent 3,415,658, December 10, 1968.

80. H. Enci, S. Okumura, and S. Ota (to Ajinomoto Co., Inc.), U. S. Patent 3,585,223. June 15, 1971.

81. S. S. Chang and P. E. Morne (to Swift and Co.), U. S. Patent 2,966,413, December 27, 1960.

82. E. R. Purves, L. H. Going, and R. D. Dobson (to Procter & Gamble Co.), U. S. Patent 3,415,660, December 10, 1968.

83. R. W. Fallat, C. J. Glueck, R. Lutmer, and F. H. Mattson, *Amer. J. Clin. Nutr.*, **29**, 1204(1976).

84. S. M. Lee, *Fat Substitutes: A Literature Survey*, British Food Manufacturing Industries Research Association, Leatherhand, United Kingdom, 1989.

85. P. Seiden (to Procter & Gamble), Eur. Patent 322,027 A2, 1989.

86. A. E. Blaurock, R. G. Kishnamurthy, and P. J. Huth (to Kraft Foods Inc.), U. S. Patent 5,959,131, 1999.

87. J. Spinner, T. B. Guffey, P. Y. Lin, and J. Jandacek (to Procter & Gamble Company), U. S. Patent 4,948, 811, 1990.

88. M. Kenji, K. Yosihisa, T. Tomoko., and T. Yasukawa (to Kao Corporation), U. S. Patent 6,495,536, 2002.

89. K. C. Maki et al., *Amer. J. Clin. Nutr.*, **76**, 1230 – 1236(2002).

90. A. Takei, *J. Nutritional Food*, **4**, 1 – 13(2001).

91. Anonymous, *INFORM*, **13**, 550(2002).

92. CPC International, Brit. Patent 1,473,208, 1977.

93. F. J. Baur (to Procter & Gamble Co.), U. S. Patent 3,027,260, March 27, 1962.

94. M. H. Joffe, *Mayonnaise and Salad Dressing Products*, Emulsol Corp., Chicago, Illinios, 1942.

95. S. Doores, in A. L. Branen and P. M. Davidson, eds., *Antimicrobials in Foods*. Marcel Decker, Inc., New York, 1983.

96. R. H. Forsythe, *Cereal Sci. Today*, **2**, 211(1957).

97. W. Fluckinger, *Fette seifen Anstrichmit.*, **68**, 139 – 145 (1966).

98. W. J. Stadelman and O. J. Cotterill, *Egg Science and Technology*, 3rd ed, Food Product Press, Binghamton, New York, 1990.

99. T. J. Weiss, *Food Oils and Their Uses*, AVI Publishing Co. Westport, Connecticut, 1970.

100. J. W. Corran, *Food Manuf.*, **9**, 17(1937).

101. D. Cummings, *Food Technol.*, **11**, 1901 – 1902(1964).

102. C. H. Japikse (to Procter & Gamble Co.), U. S. Patent 3,425,843, February 4, 1969.

103. D. M. Gray, C. E. Meier, and C. A. Southwick, *Glass Packer*, **2**, 397 – 400(1929).

104. L. C. Brown, *J. Amer. Oil Chem. Soc.*, **26**, 632 – 636(1949).

105. D. M. Gray and C. E. Maier, *Glass Packer*, **4**, 23 – 25, 40(1931).

106. M. H. Joffe, *Food Eng.*, **28**(5), 62 – 65, 100(1956).

107. J. P. Bolanowski, *Food Eng.*, **39**(10), 90 – 30(1967).

108. O. C. Samuel, *Food Process. Market*, 81 – 84(1966).

109. L. H. Rees, *Food Pord. Develop.*, **9**, 48 – 50(1975).

110. A. J. Finberg, *Food Eng.*, **27**(2), 83 – 91(1955).

111. S. E. Potter, *Food Process.*, **31**, 43 – 44(1970).

112. V. R. Carlson, *Food Eng.*, **42**(12), 54 – 55(1970).

113. M. Lipschultz and R. E. Holtgrieve, *Food Eng.*, **40**(11), 86 – 87(1969).

114. F. Taubrich, *Fette seifen Anstrichmit.*, **65**, 475 – 478(1963).

115. D. M. Gray, *Oil Fat Ind.*, **4**, 410(1927).

116. D. M. Gray, *Glass Packer*, **2**, 311(1929).

117. R. D. McCormick, *Food Pord. Dev.*, **1**, 15 – 18(1967).

118. R. B. Smittle, *J. Food Protect.*, **40**, 415(1977).

119. A. McKenzie and J. V. Ziemba, *Food Eng.*, **36**, 96 – 98(1964).

120. D. R. Beswick, *Food Technol. N. Z.*, **4**, 332 – 339(1969).

121. G. T. Muys and J. A. Schaap(to Unilever Ltd), Brit. Patent 1,130,634, 1968.

122. Anonymous (to Kyowa Hakko Kogyo Co., Ltd.), Brit. Patent 1,155,490, 1969.

123. H. Enei, A. Mega, O. Ayato, S. Olumura, and S. Ota (to Ajinomoto Co.), Brit. Patent 1,152,966,1969.

124. H. A. Gardner and A. W. VanHeukeroth, *Ind. Eng. Chem.*, **19**, 724 – 726 (1927).

125. L. B. Kilgore, *Glass Packer*, **4**, 65 – 67, 90 (1930).

126. J. M. Antaki and D. T. Layne (to the Clorox Co.), U. S. Patent 4,927,657, May 22, 1990.

127. R. W. Wood, J. V. Parnell, and A. C. Hoefler (to General Foods Corp.), U. S. Patent 4,352,832, October 5, 1982.

128. J. E. Tiberio and M. C. Cirigliano (to Thomas J. Upton, Inc.), U. S. Patent 4, 477, 478, October 16, 1984.

129. J. G. Oles (to Kraft, Inc.), U. S. Patent 4,145,451, March 20, 1919.

130. *Federal Register*, Jan. 6, 1993, Vol. 58, pp. 632 and 2066.

131. G. Meer and T. Gerard, *Food Process.*, **5**, 170 – 171 (1963).

132. A. J. Froberg, *Food Prod. Develop.*, **4**, 46 – 47(1971).

133. A. Partyka (to National Dairy Products Corp.), U. S. Patent 3,093,485, June 11, 1963.

134. F. H. Mattson and R. A. Volpenhein (to Procter & Gamble Co.), U. S. Patent 3, 600, 186, August 17, 1971.

135. A. S. Szczesnia and E. Engel (to General Foods Corp.), U. S. Patent 3,300,318, January 27, 1967.

136. J. C. Spitzer, L. S. Nasareisch, J. L. Lange, and H. S. Bondi (to Carter Products, Inc.), U. S. Patent 2,944, July 12, 1960.

137. J. Kroll, G. Mieth, M. Roloff, J. Pohl, and J. Broecker, Ger. Patent 106,777, 1974.

138. U. Steckowski (to Carl Kuhne KG), Ger. Patent 2,311,403, 1974.

139. H. Weidemann and H. P. Reincke, Ger. Patent 1,924,465, 1970.

140. B. F. Hausmann, *J. Amer. Oil Chern. Soc.*, **63**, 278 (1986).

141. R. G. LaBarge, *Food Technol.*, **42**(1), 84 (1988).

142. C. C. Baer et al. (to Kraft General Foods), U. S. Patent 5,011,701, April 30, 1991.

143. R. Bauer et al. (to Thomas J. Lipton Co.), U. S. Patent 5,286,510, February 15, 1994.

144. C. T. Herald, G. E. Raynor, and J. B. Klis, *Food Process, Mark.*, **11**, 54 – 55 (1966).

145. M. H. Kimball, C. G. Harrell, and R. O. Brown (to Pillsbury Mills, Inc.), U. S. Patent 2,471,1435, May 31, 1949.

7 焙烤产品中的油脂

Clyde E. Stauffer

7.1 引言

7.1.1 起酥油在焙烤产品中的应用

几个世纪以来，油脂一直作为重要的焙烤配料。实际上，“起酥油”是烘培行业的一个术语；从焙烤角度来说，脂肪对终产品的质构有“起酥”（或软化）作用。在焙烤食品中，起酥油赋予烘焙制品柔软性，提供湿润的口感，改善其结构，起到润滑作用，包裹气体，并传递热量。

决定油脂能够实现这些功能的特性包括：

①固相和液相的比例；

②固态起酥油的塑性；

③油脂的氧化稳定性。

油（或者说是塑性起酥油的液体部分）使焙烤食品咬起来松软，口感温润，润滑（产品在口腔内部顺畅无阻力）。而起酥油的固体部分有助于面团和终产品的结构形成，在搅拌过程中包裹气泡。对于某种特定的应用来说，这两个功能是选择合适起酥油的关键。同时需要考虑到，通常液体部分的脂肪酸比固体部分的脂肪酸更不饱和，而多不饱和脂肪酸是产生氧化酸败的重要原因。对于暴露在空气中（薄脆饼干表面喷涂油）及经受高温（煎炸油脂）的起酥油来说，氧化稳定性尤其重要。

7.1.2 其他应用：糖霜、馅料、涂层脂肪

除了在面团中使用以外，油脂还应用于焙烤产品，以增强消费的吸引力。例如蛋糕上的糖霜、锥形蛋卷中的充气填充馅料、夹心曲奇及糖粉威化饼的夹心料，以及休闲糕饼上的巧克力或复合涂层等。

这些增强剂基本上是风味剂和甜味剂（它们通常含糖量较高）的载体。油脂中的固体

部分是原料中主要的结构成分之一，同时其液体油脂部分则增强了口感，尤其起到润滑作用[1]。

7.2 面包

在酵母发酵的焙烤食品中，体积及质构（具有细小并均匀分布的空气泡而质地细腻的面包囊）取决于面筋基质的强度。这是一种由水合贮藏蛋白(谷蛋白和醇溶蛋白，存在于小麦粉中)、表面活性脂质(包括面粉中天然存在的和添加的表面活性剂)，以及非极性脂组成的混合物。面筋基质结构还没有明确的定义，但目前可以确定这一结构具有起酥功能。在烘焙过程中，蛋白变性形成玻璃态，这赋予冷却后的面包一定的弹性。起酥油同时改变了焙烤过程及最终产品的性状。

7.2.1 对质构的影响

通用起酥油或者猪脂等油脂在普通白面包中的添加量通常为3% ~4%，最高可以添加到5%（面粉重量计），这个量可对面包产生最佳影响。在汉堡包这样的软面包中，使用6% ~8%的脂肪可获得更柔软的圆面包。这种柔软作用同时还延缓了老化过程，因此与有相同配方而不在面团中加脂肪的面包相比，使用起酥油的面包可在储存数天后仍保持柔软。

在面团混合的开始即可简单地加入起酥油。有一种观点认为脂肪的存在会减缓面筋的形成(延长所需的混合时间)，但无论是在实验室或在工厂的实践中都无法证实这种理论。

7.2.2 对体积的影响

面包体积随塑性起酥油用量的增加而增加，直至约5%(面粉基准)用量后基本上保持恒定(图7.1)。这是因为与未加脂肪的面团相比，含有起酥油的面团在烤箱中膨胀时间更长[2]。脂肪(或油)在焙烤过程中似乎与面团组分(淀粉和面筋)相互作用并延缓了终止面包体积膨胀的反应。换用烘焙行业术语，添加起酥油能够增强面包的烘焙弹性。

7.2.3 液态油和塑性脂的使用比较

起酥油的软化作用应归因于液油相。通用起酥油在室温下含有约25%的固态脂肪，在松软的面包囊中3kg的植物油相当于4kg塑性脂肪。在传统的面包起酥油中，固体脂部分起到结构化作用。在醒发过程中，固脂部分使面团保持一定面团强度，在从醒发设备转移至烤箱的过程中起到抵抗振动变形的作用，固脂可增强焙烤面包孔壁的韧性，并使终产品面包的“孔洞”最小化。面包连续化生产过程中，片状硬脂（脂肪被氢化至碘值5gI/100g左右，熔点60℃左右）通常先在热油中熔化，然后泵入和面机。当从塑性脂肪切换至液体

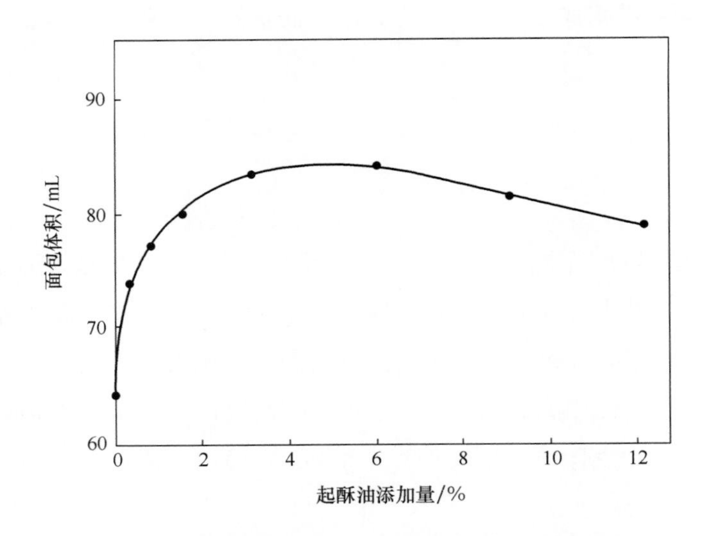

图 7.1 白面包的最终体积作为塑性起酥油添加量的函数

油时，有必要添加诸如硬脂酰乳酸钠（SSL）或者双乙酰酒石酸单甘酯（DATEM）这样的面团增筋剂来增大面包体积。

7.2.4 冷冻面团

在冷冻储藏下，低糖面团要比含糖和起酥油的面团变质更快。 对含油少的法式面包来说，配方中含有 0.5% ~1% 的植物油将延长其货架寿命达几个星期。 在常规面团(例如用于烤盘面包或汉堡用圆面包)中，通常起酥油的用量为：在面包中 3% ~4%，在汉堡圆面包中 6% ~8%。 在这些情况下起酥油的功能与在标准焙烤中的是一致的，即提高了烘焙弹性并使最终产品柔软。

7.3 多层面团

在许多焙烤产品中，脂肪夹在面片和面团之间，然后被揉制成含有多达 100 层脂肪和面团交替状态的面团。 这种卷层式面团包括丹麦酥饼、酥皮以及牛角包。 面团和好后，分割成约 10kg 每块的小块，然后放在冰箱中冷却到 5 ~ 10℃。 将冷却的面团碾平，把 2 ~ 3kg 的脂肪平铺在部分面片上，然后将面片对折，使面片覆盖脂肪。 将这种“三明治”碾平后再折叠，并重复数次，期间还要不时进行松弛操作，这样可以保持面团/脂肪的低温。

卷层工艺的主要目的是保持面团和脂肪交替的层状结构。 对于这样的工艺，选择合适的起酥油或者人造奶油时，有几个重要的因素需要考虑。 这些因素包括：固体脂肪指数(SFI)以及脂肪的塑性、脂肪完全熔化时的温度、面团的硬度(柔软度)、冰箱温度、在放回冰箱前面团被折叠的次数以及醒发温度。在某个特定的面包房中生产某种特定产品，其中许多因素中都是固定不变的，且它们将决定卷层用脂肪（俗称裹油）的规格，而这些规格将使该面包房获得最佳成品。

7.3.1 丹麦酥饼

丹麦酥饼的面团所含的糖分和水分比面包面团要高，这使得在常规20℃左右的和面温度下和出的面团非常软。在混合后(面筋基质已完全形成)，像前面所描述的那样将面团分割并冷却。冷却并静置一定时间(在该过程中将发生一些发酵作用)，使面团变得有足够的内聚力以便于进一步处理，但如果操作过度或卷层过程中回温很高的话，面团将重新变得柔软、发黏并且容易破损。卷层用脂肪的塑性范围必须相当宽广。在整个温度范围内，脂肪的硬度必须准确地与面团匹配，而该温度范围通常包括从冰箱中的温度(冷却终点)到室温甚至更高。如果脂肪在冷却温度下比面团硬很多的话，那么从冰箱中拿出的面团再次碾压时，脂肪就不会展开成为均一的薄层分散在面团层间，很可能发生断裂。如果在室温下脂肪比面团软的话，那么当面团升温时(在碾压和折叠过程中)，起酥油将渗透到面团内，这样相邻的面层会结合在一起，于是失去了层状效果。卷层用脂肪恰当的塑性范围需要相对平缓的SFI曲线，稳定晶型为β'晶型，后者往往非常重要。如果起酥油已经开始转变为更稳定的β晶型，由于β晶型会增加硬度，导致裹油过程中产生过度的断裂。

对于丹麦酥饼来说，脂肪的熔点必须高于醒发温度。如果醒发箱的温度高于脂肪熔点，那么固体脂肪将转变为液态油。这在一定程度上会促使醒发过程中面团层相互粘连在一起。一般情况下，脂肪完全熔化的温度要比醒发箱温度至少高5℃。

标准的通用起酥油完全熔化温度约为45℃，在大多数丹麦酥饼生产线上应用效果良好。用它可获得酥脆的最终产品。一些生产商使用含3%单甘酯而SFI和熔点规格近似于标准起酥油的乳化起酥油。这样生产的丹麦酥饼具有某种胶黏的口感，在美国的一些地区受到欢迎。

7.3.2 牛角包

牛角包的面团与丹麦酥饼面团是相似的，只是前者通常含有较少的糖分和水分，因此在最适的和面温度20℃下和出的面团要硬一些。与对丹麦酥饼一样，面团在卷层开始前要进行松弛降温。品质最佳的牛角包是采用无盐黄油卷层制得的，其用量占面团重量的20%～35%不等；更高的用量将使产品体积较小且缺乏酥脆性，入口后会产生油腻感。卷层过程中适宜脂肪用量约为25%。

加工过程是否成功，所涉及的因素与前面丹麦酥饼中所述的因素是相似的。因黄油具有比通用起酥油更为陡峭的SFI曲线(在冰箱温度下它更坚硬)，所以当碾压时须更为仔细以避免撕裂面团。黄油的熔点比起酥油的更低，因此醒发温度也比丹麦酥饼的低。酥皮用人造奶油是一种可接受的替代品，尽管它不能像天然黄油那样提供更好的风味。由于酥皮所采用的人造奶油具有更高的熔点，因此在时间受限时可在更高温度下醒发(可以缩短时间)。

7.3.3　酥皮

不含酵母的卷层面团（酥皮）依靠烤箱中产生的蒸汽膨松。通常人造奶油(含17% ~ 20%的水分)可用作这些面团的裹油。水分被束缚并保持在面团的脂肪层中。在烤炉中水分蒸发并膨胀，使最终产品获得一种膨松的结构。如果人造奶油的脂肪部分太软，那么在卷层步骤中水分将迁移至面团中，这样在烤炉中的膨发作用将减小。酥皮用人造奶油的SFI曲线比通用起酥油高，一定程度上在卷层过程中它显得更脆硬一些。在这种情况下，面层之间平滑而连续的脂肪层并不是特别重要，裹油过程需要进行一定程度的调节，以便在面层之间形成大量的不连续的小颗粒。从而使终产品产生较大的空洞，这在酥皮中是期望得到的。

7.4　蛋糕

7.4.1　乳化塑性脂肪

在夹层蛋糕和相关产品中，起酥油的特性强烈影响其内部纹理的紧密度，且在一定程度上影响其最终体积。在蛋糕产品中，开放孔隙在总体积中占很高的百分比，它最终表现为隔离的小室。这些孔隙由二氧化碳(来自发酵体系)及蒸汽产生并在焙烤过程中形成。当这些气体在热作用下产生后，它们将迁移至邻近的空气泡中，而这些空气泡是在蛋糕面糊混合过程中包裹进入的。如果面糊中存在许多小空气泡，那么膨发气体将广泛分布。每个气泡都较小，因此不会快速跑到蛋糕表面。这些膨发气体将保留在蛋糕中并有助于获得较大的最终体积。如果在混合时空气包裹进入面糊中形成的气泡少而大，那么在焙烤过程由于膨发气体的作用面糊会膨胀，许多气泡足够大因此可以跑到蛋糕表面而逸出，最终膨胀的蛋糕体积会比较小。

如果初始气泡较少而大，那么最终蛋糕的体积较小且纹理粗糙(开放的)。如果最初面糊含有许多微小的气室，那么最终蛋糕将获得较大的体积和较细腻的纹理。这两种情况示例于图7.2。在决定空气的细分程度时，所选用的起酥油扮演着重要的角色。

蛋糕通常采用两步法生产，首先将起酥油和糖混合在一起。在该过程中，空气分布在固相中。然后加入鸡蛋，接着加入面粉、液体以及其他配料。在第一个步骤即搅打阶段

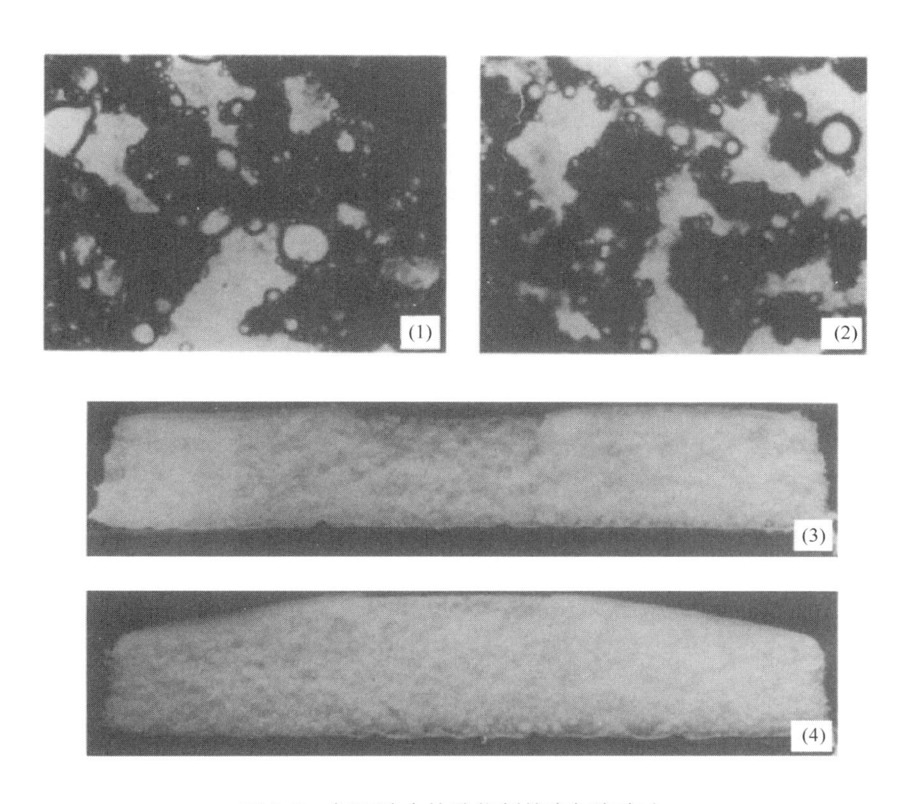

图 7.2 起酥油中的乳化剂使空气泡变小

(1)未乳化起酥油的面团显微照片，显示出大的空气泡；(2)乳化起酥油的面团显微照片，显示出小的空气泡；(3)采用该面团焙烤的蛋糕；(4)采用该面团焙烤的蛋糕

（经许可源自参考文献[3]）

中，塑性起酥油束缚住空气泡。在存在某种乳化剂（如4%的单甘酯时），这些气泡将在搅打作用下分割成为无数的小气室。起酥油必须是固态的（这样气泡才不会逃逸），而且也必须具有一定的塑性，这样才可以包裹住每一个气泡层。这最好由以β′相结晶的塑性起酥油来完成。如果起酥油转变为β相，那么粗大的片状固体脂肪将在束缚脂肪（译者注：此处疑是束缚气泡）时效率低微。在制作这类蛋糕面糊时，一种好的起酥油应具有通用起酥油的 SFI 曲线轮廓，并添加单甘酯。市场上已有出售含有5%～8%的α化乳化剂，例如脂肪酸丙二醇酯加上2%～4%单甘酯的塑性起酥油。这些产品可成功地用于蛋糕一步法生产中。

7.4.2 含α化乳化剂的流态起酥油

也可采用一步法工艺生产蛋糕，该工艺中所有的配料在开始时就一次性加入，并混合成面糊。在这种情况下，空气更多的被束缚在水相中而不是起酥油中。必须要防止那些与油脂有关的消泡作用，这样才能形成水包气的泡沫，而这些泡沫是利用面粉和鸡蛋所提供的蛋白来稳定的[3]。 这要通过起酥油中所含的α化乳化剂来完成，典型的是脂肪酸丙二醇酯(PGME)或乙酰化单甘酯(AcMG)。 在足够高的浓度下，这些乳化剂在油/水界面上形成一个固态膜(图7.3)。 这种界面的固态膜将脂肪同水相隔离开来，这样脂肪就不能使蛋白泡沫失稳。

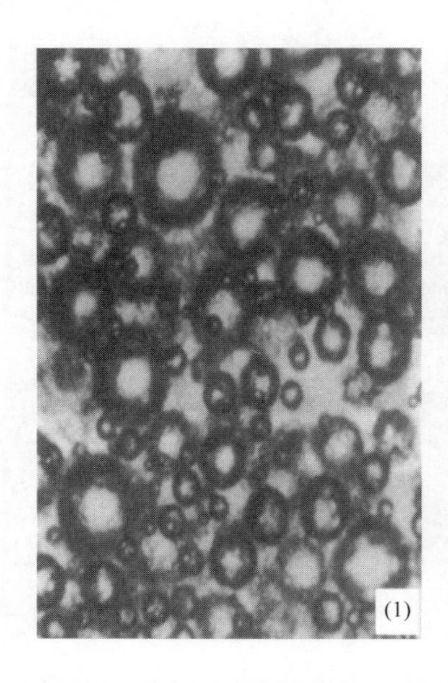

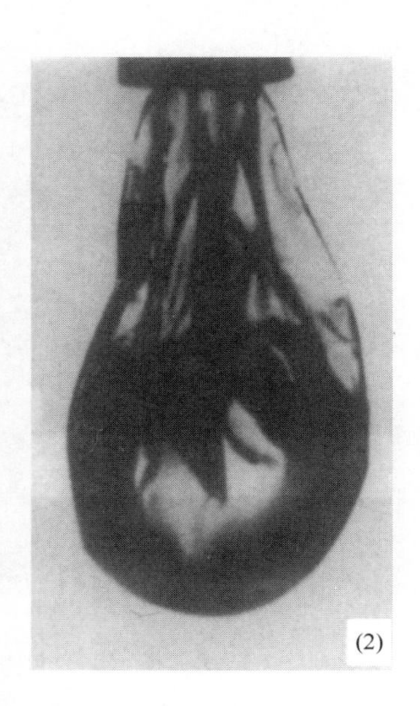

图7.3　(1)含有PGME的油制作的油蛋糕面团的显微照片，显示出良好的空气包裹情况；(2)当一些水从注射器尖端流出时，水滴悬挂在含PGME的油中间。变皱的物质是固化在界面的乳化剂(经允许引自参考文献[4])

α化乳化剂倾向成膜的特性使液态油也可作为起酥油用于蛋糕或重油蛋糕面糊。 用流态起酥油制成的蛋糕比用塑性脂肪制成的更为柔软。 这种蛋糕即使在保藏一周甚至更长时间后，吃起来也会有湿润的感觉。 蛋糕预拌粉通常也含有10%～15% α化乳化剂的液态油。 其他乳化剂如吐温65也可被应用于含油蛋糕中。 鉴于这种蛋糕的柔软性，这类配方通常并不适用于工业化的蛋糕生产。

7.4.3　重油蛋糕、纸杯蛋糕

在面糊特性和焙烤过程中的反应(定时释放膨松气体，产生质构等)上，重油蛋糕和纸杯蛋糕与夹层蛋糕是相似的。 它们不如大多数蛋糕甜，而且通常情况下具有更为开放的团粒结构(不期望是密闭的、细腻的纹理)。 使用的起酥油是一种通用型(无乳化剂)起酥油。 在需要极度松散的质构且湿润口感的情况下，例如生产高纤维重油蛋糕时，可使用植物油起酥油。 起酥油的用量水平变动很大，以面粉重量计为18%～35%；而最终产品的柔软度亦随之改变。

7.4.4 奶油糖霜

夹层蛋糕通常涂有一层糖霜，以增添甜味和风味。奶油糖霜的制备过程是：将脂肪和糖（比例约为3∶4）搅打，然后加入风味剂和蛋清，也可加入少量水，再高速混合直到其密度处于0.4~0.6g/mL的范围内。可采用的脂肪变化多样，若采用传统的天然黄油，可以获得风味良好的糖霜。考虑到经济因素，部分或所有的天然黄油经常被乳化起酥油所替代，其SFI曲线与黄油相似。重要的是起酥油的熔点必须约为37℃（体温），否则残留的硬脂将会在嘴里产生一种令人不悦的油腻或蜡质感。

2%~3%的单甘酯通常用作乳化剂。在高含量（如在蛋糕用乳化起酥油中含4%）时，糖霜的充气效果较差，浓度约为0.5%的吐温65也被用在某些糖霜起酥油中，它具有较高的HLB值，可在糖霜中包容更多一些的水分[5]。

7.5 蛋糕甜甜圈

蛋糕甜甜圈是在热油（180~190℃）中煎炸而成的，而不是烘焙的。发酵甜甜圈是一种甜面团，分割成环形，醒发之后进行煎炸。蛋糕甜甜圈是化学膨发的，其面糊组成与蛋糕或纸杯蛋糕相似。被起酥油相所束缚的空气在甜甜圈面糊中进一步分隔的程度对成品甜甜圈的纹理开放度产生重大影响。因此，通常可采用乳化型蛋糕用起酥油。面糊在环状模具中被挤压成型，然后投入热油中煎炸。开始，面环淹没在油中，但很快膨发使之升至油面上；在整个煎炸循环过程中，它在中途被翻转以使其两面都得到煎炸。在煎炸过程中，面糊中大量的水分蒸发，相同体积的煎炸油会被吸入到甜甜圈中，此部分油脂约占成品甜甜圈脂肪含量的一半。煎炸油的性质对成品甜甜圈的食用特性有很大影响。如果煎炸油具有相当高的SFI曲线和高的熔点，那么冷却的甜甜圈将具有紧密的质构和干燥的口感。另一方面，如果使用高稳定性的煎炸油（具有接近或略低于室温的熔点），那么甜甜圈将有油腻感且很难引起食欲。一种好的甜甜圈煎炸油应具备比通用起酥油更高一些的SFI，但具有较低的熔点。

如果要给甜甜圈裹糖粉的话，甜甜圈吸收脂肪的均一性对于获得恰当的涂裹效果来说是非常重要的。如果冷却甜甜圈中脂肪太硬，那么糖的黏附将会太少。相反，如果这些脂肪太软，那么包装好的甜甜圈在贮藏过程中糖将会“熔化”。为了获得最好的结果，在温暖的天气下，煎炸油的SFI曲线应接近表7.1中所列的指标上限；而在寒冷天气下，则应取表7.1指标下限。选择恰当的煎炸油对于成品蛋糕甜甜圈的品质来说是极其重要的。

表 7.1 焙烤起酥油的典型物理特性①

起酥油类型	固体脂肪指数					AOM/h
	10℃	21℃	27℃	33℃	40℃	
RBD 油②	0	—	—	—	—	10
轻度氢化油	<5	<1.5	—	—	—	25
深度煎炸油	47±3	32±3	25±2	12±1	<2	200
通用起酥油	28±3	20±2	17±1	13±1	7±1	75
蛋糕，糖霜用油③	32±3	25±2	22±2	16±1	11±1	75
派用油	26±3	17±1	14±1	10±1	6±1	75
威化填充脂肪	55±4	39±3	29±3	4±1	<1	100
夹心饼填充料	38±3	24±2	18±1	9±1	<2	100
涂层脂肪	64±5	52±4	44±4	20±2	0	200
酥皮人造奶油	34±3	30±3	27±2	22±2	16±1	200
通用人造奶油	28±2	21±2	18±1	15±1	10±1	—
黄油④	32	12	9	3	0	—
可可脂④	62	48	8	0	0	—

注：①普通化学性质：过氧化值，最大 1meq/kg；游离脂肪酸（油酸计），最大 0.05%；磷含量，最大 1mg/kg。
②RBD = 精炼、脱色和脱臭油。
③对蛋糕含 3% ~5% 的 α 化单甘酯，对糖霜 2% ~3%。
④典型数据。作为天然产物，这些值可在一定程度上变化。

7.6 曲奇

7.6.1 对质构和延展性的影响

和蛋糕一样，在曲奇面团的起酥油油相中所束缚的空气泡将成为焙烤过程中膨发气体的核心。如果对于纹理细腻的曲奇来说，就要求使用乳化型起酥油来加工，例如一种软糖曲奇。对于薄脆曲奇，轻度氢化油可提供最佳的产品特性。而对于多数传统切割生产的曲奇，通用起酥油更适用。可以预见的是，随着配方中起酥油量的增加，焙烤曲奇的酥松度也会增加。

在工业化的焙烤房中，焙烤曲奇的直径很重要，其成品必须符合预先设计好的容器。有时厚度也是一个需要考虑的因素，它取决于所使用包装设备的形式。面团中糖和起酥油的含量（相对于面粉）影响着曲奇直径和厚度，其影响的模式相当复杂[6,7]。简而言之，在含糖 50%（面粉基准）的面团中，增加起酥油将增大直径并降低厚度。而在含糖 90% 的配方中，增加起酥油将减小直径并对厚度影响较小。

7.6.2 生产中需考虑的因素

（1）面团 对于传统切割生产的曲奇，在面团从模具中挤出，被切割的部分落在焙烤传送带上时，该主体面团包裹细分的空气泡。在焙烤曲奇时，膨发气体（蒸汽、二氧化碳）聚集在空气泡核中。如果空气室大而少，那么成品曲奇的纹理将是多孔疏松的，反之如果空气核小而多，那么曲奇将具有细腻的纹理。起酥油在面团被挤出时也起润滑作用。如果要开发一种低脂曲奇，通常可以发现问题出现在切割机上：面团挤出不顺畅。油作为允许添加的脂质，其使用将有助于该问题的解决。

在回转成型曲奇的制作中，空气的包裹很重要，与此同时起酥油还对曲奇的加工和品质起到结构性作用。起酥油的固相影响着面团的硬度；如果脂肪太软（SFI 曲线太低）则面团会较软，这样就不适于在模具中用机器切割。再者，油还将易于从成型的面片中渗漏出来，并浸透布质的传送带，进而引起麻烦。如果 SFI 曲线太高，面团较坚硬，它将不能恰当地填充模具，并难以干爽地从模具中脱落。在前一种情况中起酥油未能对面团的结构起足够作用，而在后种情况中起酥油所应起的润滑作用是欠缺的。必须保持起酥油中固相和液相的平衡，以获得良好的机械加工性能。为获得所需的精确平衡，必须在面团中使用轻度氢化油与通用起酥油的复合物。获得最佳效果的确切比例取决于实验：如果少量面团卡在模具中，就多用一点油；而呈现黏附情况，就少用油（或采用具有较高 SFI 曲线的塑性起酥油）。

对薄脆曲奇，比如玛丽曲奇来说，面团结构基本上取决于适量面筋的形成，而成品的质地则依赖于合适的挤压和碾片。而起酥油在这些产品中的主要作用是使成品具有酥松的食用品质。这应该归功于油相，当配方中使用的液态起酥油占塑性脂重量的75%时，可获得良好的结果。曲奇是一种长货架寿命的产品，因此其保质期必须长达 6 个月或更长时间，才会被顾客所接受。如果在面团中使用油，那么它必须具有良好的氧化稳定性，这样在储藏过程中才不会发生酸败。

威化面团通常不含油或者脂。然而，某些情况下面团中可加少量的油，目的是使焙烤的威化易于脱离烤盘。其用量足够使之脱离烤盘即可（可以是总面团重量的0.5%）。在该应用中，具有高氧化稳定性的油可起到最好的润滑作用。

（2）夹心脂肪 用于糖霜夹心威化饼或夹层曲奇的夹心料由糖和脂肪组成，同时还要加入所需的风味剂和色素。夹心料的硬度很大程度上取决于所用脂肪的 SFI 曲线。该曲线必须符合三个要求：

①混合料稠度须较低，以使之可被挤出到基饼或威化片上；

②挤出的夹心料必须在室温及以下温度下保持坚硬，这样曲奇在食用时才不会打滑；

③在口腔温度下脂肪必须几乎完全熔化，这样才不会有蜡质的口感。

为达到这些要求，夹心脂肪的SFI曲线必须相当陡峭，在低温下要比通用起酥油高，而高温下比其要低。夹心脂肪塑性范围十分狭窄，因此必须在混合器和挤出成型机中，准确地控制料温。

威化饼和夹心曲奇的夹心料中的固脂部分构成了夹心料的主体。当注好心的威化饼和夹心曲奇冷却到室温时，这种乳霜将达到所需的硬度。在夹心威化饼的制作过程中至关重要的一点是脂肪晶型为β'型。如果起酥油转变为β晶型，会导致威化片在运输中或切割时发生滑动。而且，β晶型比β'晶型成型慢，导致挤出到切割过程的时间延长。在夹心曲奇中，这个影响不存在，因为其夹心后无须切割。威化夹心脂肪的SFI曲线比夹心饼中夹心脂肪的SFI高，因为要防止上层和下层的威化片在切割时发生相对滑动。威化脂的SFI值有很宽的范围可供选择，不同的工厂可根据其设备、加工条件、地理位置的不同来确定适合自己的规格。

(3)涂层脂肪　曲奇及其他休闲食品通常有巧克力涂层。在所有天然脂肪中，可可脂的SFI曲线很特别，在室温及低于室温时很高，但在约32~35℃时迅速熔化，这种特性使其适合做涂层。还有许多可可脂的替代品出售，它们是用牛油树脂、分提的棕榈仁油、大豆油或类似的植物油经特殊方式氢化而成。这种脂肪称为“硬质脂肪”。

硬质脂肪没有可可脂那样陡峭的SFI曲线，其熔点也略高，在38~42℃(可通过轻微改变加工参数来调整熔点)，硬质脂肪通常与可可粉、糖、乳固形物等混合用作曲奇或威化的涂层。尽管脂肪在口腔温度下不能完全熔化，但这影响并不大，因为它将与曲奇中其他成分一起被咀嚼，曲奇中不熔部分和少量残留固体脂肪并不会被察觉。糖果涂层优于巧克力，当它在手中或暴露在炎热的夏季温度中时并不会迅速融化。

可可脂的结晶行为非常复杂，必须仔细调温，才可获得平滑的、有光泽的、稳定的涂层。如果涂层中的可可脂由于温度波动或其他原因发生晶型转变，会使表面灰蒙蒙的，即巧克力“起霜”。硬质脂肪因其结晶习性不那么复杂而容易调温，很少会起霜。通常这两种脂是不相容的，在硬质脂肪做成的涂层中添加可可脂，其含量不应超过可可粉中所含的可可脂量，它只是用来调整风味和颜色的。同样，添加硬质脂肪到巧克力中也会促进“起霜”的形成。

(4)薄脆饼干（racker）　在市面上主要的两种薄脆饼干为苏打饼干和小吃薄脆饼。两种都添加了10%~12%的塑性起酥油到面团中，以提供酥脆性，并使最终产品有“脆”的口感。另外，小吃薄脆饼在热出炉时可喷涂油脂以增进口感并使调味料粘在饼片上。通常，可采用熔点为33℃的轻度氢化椰子油，而近几年，选择性氢化豆油也得到成功应用。

其多不饱和脂肪酸几乎降至0，但熔点保持在35℃左右。如果需要光泽的外表，应使用20℃下SFI为10左右的油，而20℃下SFI为20的油将提供一个较干爽的表面。因为油分布在或接近于薄脆曲奇表面，而薄脆饼干一般要求保质期最少为6个月，所以喷涂的油应具有良好的氧化稳定性，AOM值应不小于100h。

7.7 派皮、饼干

起酥油在派皮和饼干中的功能类似于其在多层面团中的功能；面团中由脂肪产生的层状结构抗拉强度较小，因此获得了片层状的质构。不过达到这种效果的方法却不尽相同，主要依靠调整所用塑性起酥油的性质来获得。起酥油加到混合的干配料中形成小(豌豆大小)的颗粒。然后加入液体，面团被缓慢搅拌直到刚开始具有黏性(此时面筋还未形成)，然后铺开，将获得的面片(派皮或饼干)进行切割并焙烤。其中起酥油的分布与酥皮中的更相似，而不同于牛角面包中的情况。人们并不希望所有的酥油与面粉都完全结合。举例来说，对于丹麦酥，就要求所采用的起酥油比通用起酥油硬一点。同样的例子是，派皮或饼干面团在加工过程中必须保持冷却(甚至冷藏)，以维持脂肪片层的完整。

另一方面，饼干中的起酥油的熔点不应显著高于体温，否则吃起来会有蜡质感。只要起酥油的SFI曲线与推荐用于夹心曲奇填充脂肪的曲线相似，就可成功使用，并能达到所有目标。

7.8 焙烤起酥油的规格

对于烘焙师来说，起酥油的某种特定性质是尤其重要的。起酥油的固体脂肪指数、塑性以及氧化稳定性取决于起酥油供应商的生产过程。原料油的来源、氢化的程度和条件、各种原料的混合和结晶、包装后的储藏条件，这些生产过程中的变量决定了影响起酥油功能性的因素。适当了解以上提及的三个因素的属性以明确它们在焙烤加工过程中所起的作用，将有利于为不同的焙烤产品选择合适的起酥油。

7.8.1 固体脂肪指数/含量

固体脂肪指数（SFI）指各种温度下在起酥油中固体所占的百分数（译注：严格地说这是SFC的定义）。该曲线可有多种形状，如可可脂的像小山丘，或在多数范围内是直线，有一个或陡或缓的斜坡。整个曲线不能仅在一个温度下确定。不同脂肪的SFI曲线可能相交；为了理解不同温度下起酥油的特性，需要了解整条SFI曲线。

SFI 是通过将脂肪样品放入膨胀测定计中，测定不同温度下体积而得到的。当固体脂肪熔化时即发生膨胀，固体的甘油三酯膨胀系数为 0.00040mL/（g·℃），液体的甘油三酯膨胀系数则为 0.00084mL/（g·℃）。起酥油是各种甘油三酯的混合物，在一定的温度范围内熔化，确切的体积改变如图 7.4 中的实线所示。在这个假设的例子中，脂肪中的确切固体百分数在 20℃时 S/T 在47% 左右。虽然油的特定体积曲线容易测定，但相应纯粹固体的曲线却很难确定。标准的 SFI 方法(AOCS 方法 Cd10 – 57)以采取某种妥协的方式克服了这个难题：在低于液体曲线 0.100 个单位处作一条与该曲线斜率相同的参比曲线(图 7.4 的虚线)。在例子当中，SFI 值 S/T 在 40% 左右。

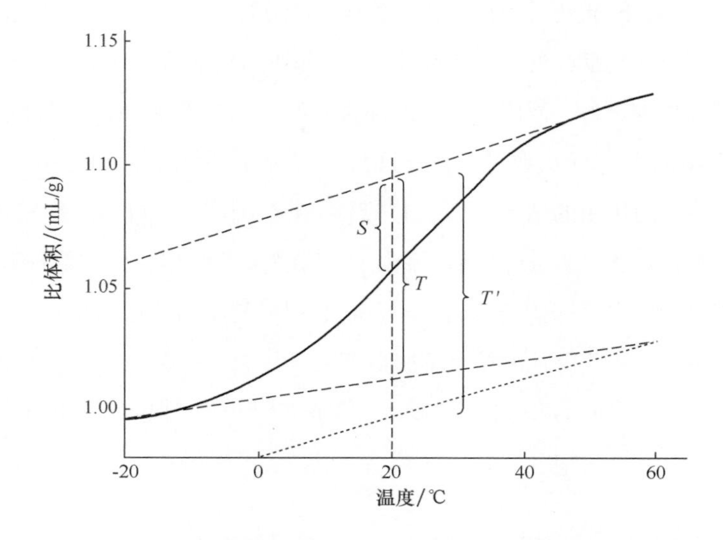

图 7.4 采用膨胀测定仪测定固体脂肪指数的曲线示例

膨胀测定法很耗时，且受限于前面给出的妥协方案。最近，脉冲核磁共振已被用来测定样品中液体与固体脂肪的相对含量，该方法基于样品受激发后，质子在两相中的驰豫率不同(AOCS 方法 Cd16 – 81)。只要适当校正，就可直接给出固体脂肪的百分比，其结果为固体脂肪含量(SFC)。该方法比膨胀法节约时间，但设备较贵。

SFI 与 SFC 的关系是一个有关温度和 SFI 范围的复杂函数。对 46 种塑性起酥油在 10 ~ 45℃范围内的情况进行全面研究，得到可确定两个值之间的换算公式的数据[8]。研究 14 种硬质脂肪[9]表明其 SFI – SFC 关系并不像起酥油的那么复杂。

采用分析方法测定 SFI 和 SFC 值是相当精确的；平行的测定值应该保持在正负 1 个单位内。表 7.1 所示的 SFI 和 SFC 值都具有相当大的偏差范围，这是因为在起酥油生产工序中进行控制以获得比给定的偏差更小的结果是十分困难的。

焙烤中塑性脂肪的功能性不仅取决于固体含量，也取决于 SFI 曲线的斜率。符合 SFI

规格表示某批特定产品的值在要求的范围内，而且与目标值的偏差都在同一边，或者更高或者更低。 这在制造人造奶油与起酥油的混合基料时相当重要。

7.8.2 塑性

脂肪的塑性通过实际操作来确定；起酥油应该是光滑的、无颗粒、受挤压后容易变形、但放在平面上能够保持形状。 到目前为止，还没有测量这些性质的精确方法。 各种各样的穿透试验可给出有用的近似值，但使用时必须谨慎。 其中一个为针入度法(AOCS 方法 Cc16－60)。 将一个金属锥放在脂肪上表面，在设定时间后测量其刺入的深度。 比起硬脂肪，较软脂肪的针入程度较高。 第二种方法在起酥油的生产线上有实用价值，其工具是一根针。 一根管子垂直放置于脂肪表面，针从管子的顶部落下，刺入的深度可从针上的刻度读出。

塑性范围是指起酥油具有上述性质的温度范围。 塑性是两个因素：SFI 和晶体结构的函数。 假设起酥油具有适宜的 β' 晶体结构，那么它将在 10～25SFI 单位内呈现出塑性(图 7.5)。 对塑性上下限的选择取决于个人选择的经验及该塑性脂肪的应用；作为家用时，焙烤起酥油的塑性范围比人造奶油更宽。

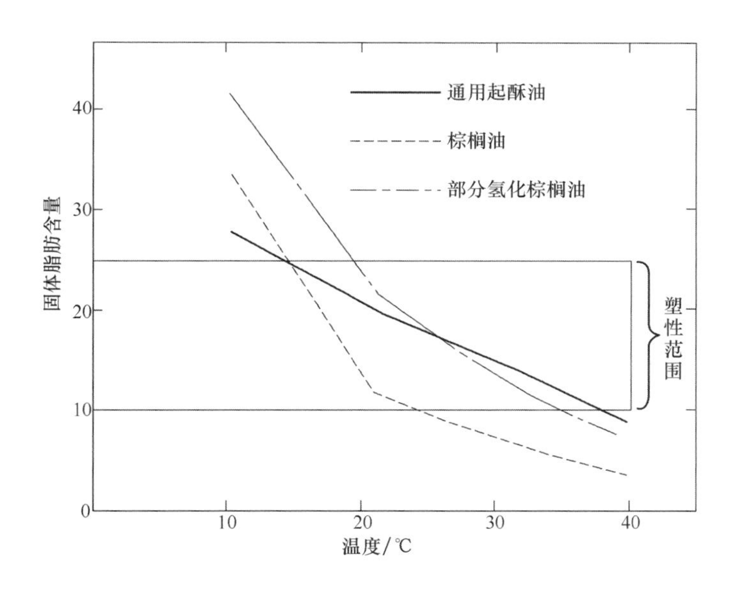

图 7.5 三种具有不同 SFI 曲线的起酥油的塑性范围

甘油三酯有三种不同的晶型。 将熔化的脂肪快速冷却得到蜡状的固体为 α 晶型［图 7.6(1)］，这是一种极不稳定的晶型，会马上转变为长针状的晶簇，即 β' 晶型［图 7.6(2)］。 这就是塑性起酥油所要求的晶体形态。 细长的晶体聚集在一起形成“毛刷”状，它可固定比自身重量重几倍的液态油。 当受到挤压时，细长针状物迅速断裂(当压力消失后，又重新形成），因此总体上的感觉是一种非常平滑，像奶油般的固体。

如果在生产过程中没有经过熟化稳定结晶相或是起酥油保存在过于温暖的温度下，那么固相将重新聚集成最稳定的结构，即β晶型［图7.6(3)］。这是一种平板状、坚硬的结构。因其单位重量的表面积小于β′晶型，所以β晶型只能固定较少的液体。转变为β晶型的脂肪为颗粒或沙粒状，而且油腻。转变为β晶型的起酥油比经同样转变但稳定在β′晶型者塑性要差一些。

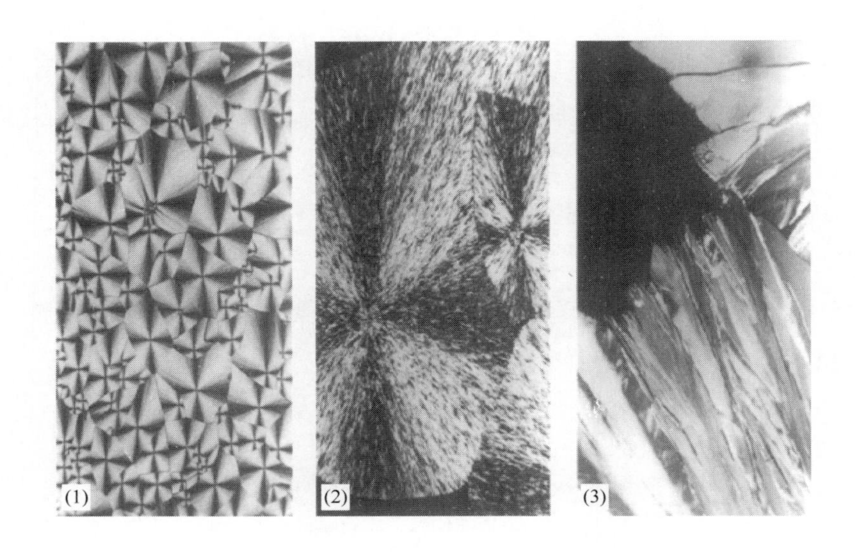

图7.6 采用偏振光拍摄的脂肪结晶显微照片，从左到右为：α晶型；β′晶型；β晶型

由100%氢化大豆油或葵花籽油制得的起酥油容易转变为β晶型。若添加5%～7%氢化棕榈油或棉籽油可将其稳定在β′晶型。在美国，大部分塑性起酥油由部分氢化的大豆油加少量的棕榈油或棉籽油硬脂片(碘值5gI/100g)制得。只有少量起酥油需要一些β晶型，主要是流态起酥油和酥皮人造奶油。

前面已经讨论了塑性在各种焙烤产品中的作用。在通常的曲奇饼干生产中，塑性起酥油与糖一起混合，或搅打乳化以包裹空气泡。这些空气泡在焙烤中成为气体膨胀的核心。空气是在物理作用下被束缚住的，而β′晶型起酥油的毛刷结构比β晶型的平板状结构能做得更好。空气实际上存在液态油相中，因此如果SFI值过高将没有足够的油容积来容纳充分的充气。另一方面，如果SFI值太低而致使空气不能被束缚住，将使其在面团完全混合前逃逸。将起酥油搅打乳化至能够提供最好充气效果的一个SFI值范围，该范围与其塑性范围是一致的。

对于准备焙烤的面团，机械加工通常会导致升温。如果起酥油SFI值过低会观察到渗油现象。其塑性在混合操作中所经受温度下是合适的，然而由于机械加工带来的升温会导致其在进入烤箱前引起麻烦。起酥油的塑性范围太窄将不能兼顾混合和成型操作。当使用一种单一的起酥油(如棕榈油，如图7.5所描述的那样)时常常会碰到这种情况。选用塑性范围更宽的起酥油通常能够解决这些问题。

威化饼和夹心曲奇的夹心用油所面临的要求不尽相同。在室温下，如果SFI值太低，威化易于产生滑动。夹心用油的塑性范围更窄，对混合器的温度缺乏耐受力。当威化冷却至室温时，夹心应该获得所需的硬度，在威化饼生产中，重要的一点是晶型必须为β′型。若起酥油开始转变为β型，其导致的油腻将会使威化片在运输或切割时产生滑动。另外，β晶型比β′晶型成型慢，使挤出口到切割操作的过程产生延迟。

7.8.3 氧化稳定性

油脂氧化稳定性的重要性取决于油脂的用途，特别是使用温度和终产品的贮藏时间。面包和深度煎炸的休闲食品是两个极端的例子。对于面包，其脂肪所经历的最高温度为95℃(焙烤中最终的内部温度)，储存时间最多为7天；不太稳定的起酥油、化学精炼油脂都可应用于面包烘培，而且没有发生酸败的危险。用于深度煎炸的油脂，油温可加热到180℃，且在煎炸过程中暴露在空气中，期望货架期高达1年，此时应使用稳定的油脂，这样才不会因酸败而使休闲食品过早被拒绝。

不饱和脂肪酸碳链会发生自动氧化。油酸、亚油酸、亚麻酸和花生四烯酸(分别为1、2、3、4个双键)的相对氧化速率分别为1、12、25和50。自动氧化是一种自由基反应，由自由基与双键相邻的亚甲基(—CH_2—)作用而引发并传递(图7.7)。失去一个氢自由基后，碳链中的一个双键转移到共轭位置，使自由基位点转移到共轭体系以外的碳原子上。溶解的氧加到这个位点形成过氧自由基，它又从供体（也许是另一个亚甲基）取得一个氢后形成一个氢过氧化物。该氢过氧化物分裂产生两个自由基：一个羟基自由基和一个烷氧基。该分裂过程受到金属离子铜或铁的催化作用，其结果是净增三个自由基，每一个又都能引发另一个链反应。反应速率可自动增强，也就是说，这是一个自催化反应。

只要分子氧和引发自由基存在，上面详述的反应就能在黑暗中进行。如果油脂暴露在光线下，溶解的氧可光敏化形成单线态氧，而直接在图7.7所示的第二个阶段启动反应链。

油脂的自动氧化程度常用过氧化值(PV值)来衡量，它是指样品中参与化学反应的过氧化物的含量(AOCS方法Cd8－53)。

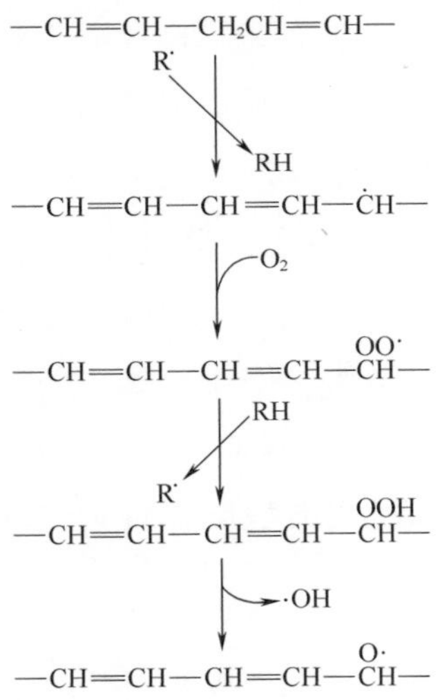

$$-CH{=}CH-CH_2CH{=}CH-$$

R˙ → RH

$$-CH{=}CH-CH{=}CH-\dot{C}H-$$

O_2

$$-CH{=}CH-CH{=}CH-\overset{OO^{\cdot}}{CH}-$$

RH → R˙

$$-CH{=}CH-CH{=}CH-\overset{OOH}{CH}-$$

·OH

$$-CH{=}CH-CH{=}CH-\overset{O\cdot}{CH}-$$

图 7.7 多不饱和脂肪酸自动氧化反应

四个主要因素促使氧化酸败：

(1)痕量的自由基引发反应链；

(2)分子氧传递反应链；

(3)金属离子催化氢过氧化物的裂解；

(4)光敏化氧引发反应链。

适当的精炼和脱臭可去除过氧化物，它是痕量自由基的来源。油脂应置于氮气中进行加工、运输和保存。油中的金属离子可通过柠檬酸的螯合作用而得到抑制。最后，油应尽可能避光。通过以上这些预防措施，其氧化稳定性可增强几倍。

抗氧化剂也可增强氧化稳定性。它们结合活化的自由基，阻止新的反应链引发。如果因氧和痕量金属的存在使自由基持续生成，那么最终所有的抗氧化剂都将反应掉，自动催化就会毫无阻碍地进行下去。

油脂的氧化稳定性可通过活性氧法测定(AOM 值，AOCS 方法 Cd12 - 57)。油脂在 97.8℃下保温，将空气泡鼓入，样品中过氧化物浓度达到 100meq/kg 所需的时间即为样品的 AOM 稳定性值。另一种密切相关的方法是用 Rancimat 测定油脂的稳定指数(OSI，AOCS 方法 Cd12b - 92)，也将气泡通过热油。降解产物中有一种是甲酸，将它在水中捕集，设备连续检测水的电导率，记录下它快速上升时的时间，Rancimat 在 110℃时测得的时间是 AOM 时间的 40% ~45%，所以 OSI 为 4h 的稳定性相当于 AOM 10h 的稳定性。

由于许多显而易见的原因，氧化稳定性显得很重要。焙烤师不希望起酥油在使用前的储藏过程中就已发生酸败，希望终产品尽可能避免酸败。焙烤前的油脂过氧化值应低于1meq/kg。如果油脂的用量足够大，焙烤师可考虑用氮气充入储罐中来增强储藏稳定性。

7.8.4 典型的技术规格

烘培房用起酥油的完整规格包括上述讨论因素外的众多因素以及表7.1中所列出的指标。这些因素包括诸如期望的原料来源、包装、储存等以及与良好操作规范（GMP）和危害分析关键控制点（HACCP）相关的众多因素。在表7.1中的项目直接与起酥油在焙烤食品中的应用有关，这正是本章所讨论的。谨慎的质量控制人员会写出包括更多项目的实用规格。

过氧化值的最大允许值与起酥油抗氧化酸败的潜在能力有关。过氧化值较大意味着起酥油会很快酸败。AOM值直接反映出这种特性。供应商只要将起酥油生产用的最初原料（如豆油）进行很好地精炼加工，就可达到规定的游离脂肪酸和含磷量的限值。

不必给出熔点，因为通常它与油在焙烤中的功能性关系不大。作为参考，应该指出可用多种测定熔点的方法，它们与SFI曲线的大致关系如下：Wiley法测定的熔点对应SFI为3，梅特勒（Mettler）滑点法测定的熔点对应于SFI为1.5，完全熔点法对应于SFI为0。

最后，需要强调的是，表7.1给出许多焙烤起酥油典型的物理规格，对于特定产品或生产线可以也应该进行调整。给出的值只是一个指导，而完善的添加剂规格应与起酥油供应商协商后定出。

参考文献

1. G. L. Hasenhuettl, "Fats and Fatty Oils," in the *Kirk – Othmer Encyclopedia of Chemical Technology*, 5th ed., vol. 12, Wiley, Hoboken, N. J., 2005.
2. W. R. Moore and R. C. Hoseney, *Cereal Chem.* **63**, 172 – 174 (1986).
3. N. B. Howard, *Bakers Dig.* **46**(5), 28 – 30, 32, 34, 36 – 37, **64** (1972).
4. J. C. Wootton, N. B. Howard, J. B. Martin, D. E. McOsker, and J. Holme, *Cereal Chem*, **44**, 333 – 343 (1967).
5. T. Crosby, "Fats and Oils: Properties, Processing Technology, and Commercial Shortenings," in F. J. Francis, ed., *Wiley Encyclopedia of Food Science and Technology*, 2nd ed., Wiley, New York, 2000.
6. J. L. Vetter, D. Blockcolsky, M. Utt, and H. Bright, *Tech. Bull. Am. Inst. Baking* **6**(10), 1 – 5(1984).
7. J. L. Vetter, J. Zeak, and H. Bright, *Tech. Bull. Am. Inst. Baking* **10**(9), 1 – 6 (1988).

8. J. C. van den Enden, A. J. Haighton, K. van Putte. L. F. Vermaas, and D. Waddington, *Fette Seifen Anstrichm*, **80**, 180 – 186 (1978).
9. J. C. van den Enden, J. B. Rossell, L. F. Vermaas, and D. Waddington, *J. Am. Oil Chem. Soc.* **59**, 433 – 439 (1982).

8 食品工业中的乳化剂

Clyde E. Stauffer

8.1 乳化剂——双亲分子

单词表面活性剂（surfactant）是一个新造的词（从“surface active agent”而来），它指一类会迁移到两相界面并且在界面区域内浓度大于体相浓度的分子。表面活性剂的重要特性在于它具有双亲性，即分子亲油（或疏水）端倾向存在于油相（非极性）环境，而亲水端倾向存在于水相（极性）环境（图8.1）。这里“倾向”实际上意味着当亲油端在油相（或气相）以及亲水端在水相时，体系的热力学自由能处于最小值[1]。若表面活性剂溶于普通油水混合物的某一相，一部分表面活性剂就会浓缩于油－水界面，达平衡时界面自由能（称作界面或表面张力，γ）会比不存在表面活性剂时低。通过对体系输入机械能（例如搅拌）使其中一相分散度增大，将会使整个体系的界面面积与自由能增加；且单位面积的界面自由能越低，则输入给定的机械能所能产生的新界面的面积越大。体系中分散相称为不连续相，另一相被称作连续相。

如图8.1所示表面活性剂具备一个亲油（偏好油相）端以及一个亲水（偏好水相）端；正是这个原因，它们也被称为两亲（对两相都具亲和力）化合物。食品表面活性剂的亲油基通常是源于食品级油脂的长链脂肪酸，亲水基可以是非离子（如甘油）型，也可以是阴离子（带负电，如乳酸盐）型，或两性型，同时带正电与负电（例如丝氨酸）。阳离子型（带正电）表面活性剂一般具有杀菌能力和一定毒性，因此它们不用作食品添加剂。而例如单甘酯（非离子型）、硬脂酰乳酸（阴离子型）以及卵磷脂（两性型）等表面活性剂则应用于食品中。非离子型表面活性剂对水相中的pH以及盐浓度相对不敏感，而离子型表面活性剂的功能受pH与离子强度的显著影响。

有许多关于乳状液方面的书，其中Adamson[1]、Larsson与Friberg[2]、Becher[3]撰写的三本书比较好，他们为实际工作者总结与讨论了乳化剂技术的几乎所有方面的内容。

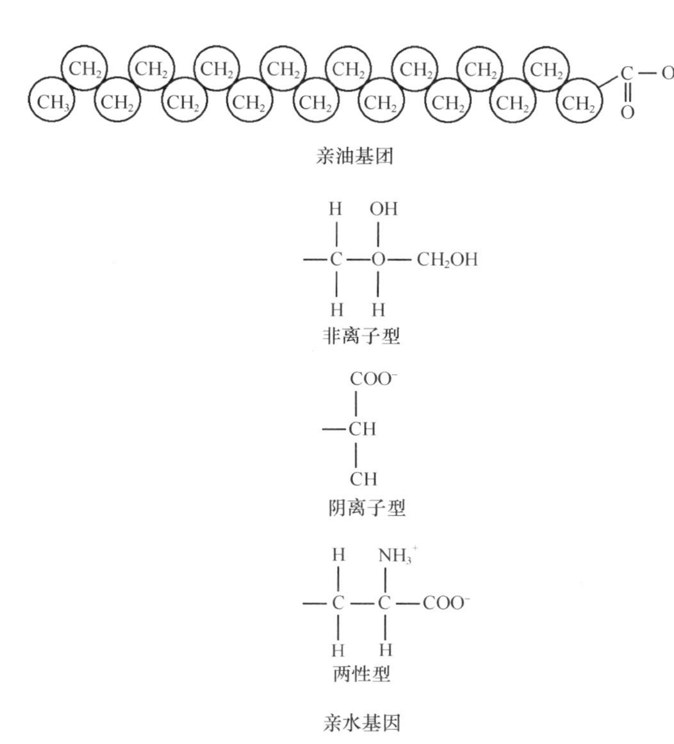

图 8.1 两亲分子的基本结构（亲油部分是长链脂肪酸硬脂酸）

8.2 食品中的表面与界面

表 8.1 所示为五种受表面张力影响的体系。一般情况下，乳状液是水包油（O/W）型的，其连续相是极性的（无机盐、糖、氨基酸等的溶液），而不连续相或分散相是非极性的（脂类，例如油或脂肪）。人造奶油生产使用熔融脂肪，其中的乳清悬浮液是油包水（W/O）型。在泡沫中不连续相为气体，连续相是水相或是油相。面团中连续水溶液相与不溶组分（淀粉颗粒、面筋蛋白）之间形成的界面是典型的水溶胶。食品加工过程中（例如油作为配料用于喷涂）常会出现雾状物；在食品配料的喷雾干燥中形成气溶胶。上两例中，颗粒尺寸通常大于术语中雾和气溶胶所定义的尺寸。

表 8.1 含有界面的食品体系[4]

体系	连续相	分散相
乳状液	液体	液体
泡沫	液体	气体

续表

体系	连续相	分散相
水溶胶	液体	固体
雾	气体	液体
气溶胶	气体	固体

8.3 表面活性

8.3.1 热力学

表面张力，表面自由能 研究的方法是用在长方形金属框架中的肥皂液膜（图8.2）。框架一边长为 l，是可移动的。将该边向右移动距离 dx 需作功为：

$$W = \gamma l dx = \gamma dA \tag{8.1}$$

式中 γ 为水－气界面自由能。整个表面自由能等于 γlx，γ 的常用单位为 mN/m，它在数值上等于老的单位（非国际单位）dyn/cm 或 erg/cm^2。上述概念是普遍适用的，表面可以是两种凝聚相之间的界面（例如水与油），这时可称为界面张力（自由能）。

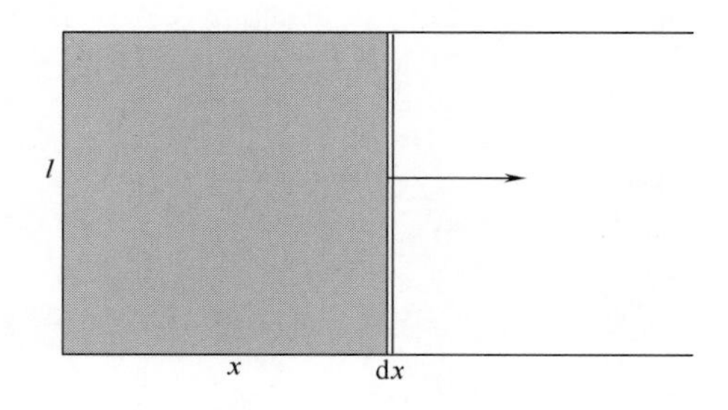

图8.2 有活动边的线框，框内形成液膜

如果界面是弯曲的，则曲率半径也会产生作用。假设气泡的半径为 r，则总表面能为 $4\pi r^2\gamma$，半径减小量 dr，则总表面能降低 $8\pi r\gamma dr = 4\pi r^2\gamma$。这种变化必须通过增加压力 ΔP 来平衡，否则气泡会被压缩而消失。压力差乘以表面积的变化等于总表面能的变化：

$$\Delta P 4\pi r^2 dr = 8\pi r\gamma dr \tag{8.2}$$

因此

$$\Delta P = 2\gamma / r \tag{8.3}$$

由式（8.3）看出小气泡的内部压力大于大气泡的内部压力，这在充气食品体系中有实际的应用。例如在蛋糕面糊中，使用延时摄影可看出小气泡（含 CO_2）逐渐消失，大气泡逐渐变大[5]。小气泡中的CO_2因为压力较高而溶于液相，然后进入内部压力较小的大气泡中。在其他食品中也有类似效应，整个连续相为溶解于其中的气体充当了导管的作用。

含有表面活性剂的溶液的表面张力比纯溶剂的低。表面张力在表面活性剂浓度到达临界胶束浓度（CMC）之前近乎是 ln(表面活性剂浓度)的线性函数（图 8.3）。超过 CMC 后，表面活性剂的热力学活度不再随加入表面活性剂量的增加而增加，并且表面张力也保持不变。界面张力会随着表面活性剂溶入其中一相而降低。图 8.4 中 γ 的下降趋势并不趋平，因为乳化剂（PGMS）在有机相(庚烷)中不形成胶束，图中曲线倾斜度的变化可归结于乳化剂分子在界面上取向的改变[7]。

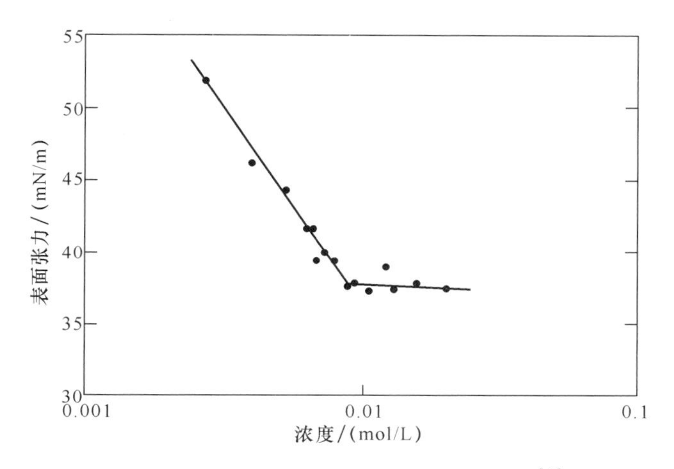

图 8.3　十二烷基磺酸钠溶液的表面张力[6]

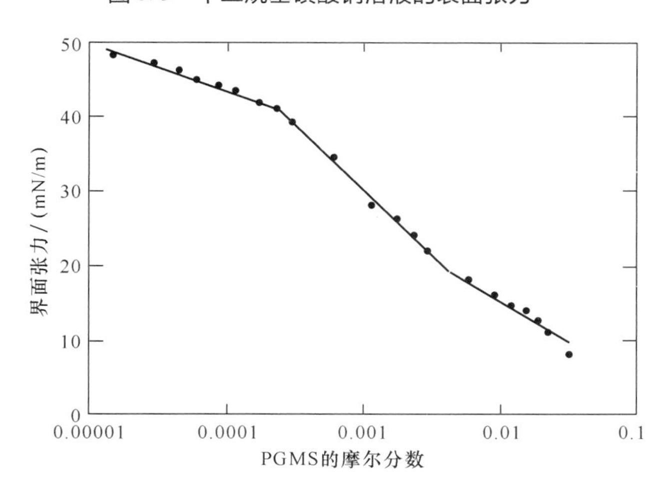

图 8.4　单硬脂酸丙二醇酯（PGMS）的庚烷溶液和水的界面张力[7]

8.3.2　界面上的浓度

乳化剂的表面过剩　表面活性剂分子在界面聚集，亲油基在非极性（气、有机溶剂）

相中，而亲水基在极性（水）相中。表面活性剂的这种迁移降低了体系的自由能。迁移的结果导致表面活性剂在界面区域浓度较高（图 8.5）。它与体相表面活性剂浓度差称作表面过剩 Γ。

表面过剩由 γ 与表面活性剂热力学活度 a 给出的关系式得出：

$$\Gamma = -(a/RT)(\mathrm{d}\gamma/\mathrm{d}a) \tag{8.4}$$

对于稀溶液，表面活性剂的活度等于浓度，Γ 可由 γ 与表面活性剂的摩尔浓度关系式得到。

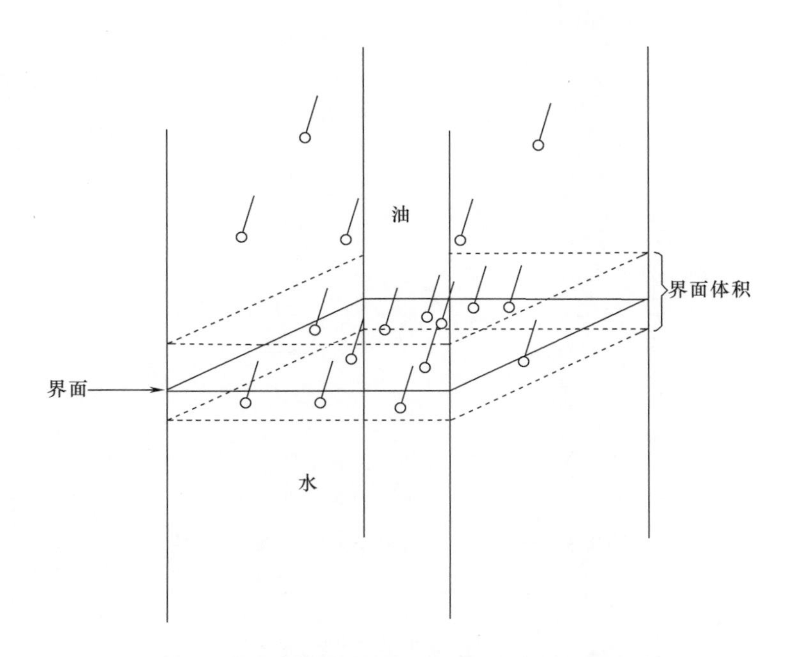

图 8.5 表面活性剂在油－水界面浓度过剩示意图

当表面活性剂分子在界面聚集时，溶剂分子被部分替代，因此溶剂在表面区域的浓度低于其在体相中的浓度。Gibbs 定律定义了表面相与体相的分界线，因此溶剂过剩量（负值）为零。式（8.4）给出了气－水界面上表面活性剂（例如十二烷基磺酸）的表面过剩。当需要了解表面活性剂的实际界面浓度时，这种情况更复杂，已有文献讨论过处理这些复杂情况的方法[1,7]。

8.3.3 表面的相互作用

当两个表面相互靠近时，存在两种作用力：一种为斥力；另一种为引力。两界面是否接触并聚结由两种力的相对大小决定。这对于液体表面（例如乳状液中的油滴）、固体表面（例如 $CaCO_3$ 细粉）以及膜表面（泡沫中的气泡）同样适用。DLVO 理论[8]描述了这些相互作用。

(1)双电层　当连续相为水相，界面带有相同净电荷时，就会产生静电斥力。例如，在用阴离子表面活性剂所稳定的水包油（O/W）型乳状液中，油滴表面会带负电。电斥力使液滴之间不易碰撞。在油滴表面，表面电势为Ψ_0，它随离开表面距离的平方而下降。因为阳离子被吸附于该区域，部分中和了表面负电荷。这种变化见图8.6。

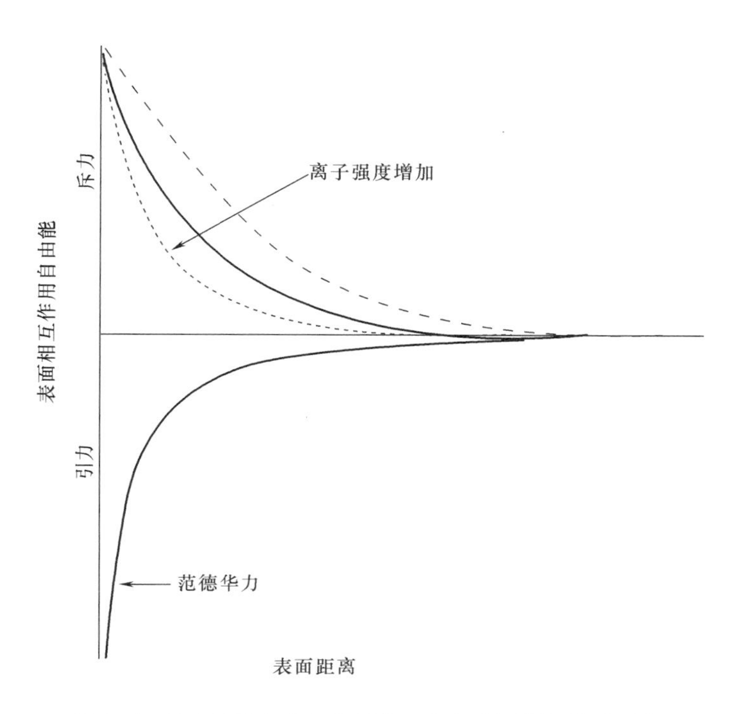

图8.6　静电势能(Ψ)和范德华力作为表面间距离的函数

Ψ的下降速率直接与溶液离子的强度有关，而离子强度μ与单个盐离子浓度与离子所带电荷（z）的平方相关：

$$\mu = 1/2 \sum c_i z_i^2 \qquad (8.5)$$

二价离子使Ψ下降的能力是单价离子的4倍。因此0.25mol/L 的$ZnSO_4$在促使乳液絮凝或聚结方面的效果相当于1mol/L NaCl。若重力是液滴聚集的唯一外力（例如分层），则乳液颗粒会相互靠近，直至静电势Ψ产生的斥力与重力相平衡的距离，此时乳状液处于稳定状态。

(2)引力　引力，总称为范德华力，存在于两油滴之间。简单地说，可将这些力看成是油水界面上油分子间的吸引力，当油分子之间相互接触时，自由能比油水接触时更低。其中有几种作用力：疏水作用力与London色散力是最主要的两种作用力。这些作用力是表面间距离的近似四次方的函数，并且不受离子强度影响。范德华吸引力见图8.6。固体悬浮液（纤维素纤维、$CaCO_3$细粉等）是通过同样方式得以稳定的。离子型表面活性剂可选择性地吸附于固体表面，产生Ψ电势，从而形成稳定的悬浮液。

泡沫的排液也遵循同样原理。例如，在肥皂泡中，脂肪酸盐分子在气－水界面聚集，表面带负电荷。两泡沫间的水不断排出直至它的重力与两个界面间的离子斥力相平衡，在这种厚度时泡沫是稳定的。水相中盐的存在会使泡沫的最终厚度下降，当离子强度够大时，泡沫的两个表面相互接触，泡沫崩解。蛋白质形成的泡沫（例如蛋糖霜）具有不同的稳定机理（将在后面讨论）。

8.4 乳状液

8.4.1 形成

（1）内相分散　单纯地将油加入水中是不会形成乳液的，输入机械能使内相液滴分散直至最终平均半径达到 1～100 μm 范围内。柱长度大于圆周长度 1.5 倍的柱形液滴是不稳定的，它倾向于断裂形成小液滴，对油水混合物机械搅拌会使液滴（顺着流线）扭曲成柱状液滴，然后柱状液滴断裂形成更小的液滴（图 8.7）。这个过程重复发生，直至液滴直径小到不能扭曲成柱形液滴并进一步分散为止。

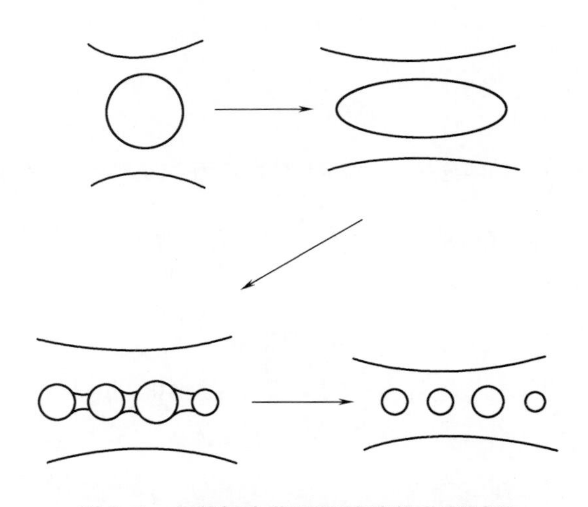

图 8.7　在剪切力作用下液滴的分裂过程

悬浮液滴形状为球体，因为相同体积时球体的表面积最小（即界面自由能最小）；表面积与液滴半径的立方相关，扭曲变形是流动剪切的作用，取决于液滴的截面积，它与半径的平方相关。直径大时，剪切作用力大于界面张力，液滴被扭曲变形成液柱，然后发生分散。液滴半径下降直到表面张力与剪切应力相平衡（甚至超过），这时停止进一步分散。在搅拌能量恒定的乳化实验中通过加入乳化剂改变表面张力 γ，发现平均液滴直径与 γ 平行变化。例如，加入更多乳化剂，γ下降，平均液滴直径也下降。当γ不变而增大搅拌能量，液滴尺寸也下降，这是因为改变了剪切应力与表面张力之间的平衡发生了改变，使更小的液滴能发生变形而分散。设计具有强化剪切应力的设备对于分散液滴更为有效。

(2)O/W 型与 W/O 型乳液　若强烈振摇油水混合物，它们会形成 O/W 型与 W/O 型分散液。当停止摇动时，开始发生相分离，水滴向界面沉降，油滴上浮，“乳液”迅速受到破坏。加入乳化剂后则结果不同，静置后，其中一相成为连续相，另一相保持分散。乳液的类型由乳化剂决定。一般来说，连续相通常是溶解乳化剂的一相，因此硬脂酸钠会形成水包油（O/W）型乳液，而二硬脂酸锌促使形成油包水（W/O）型乳液。已经有几种定性理论用来解释此种经验法则。

定向契合理论认为界面上的乳化剂分子是楔形排列的。钠盐的离子头相对碳氢链有更大（有效）的半径，因此油水界面变曲凸向水相。这有利于油滴的形成，从而产生 O/W 型乳液。另一方面，对于二硬脂酸锌而言，它的极性头比两个碳氢链小，因此油水界面朝水相变曲，形成（W/O）型乳液。

另一种理论从考虑两种类型液滴聚结的难易程度出发。振荡时，两相都会产生液滴，硬脂酸钠离子化，所产生的电势能阻碍油滴相互靠近和聚结，另一方面，水滴则不会有此种现象发生，它们会彼此碰撞并融合。二硬脂酸锌由于没有离子化，不会阻碍油滴相互靠近，范德华力则有利于使油滴进一步聚结。因此形成的乳液类型取决于油－油和水－水聚结的相对动力学。

(3)HLB 体系　亲水－亲油平衡（hydrophilic－lipophilic balance，HLB）是用作描述表面活性剂的特性参数，它是上述一般性经验规则[4,9,10]的延伸。HLB 值在 0～20 范围内，较小值代表乳化剂在油相中更易溶解，较大值相反。表 8.2 所示为一些食品用表面活性剂的 HLB 值。HLB 值可指导选择合适的乳化剂体系以获得高乳化稳定性的食用制品，例如沙拉酱、搅打裱花料以及类似油水混合物，这些食品通常需在 1 年以上的货架期内保持其乳化特性。

表 8.2　亲水－亲油平衡

表面活性剂	HLB
硬脂酰乳酸钠	21.0
吐温 80	15.4
吐温 60	14.4
单硬脂酸蔗糖酯	12.0
吐温 65	10.5
二乙酰酒石酸单甘油酯	9.2
二硬脂酸蔗糖酯	8.9
单硬脂酸三甘油酯	7.2

续表

表面活性剂	HLB
失水山梨醇单硬脂酸酯	5.9
琥珀酰单甘酯	5.3
单硬脂酸甘油酯	3.7
单硬脂酸丙二醇酯	1.8

两种乳化剂混合物的 HLB 值原则上等于它们各自的代数和，即 A 组分的重量百分比乘以它的 HLB 值加上 B 组分的重量百分比乘以它的 HLB 值。 Boyd 等人[11]采用等体积的水与 Nujol（食品级矿质油）组成的测试体系，以不同比例的司盘（山梨醇脂肪酸酯）与吐温（聚氧乙烯山梨醇脂肪酸酯）为乳化剂并调节 HLB 值范围至 8.5 ~ 16.5（用于形成 O/W 型乳液）与 2.0 ~ 6.5（用于形成 W/O 型乳液）。 控制条件制成乳状液后，测定油滴融合率来衡量乳液稳定性，发现 O/W 型、W/O 型乳液分别在 HLB 值为 12、3.5 左右最稳定。 在实际体系中，通常包含许多其他成分如糖、盐、蛋白质以及其他类型食品组分，所以最佳 HLB 值可能会改变，需要进行一系列的测试以确定最佳复配表面活性剂的配比。 作为经验规则，HLB 值在 3 ~ 6 范围内有利于形成 W/O 型乳液，HLB 值在 11 ~ 15 范围内 O/W 型乳液较稳定，HLB 值在中间时具有较好的润湿性能但没有良好的乳化稳定性。

（4）微乳液 制备油滴直径在 1.5 ~ 150nm 范围内的乳状液是可能的。 此时液滴尺寸小于可见光波长，不会发生光散射现象，因此乳状液外观透明。 不同的方法已经用于制备微乳液[12]，用一个矿质油与水的简单体系可以说明其原理。 纯水的 γ 为 41mN/m，但加入 0.001mol/L 的油酸可使水相 γ 降为 31mN/m，此时可形成具有一定稳定性的乳液；用 0.001mol/L 的 NaOH 中和油酸使 γ 下降至 7.2mN/m，可形成稳定乳液；在水相中加入 0.001mol/L 的 NaCl 则可进一步降低 γ 至小于 0.01mN/m，此时系统可自发形成微乳液。 布朗运动能提供足够强的剪切应力使液滴拉长成柱状并导致进一步分散。

像上述自发形成的微乳液系统常常会呈乳白色，因为其中有些颗粒的直径接近光的波长 400nm。 透明的微乳液一般需加入表面活性剂和辅助表面活性剂。 例如，乙酰单甘酯加己醇。 在食品中，各种多聚甘油酯在制备 W/O 型微乳液方面较有前途[13]。 该项技术非常有前景，但在用于食品以前还需进一步细致的研究。

8.4.2 絮凝

分层与黏附 O/W 型乳液中的油滴会浮向上层，因为植物油的密度约为 0.91g/mL，比水小 0.08g/mL。 油滴上升速率取决于颗粒直径。 直径 1μm 的液滴上升速率为 4cm/d，而直径 10μm 的颗粒上升速率为 4m/d。 显然，降低颗粒平均直径可降低分层速率。 原乳中的脂肪球平均直径为 3 μm，均质后降为 0.5 μm。在原乳中，脂肪颗粒平均上浮速率为 36cm/d，而其在均质乳中的速率为 1cm/d。分层使油滴彼此靠得更近，如果没有阻碍相互接触的因素（例如，离子排斥），就会发生聚结。简单分层的油滴只需将容器倒置数次就能重新分散了。

某些情况下油滴确实粘连在一起，不能重新分散。这种情况发生在乳化剂是多聚物的时候（例如，蛋白质、胶或聚氧乙烯衍生物）。其中一种机理是多聚物分子的不同片段吸附在两个液滴的表面，在它们之间形成桥联。另一种机理是两个吸附在不同液滴上的两个多聚物分子的极性端相互靠近并且交缠在一起。尽管液滴之间没有接触，但这种交缠（如长聚氧乙烯链）却使液滴彼此紧靠。这种乳液分层被称作絮凝，尽管它同样不会产生聚结。

8.4.3 稳定与聚结

(1)离子排斥　如上所述，两个带相同电荷的表面互相排斥。双电层厚度（该区域 $\Psi>0$）受离子强度的影响。离子强度低时，静电斥力远大于范德华力，液滴保持悬浮，若加入盐（尤其是二价甚至三价盐），则 Ψ 电势被显著抑制，表面间可相互靠近至范德华力能克服斥力的距离，这时液滴能彼此接触并聚结。在中等离子强度下，这两种力几乎相等。自由能有一个极小值，液珠间会相距一个液珠直径而保持分离（图 8.8）。从这一点

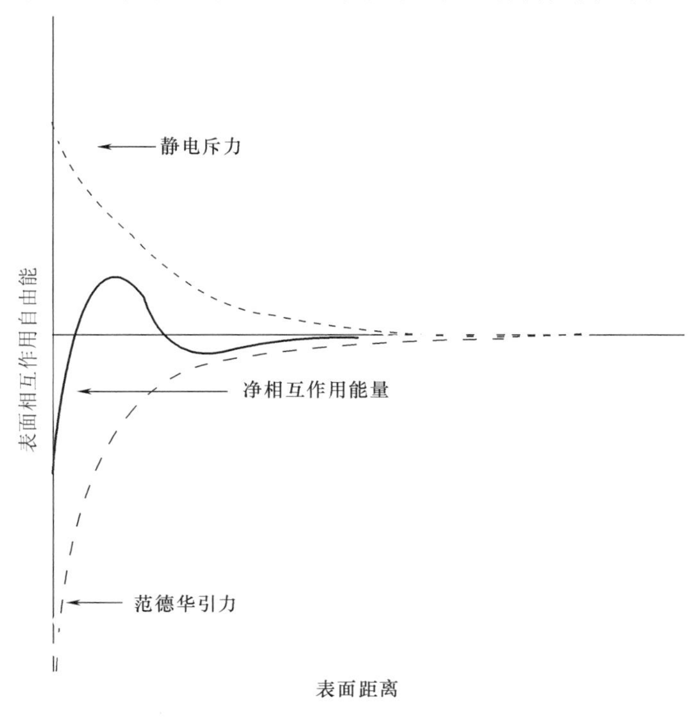

图 8.8　两个液滴相互作用的净自由能

可得出实用的结论：若采用离子型乳化剂，水相中盐浓度很显著地影响乳化稳定性，低盐浓度促进稳定性，而高盐浓度会促使絮凝与/或聚结。

(2)位阻现象 另一种稳定作用并不完全依赖于离子强度：通过简单的位阻作用阻止油滴相互接触。位阻作用有两种形式，一种是界面上的固定化水层，另一种是固相界面膜。蛋白质、胶以及聚氧乙烯稳定的乳化体系就是第一种机制。稳定剂的疏水端吸附于油滴表面，但是相邻的亲水片段水化形成一种固定化水层，该水化层厚度为 10 ~ 100nm（图 8.9）。如前所述，这些水化片段经常相互作用而导致絮凝，而油滴本身的聚结却被阻止了。此类乳化系统常常被用作油溶性风味物质、香精与色素的载体。

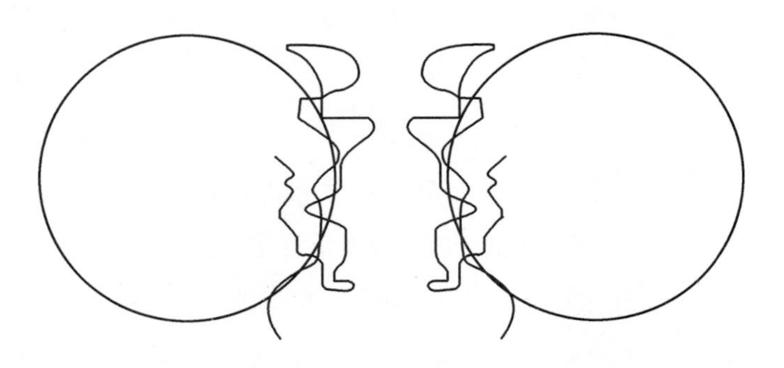

图 8.9 在水包油型乳状液界面上的亲水多聚物型表面活性剂

α 化乳化剂如单硬脂酸丙二醇酯是油溶性的。乳化剂吸附于油 - 水界面，但在某些条件下（低温，游离脂肪酸存在）会形成固相界面膜（图 8.10）。当油滴发生接触时，固相膜可阻止油滴聚结。此界面膜为晶态，并具有确定的熔点[15]。

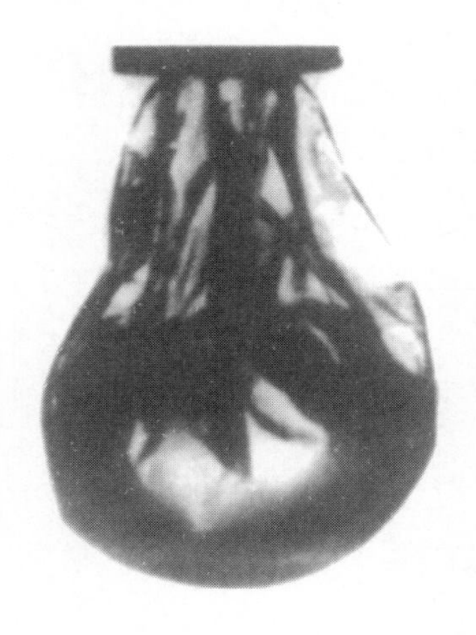

图 8.10 由 α 化乳化剂所形成的界面膜（水滴悬挂在含有 10% 单硬脂酸丙二醇酯的植物油中；几分钟后一些水滴落下，经允许引自文献[14]）

8.5 泡沫

8.5.1 泡沫形成与膜排液

在此章节中气相被看作非极性介质，表面活性剂聚集在气-水界面，疏水端朝向气相。当气相很好地分散后就会形成泡沫。就其动力学来说，泡沫近似 O/W 乳状液。虽然使用的术语不同但结果相同：泡沫体系稳定或者气泡聚结而泡沫崩解，在泡沫中不使用术语“分层”而用“排液”，其效应却是相同的，即水相在底部聚集而分散相聚集在容器上层。泡沫中气体的体积分数（ϕ）比乳状液中油的 ϕ 高得多。例如搅打蛋清可使体积轻易地扩张 10～15 倍（ϕ = 0.9～0.93），而食品乳液中含油量最高的蛋黄酱的 ϕ = 0.7～0.8。

泡沫中气体的包容与分散机理与乳状液的相同；大气泡拉长为不稳定的柱状体，然后断裂分散。在湿泡沫体系中（ϕ < 0.7），气泡间水的排出可归因于重力，它受液体黏度控制。图 8.11 表示三个气泡中的膜如何相遇排液并互成 120°角。在三维空间中，四个气泡相遇时形成 109°28′的理想四面角。在实际环境中，气泡被认为是正多面体，接触角与理论值相当接近，转角处较厚的液层即所谓的平稳区域的边界区，该处的压力比直接接触膜界面处的低，因此液体流向稳定的边界区。干泡沫（ϕ > 0.7）体系的排液也许是通过这些边界区发生作用的，并将整个泡沫连起来。

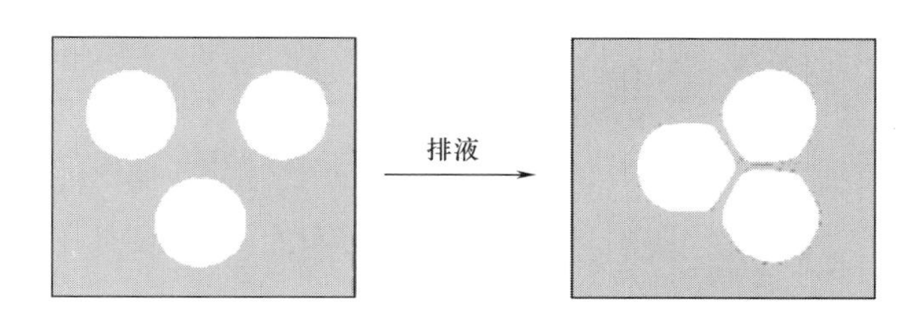

图 8.11 气泡间的排液而形成平稳区域的边界

8.5.2 稳定

泡沫的稳定性也与乳状液的稳定性类似，受同样的因素所控制。因此，气-水界面上带负电的肥皂泡沫在相互靠近时会相互排斥，到一定膜厚度时膜间的排液作用才会停止。膜厚度受水相离子强度影响，提高离子强度将使泡沫稳定性降低。蛋白质通过位阻与增加表面黏度的组合作用来稳定泡沫。当搅打蛋清时，蛋白质分子展开，疏水侧链伸向气相，亲水链伸向水相。图 8.12 中粗线表示吸附于气水界面的伸展的蛋清蛋白分子的放大部分。位于水相的蛋白片段有保水作用，可阻止该区域的水排出，因此可阻止气泡聚集并稳定泡沫体系。

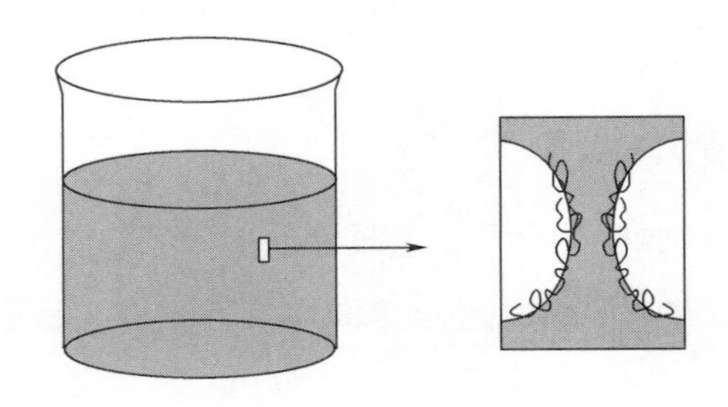

图 8.12 一种蛋白质泡沫及伸展于气－水界面上的蛋白质分子

膜破裂被认为是由于随机波动引起的（例如，布朗运动），它使两界面暂时接触并使气泡融合。当表面黏度增加时，这些波动作用可以最小化。肥皂液中加入醇（例如将十二烷醇加入月桂酸钠中）可增加表面黏度并因此提高泡沫稳定性。某些蛋白质（不是全部）溶液的表面黏度非常高，这种特性与蛋白质稳定泡沫的能力有相关性。本体黏度与膜的排液没有相关性，但如需获得稳定的湿泡沫体系，增加本体黏度（例如加入高黏度胶）可以延长泡沫的寿命。

8.6 润湿

8.6.1 液体在固体表面铺展

正如上面所提到的，HLB 在 8～10 范围内的表面活性剂不是良好的乳化稳定剂，但却是良好的润湿剂。此特性在许多情况时很有用：促进干混物在液相中的分散，改善巧克力与可可类涂层的涂布性以及涂抹料中包容膳食纤维的能力。定性地说，当一滴水滴于固体表面时，如果接触角 $\theta > 90°$（图 8.13），则水不可铺展，此时固体不被润湿。若 $\theta < 90°$，则水铺展，固体被润湿。

接触角 θ 由三个相关界面上的表面张力决定：

$$\cos\theta = (\gamma_{SV} - \gamma_{SL}) / \gamma_{LV} \tag{8.6}$$

铺展系数定义如下：

$$S_{L/S} = \gamma_{SV} - \gamma_{LV} - \gamma_{SL} \tag{8.7}$$

当 $S_{L/S} > 0$，则发生润湿，液体铺展。有效的润湿剂能使气－液与固－液界面张力降低，而气－固界面张力不变。例如当固体饮料粉末加入水中时，就发生该现象。十二烷基硫酸钠能降低气－液与固－液界面张力而增强分散性。当不含表面活性剂时，许多固体表面（不规则）接触角大于 90°，粉末夹带着气泡会浮在液面。

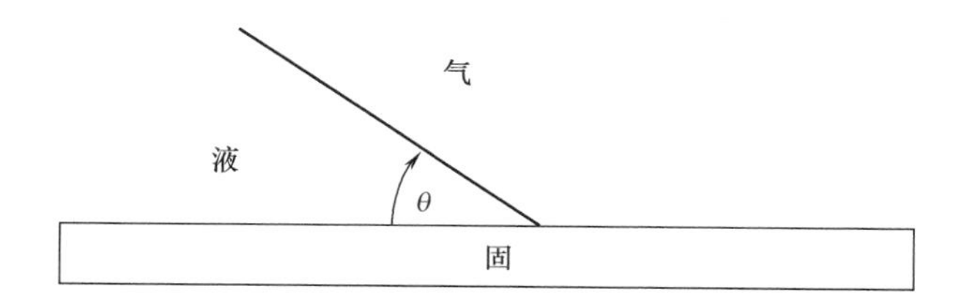

图 8.13 液相、固相和气相之间的接触角

在巧克力涂层中，液相为一种油（可可脂），加入卵磷脂有可能降低 γ_{SL} 有助于固体可可颗粒被这种油润湿。它可降低非均质体系黏度，从而也使最终产品有更滑爽的口感。

8.7 乳化剂加水的物理状态

8.7.1 相图

表面活性剂与水的混合物可形成许多不同的物理结构，它取决于表面活性剂与水的比例和温度。这些混合物常常是乳白色的分散液，称为液晶，或更确切地叫作中间相。在文献中常用相图来表示，以温度为 y 轴，水的百分数为 x 轴。相图内部被划分成代表不同中间相的区域（图 8.14）[16]。相图可给研究者提供指导，以生产出在使用条件下有效的表面活性剂体系。它们也可用来确定洗涤剂体系、工业应用的表面活性剂与食品乳化剂的性能，而这正是我们所关心的。

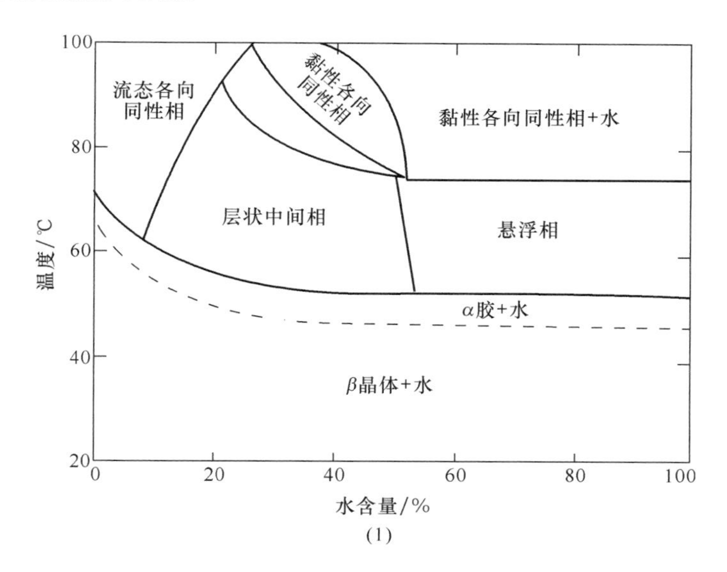

(1)

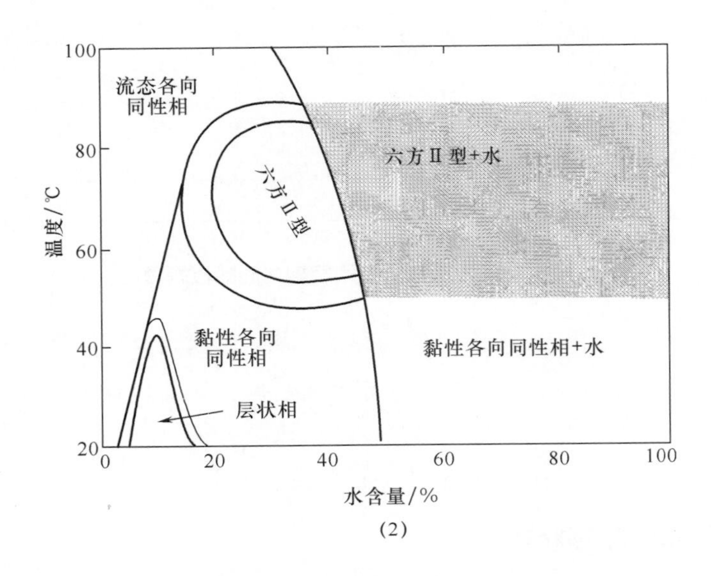

图 8.14 单甘酯在水中的相图

(1)指采用氢化猪油制备的蒸馏单甘酯；(2)采用葵花籽油制备的蒸馏单甘酯

8.7.2 中间相结构

图 8.15 所示为焙烤工业中令人感兴趣的几种主要的中间相结构[16,17]。单甘酯如 GMS 以双分子层形成结晶，双分子层的厚度为两个单甘酯分子的长度。晶体在水中加热时融化（脂肪酸链获得热动能，规则结构被破坏），水分子则沿着由甘油极性头组成的平面侵入双分子层。在适当的温度与含水量条件下，这种侵入导致层状中间相的形成。依据不同条件，水层厚度可从 60nm 到 1.75 μm 不等[17]，而水层之间因为存在双分子层因而距离保持约 400nm 的距离不变。这种物质结构流动性很大，但当冷却时，脂层会以 α －晶型固化，体系形成凝胶态，此时脂相双分子层厚度为 550nm，水层厚度也会增大，有些水甚至会游离出来。这种相态对焙烤师而言是很有价值的，有证据表明这种层状中间相可有效地促进单甘酯与淀粉发生作用，具有抗老化效果[18]。若这种凝胶态进一步冷却并且冷却过程能使体系达到平衡状态，凝胶中所有的水会被排出，单甘酯的 α －晶体会转变为更稳定的 β －晶体，形成 β －晶体的悬浮液。当含水量更大且温度处在一定范围内时，层状中间相转变为球状多层囊泡(脂质体)，有时也称作层状分散液。

在温度与水浓度均较高时，体系会变成立方中间相结构（见图 8.15）。水以球形存在，完全被单甘酯包围，此相为高黏度体系，在文献中有时也被称作黏性各向同性。两个术语指同一结构。当体系中的水在提供内相后还有多余时，能获得分散于过量水中成块的立方结构混合体。对于饱和单甘酯如 GMS，层状结构是在实际条件下的主要结构，而对于

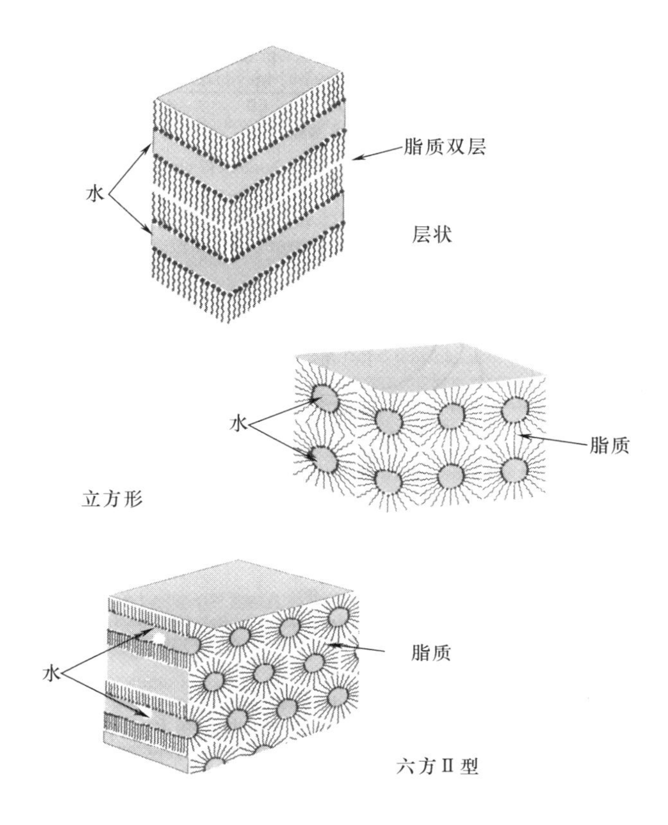

图 8.15 考察表面活性剂所观察到的三种中间相结晶结构[15]

不饱和单甘酯，立方中间相是其在较低温度时的主要结构。在含水量更低时，球形水“胶束”之间距离会更大，体系黏度较小，接近熔化的纯表面活性剂的黏度。这种结构被称作流动型各向同性中间相，有时称作 L2 相。

第三种重要的中间相结构是由不饱和单甘酯形成的，以及深受烘焙师喜爱的大多数其他表面活性剂。这个六方结构（图 8.15）由柱状的内相构成，以六边形的方式排列于外相的基质中。当表面活性剂为单甘酯和 SSL 的时，内相由水组成，形成如图 8.15 所示六方Ⅱ型结构。对于高度水溶性的聚氧乙烯型表面活性剂（如聚山梨醇酯、羟乙基单甘酯），内相为亲油物质，外相为水，形成六方Ⅰ型中间相结构[16]。

当阴离子表面活性剂如 SSL 或者中和的脂肪酸（皂）作为脂质的一部分时，单甘酯能形成稳定的层状中间相。油－水界面带负电，静电斥力能阻止低温度时水层排水与坍塌现象的发生。可以预料，这种静电稳定作用可通过加入盐而抵消，水相中低浓度（0.3%）的盐就能抵消阴离子表面活性剂的最佳效果。阴离子单甘酯衍生物，如琥珀酸酯与二乙酰酒石酸酯，在大多数条件下形成层状中间相。如果其羧基被部分中和，当表面活性剂的水分散液中 pH 处于生面团典型 pH 4 ~ 6 范围以内时，这种倾向会得到强化。

最后，体系中包含非极性甘油三酯（油）时会很大程度地使相图复杂化。 例如，GMS 会与水形成层状结构，如前文所述，但加入大豆油时，体系会转为六方Ⅱ型结构[19]。 面粉脂质、水与盐组成的三元相图已经被研究过[20,21]，以上所列结构都在相图的不同区域内存在。 这些研究是很有趣的，但正如本文所述，这对表面活性剂在面团中实际应用有何直接影响尚不明了。

8.8 用于食品的乳化剂

实际上，商品化的食品乳化剂是来自天然原料中相似物质的混合物，不太会与本节中所讨论的化学分子结构完全一致。 而举个简单例子，氯化钠是一种简单的较纯化学物质，可用分子式 NaCl 表示，而单硬脂酸甘油酯却可能是由天然油脂氢化制得，其中的饱和脂肪酸组成可能是 1% C_{12}、2% C_{14}、30% C_{16}、65% C_{18} 与 2% C_{20}，它反映了原料油脂中的碳链分布。 并且，单甘酯可能是 92% 的 1 - 单甘酯与 8% 的 2 - 单甘酯组成的，这种组成符合化学平衡。 因此要记住本节所示的化学结构只代表商品物料的主要成分，相近的分子成分也可能存在。

8.8.1 单甘酯与其衍生物

对于单甘酯及其衍生物的生产与应用，若干作者已经作了综述[22~24]。 美国市场上每年大约有 1800 万 kg（40 百万磅）的单甘酯用于发酵食品，延缓其老化[24]。 而在蛋糕、糖霜与其他应用中的用量至少也是这个数字。 单甘酯的第三个重要应用领域是人造奶油。 总体上，这类表面活性剂是食品应用中最重要的一类，约占乳化剂总产量的 75%。

单甘酯用于烘焙产业中始于 20 世纪 30 年代。 那时“超级甘油化起酥油”已经成为商品。 将甘油与少量碱性催化剂加到普通起酥油中，将该混合物加热，发生甘油三酯和甘油的部分酯交换反应，最后将催化剂中和并水洗去除。 所产生的乳化起酥油中含 3% 单甘酯，可广泛用于制作蛋糕，尤其是高含糖量蛋糕。 与此同时，在知道单甘酯可有效延缓面包老化后，面包师开始寻找含量更高单甘酯的来源。 塑性单甘酯供应商可以满足这种需求。 通过改变甘油和油脂的比例使最终单甘酯含量达到 50% ~ 60%，其余主要为甘油二酯。 当分子蒸馏技术达到工业规模时，这些供应商自然地想到利用该技术来加工塑性单甘酯，从而生产出最少含有 90% 的单甘酯，其余成分为甘油二酯与少量的脂肪酸、甘油和甘油三酯的混合物。 然后用这些分子蒸馏单甘酯来制备层状中间相产品，加入一些阴离子表面活性剂（通常为 SSL）可得到稳定的水化单甘酯，该产品含有大约 25% 单甘酯、3% SSL、

72% 水。 近年来，生产商已开发出粉状分子蒸馏单甘酯，它的初始原料脂肪中的饱和与不饱和脂肪酸含量已达到平衡，因此所生产的粉末在面团混合时能相当快地与水发生作用，并且能与糊化淀粉形成复合物。 今天，面包师们使用所有三种类型（塑性、水化以及粉状分子蒸馏）单甘酯，而且这三种类型的单甘酯效果相同。

图 8.16 显示的单甘酯结构是 1 – 单硬脂酸甘油酯，也称作 α – 单硬脂酸甘油酯。 若脂肪酸的酯化发生在中间羟基上的话，就形成 2 – 单硬脂酸甘油酯，即 β – 单硬脂酸甘油酯。这两种异构体在防止面包老化方面同样有效[24]。 生产商在技术标准中给出产品中的单甘酯含量是按 α – 单甘酯含量计算的。 单甘酯的常规分析法（AACC 法 58 – 45）只能检测 1 – 异构体；2 – 异构体的定量方法非常麻烦。 单甘酯总含量大约比所给出的 α – 单甘酯含量高出 10% 左右。 然而在实际应用中比较不同产品的功能与性价比时，α – 单甘酯含量已经是有用的数据了，因为在所有产品中它都大约为总单甘酯含量的 92% 。

单甘酯的脂肪酸组成反映了原料甘油三酯的脂肪酸组成，商业化的 GMS 若采用极度氢化猪油制备则可含有 65% 以上的硬脂酸，若用极度氢化大豆油制成则最多含 87% 的硬脂酸。 另一种主要的饱和脂肪酸是棕榈酸，由于完全氢化的脂肪（碘值为 0）实际不存在，因此通常还含有少量不饱和（油酸和/或反油酸）脂肪酸。 商业化 GMS 的典型碘值约为 5gI/100g，粉状分子蒸馏单甘酯的碘值在 19 ~ 36gI/100g 范围内，而塑性单甘酯的则为 65 ~

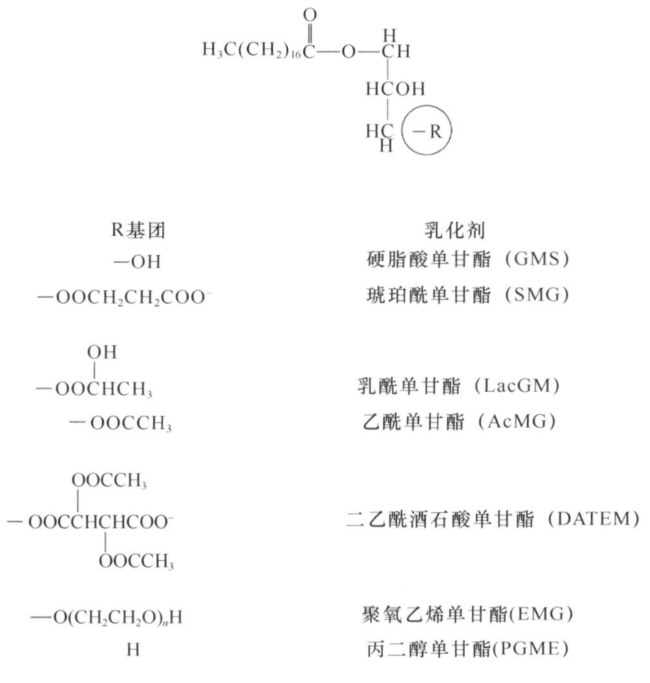

$$H_3C(CH_2)_{16}C(=O)—O—CH_2—CH(OH)—CH_2—R$$

R基团	乳化剂
$—OH$	硬脂酸单甘酯（GMS）
$—OOCCH_2CH_2COO^-$	琥珀酰单甘酯（SMG）
$—OOCCH(OH)CH_3$	乳酰单甘酯（LacGM）
$—OOCCH_3$	乙酰单甘酯（AcMG）
$—OOCCH(OOCCH_3)CH(OOCCH_3)COO^-$	二乙酰酒石酸单甘酯（DATEM）
$—O(CH_2CH_2O)_nH$	聚氧乙烯单甘酯(EMG)
H	丙二醇单甘酯(PGME)

图 8.16 单甘酯及几个相关化合物的结构

75gI/100g。其中的不饱和脂肪酸是油酸、亚油酸与其反式异构体的混合物。高不饱和单甘酯的相图与饱和单甘酯相图有相当大的不同（见图 8.14）。氢化单甘酯的高熔点使它的相图看起来更像 GMS 的相图，而不像葵花籽油单甘酯的相图。就单甘酯控制中间相行为的功能而言，塑性单甘酯已经足够了。

图 8.16 所示为单甘酯衍生物的两种类型：①面团增强剂（SMG、EMG 与 DATEM）；②α 化乳化剂（LacGM、AcMG 与 PGME）。下面讨论这两类单甘酯在烘焙工业中的详细功能。

琥珀酸半酯与双乙酰酒石酸半酯是完全不同的化合物，它们由各自酸酐与单甘酯在碱性催化剂作用下反应制得。合成的乙氧基单甘酯产品在结构上随机性较大。单甘酯在加热加压及碱性催化剂作用下与环氧乙烷蒸汽反应。环氧乙烷通过一系列醚键聚合并且与单甘酯上的游离羟基以醚键连接，平均链长约为 20 单元（即图 8.16 中 $n = 20$），它既可连在单甘酯的 2 位（β 位）碳上，也可连在 3 位（α 位）碳上，连在 3 位（α 位）上比连在 2 位（β 位）上更多，因为这两个碳的化学活性不同。环氧乙烷多聚物的链长与连在 α 与 β 位上的分布状况是反应条件的函数，反应条件包括：催化剂类型与浓度、蒸汽压力、温度、搅拌速度以及反应时间。

单甘酯的第二类衍生物为 α 化乳化剂，主要用于蛋糕生产。这些乳化剂溶入蛋糕配方的起酥油相中，它们有助于起酥油在水相中乳化，并促进气体进入脂相。这些乳化剂可在油－水界面上形成固态膜，它不仅能稳定乳化体系，同时还能在蛋糕面糊混合时防止油相阻碍气体的包裹（蛋白质稳定化泡沫的形成），这种特性使它们在用流态起酥油加工的蛋糕中极具价值。

8.8.2 失水山梨醇酯类乳化剂

山梨醇与硬脂酸在催化剂作用下加热时会有两种反应发生：山梨糖醇环化形成山梨醇五元环，和余下的 1 位羟基被酸酯化。产生的失水山梨醇单甘酯（图 8.17）是油溶性的，HLB 值很低，且是美国目前许多失水山梨醇酯中唯一被允许用于食品中的一个。其他重要的失水山梨醇酯是单油酸酯与三硬脂酸酯。这三种失水山梨醇酯都能与环氧乙烷反应生成聚氧乙烯衍生物（图 8.17）。山梨单硬脂酸酯的这种衍生物称作吐温 60，三硬脂酸酯的衍生物称作吐温 65，单油酸酯的衍生物为吐温 80。图中 EMG 后连的标记指聚氧乙烯链的长度与它的位置。氧化乙烯单体的平均数量为 20（$n = 20$），如果是单酯，则聚氧乙烯链可连在不止一个羟基上（若是三酯，当然只能有一个羟基可供衍生化）。

失水山梨醇单甘酯作为一种良好的乳化剂主要用于糖霜，使糖霜具有出色的充气性、光泽度以及稳定的特性。也可作为乳化剂的一种成分用在搅打裱花料与咖啡伴侣中。它

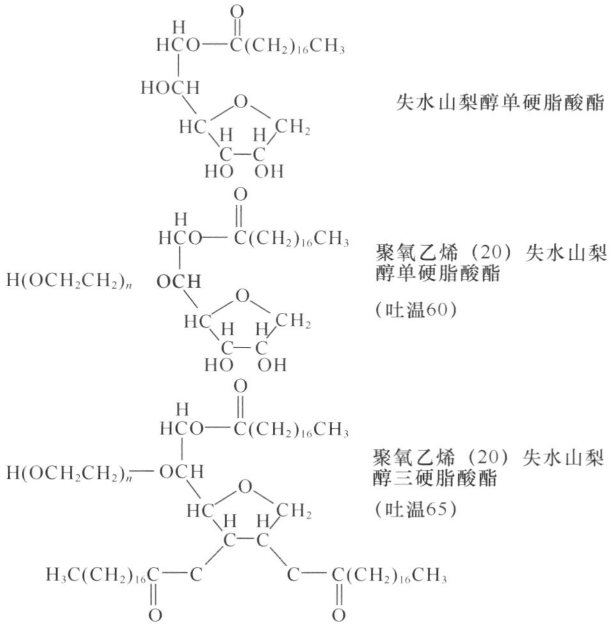

失水山梨醇单硬脂酸酯

聚氧乙烯（20）失水山梨醇单硬脂酸酯（吐温60）

聚氧乙烯（20）失水山梨醇三硬脂酸酯（吐温65）

图 8.17 食品级山梨醇衍生物的结构

的聚氧乙烯衍生物有更广泛的用途，其中吐温 60 应用最广泛。添加浓度为 0.25%（以面粉基计）左右时，吐温 60 增强面团抵抗机械冲击能力的作用比 SMG 大，而同 EMG 与 SSL 相当。吐温 60 也用于流态蛋糕用起酥油体系，通常与 GMS 和 PGMS 一起使用。

8.8.3 阴离子乳化剂

除了 SMG 与 DATEM，其他用作面团增强剂的阴离子表面活性剂见图 8.18。目前 SSL

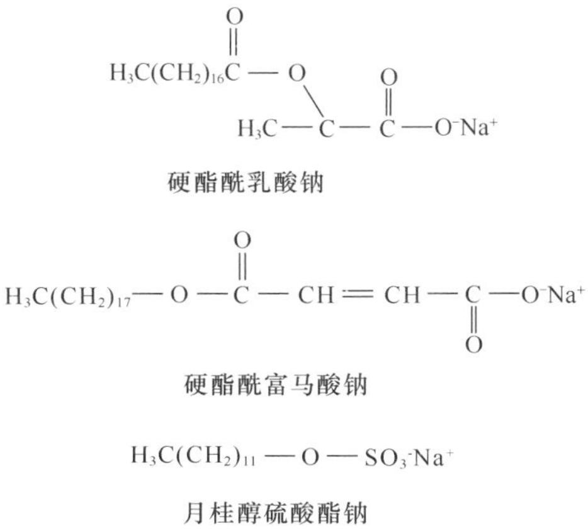

硬酯酰乳酸钠

$H_3C(CH_2)_{17}-O-C(=O)-CH=CH-C(=O)-O^-Na^+$

硬酯酰富马酸钠

$H_3C(CH_2)_{11}-O-SO_3^-Na^+$

月桂醇硫酸酯钠

图 8.18 三种食品级阴离子表面活性剂

在美国用得最广泛，硬脂酰富马酸钠基本不用，月桂醇硫酸钠则主要用作蛋清的搅打剂。

乳酸分子的一个碳原子上同时有一个羧基与一个羟基，会发生自身酯化反应。在其商品化浓缩液中几乎全部乳酸都以这种聚乳酸的形式存在。要获得游离乳酸必须用水稀释，加热回流一段时间。硬脂酸与聚乳酸在适当反应条件下加热，然后用氢氧化钠中和，就能得到如图8.18所示的结构。图中显示的是单体乳酸，表示这是主要的产物，二乳酸、三乳酸和四乳酸酯也都存在[25]。对来源于氢化油脂的商品硬脂酸产品来说，还存在百分之几的软脂酸以及小部分的肉豆蔻酸与花生酸。硬脂酰乳酸钠是水溶性的，但它的钙盐是不溶的。这方面它与肥皂很像，硬脂酸钠溶于水而硬脂酸钙溶于油。这两种盐根据具体应用目的不同都可使用，但是作为面团增强剂，钠盐更普遍采用。作为水化单甘酯的稳定剂时，也用钠型，因为在水中必需离子化才能起到作用。

硬脂酰富马酸是富马酸与硬脂醇（十八醇）形成的半酯。尽管硬脂酰富马酸被认为与SSL有相似的面团增强功能，但实际应用中情况不是如此，该产品在商业上并不成功的，但仍被FDA批准应用于面包中。

图8.18中的第三种结构是十二烷基硫酸钠（SDS），常被研究工作者用于溶解蛋白质，它是十二醇的硫酸酯。工业上这种醇由椰子油还原得到，所得的混合物称作月桂醇（源于月桂酸，椰子油中的主要脂肪酸）。月桂醇硫酸酯钠中的醇是不同链长组分的混合物，大致的组成为：8% C_8、7% C_{10}、48% C_{12}、20% C_{14}、10% C_{16}，以及少量链更长的组分。在焙烤工业中，月桂醇硫酸酯最普遍地用作搅打助剂，它在液体蛋清中加入的最大浓度为0.0125%，或在蛋白固体中加入0.1%。它有助于蛋清蛋白分子在气－水界面展开以稳定泡沫。

8.8.4 多羟基乳化剂

（1）聚甘油酯 聚甘油酯（图8.19）作为食品乳化剂有很多用途。其中的聚甘油部分是通过甘油与碱性催化剂共热合成的。醚键都是由1－羟基缩合而成的。图8.19中的n可取任何值，但在食品乳化剂中最普遍的值为$n=1$（三甘醇）、$n=4$（六甘醇）、$n=6$（八甘醇）和$n=8$（十甘醇），要记住n只是商品中分子的平均值。多聚甘油骨架上可被不同程度地酯化，或直接与脂肪酸按比例反应或与甘油三酯发生酯交换反应。同样，聚甘油分子中与脂肪酸基发生酯化反应的羟基数也是一个平均值，因此八油酸六甘油酯应被理解为（平均为8个）甘油基－（平均为8个）油酸基的酯。通过较好地控制原料与反应条件，生产商能保证每批出产的产品性能相当恒定。

这些聚甘油酯的HLB平衡值决定于多聚甘油链的长度（含有的亲水羟基数）与酯化程度。例如，八聚甘油单硬脂酸酯的HLB值为14.5，而三甘油三硬酸酯的HLB值为3.6。介于它们之间的品种HLB值在二者之间，而且可通过大致的复配（前述）得到所需HLB值

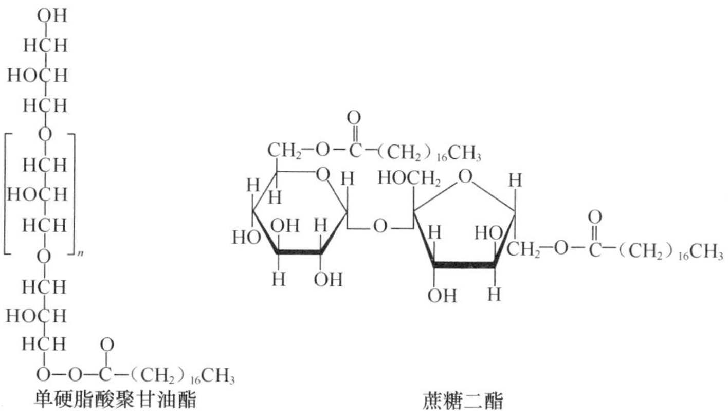

单硬脂酸聚甘油酯　　蔗糖二酯

图 8.19　聚甘油酯和蔗糖基表面活性剂

的产品。聚甘油酯的组成和 HLB 值能如此大范围的变化，使它成为食品乳化剂中千变万化的角色。

(2)蔗糖酯　蔗糖有八个游离羟基，它们都是可发生酯化的部位。含有六个或六个以上的脂肪酸的蔗糖已被建议用作无热量的脂肪替代物，名为 Olestra；这类物质的行为类似于三酰甘油，不具表面活性特征。含一到三个脂肪酸的蔗糖酯确能作为乳化剂，并被批准用于食品中。它们按如下步骤生产：

①制备脂肪酸甲酯的浓缩蔗糖乳状液；

②通过真空升温脱水；

③加入碱催化剂，分散系的温度在真空下慢慢升至 150℃，并蒸去酯交换反应形成的甲醇；

④反应混合物冷却并纯化。

酯交换反应的程度通过反应条件来控制，尤其是蔗糖/甲酯比，并且反应的最终产物是混合酯（表 8.3）。可以预料，一种特殊的产品的 HLB 值随酯交换程度增加而变小（更具亲油性）。

表 8.3　蔗糖酯表面活性剂[26]

产品名称	单酯含量/%	二酯含量/%	三酯含量/%	四酯含量/%	HLB
F-160	71	24	5	0	15
F-140	61	30	8	1	13
F-110	50	36	12	2	11
F-90	46	39	13	2	9.5
F-70	42	42	14	2	8
F-50	33	49	16	2	6

8.8.5 卵磷脂

卵磷脂是加工大豆毛油过程中的副产物，是在油精炼脱胶步骤中去除的“胶质”。如今，粗胶处理纯化得到不同商品化的卵磷脂产品供食品加工商使用[27,28]。不含油的卵磷脂是黏稠的塑性物质，但与它一半重量的大豆油复配时黏度会急剧下降，这种产品即为流态卵磷脂。卵磷脂粗品颜色很深，几乎为黑色（主要由于油精炼过程中的高温造成），因此需要漂白到可接受的淡棕色。用1.5%的过氧化氢处理所得产品为单漂卵磷脂，进一步用0.5%过氧化苯甲酰处理可得双漂卵磷脂[27]。与更高浓度的过氧化氢同时加上乳酸反应，会使不饱和脂肪酸侧链在双键部分发生羟基化（例如由油酸生产二羟基硬脂酸）。生成的羟化卵磷脂比其他类型的结构在冷水中有更好的分散性，作为O/W型乳液的乳化剂更有效。

图8.20表示了卵磷脂中主要表面活性部分的结构。磷脂酰基团是甘油二酯经磷酸酯化形成的。甘油二酯的脂肪酸组成与基料油相似，因此除了硬脂酸与油酸外还有其他脂肪酸组分。大豆卵磷脂中存在微量的磷脂酰丝氨酸，而其他三种卵磷脂衍生物含量基本相同。磷脂酰乙醇胺（PE）与磷脂酰胆碱（PC）是两性表面活性剂，而磷脂酰肌醇（PI）是阴离子型的。这三种物质的HLB值不同，其中PC的HLB值较高；PE的HLB值适中；而PI的HLB值较低。天然的卵磷脂混合物的HLB值在9～10，在此范围的乳化剂混合物即可形成O/W型，也可形成W/O型乳液，但每种乳液都不太稳定。另一方面，具有中等HLB值的乳化剂却是出色的湿润剂，这也是卵磷脂的主要用途。

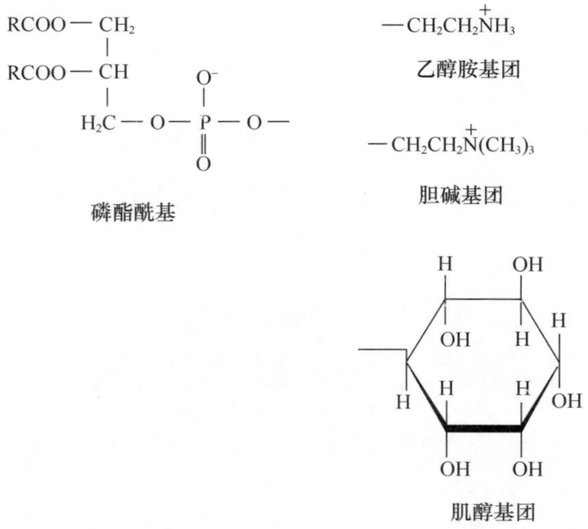

$RCOO-CH_2$
$RCOO-CH$
$H_2C-O-P(=O)(O^-)-O-$

磷酯酰基

$-CH_2CH_2\overset{+}{N}H_3$

乙醇胺基团

$-CH_2CH_2\overset{+}{N}(CH_3)_3$

胆碱基团

肌醇基团

图8.20 卵磷脂结构及组分

卵磷脂的乳化特性可通过乙醇提取得以改善[29]。磷脂酰胆碱可溶于乙醇，PI 是较难溶的，而 PE 部分溶解。卵磷脂加入乙醇中可得到可溶与不可溶两部分。两部分的磷酯组成分别为：①乙醇可溶组分：60% PC，30% PE，2% PI；②乙醇不溶组分：4% PC，29% PE 与 55% PI[30]。可溶组分可有效地促使形成并稳定 O/W 型乳液，而不溶组分可有效地促使形成并稳定 W/O 型乳液。目前，有数家欧洲公司用这种方法生产食品级乳化剂。

8.9 与食品中其他组分的作用

8.9.1 淀粉

淀粉分子是α－D－吡喃葡萄糖残基构成的多聚物，残基之间主要以 1,4 缩醛键（1,6 键位于支链淀粉的分枝点）连接。吡喃葡萄糖苷六碳环不是平面的，而是折叠成所谓的"椅式"构型（图 8.21）。每个碳原子间的键角是以亲水羟基伸向六碳环投影面的外侧，而氢原子在平面的上部或下部；环的周边是亲水的，而两侧面是憎水的。α－1,4－缩醛键的键角是以淀粉链卷曲成螺旋状结构，每一圈有六个残基构成（图 8.21）。很难描述螺旋体的细微结构，但从螺旋体的分子模型来看，各残基的投影平面与螺旋体的壁面相平行，而且 3、5 位碳上的氢原子向螺旋体的内部伸展。结果形成了一个外表面呈亲水性而内表面呈疏水性的圆筒。该圆筒内部空间的直径为 45nm，直链烷烃分子如硬脂酸可以"钻进"筒中，另外一些分子如碘也能进入筒内。碘－淀粉复合物呈现的蓝色是由碘存在于这

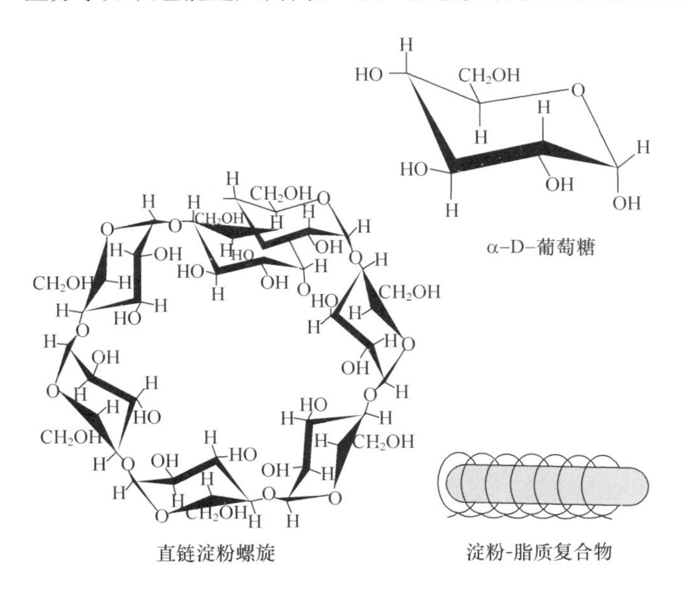

图 8.21 α－D－葡萄糖，淀粉线性部分形成的一圈螺旋以及直链烃类与淀粉螺旋的复合物

个非极性环境中引起的；碘溶于氯仿呈蓝色，而在水中呈棕色。淀粉和 n－丁醇的复合物比纯淀粉容易结晶得多，该性质可用于直链淀粉同支链淀粉的分离。

像单硬脂酸甘油酯这类乳化剂的 n－烷烃部分能与淀粉的螺旋区域形成复合体，这种现象被认为是单硬脂酸甘油酯（GMS）具有延滞面包囊中的淀粉结晶并进一步延缓面包老化过程的原因。一些研究者用不同方法测定了复合物形成的化学计量关系。其中一些研究情况将在下面章节讨论面包老化时提及，这里先概略介绍三个典型的研究报告。

Lagendijk 和 Pennings[31] 在过量单甘酯存在时加热直链淀粉或支链淀粉，冷却后测量未形成复合物的单甘酯的量。对直链淀粉而言，与单棕榈酸甘油酯反应形成的复合物最多，而同烃链更长或更短的饱和脂肪酸单甘酯的反应程度都相对较低。如果直链淀粉的平均分子质量为 150u，那么 1mol 的直链淀粉可分别结合 10.6mol 的单肉豆蔻酸甘油酯（23.4mg/g 淀粉）、16mol 的单棕榈酸甘油酯（37.4mg/g 淀粉）、14mol 的单硬脂酸甘油酯（33.9mg/g 淀粉）、10.4mol 的单油酸甘油酯（24.6mg/g 淀粉）和 5.1mol 单亚麻酸甘油酯（12.2mg/g 淀粉）。这些结果显示了直链烷烃中不饱和度的影响：顺式双键使碳链弯曲，结果使其很难与直链淀粉螺旋体中所谓的直腔形成复合体。支链淀粉可结合更多的不饱和单甘酯，每 1g 支链淀粉结合 5mg 单棕榈酸甘油酯、8.3mg 单硬脂酸甘油酯、11mg 单十二碳酸甘油酯。

Batres 和 White[32] 使单甘酯在 60℃时和支链淀粉反应，将冷却时产生的沉淀分离，然后对该复合物进行分析。他们发现单甘酯和支链淀粉的相互作用比 Lagendijk 和 Pennings 发现的要强得多，每 1g 支链淀粉可分别结合 370mg 肉豆蔻酸单甘酯、580mg 棕榈酸单甘酯、250mg 硬脂酸单甘酯。虽然两种研究方法在程序上有所差别，但这种差别似乎不足以引起反应结果有如此之大的差距。然而，可以明确的是，单甘酯与支链淀粉形成复合物，这可能是通过与分子线性部分的螺旋体形成笼状复合物而实现的。

Eliasson 和 Ljunger[33] 报道，用差示扫描量热仪（DSC）测出，阳离子表面活性剂十六烷基三甲基溴化铵（CTAB）能延缓糊化的蜡质玉米淀粉中支链淀粉微晶的形成速度。

Krog[34] 让过量直链淀粉与不同表面活性剂在 60℃条件下反应，冷却后除去所产生的复合物沉淀，测定上清液中残余的未结合直链淀粉含量。设定 100mg 直链淀粉结合 5mg 乳化剂为标准结合率，他计算了直链淀粉复合指数（amylose complexing index，ACI），以表示由 5mg 表面活性剂所沉淀的直链淀粉量。肉豆蔻酸单甘酯的 ACI 值为 100，棕榈酸单甘酯和硬脂酸单甘酯的 ACI 值分别为 92 和 87。而非饱和脂肪酸单甘酯的 ACI 值约为 30，另外一些硬脂酸酯（如丙烯乙二醇酯、失水山梨醇酯和蔗糖酯）的 ACI 值范围为 10～25，但硬脂酰乳酸钠的 ACI 值为 75。硬脂酸酯的 ACI 值较低被认为与该物质不能形成一种特定的层状中间相有关，这种层状中间相能促进烷烃链与直链淀粉螺旋体的相互作用。他的研究小组从 1971 年开始发表了一些研究论文，将乳化剂和淀粉形成复合物的形成与同面包制作和抗老化特性相联系。整个过程如下，在合适的条件下，乳化剂的直链疏水部分会同直链和支链淀粉的螺旋区域（如图 8.21 所示）络合，而这种络合作用对焙烤食品有好处。

表面活性剂能改变淀粉的糊化行为。图 8.22 所示分别为加入 0.5% 的各种乳化剂所引起的小麦淀粉在糊化上的糊化曲线变化[35]。图中所示的三种乳化剂中，DATEM 的作用活性最弱，使溶胀温度升高约 5℃，但没有改变糊化淀粉的黏度。单硬脂酸甘油酯的影响最大，使溶胀温度升高约 18℃，而且也增加了淀粉糊的黏度。从抑制溶胀的效果来看，硬脂酰乳酸钠的作用较弱，但它增加淀粉糊黏度的作用却和 GMS 相近。在 64℃、1h 的反应条件下，月桂酸单甘酯能有效地阻止马铃薯淀粉的糊化[36]。硬脂酰乳酸钠和 GMS 能降低淀粉分子在过量水中加热时的溶解度[37]。在 85℃时，对照样品中的 10% 淀粉是可溶的，而当有 2% 的 SSL 或 GMS 存在时，只能溶解 1.7% 的淀粉。对样品溶胀程度进行测量也获得类似的结果。乳化剂和淀粉的相互作用发生在淀粉颗粒的表面，而且，淀粉－表面活性剂复合物在稳定颗粒方面具有明显的效果，在温度升高时还可延缓水的渗透和溶胀。

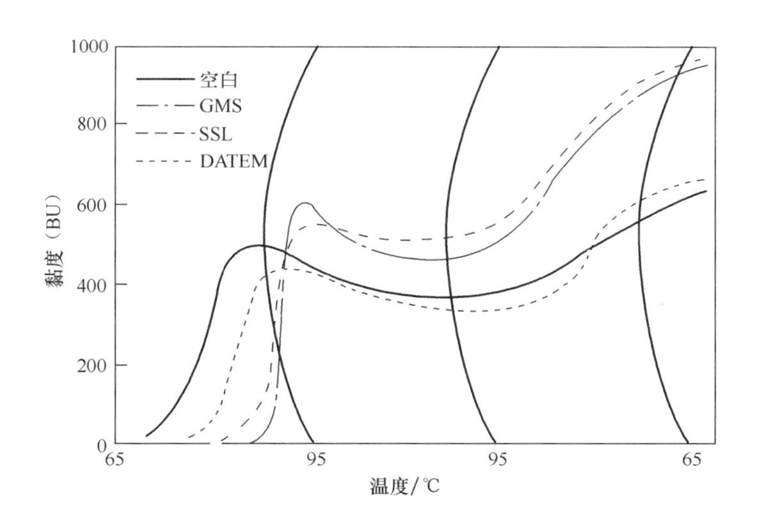

图 8.22　小麦淀粉与各种乳化剂共存时的淀粉糊化曲线[35]

8.9.2　蛋白质

蛋白质中的一些氨基酸侧链是疏水的，它们一般被包裹在折叠蛋白质分子的内部，在蛋白质展开的时候会暴露出来。有时在天然折叠蛋白中这些疏水区域也是部分暴露的，这就是经常提到的蛋白质表面的疏水区。表面活性剂的亲脂部分与这些疏水区相互作用，有时会促使蛋白质的展开（变性），从而又促使表面活性剂与蛋白质的结合。在表面活性剂（尤其是十二烷基硫酸钠）同可溶性蛋白如牛血清蛋白的结合方面[38]，以及脂类同食物蛋白的相互作用方面[39,40]，已经做了许多工作。蛋白质在油水界面上的吸附经常因表面活性剂的存在而变化，反之亦然。作为一般规律，表面活性剂有利于蛋白质折叠的展开，增强表面吸收和乳化稳定性。十二烷基硫酸钠促进蛋清蛋白折叠的展开，从而增加其形成稳定泡沫的能力。由于来自不同食品的蛋白质的属性各异，因此难以对在食品体系中添加表面活性剂所能获得的预期效果进行概括。

小麦面筋蛋白包含大约 40% 的疏水氨基酸，它们能与脂类物质如表面活性剂 SSL 相互作用。图 8.23 描绘了这种作用对面筋特性的影响。生面团中加酸可溶解一些蛋白。面团的 pH(约为 6)大致是面筋蛋白的等电点。当 pH 降低，许多呈负电性的羰化物被中和，例如，变成非离子化状态，而蛋白质分子的净电荷为正。在 pH 为 6 时，谷蛋白的亲水部分相互作用，蛋白质分子通过疏水反应而聚集[38]。在 pH 为 3 时，蛋白质所得净正电荷使得其分子间互相排斥，从而使蛋白质得以溶解。这种情形与用阴离子表面活性剂来稳定已溶解的乳化油滴有许多相似之处，此时表面电荷阻止了油滴之间的接触和合并。如上所述，盐的存在能降低静电排斥，对蛋白质的聚集有利。大多数面团强化剂是阴离子表面活性剂，当表面活性剂的亲脂部分同蛋白质的疏水部分结合时，它会将负电荷带引入复合物中，使其接近电中性并促进它在面团中的聚集(图 8.23)。盐和 SSL 对面团的混合特性有类似的影响。其中，盐的存在能降低静电斥力，而 SSL 对电荷起中和作用；但两种情况产生相同的最终效果，即面筋蛋白的疏水聚集和面团强度的增加。

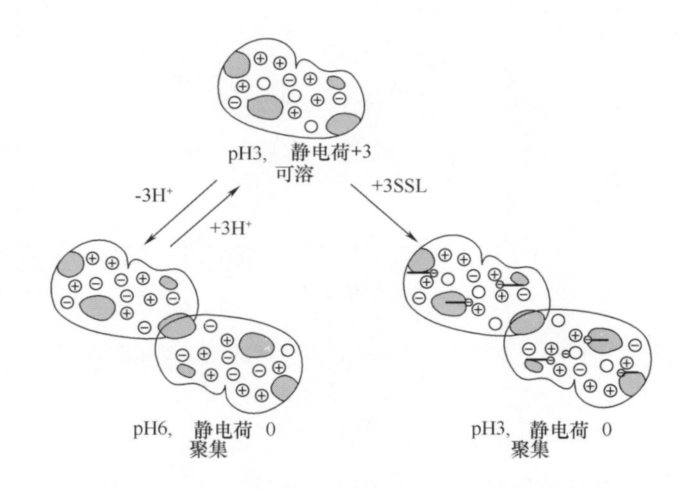

图 8.23 谷蛋白分子在质子或 SSL 影响下的聚集模型

过量的表面活性剂能够溶解蛋白，据推测是因为表面活性剂使得蛋白质的表面吸附增强及蛋白质分子表面产生大量净电荷。这是十二烷基硫酸钠凝胶电泳(SDS - PAGE)测定蛋白质分子质量的基础。这样的效果通常只有在表面活性剂浓度大大超过一般食品中的正常使用浓度时才会产生，因此，它在实验室中的应用较实际应用要多。

8.10 在食品中的应用

在几乎所有国家，乳化剂在食品中的应用都是有规定的。表8.4所示为在美国(由FDA批准)和欧洲(由EEC批准)允许使用的乳化剂。一些通过FDA审批的乳化剂在欧洲并不被批准，反之亦然。在某些情况下，对食品制造商在食品中乳化剂的添加量有专门限制；而在另一些情况下，限量指“足以得到所需功效的添加量”。如果有疑问应参考相关法规(在美国，是联邦法典的21章，即21CFR)[41]。

表8.4 乳化剂的规范状况

乳化剂	美国FDA(21 CFR)	EEC编号
单甘酯或二甘酯(GRAS)	182.4505	E 471
琥珀酰单甘酯	172.830	—
乳酸单甘酯	172.852	E 472
乙酰化单甘酯	172.828	E 472
柠檬酸单甘酯	172.832	E 472
磷酸单甘酯(GRAS)	182.4521	—
硬脂酰柠檬酸单甘酯	172.755	E 472
二乙酰酒石酸单甘酯(GRAS)	182.4101	E 472
乙氧基单甘酯	172.834	—
单硬脂酸丙二醇酯	172.854	E 477
乳酸化丙二醇单酯	172.850	—
硬脂酸山梨醇酐酯	172.842	E 491
吐温60	172.836	E 435
吐温65	172.838	E 436
吐温80	172.840	E 433
硬脂酰乳酸钙	172.844	E 482
硬脂酰乳酸钠	172.846	E 481
硬脂酰乳酸	172.848	—
硬脂酰酒石酸盐	—	E 483
硬脂酰富马酸钠	172.826	—
十二烷基硫酸钠	172.822	—
十六烷基琥珀酸磺酸钠	172.810	—

续表

乳化剂	美国 FDA(21 CFR)	EEC 编号
聚甘油酯	172. 854	E 475
蔗糖酯	172. 859	E 473
蔗糖甘油酯	—	E 474
卵磷脂(GRAS)	184. 1400	E 322
羟化卵磷脂	172. 814	E 322
柠檬酸三乙酯(GRAS)	182. 1911	—

乳化剂柠檬酸三乙酯仅被批准用作蛋清的发泡剂，这也是十二烷基硫酸钠的主要用途。 十六烷基琥珀酸磺酸钠只用作各种干甜品及饮料基料的保湿剂。 一些乳化剂被划为通用型商品，而另外一些只能作为乳化促进剂或稳定剂限于某些领域中应用，或者作为如前所述的面团调节剂。

8. 10. 1 焙烤产品

(1)面包的抗老化 面团中加入单甘酯可延迟焙烤面包在储存期间的老化。 在焙烤过程中，当面包内部温度达到 60 ~ 65℃时，淀粉糊化。 直链淀粉(分子质量为 100 ~ 200ku 的线型多聚物)部分溶解于生面团的水系中。 支链淀粉是分子质量为 10 ~ 40Mu 的高度分支结构，以形成微晶区域的形式存于与天然淀粉颗粒中，而这些微晶区域是通过分子的无定形片断连接的。 糊化过程中，这些微晶体熔化，但仍保持相互连接。 刚出炉的新鲜面包的面包瓤十分柔软。 在冷却时，直链淀粉开始结晶(返生)且在 24h 内完全结晶。 支链淀粉的微晶体也开始重新生成，但形成速度比直链淀粉的要慢得多，重结晶的半衰期在室温下为 2 ~ 3d。 面包储藏中面包皮的进一步硬化与支链淀粉的返生过程紧密相关[42]。

如前所述，线型烷烃链如单甘酯的脂肪酸部分能与可溶性淀粉分子的螺旋体部分形成复合物。 直链淀粉的重结晶明显很少受单甘酯所发生的复合作用的影响。 用差示扫描量热仪(DSC)对隔夜的面包瓤的研究显示，所有的直链淀粉似乎都处于结晶状态。 但是，支链淀粉通过短侧链与单甘酯形成复合物会明显减慢返生速率。 当 1% (相对于面粉重量)的单硬脂酸甘油酯(GMS)加到生面团中时，支链淀粉重结晶的半生期 (用 DSC 测定)延长了 2 ~ 3 倍。 面包皮硬度(在 Instron 或类似装置中测定其抗压能力来表示)增加速率也因 1% GMS 的加入而减半。

在面包的生产中，单甘酯的加入量为面粉质量的 0. 5% ~ 1% 。 有一些证据证明，当单甘酯以层状中间相存在时，淀粉 - 单甘酯的复合作用最易发生。 因此，许多焙烤师喜欢使用稳定的水合 GMS。 塑性单甘酯和甘油二酯(约有一半的 α - 单甘酯)和可水化蒸馏单甘酯也有使用，它们具有几乎同样好的抗老化效果。后面几种添加物在面团混合和加工过程中可能发生了水合，从而形成层状中间体，然后能在焙烤期间与糊化淀粉发生反应。任一情形下，为在抗老化效果和使用成本之间取得平衡，大约1%的α-单甘酯的使用量就足够了。

(2)面筋强化剂 如前面所讨论的，一些阴离子和聚氧乙烯表面活性剂可增加已醒发的面包面团从醒发箱转移到烤箱时的抗机械振动能力。这些表面活性剂被称作面筋增强剂或面团调节剂。商业焙烤中最常使用的增强剂或调节剂是SSL和DATEM。CSL、乙氧基化单甘酯和吐温60的使用则要少一些。生产实践中良好的使用效果表明，DATEM使用时可采用任一浓度，但实际使用时的上限浓度为1%(面粉的质量分数)。另外一些面团强化剂的使用浓度被限制于面粉质量的0.5%以下。有时，供应商出售一类包含面团软化剂(单甘酯)和强化剂的混合添加剂，从而使为每批面团称取添加剂的工作略有简化。

(3)蛋糕 一种准备用于蛋糕制作的塑性起酥油包含3%~4%的α-单甘酯。其生产方法是，超级甘油醇解或将单甘酯加入到尚未具有塑性的融油中。α-单甘酯的首要功能是在混合期间帮助气泡在起酥油中的细分，在焙烤中为膨发气体提供更多的气核以使蛋糕成品的质地改善且体积增大；第二个功能是使蔗糖在油相中的分散更加稳定，从而在面糊包裹过程中可加入比面粉量更多的蔗糖(即所谓的高比例配方)。

液态油不太适合于束缚空气气泡，但发现往油（在与蛋糕的其他组分混合前）中加入α-化乳化剂可使通过一步法生产体积膨大、质地细腻且品质稳定的高比例配方蛋糕得以实现。α-化乳化剂为固态，以稳定的α-结晶(蜡状)形式存在。如今在工业应用中的主要例子是乙酰α-单甘酯(AMG)、乳酰单甘酯(LMG)和单硬脂酸丙二醇酯(PGME)。也大量使用其他乳化剂，包括吐温60、硬脂酰乳酸酯和蔗糖酯，但是供应商提供的大多数商品化蛋糕乳化剂基于PGME和/或AMG。达到某一浓度以上后，这些乳化剂就在油水界面形成固态膜(见图8.10)。再加入第二种乳化剂可能会促进膜的形成；PGME和硬脂酸的混合物(80∶20)比单独用PGME在相同用量下的成膜性更强。

含有α-化乳化剂的油相所制成的蛋糕混料可以用于一步法生产，例如，干混料置于混合罐中，加入液相，进行低速搅拌混合(混匀添加剂)，然后高速搅拌以包裹空气。空气的包裹作用主要产生泡沫，该泡沫通过来自面粉、牛乳和蛋清的蛋白质来稳定。油的存在抑制蛋白质稳定泡沫的能力(如，痕量油的存在会使得蛋清几乎不可能形成蛋糖霜)，但是油水界面的固态膜能在气体掺入时有效地将油包埋，这样就阻止了稳定性的下降。

(4)糖霜 许多用于焙烤业中的糖霜是包含空气的W/O乳状液。最简单的例子是一种奶油糖霜，它由黄油、蔗糖和蛋清组成。糖霜的稳定性有限，储存时很容易跑气。这一情况通过采用一种乳化型起酥油得到改善。糖霜制造中采用的典型乳化型塑性起酥油可能含有1% ~2%的单甘酯、高达0.6%的吐温60。该乳化剂体系改善了半固态油包水型悬浮体系的持气特性；这种糖霜可在数天内保持良好的外观和口感。

8.10.2 乳品类用乳状液

（1）蛋糕搅打裱花料 许多裱花配方中，鲜奶油中的乳脂肪已经被熔点低于38℃、且固体脂肪含量（SFC）曲线更加陡峭的脂肪（通常为棕榈仁油和加氢椰子油）取代。其中水相含有牛乳蛋白质（酪蛋白或者乳清蛋白）以及糖。也会添加大约5%的α－化乳化剂（PG-ME、LMG、AMG）。因为脂肪相占总重的25%左右，油相中乳化剂浓度高达17%。这个浓度已经高于前面提及的形成固态界面所需的乳化剂量。这样，在搅打乳化液时，可溶性乳蛋白会形成稳定的泡沫。

（2）人造奶油 这种涂抹产品最早是作为廉价的黄油替代品而配制出来的，如今它采用各种各样的部分氢化植物油制备而且常常代表一类“健康型”涂抹产品，这主要是因为它含有一些多不饱和长链脂肪酸，而且不含胆固醇。标准的人造奶油至少含有80%的油脂，是一种W/O型乳状液。油相含有0.1% ~0.3%的单甘酯，有时还添加0.05% ~0.1%的卵磷脂、β－胡萝卜素（调色用）和维生素A、维生素D（如果含有的话）。脂肪熔化后，将水相（水、风味物质、盐，有时还有乳清固形物）分散在一个大型的搅拌罐中。接着急冷乳状液（使脂肪固化），该操作在刮壁式换热器中进行。操作过程中，水滴的平均尺寸减小到2 ~4 μm。因脂肪结晶网状结构阻止水滴的结聚，最后出来的产品是固态的。产品的流变学特性（硬度、延展性）由所用脂肪的特性决定。使用某些脂肪时，结晶类型趋向于由β′－结晶（产生光滑的质构）向β－结晶（产生沙质质构）转换，在脂肪相中加入单硬脂酸山梨醇酐酯或柠檬酸单甘酯有可能抑制这种转变。0.1% ~0.2% 的柠檬酸单甘酯还可以抑制人造奶油在用作厨房煎炸油时的喷溅现象。

（3）冰淇淋和非奶油冰淇淋（Mellorine） 冰淇淋含有不少于10%的乳脂肪，基本上是奶油、牛乳、糖及风味物质的混合物在乳化后的冻结物（21CFR §135.110）。乳脂肪的乳化首先归因于牛乳中的酪蛋白，再就是存在于牛乳脂肪球上的界面膜。有时在“廉价型”冰淇淋中添加高达0.1%的乳化剂，主要是为了提高最终产品的硬度、干燥度和质构。GMS和吐温65、吐温80是经常使用的乳化剂品种。

非奶油冰淇淋同普通冰淇淋相似，但至少含有6%的除乳脂肪外的其他脂肪（通常为植物油）。乳蛋白仍然是主要使用的乳化剂，不过0.1%吐温65、吐温80也可使用。

（4）咖啡伴侣 将植物油乳化到含有酪蛋白盐的水相中，可作为奶油的替代品出售（以巴氏杀菌液体或者喷雾干燥粉的形式）添加到咖啡中。液体形式时，可使用浓度达到0.4%的含有吐温60、吐温65以及山梨醇酐单硬脂酸酯的乳化剂体系。经喷雾干燥的增白剂使用相同的乳化剂体系，添加量为干粉的 1% ~3%。 在这两种情况下，酪蛋白酸钠可能是 O/W 型乳化液体系主要的稳定剂。

8.10.3 沙拉酱

(1)蛋黄酱和淀粉基调味酱 蛋黄是制作蛋黄酱唯一可以使用的乳化剂。 该食品属于 O/W 型乳化液体系，其中分散相至少占整个乳化液的体积的 70%，有时高达 82%。 在该水平下，如果乳化液受到不利的影响（尤其是在为分散油滴而进行胶体磨操作时承受过高的压力和剪切力）或者乳化剂的用量偏小时，该乳化体系就可能会发生转换(例如，变为 W/O 型乳化液)。 蛋黄中含有大约 16% 的蛋白(其中许多为脂蛋白)、35% 的脂、10% 的磷脂。 蛋白和磷脂都具有表面活性，容易包裹油水界面。 蛋白质 - 磷脂复合物形成的弹性膜可以使乳化液更加稳定。 蛋黄酱加工包括两个步骤：①形成比较粗的 O/W 型乳化分散体系(蛋黄、醋和香料)；②通过胶体磨减小油滴尺寸。 如果分散相以直径均匀的球形颗粒存在，则最大直径的理论值为 0.74。 但在蛋黄酱中，油滴的直径有一个尺寸范围，小油滴能填进较大油滴之间的空隙中，从而使实际的最大直径大于理论最大值。 乳化剂的量应足以包裹住因油滴减小而增加的两相界面。 如果胶体磨的间隙太小(剪切力太大)，油滴会变得太小，界面面积就会超过乳化剂所能包裹的面积，这样蛋黄酱就会转相。

用于制造蛋黄酱的油在储藏期间即使在冷藏温度下也须保持液态。 如果部分油固化，脂肪结晶就会使表面膜破裂，从而导致乳化液的破坏。 油一般经过冬化处理，例如，将油置于低温状态下 1 ~2d，然后除去冻凝部分。 也可以往油里加入聚甘油酯抑制脂肪结晶的形成，从而防止上述问题的发生。

还有一种更为廉价的代替品（可勺舀式沙拉酱）配方中含有 40% ~50% 的油及作为稳定剂的糊化后的改性淀粉。 经胶体磨处理后，对乳状液进行冷却，淀粉胶和半固化部分可防止油滴聚集。 可在配方中加入高达 0.75% 的乳化剂(聚山梨醇酯、柠檬酸单甘酯或 DATEM)以增强第一阶段乳化过程中油的乳化。

(2)可倾倒式沙拉酱 许多可倾倒式沙拉酱(如法式、意式、千岛式)由醋、香料、调味剂和稳定剂所组成的液相中含有 30% ~40% 的油。 大多数情况下，所用稳定剂是各种类型的胶质，它们可增加液相的黏度、减小使用前摇动调料时油的聚结作用。 在调料中添加占调料总重量高至 0.3% 的吐温 60 以增强摇动过程中油的分散。

参考文献

1. A. W. Adamson, *Physical Chemistry of Surfaces*, Wiley - Interscience, New York, 1967.

2. K. Larsson and S. E. Friberg, eds., *Food Emulsions*, Marcel Dekker, Inc., New York, 1990.

3. P. Becher, *Encyclopedia of Emulsion Technology*, Marcel Dekker, Inc., New York, 1985.

4. W. C. Griffin and M. J. Lynch in T. E. Furia, ed., *Handbook of Food Additives*, 2nd ed., CRC Press, Inc., Cleveland, Ohio, 1972.

5. A. R. Handleman, J. F. Conn, and J. W. Lyons, *Cereal Chem.*, **38**, 294 – 305 (1961).

6. J. W. McBain and L. A. Wood, *Proc. R. Soc. London*, **A174**, 286 – 293 (1940).

7. C. E. Stauffer, *J. Colloid Interface Sci.*, **27**, 625 – 633 (1968).

8. E. J. W. Verwey and J. T. G. Overbeek, *Theory of the Stability of Lyophobic Colloids*, Elsevier Science Publishing Co., Inc., New York, 1948.

9. J. D. Dziezak, *Food Technol.*, **42**(10), 172 – 186 (1988).

10. *Food Additives*, Technical literature, Danisco USA, New Century, Kansas, 2003.

11. J. Boyd, C. Parkinson, and P. Sherman, *J. Colloid Interface Sci.*, **41**, 359 – 370 (1972).

12. M. El – Nokaly and D. Cornell, eds., *Microemulsions and Emulsions in Foods*, American Chemical Society, Washington, D. C., 1991.

13. M. El – Nokaly, G. Hiler Sr., and J. McGrady in Ref. 11.

14. J. C. Wootton, N. B. Howard, J. B. Martin, D. E. McOsker, and J. Holme, *Cereal Chem.*, **44**, 333 – 343 (1967).

15. E. S. Lutton, C. E. Stauffer, J. B. Martin, and A. J. Fehl, *J. Colloid Interface Sci.*, **30**, 283 – 290 (1969).

16. N. Krog, *Cereal Chem.*, **58**, 158 – 164 (1981).

17. N. Krog and A. P. Borup, *J. Sci. Food Agr.*, **24**, 691 – 701 (1973).

18. N. Krog and B. Nybo Jensen, *J. Food Technol.*, **5**, 77 – 87 (1970).

19. N. Krog in R. B. Duckworth, ed., *Water Relations of Foods*, Academic Press, Inc., New York, 1975.

20. T. L. – G. Carlson, K. Larsson, and Y. Miezis, *Cereal Chem.*, **55**, 168 – 179 (1978).

21. T. L. – G. Carlson, K. Larsson, K. Miezis, and S. Poovarodom, *Cereal Chem.*, **56**, 417 – 419 (1979).

22. H. Birnbaum, *Bakers Dig.*, **55**(6), 6 – 18 (1981).

23. D. T. Rusch, *Cereal Foods World*, **26**, 111 – 115 (1981).

24. W. H. Knightly, *Cereal Foods World*, **33**, 405 – 412 (1988).

25. J. Birk Lauridsen, paper presented at the AOCS Short Course on Physical Chemistry of Fats and Oils, Hawaii, May, 11 – 14, 1986.

26. C. E. Walker, *Cereal Foods World*, **29**, 286 – 289 (1984).

27. B. F. Szuhaj, *J. Am. Oil Chem. Soc.*, **60**, 258A – 261A (1983).

28. B. F. Szuhaj, *Lecithins: Sources, Manufacture & Uses*, American Oil Chemists' Society, Champaign, Ill., 1989.

29. W. Van Nieuwenhuyzen, *J. Am. Oil Chem. Soc.*, **53**, 425 – 427 (1976).

30. O. L. Brekke in D. R. Erickson, E. H. Pryde, O. L. Brekke, T. L. Mounts, and R. A. Falb, eds., *Handbook of Soy Oil Processing and Utilization*, American Soybean Association, St. Louis, Mo., 1980.

31. J. Lagendijk and H. J. Pennings, *Cereal Sci. Today*, **15**, 354 – 356, 365 (1970).

32. L. V. Batres and P. J. White, *J. Am. Oil Chem. Soc.*, **63**, 1537 – 1540 (1986).

33. A. – L. Eliasson and G. Ljunger, *J. Sci. Food Agric.*, **44**, 353 – 361 (1988).

34. N. Krog, *Starch/Stärke*, **23**, 206 – 210 (1971).

35. N. Krog, *Starch/Stärke*, **25**, 22 – 27 (1973).

36. K. Larsson, *Starch/Stärke*, **32**, 125 – 133 (1980).

37. K. Ghiasi, R. C. Hoseney, and E. Varriano – Marston, *Cereal Chem.*, **59**, 81 – 85 (1982).

38. C. Tanford, *The Hydrophobic Effect*: *Formation of Micelles and Biological Membranes*, John Wiley & Sons, Inc., New York, 1973.

39. E. Dickinson in Ref. 12.

40. B. Ericsson in Ref. 2.

41. L. Somogyi, "Food Additives," in *Kirk – Othmer Encyclopedia of Chemical Technology*, Vol. 12, John Wiley & Sons, Inc., Hoboken, New Jersey, 2005.

42. C. E. Stauffer, *Functional Additives for Bakery Foods*, Van Nostrand Reinhold, New York, 1990.

9 煎炸食品和休闲食品

Monoj K. Gupta

MG Edible Oil Consulting, Richardson, Texas

9.1　引言

煎炸是古老且传统的食品快速加工方法，且能让制作者享受烹饪食物的快乐。煎炸食品所吸附的油脂赋予了煎炸食品特有的风味与口感，它能促进口腔唾液分泌，有利于煎炸食品中的风味物质的释放，使煎炸食品更加美味。煎炸食品在美国北部和南部、墨西哥、欧洲、印度、中国、日本、马来群岛以及其他地区深受消费者喜爱。

煎炸技术已经发展了多年，由厨房式煎炸发展到了大规模的工业化煎炸。裹粉产品、带调料的或不带调料的预炸制品在世界范围受到欢迎。煎炸产品经过包装进行分销。包装技术的革新使煎炸工业在分销产品的过程中能够长期保持其新鲜度。

9.2　煎炸过程

在煎炸过程中，食品受到热油释放的热量加热而脱水。油是通过电或者燃气加热的。煎炸方式主要分为三种，即①家庭式煎炸；②餐馆或餐饮服务业煎炸；③工业煎炸。

家庭式煎炸是传统的煎炸方式，可分为深度煎炸和平锅煎炸。在平锅煎炸过程中，平锅中加入一浅层油，加热到需要的煎炸温度，可人为控制温度，将食品煎炸至需要的食品质构和色泽。在深度煎炸过程中，食品浸没在热油中，食品可以是马铃薯片、带调料的蔬菜卷、裹糊（面糊）的蔬菜、鱼等。深度煎炸规模可以变化，例如：①厨房用小型煎炸锅；②餐馆或餐饮服务业的落地式煎炸锅；③工业化批量或釜式煎炸锅；④工业连续式煎炸锅。对于每一种煎炸锅，食品都会煎炸到期望的水分含量，外壳的颜色可以从棕色到深色，可以获得合适的风味、质构、外观等。家庭式煎炸的食品在煎炸后很快食用，然而工业煎炸却不是，需要包装、分销。

尽管家庭式煎炸在美国呈下降趋势，但是很多国家的家庭仍然通过煎炸方式烹调食物。

在餐馆，新煎的食品大多是立即被食用的，甚至在用餐高峰期。在快餐店中，食品按照顾客的点购情况进行煎炸。但在餐饮公司，大量煎炸食品在用餐高峰期之前就已经煎炸好了，通过保温炉进行保温或者在紫外灯下保存。

餐馆、快餐店以及餐饮服务行业中大多使用预蒸煮或预炸产品，包括：①炸薯条；②裹面糊的以及预炸的鱼、鸡肉、肉饼、奶酪棒以及蔬菜等。这些产品从冰柜中拿出后不用解冻就直接放入煎炸锅进行煎炸。

9.3 餐馆用煎炸锅种类

餐馆中用的煎炸锅主要有：①台式煎炸锅；②立式煎炸锅；③压力煎炸锅；④火鸡煎炸锅。

9.3.1 台式煎炸锅

台式煎炸锅适用于一次煎炸少量食品，这种煎炸锅可能是单煎炸容器也可能是双煎炸容器（图9.1）。在双煎炸容器中，油容量范围为每盘6.8～9.1kg。加热系统能量26.4～47.5MJ/h。这样的煎炸锅适用于每次煎炸食品数量少并且使用频率低的餐馆。加热系统采用电子元件浸没在油中进行加热，或者在煎炸盘底部用燃气加热油温至204.4℃，温度调节“开－关”控制煎炸锅中油温。当煎炸锅空闲几分钟时，控温装置自动关闭，使油温降低到93.3℃，并在该温度下保温以便再次煎炸。

台式压力煎炸锅（图9.2），其特别适用于小餐馆煎炸裹面糊的鱼或虾，也适用于研究实验所使用，这些煎炸锅具有单一的压力设置和自动断电装置。

(1)燃气加热　(2)电加热

图9.1　台式煎炸锅

图9.2　台式压力煎炸锅

图 9.3 立式煎炸锅

9.3.2 立式煎炸锅

餐馆或者餐饮服务业通常使用立式煎炸锅（图 9.3），这种煎炸锅比台式煎炸锅大很多，其中的油容量变化范围较大，从 18.2～40.9kg，煎炸锅的加热能力在 95～211MJ/h 范围内。煎炸锅具有单个或双个煎炸容器，有些具备独立的盘，盘自带控温装置，油通过燃气或电进行加热，这些煎炸锅配有足够的加热能力使煎炸油快速升温以适应快餐店的需要。

电加热立式煎炸锅与台式煎炸锅一样，加热元件浸没在油中进行加热。油温通过加热控温装置进行控制。煎炸锅具有电转换装置进行气控制系统或电加热元件的转换。控制系统通常有两个操作模式：即①待用；②高温（或煎炸），当使用少时，或过了用餐时间时，或晚上很晚时，煎炸锅处于待用状态。

餐馆煎炸锅典型的操作温度是 168～190.6℃，大量的食品放入到煎炸篮中，然后将盛有煎炸食品的煎炸篮放入已经达到需要温度的煎炸油中，油温突然下降，然后逐步回升至设定油温。对于薯条、裹浆蔬菜等对产品质构、风味、外观等具有一定要求的煎炸食品，煎炸油必须在特定时间内回温。对于鸡腿、鱼等肉类煎炸食品来说，煎炸油的回温时间对于杀死煎炸食品内部与肉类和家禽相关的病菌至关重要。

在炸薯条过程中油温的变化情况如表 9.1 所示。煎炸实验在台式双煎炸锅（型号 5301A，田纳西史密斯维尔霍布森巷的星公司制造）中进行，每个煎炸容器中可以装 6.8kg 煎炸油，煎炸锅总热容是 47.5MJ/h[1]。

表 9.1 煎炸薯片过程中煎炸油的温度

阶段	煎炸油温度
煎炸油初始温度	(190.6±1.1)℃
煎炸油温度	立刻下降到 <165.6℃
煎炸以下时间后	
90s	165.6℃
165s	173.9～176.7℃
回温后温度	(190.6±1.1)℃

总煎炸时间/批：165s，食物量/批 = 0.34kg。

在同一煎炸锅内，预炸裹粉鸡肉的煎炸油温度变化趋势如表 9.2 所示。

表 9.2 预炸鸡肉过程中煎炸油的温度

阶段	煎炸油温度
煎炸油初始温度	(182.2±1.1)℃
煎炸油温度	立刻下降到 <165.6℃
4min 后煎炸油温度	176.7℃
产品内部温度	71.1℃
回温后温度	(182.2±1.1)℃

总煎炸时间/批：4min，食物量/批 =0.45kg。

大多数的立式煎炸锅都有 V 形煎炸盘，这个狭窄的底部称作冷区，能够使煎炸食品的碎屑聚积并且减少煎炸过程中炸至焦煳的食品，这有助于保持煎炸食品良好的色泽，减少长时间煎炸形成的烧焦或者烤焦风味。

定期过滤煎炸油是必要的，这一过程可以去除掉煎炸油中积累的食品碎屑，这些碎屑是导致煎炸油颜色变深的主要因素。 如果这些碎屑残留在煎炸油中将导致煎炸食品产生焦味，同时这些碎屑也是煎炸油品质下降的催化剂，增加了餐馆发生火灾的风险。

一些立式煎炸锅有内置过滤装置，这些过滤装置是由不锈钢网制成的，通常在底部铺一层过滤纸，用内置泵循环过滤煎炸油脂几分钟。 过滤出的油用于冲洗煎炸盘中的残余固体。 过滤好的煎炸油放入煎炸盘中进行煎炸或储存到下次煎炸时使用。 煎炸油每天至少过滤一次。 对于一些产品，由于其中碎屑残留有必要每天过滤两到三次。

煎炸油过滤也同样可用外置过滤法，这种过滤装置的原理与内置过滤装置原理相似。 由于煎炸油温度很高而且需要人工进行过滤，这种操作有很大危险，被热油烫伤是快餐店经常发生的事故之一。 图 9.4 所示为外置过滤装置的示意图。

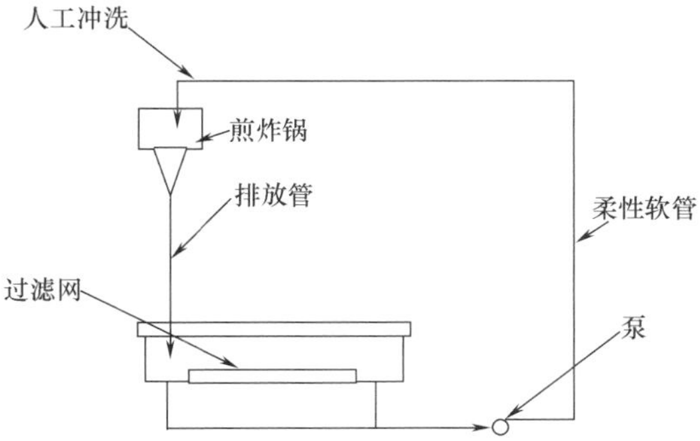

图 9.4 餐馆用煎炸锅的过滤系统

9.3.3 压力煎炸锅

压力煎炸锅用于煎炸鸡肉、肉制品、裹面包屑的虾。 这些煎炸锅配有密封的盖子以保持煎炸锅内的压力，其压力范围为 0.35 ~ 1.06kg/cm^2，这些煎炸锅初始设计只有一个压力。 在 1917 年，美国农业部（USDA）规定食品企业的压力煎炸锅的最大安全操作压力是

1.06kg/cm^2，后来设计的煎炸锅带有顶部微动装置使操作者可以控制煎炸锅中压力的变化。这些煎炸锅有三个压力变化档，如①低压0.35kg/cm^2；②中压0.56～0.7kg/cm^2；③高压1.06kg/cm^2，表9.3所示为这些煎炸锅的典型应用。

表9.3 压力煎炸锅的应用

操作压力/(kg/cm^2)	操作温度/℃	煎炸食品种类
0.35	105	鱼、裹面包屑的虾、软质蔬菜
0.56～0.7	113	米布丁、卡仕达酱
1.06	121	各种食品

与其他产品相同，预炸食品也需要设置不同的压力，煎炸锅生产商提供了不同种类食品在其所产的煎炸锅中的推荐煎炸压力。

9.3.4 压力煎炸锅的优点

压力煎炸耗时少，煎炸产品有更好的风味主要原因如下：

(1)通常在传统的煎炸中挥发离开煎炸体系的风味物质，被保留在煎炸锅这一密闭体系中；

(2)在煎炸过程中，一些令人愉悦的风味物质被迫进入食品中，这与传统的煎炸操作相比增加了产品的风味；

(3)在压力煎炸锅中油脂不像在传统煎炸锅中那么容易变坏，因为油脂在煎炸过程中不与空气接触。

肯德基（KFC）产品就是一个压力煎炸的好例子，它就在压力煎炸锅中进行煎炸。KFC声称由于压力煎炸锅的密闭性，细微的挥发风味物质被更好地保留在食品中，使其更好地保持了产品的风味。这是有道理的，因为在传统的煎炸过程中风味物质被水蒸气带走，弥漫到厨房中。压力煎炸锅可以用于台式煎炸锅中也可以用于立式煎炸锅（图9.5）。

9.3.5 火鸡煎炸锅

煎炸整只火鸡已经变得流行了，这种煎炸是在火鸡煎炸锅中进行的（如图9.6所示），这种煎炸锅可以在6min或者更短的时间里煎炸整只鸡（火鸡或鸡）。火鸡煎炸锅的加热系统有温度调节器，热容量为158.26～211.01MJ/h。

热源可以是气或者电。加热装置在装油的煎炸容器的底部。火鸡放在热油中的不锈钢的煎炸篮中，然后盖子盖住。在煎炸结束时，煎炸篮提起，食品表面过多的煎炸油滴入到煎炸容器中，然后将食品移走。

图 9.5 压力煎炸锅（立式）（彩色图片见网址 http://www.mrw.interscience.wiley.com/biofp）

图 9.6 火鸡煎炸锅（彩色图片见网址 http://www.mrw.interscience.wiley.com/biofp）

煎炸锅配有以下部分：①一个不锈钢罐；②排气盖子；③一个用于盛家禽的带孔篮子（或架子）；④篮子上的抓起钩；⑤温度计；⑥燃气灶；⑦一个调味料注射器，将油和调味料注射到食品内部。

9.3.6 餐馆中的煎炸操作

不同食品的煎炸温度不同，餐馆中的煎炸锅的操作温度范围 168 ~ 190.6℃。在销售低峰期，煎炸锅保持在待用模式以保持油温相对较低，在销售高峰期油温通常保持煎炸温度。

快餐店按照以下模式操作：

(1) 早上第一件事是打开煎炸锅；

(2) 快餐店在午餐和晚餐期间非常忙，而在其他时间空闲；

(3) 在用餐高峰期，油温保持热的状态；

(4) 煎炸油每天过滤一次，或有时一天两次或三次；

(5) 在晚上清洗煎炸锅，之后注满先前使用过的煎炸油；

(6) 加入少量新鲜煎炸油进行补充。

9.4 安全问题

9.4.1 压力煎炸锅

消费者尝试用压力锅作为压力煎炸锅使用，要避免这种操作，主要原因如下：

(1)压力锅不是压力煎炸锅；

(2)压力平底煎炸盘不是压力煎炸锅。

必须指出，压力锅是为了在压力下烹调食物而设计的，当它们用于烹调食品时是安全的。但是当压力锅用作压力煎炸锅时，少量的油会与垫圈接触使垫圈被破坏，最终融化垫圈，导致热油冲出煎炸盘，这将伤到人甚至引起火灾。因此，压力锅不推荐用作压力煎炸锅。

9.4.2 火鸡煎炸锅

报道中的很多事故是与火鸡煎炸锅有关。消费者产品安全委员会（CSPC）发布了火鸡煎炸锅使用的安全指引。

自从1998年，CSPC报道了75个涉及火灾、着火或者烫伤的，与火鸡煎炸锅相关的事故。其中有28个发生在2002年。火鸡煎炸锅正变得非常流行。这些煎炸锅在很多快餐馆中用于煎炸火鸡或者鸡。因此，消费者必须了解生产商提供的关于这种煎炸锅的安全使用常识，详细报道可以在生产商的网站上找到。

9.4.3 立式煎炸锅

当下面一种或者多种条件存在时，餐馆中发生火灾是很常见的：

(1)煎炸锅中的油已远远超出其使用寿命；

(2)在煎炸锅顶部有油烟冒出；

(3)没有使用或错误使用安全装置。

当煎炸锅的实际温度超过预先设定的温度，一般是204.4℃时，煎炸锅的温度控制系统会自动关闭热源。另外，每个煎炸锅都有高温保护装置即高温（通常设在218.3℃）切断装置。在煎炸锅的温度超过204.4℃，而温度控制装置没有起作用时，高温切断装置会切断热源，这就避免了煎炸油由于温度过高而导致可能的火灾。当高温切断装置失灵时，还有另外一个安全保护装置，以燃气加热煎炸锅为例说明其操作方法如下。

当由于高温切断装置失灵导致煎炸油的温度高于控制温度时，一定量的阻燃剂（粉）从煎炸锅顶部射出，阻断了热油与氧气的接触。同时，阻燃剂喷出时通过切断气路上的电磁阀而关闭了主供气管道。

在电煎炸锅中，主断路器通过连接着火延缓系统的温度传感器完成跳闸。

9.5 改善餐馆的煎炸操作

可通过以下的方法保持煎炸锅中煎炸油的品质以及煎炸食品的品质：

(1)每天晚上用硬毛刷清除煎炸盘中和加热元件上的黏性物质以及沉淀物；

(2)检查煎炸盘中的变色污点，这是煎炸盘局部受热导致。如果发现了变色污点，煎炸盘和加热元件必须更换；

(3)必须定期向煎炸锅中加入新鲜的煎炸油，例如每2h；

(4)每天煎炸油必须过滤至少1次或2次；

(5)采用合适的市售助剂每天处理油脂，且不能在油中形成皂；

(6)基于产品的风味和口感，建立油脂废弃计划。

9.6 检测煎炸锅中煎炸油的品质

很难确定煎炸油何时废弃，一般由餐馆的经营者或者高级管理者决定煎炸油是否废弃。

餐馆传统上根据煎炸锅中煎炸油的色泽以及锅中泡沫的多少来确定煎炸油是否废弃。然而，这两种方法都是主观的，将会导致过早废弃煎炸油，亦或者过长使用而对煎炸食品风味产生不利影响。

很多物理、化学检测装置用于检测煎炸锅中的煎炸油品质[2]。不幸的是，由于以下原因，这些检测装置中很多都没有广泛使用：

(1)这些仪器很难操作或者价格昂贵；

(2)餐馆中厨房工作人员流动性大；

(3)厨房中工作人员不习惯用这些检测仪器。因此餐馆中煎炸油品质的检测是一项挑战。

最近引入了一些设备可以检测油脂的降解，其中大多数是检测煎炸油与极性物质相关的分解产物。研究者在测试这些设备，确定其应用于餐馆煎炸油品质评估的可行性。

USFDA对于餐馆以及工业煎炸操作并没有强制性的法规，USDA规定，当煎炸油中游离脂肪酸含量超过2%时应该废弃。

欧洲大多数国家以及智利制订了一些法规来控制餐馆中煎炸油的质量。大多数国家规定当煎炸油中的极性物质含量超过一定值时就要废弃煎炸油，而对于极性物质含量则不同国家有不同的规定。这些规定迫使餐馆学习煎炸油的品质检测方法以及决定何时废弃煎炸油。表9.4所示为法规对餐馆煎炸油品质的限值[3]。

表9.4 不同国家餐馆煎炸油法规要求

国家	煎炸温度/℃ ≤	烟点/℃ ≥	酸值/% ≤	游离脂肪酸含量/% ≤	极性物质含量/% ≤	氧化脂肪酸含量/% ≤	二聚以及多聚甘油三酯含量/% ≤	黏度/mPa·s ≤
澳大利亚	180	170	2.5	—	27	1	—	37
比利时	180	—	—	—	25	—	10	
智利	—	170	—	2.5	25	1	—	
捷克	—	—	—	1	<25	—	<10	
芬兰	—	170	2.5	—	25	—	—	
法国	180	—	—	—	25	—	—	
德国	170	—	—	—	24	0.7	—	
匈牙利	180	180	2.0	—	<25	—	—	
冰岛	190	—	—	—	—	—	—	
意大利	180	—	—	—	25	—	—	
日本	—	170	2.5	—	—	—	16	
荷兰	180	—	—	—	—	—	—	
葡萄牙	180	—	—	—	25	—	—	
南非	—	—	—	—	<25	—	16	
西班牙	—	—	—	—	25	—	—	

注：对于液体油，黏度为27mPa·s。

煎炸领域推荐和实用的各种检测设备可分为下文中的几类。

9.7 物理检测设备

9.7.1 非仪器方法

早期用于确定餐馆煎炸油废弃点的方法如下所示：

(1)油脂色泽；

(2)油脂透明度；

(3)起泡高度。

在餐馆中推广比色棒或比色条检测煎炸油品质。不过这些方法对于餐馆操作人员没有实际帮助，因为通用的颜色标准并不能适用于所有种类的油。有时，在餐馆用煎炸锅中，即使棉籽油、玉米油以及棕榈液油品质仍适于煎炸，其色泽也要比大豆油或葵花籽油的颜色深。在这种情况下，仅仅因为油脂颜色深，餐馆的操作者可能会将这种油废弃。

随着煎炸的进行，油脂的透明度下降。KFC 开发了视觉检测仪，他们称为“可见度检测仪”，这是一个不锈钢棒，底部与一个发亮的银盘连接，棒上有三个锯齿状的刻度线，用于判断起酥油品质。发光的圆盘浸入到油中，插入的深度根据棒的刻度进行监测。发亮的圆盘与棒靠近，观测圆盘。当插入特定深度不能看见圆盘时，煎炸油就应当废弃。

上述检测方法带有主观性，对于餐馆实际意义较少，在很多餐馆中并没有得到应用。

9.7.2 仪器方法

现已发明了很多检测煎炸油品质的仪器。不幸的是，其中有一些仪器使用方法太复杂，但有一些可以用于监控餐馆中煎炸油的品质。这些仪器方法如下：

(1)FRI－CHECK；

(2)黏度计；

(3)食用油传感器（Food Oil Sensor）；

(4)油脂品质传感器（Oil condition sensor）；

(5)3M PCT 测定仪；

(6)FOM（食用油测定仪）；

(7)OptiFry。

Fri－Check 仪器是德国的 Christian Gertz of Hagen 博士设计的，是测定煎炸油黏度和密度的仪器，通过测定油脂中极性物质以及聚合物浓度来反映油脂的降解情况。这个仪器由一个带可移动铁管的电子盒子组成，测定时铁管中装入待测油，油脂必须保持恒温。圆柱形金属片从装满待测油脂的铁管顶部滑落，这一过程的测定时间就是油从铁管的流过时间，具体时间取决于待测油的密度和黏度。因为在煎炸过程中油的密度和黏度随极性物质和聚合物的形成而增加，油脂滑落的时间与油脂分解的程度相关。在实际测定中，Fri－Check 仪器测定的数据与油中极性物质和聚合物的含量相关性很好。测定仪器系统简单，可以用于餐馆测定煎炸油的分解程度。

英国 Leatherhead 食品研究所的科学家开发了测定油脂黏度的仪器，其操作原理类似于音叉，音叉的振幅与油脂的黏度有关，共鸣与周围液体的密度有关。尽管这种仪器操作简单，但对餐馆操作者判断油脂品质的好坏还是困难的。

另外一种仪器称为食用油传感器，从 20 世纪 70 年代后期由北方仪器公司推向市场，仪器测定煎炸油的介电常数，当煎炸油中极性物质含量增加时，油脂的介电常数增加。该仪器易于操作，研究人员在实验中大量用其测定煎炸油的品质变化。然而，如果样品管在每次用过之后没有清洗干净，则测定数据不准确。任何残留在样品管中的油会聚合从而导致后面的测定不准确，因此这种仪器不适用于餐馆中煎炸油的测定，因为餐馆中不可能这么认真清洗仪器。

Tech Town 公司最近发明了一种油脂品质传感器，用于测定煎炸过程中煎炸油的品质。这种仪器同样可测定油脂的电导率，煎炸过程中电导率随油脂降解而增加，这个设备相对较新，作者对其长期使用情况不甚了解。

3M 公司（欧洲）发明了称作极性物质测定仪或 PCT 120 的仪器，这种仪器的工作原理根据煎炸过程中会生成极性物质。尽管仪器操作简单，且数据可靠，但是餐馆发现该设备也不便于操作。

Ebro 下属品牌斯特拉特福德的 Dresser 仪器公司发明了食用油测定仪（FOM－200）便携式仪器，这种仪器能够在几秒钟测定热油中的极性物质含量直接反映煎炸油的品质。用 FOM－200 测定的数据与 IUPAC 方法中 2. 507/DFG 方法Ⅲ－3b 测得的极性物质含量有±2%的误差，并且能够储存很多相关油脂特性曲线以供参考，好多研究者采用此仪器进行煎炸研究，快餐馆用其指导添加滤油助剂和新油以提高食品品质。

MirOil 公司（即宾西法尼亚州油脂加工系统公司）的 OptiFry 能够检测煎炸油中极性物质的增加量（与新鲜煎炸油相比）。该仪器测定的结果与德国卫生部门对谷物、马铃薯及用于消费者保护、营养、农业的脂质的检测结果有很好的相关性。用仪器检测结果，结合消费者对煎炸产品的接受度，可以建立煎炸油质量检测方法，也可以用该公司提供的相应的方法使油的质量保持在较一致的状态。

9.8 化学方法检测

(1) Oxifrit：Merck 公司；

(2) Fri－Test：Merck 公司；

(3) ACM/PCM：Mir－Oil 公司；

(4) TPM，FFA，WET：Test Kit 技术公司；

(5) AV$^+$ Check：Advantek add location；

(6) 起酥油监控仪：美国 3M 公司。

注：ACM－碱性杂质；PCM－极性物质；TPM－总极性物质；FFA－游离脂肪酸；WET－可滴定的水乳状液；AV－酸值。

德国达姆施塔特的 Merck 公司开发了 OXIFRIT & FRITEST 方法，可检测煎炸过程中煎炸油的品质，尤其是应用于餐馆中。Fritest 方法检测煎炸油中的碱性色值来指示氧化的脂肪酸（OFA），Oxifrit 方法检测煎炸油中的氧化产物，两种方法都是在溶剂体系中用比色方法进行比较，因此对于餐馆工作人员来讲检测过程太复杂。

美国的 Libra 实验室开发了 ACM 和 PCM 方法，并申请了专利。宾西法尼亚州艾伦镇的油脂加工系统公司（也叫 MirOil 公司）拥有该检测仪器的专利和分销权。ACM 检测方法可检测包括皂在内的碱性污染物，PCM 检测方法检测极性物质（积累的极性物质），这些检测结果都能用于餐馆，然而这些检测费用昂贵，餐馆刚引进后就不愿使用这些方法。

Test Kit 技术公司十多年致力于生产与推广 FFA、TPM 和 WETs 的快速检测技术。起初采用溶剂技术和比色卡检测，与 MirOil 和 Merc 检测方法相似，后来开发了 Gel - in - tube Instant Chenmistry（GiTIC）方法。在这种方法中，热的且不含悬浮物的已滤煎炸油直接加入到装有凝胶的试管中，凝胶受热融化，凝胶中的化学物质与煎炸油反应，产生有色物质，其颜色从浅绿色到深蓝色变化。在油还是热的时候将试管插到色度计中，对试管中的样品进行读数。读数反映了煎炸油中的总极性物质、游离脂肪酸、可滴定的水乳状液（即油中的表面活性剂）。检测总极性物质是单相测定，而检测游离脂肪酸和可滴定乳状液检测是两相测定，在底层形成有色物质，通过仪器进行读数。用户必须根据自己产品的要求建立相应的颜色限值，以反映其煎炸油的品质。对于餐馆来说，仪器使用简单，但是试管的费用过高。另外，餐馆无法根据这种仪器建立自己的煎炸油废弃标准。

3M 公司开发了起酥油监控仪，它由一个带有四个蓝色条带的 0.76 ~ 9.53cm 的白纸条组成，将白纸条浸到煎炸油中检测其中的游离脂肪酸含量。该方法让使用者尤其是快餐店用户可以客观地评价煎炸油中游离脂肪酸含量，且成本较低。这种方法可能适于餐馆使用，因为餐馆煎炸锅中的游离脂肪酸含量倾向于不断升高，可用游离脂肪酸含量有效预测煎炸油的烟点骤降程度。

Advantec 公司制造的测试条可测定煎炸油中的酸值，产品在亚洲通过味之素公司销售。这种测试条与 3M 公司的测试条相似都是测定煎炸油中的酸值。操作将塑料条及指示器放入煎炸油中，随着煎炸油中酸值的变化，颜色指示器从深蓝色变到浅橄榄绿色变化。颜色随酸值变化如下：

颜色	酸值/%
蓝	0
深绿	0.5
绿	1.0
浅绿	2.0
橄榄色	3.0
非常浅的橄榄色	4.0

这种测试条对于餐馆很有用，但是对于工业煎炸其使用受限。

9.9 煎炸油的过滤以及处理

煎炸锅中的煎炸油必须定期清洁，才能保证煎炸食品质量，油过滤是通过一个外部的过滤器，也就是底部装有滤网的外部储罐过滤并收集（图9.4），滤网上边覆盖一层滤布或者滤纸。煎炸油是通过泵将煎炸锅中的煎炸油送到过滤装置，煎炸锅同样通过洁净的煎炸油进行清洗，然后过滤好的煎炸油重新回到煎炸锅中。这一过滤过程除去了煎炸过程中积聚在煎炸锅底部的大部分杂质，同样减少了煎炸食品的焦色及焦味。有些煎炸锅也装有内置过滤装置。

采用吸附剂去除煎炸油中的杂质会更有效。有些吸附剂可以去除油脂中的皂、极性物质。这样可以显著增加油脂的煎炸寿命。

有些商业化药剂可通过与碱反应去除煎炸油中的游离脂肪酸，这会增加煎炸油中的皂含量，降低油脂稳定性，煎炸油中皂含量高将导致下列现象：

①煎炸油起泡，加速油脂氧化，降低煎炸油使用寿命；

②煎炸食品产生不愉快风味；

③影响煎炸食品的外观；

④根据许多国家（包括美国）的法律规定，煎炸油中存在这种方法产生的皂，可能构成掺假。

因此，必须选择不与游离脂肪酸发生化学反应而仅通过物理吸附去除煎炸油中杂质的吸附剂。

餐馆负责人必须检验吸附剂生产公司提供的分析数据，确保处理前后的皂含量不至于升高。煎炸油处理过程中的温度也同样重要，尤其当吸附材料中含有柠檬酸时。柠檬酸是金属螯合剂，能够去除煎炸过程中通过化学方法转移到煎炸油中的过量金属离子。如果温度超过140℃，柠檬酸就会发生裂解。如果进入处理装置的煎炸油温度很高（149℃），将导致柠檬酸在高温下发生裂解而失效。

餐馆中使用的煎炸锅没有煎炸油冷却装置，并且操作人员在添加吸附剂前通常也不会监测油温，因此油脂处理效果比期望的要差一些。

使用合适的处理剂处理过生产的煎炸食品的风味变好，吸附剂的成本、推荐的处理频率、吸附剂的用量以及节省的油脂量等因素在选择适宜的吸附剂处理油脂时，必须经过详细的计算。

9.10 工业煎炸

工业煎炸是煎炸工业中的重要组成部分。在美国以及其他国家，煎炸食品的制作形式和销售方式多种多样。其中最受欢迎的是咸的快餐食品，这种食品有很多种类，如薯片、墨西哥玉米片、谷物片、挤压食品、脆饼干、油炸或烤坚果等，其中薯片是长期受人喜爱的食品。

9.10.1 美国

尽管长久以来，世界各地的人们都非常喜爱快餐食品，但是只有美国薯片的问世是有据可查的[4]。根据美国快餐协会（the snack food association）的记载，现代炸薯片起源于1853年Saratoga Falls瀑布度假区的一件趣事。

一天晚上，度假的铁路巨头Commodore Cornelius Vanderbilt在享用晚餐时，发现炸马铃薯切得太厚了，于是他将炸马铃薯送回厨房。负责烹饪的George Gum厨师决定将马铃薯切成薄片后深度煎炸，并撒些盐。这样薯片变得又薄、又脆还有盐味。有趣的是现代的薯片由此诞生。这个产品立即风靡一时。Saratoga薯片顿时在度假区社会名流中成为时尚，并且很快在美国东部流行。后来传遍了该国及欧洲，又开发了包装及分销的方式。煎炸操作从厨房式煎炸发展到了釜式煎炸，后来发展到了精心设计的现代式煎炸。2003年，在Saratoga瀑布度假区，快餐协会庆祝了煎炸薯片的150年诞辰。

今天，得克萨斯州的Frito－Lay公司领导美国快餐工业进行了重大变革。1932年得克萨斯州圣安东尼奥市的Elmer Doolin先生开创了Fritos牌炸玉米片，Herman W. Lay将薯片销给田纳西州纳什维尔的食品销售店。1961年9月，创办仅29年的这两家公司，Frito公司和H. W. Lay公司合并成为Frito－Lay公司。1965年，Frito－Lay和百事可乐公司合并。今天，Frito－Lay成为世界快速消费食品工业的领导者，该公司销售大量的盐味快餐食品，包括薯片、玉米片、挤压食品、坚果以及大量的其他产品。

9.10.2 英国

在英国，炸薯片是受消费者喜爱的食品之一，并且是最悠久的可口快餐食品。1570年，Walter Raleigh先生和Francis Drake将马铃薯从秘鲁带到了英格兰。很快此农作物在欧洲的很多地方开始种植，在18世纪末马铃薯在欧洲几乎每个地方都有种植，包括英国。

一个叫Frank Smith的人开始制作薯片，并且在19世纪初开始销售此产品，该产品用防油的纸袋包装。

9.10.3 德国

Frank Flessner和他的妻子Ella于1951年在德国创立了美国本土薯片公司。他们的薯片在家制作，用玻璃纸袋包装后销给驻德美军。美军是他们主要的客户。到1961年该公司建立了两家加工厂。

由于缺少文字记载资料，很难了解到其他国家中的快餐食品或者咸味快餐的发展历史。例如印度半岛的印度人食用至少300种不同种类的油炸咸味食品。这些产品包括谷物、碎米、坚果、蔬菜、葡萄干、豆类、可可豆以及调料，可适应该国不同地区居民的口味。尽管这些产品已经有几个世纪食用历史，但是没人能够知道这些产品的起源时间及地点。在过去的30年中，这些产品已从乡村工业发展到了工业化生产，大量产品出口到英国、美国、加拿大以及欧洲的很多国家。

许多类型的煎炸快餐食品或现炸或包装配送，通过零售渠道例如超市、便利店、餐馆、食品销售店、自动贩卖机等方式销售。常见的现炸现销的煎炸食品如下：

(1)甜甜圈；

(2)带馅煎饼；

(3)各种肉类、蔬菜咸味产品；

(4)爆米花。

带馅煎饼和咸味产品必须在制作后尽快食用，爆米花和甜甜圈可以储藏一天或者两天。

煎炸的包装产品有很多种类，大都是含盐的，也有加糖和调料的产品，其中最常见的咸味煎炸食品如下：

(1)薯片：原味或者调味；

(2)墨西哥玉米片；

(3)复合重组产品；

(4)挤压玉米产品：调味（咸味）和裹粉的（甜味）；

(5)裹浆产品；

(6)预炸产品，如炸薯条、炸鱼、炸鸡、奶酪、蔬菜等；

(7)煎炸坚果：咸味、调味或者裹粉（甜的）。

薯片和墨西哥玉米片在美国北部是家庭式常见食品。玉米产品没有欧洲那么普遍。组合产品由预加工的粒料或压片原料，以及各种配料的配方混合物制备而成。这些产品中最常见的是百事公司生产的乐事薯片和宝洁公司生产的品客薯片。这类产品是由压片配方以及粒料加工而成的，调成咸味或者添加其他调料后销售，现在在大多数国家流行。

在美国，裹浆煎炸食品在餐馆和家庭制作中比较流行。快速煎炸已经用于生产高稳定性的裹浆产品。很多裹粉的虾、鱼、玉米热狗以及炸鸡等在餐馆中很受欢迎。所有这些产品都可以大规模生产，并且冷冻状态下配送销售，且可以直接煎炸无需解冻。

像炸鸡排这样的肉制品也是大规模加工的，并且冷冻状态下配送到餐馆。像火鸡或者肉鸡这样整只煎炸，在美国和欧洲也变得非常受欢迎。

预炸薯条、鸡肉以及蔬菜，由于其加工方便并且成本低，有几十亿美元的销量。

薯片的销售是快餐食品工业中规模最大的，第二大销量的是墨西哥玉米片。表 9.5 所示为美国主要的快餐食品的销量[5]。

表 9.5 2003 年美国咸味快餐食品销量

分类	销售额/百万美元	变化/%	销售重量/百万磅	变化/%
薯条	6037.8	+1.5	1815.1	-0.3
墨西哥玉米片	4529.4	+1.1	1523.6	+0.2
玉米类小吃	873.1	-2.0	254. 1	-2.6
椒盐脆饼	1255.6	-2.0	564.5	-6.4
猪皮	645.2	+37.4	107.8	+36.8
坚果零食				
籽粒	2347.3	+15.9	648.0	+12.5
玉米粒				
微波爆米花	130.5	+2.8	456.2	-1.8
即食爆米花	445.3	-3.9	109.5	-3.6
奶酪小吃	1181.2	10.9	371.5	+7.1
肉类小吃	3404.3	+14.4	159.2	+14.7
组合包*	320.8	-3.9	76.3	-1.6
其他	2062.5	+2.0	437.8	+4.2
总计	23472.0	+4.5	6525.6	+0.2

从这些销售数据可以看到美国快餐食品的市场规模。在 20 世纪 80 年代至 90 年代比较繁荣的低油以及无油休闲食品，如今的需求明显下降。用 Olean（也叫 Olestra）加工的无脂产品在问世及经历最初的增长之后，销量已经明显降低。2003 年猪肉皮、奶酪快餐、坚果、肉制品快餐销量显著增加，这主要是由于推行阿特金斯饮食计划（Atkins diet program）的缘故，而传统的休闲食品销量下降。总体快餐销售量增加 4.5%（美元），这可能要归

* 组合包(variety pack)是一种美国食品，把各种风味的同一小食品包在一起成为一个大包装，比如把 10 个不同风味的小包薯条放在一个大盒子里一起卖。——译者注。

因于坚果、肉制品以及其他高价产品销量的增加。

最近煎炸工业的挑战是生产低反式脂肪酸的产品，这就要求煎炸油没有经过氢化处理并且在煎炸的条件下具有良好的稳定性。

从早期的厨房式煎炸发展到现在的高度自动化工业煎炸，煎炸工业的技术水平有了很大的提高。包装工业的创新发展使煎炸食品的货架期更长。煎炸设备的发展使得生产的煎炸产品具有在过去所不可能具有的特性。煎炸油加热技术的显著提高使煎炸油具有更长的使用寿命。

9.11 煎炸操作的目的

煎炸过程是食品脱水最快的方法，使食品更加美味。由于具有煎炸食品的特性使其比烘焙或者其他烹调的食品更具吸引力，其特性如下：

(1)风味；

(2)质构；

(3)外观；

(4)口感；

(5)煎炸芳香；

(6)令人愉悦的回味/余味；

(7)整体的满意度或者接受度。

9.12 煎炸与其他烹调方法的区别

煎炸是截然不同的一种工艺，这是由于：

(1)煎炸是非常快速的脱水过程。根据煎炸食品种类以及煎炸过程不同，其脱水过程从10s到几分钟的时间；

(2)煎炸油和煎炸食品的差异性很大，这有助于煎炸食品形成脆的质构；

(3)煎炸食品在煎炸过程中吸收一定量的油脂，赋予煎炸食品具有独特的口感和风味；

(4)完全煎炸食品（例如咸味快餐食品）失去几乎全部水分，其最终的水分含量低于1.5%；

(5)预炸食品（例如裹浆的鱼、鸡肉、肉等）表面的裹浆失去水分，然而内部却没有失去水分。对于鸡肉和肉制品来说，食品中心达到一定温度对于食品安全来说是很重要的（后面进行论述），然而对于鱼，其表皮炸脆了，内部还是冻结状态。保留这些产品的大部分水分，可以提高产量，避免煎炸后产品的过分失水，这点非常重要。

9.13 煎炸过程中发生的变化

在煎炸过程中，食品发生剧烈的传热和传质，同时也发生很多化学变化。对这一复杂过程总结如下：

(1)煎炸锅中的热油加热食品表面，并且经过表面渗入到食品内部；

(2)食品内部的水分以水蒸气的形式迁移到食品表面，并离开煎炸油体系；

(3)随着煎炸食品表面温度增加，食品表面颜色变深以及质构变脆。食品表面的变色程度受煎炸食品表面的糖、添加物以及温度所影响。煎炸食品的色泽可以通过控制煎炸温度、煎炸时间以及某些添加物如葡萄糖、色素或者酵母（使食品表面颜色变浅）实现；

(4)煎炸过程中，食品的外观、大小以及形状发生变化；

(5)食品表面过量的油可以通过沥油或某些情况下在离心的帮助下去除；

(6)为了补充由于煎炸食品带走的煎炸油，可以通过自动添加或者人工补充新鲜油；

(7)由于水解、氧化、聚合等化学反应的发生，煎炸油发生化学变化。煎炸油品质的变化严重影响煎炸食品的储藏稳定性。煎炸油质量极端下降甚至可以影响煎炸食品的脱水程度、褐变程度以及使产品表面裹粉脱落。

9.14 工业煎炸锅的类型

两种主要的工业煎炸锅类型如下：

(1)间歇式煎炸锅；

(2)连续式煎炸锅。

除了要求煎炸食品保持其原始色泽的情况下，真空煎炸锅很少使用。真空煎炸锅主要用于煎炸切片水果以及某些特定蔬菜。

9.14.1 间歇式煎炸

这些煎炸锅类似于餐馆煎炸锅，只是尺寸更大，煎炸能力更强，每批可以煎炸几百磅的煎炸食品。图9.7所示为典型的间歇式煎炸锅的图片。

图9.7 间歇式煎炸锅

间歇式煎炸锅用于小规模的煎炸或者是特殊类型食品的煎炸，如釜式煎炸夏威夷薯片。

煎炸油放入大的平锅中，通过底部的燃气加热。在一些特殊装置中，煎炸油通过外部换热器进行加热，在这种煎炸中，煎炸油连续从煎炸锅中循环出来通过外部热交换器加热，再循环回到煎炸锅中。前面的煎炸锅称为直接加热体系，后面的煎炸锅称为间接加热体系。外部加热器通过蒸汽加热或者气体燃烧加热。蒸汽加热外部加热器通常是壳形或者管形，当煎炸油通过管道时蒸汽在夹热套侧对煎炸油进行加热。蒸汽压力要适中（17.59 ~ 19.4kg/cm^2）。气体燃烧加热装置的设计方法都不同，一种方式是在管中直接通过燃烧气体对油进行加热，其他方式有先用燃烧气体加热空气，然后热空气再加热管中的煎炸油。用油位控制器控制煎炸锅中的煎炸油位恒定，温度控制装置控制煎炸锅中的煎炸油温度恒定。

间歇式煎炸操作次序如下：

(1)煎炸油温度达到所需温度并保持稳定；

(2)加入一定量的需煎炸食品；

(3)油温迅速下降，当煎炸食品达到终点水分含量时，油温恢复；

(4)煎炸产品通过人工或者自动装置进行翻动；

(5)通过转移装置将煎炸食品取出；

(6)产品通过某种程度离心，去除食品表面过多的油脂；

(7)然后在食品上加调料并进行包装。

9.14.2 连续式煎炸锅

连续式煎炸锅用于大规模的快餐食品煎炸。连续式煎炸锅是直形或者马蹄形的平锅煎炸，并带有温度和油位控制器。煎炸食品从煎炸锅的一端放入煎炸锅中，然后通过传送带从煎炸锅的另一端离开煎炸体系。煎炸锅的内部构造随产品不同而变化。

像间歇式煎炸一样，连续式煎炸锅中煎炸油的加热方式分为直接加热和间接加热两种。

图9.8所示为直接加热式煎炸锅的图片，图9.9所示为间接加热式煎炸锅的图片。

图9.8 直接加热煎炸锅（彩色图片见网址 http://www.mrw.interscience.wiley.com/biofp）

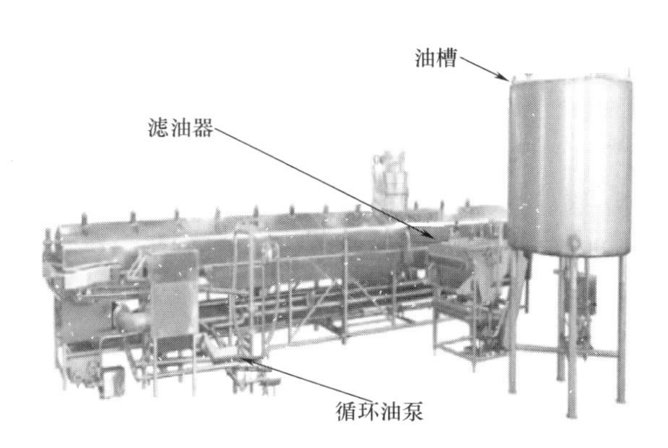

图 9.9 连续式间接加热煎炸锅（彩色图片见网址 http://www.mrw.interscience.wiley.com/biofp）

9.14.3 真空煎炸锅

真空煎炸锅用于煎炸水果、蔬菜，可以使褐变降低到最小程度，保持其原有的颜色。真空煎炸锅的煎炸产量通常不高，价格昂贵，多数属于间歇式煎炸锅，连续式真空煎炸锅价格昂贵并且操作困难。真空煎炸锅具有如下特性：

(1) 煎炸锅在真空下操作，典型的操作压力 <100mmHg；

(2) 煎炸操作温度为 121.1℃，在真空条件下，食品在此温度可以脱水；

(3) 食品放在篮筐中煎炸；

(4) 篮筐放入真空状态的煎炸油上方；

(5) 抽真空；

(6) 篮筐浸入约 121.1℃的煎炸油中；

(7) 煎炸开始，油温下降（如间歇式煎炸锅所述）；

(8) 煎炸油经过外部加热器加热后连续循环到煎炸锅中；

(9) 当煎炸食品的水分含量达到预先设定值时，油温恢复；

(10) 缓慢降低煎炸锅中的真空度；

(11) 煎炸锅打开，取出篮筐；

(12) 沥干产品上多余的油脂，冷却后包装。

9.14.4 多层煎炸锅

多层煎炸锅由于其保持油温均衡的能力强，可更好地控制食品脱水而受欢迎。在多层煎炸锅中，煎炸油通过外部加热器加热后通过泵注入预先确定的不同区域，图 9.10 所示为这种煎炸锅的图片。

图 9. 10 多层煎炸锅（彩色图片见网址
http://www.mrw.interscience.wiley.com/biofp）

这种煎炸锅与传统的相同生产能力的煎炸锅相比，油脂的劣变更加快速，原因如下：

（1）多层煎炸锅中的平均油温比传统的煎炸锅温度高，这加快了油脂品质下降的速度；

（2）由于没有精心设计，煎炸锅中的油量与相同生产能力的煎炸锅相比更大，这增加了煎炸油的循环时间，导致煎炸油更加快速劣变。

9. 15 选择煎炸锅的标准

煎炸过程中，煎炸锅的选择对于食品达到所需的品质是很重要的。 开始的时候，煎炸锅的选择基于以下标准：

（1）煎炸食品的种类；

（2）煎炸食品的物理性质，例如煎炸食品在煎炸锅中是漂浮还是沉底，是否膨胀；

（3）需要的生产量或者速度。

很多快餐食品在煎炸锅中漂浮在油中，因此需要机械方法将其浸没在煎炸油中，如薯片、裹粉天妇罗等。 对于像甜甜圈这样漂浮在油脂表面的食品，煎炸都是在这种方式下进行的。 不漂浮的产品包括裹粉产品，因此这就要设计不同的传送带。 炸鸡排、炸薯条、炸坚果等都是比较典型的产品。 像能够在煎炸锅中膨胀好多倍的粒料，必须完全浸没在油中。 像天妇罗、裹浆鱼等裹浆产品，也会膨胀，煎炸过程中也需要浸没在油中。

因此，基于以上的讨论，煎炸锅的选择关键是煎炸食品在煎炸油中是漂浮还是下沉。对于半漂浮产品，煎炸锅需要具有如下性质：

（1）如果产品下沉的话，只有一个主运输带；

（2）如果产品可漂浮的话，需要有使产品浸没的传送带，保证产品在煎炸过程中浸没在油中。 对于在煎炸过程中会变为漂浮的产品，煎炸锅需要一个主运输带和浸没传送带。

另外，对于煎炸锅的选择还需要考虑以下标准：

(1)煎炸成品的特性，如表面色泽、质构等；

(2)需要的生产能力；

(3)需要的载热量；

(4)油周转所需的最长时间；

(5)煎炸锅需要的附件；

(6)食品屑的去除系统；

(7)便于清洁；

(8)系统维护方便；

(9)排放所需的空间；

(10)煎炸油加热器类型，例如直接加热、间接加热；

(11)煎炸锅生产商的技术支持。

9.16 工业煎炸体系的构成

工业煎炸体系由以下部分组成：

(1)预处理系统；

(2)煎炸锅；

(3)食品进入和离开煎炸锅的传送装置；

(4)涂盐器；

(5)调味器；

(6)如果是墨西哥玉米片的话，需要烤炉；

(7)如果是墨西哥玉米片的话，需要平衡（冷却）装置；

(8)如果是挤压食品的话，需要挤压机；

(9)对于间歇式煎炸锅，需要搅拌器；

(10)用于颜色控制的光学分类器；

(11)油脂过滤器；

(12)煎炸油循环泵及管道；

(13)对于直接加热式和间接加热式煎炸锅，需要煎炸油加热装置；

(14)产品运输至灌装机的运输系统；

(15)煎炸锅中的运输系统和浸没装置；

(16)特殊设计的传送装置，将煎炸锅中积聚的固体及沉淀捞起并从煎炸体系中去除；

(17) 对于薯片煎炸锅，需要搅拌轮；

(18) 金属探测器；

(19) 灌装/包装机器；

(20) 灌装机中的氮气流（如果需要）；

(21) 油温控制器；

(22) 油位控制器；

(23) 过程警报器。

因此，可以看出煎炸锅是煎炸系统的中心装置，其他外围设备是为保证更好的煎炸食品品质而设计的。一些食品的煎炸过程在下面的章节描述。

9.17 连续式薯片煎炸过程

(1) 用冷水清洗马铃薯，将其表面的泥土、沙子等去除。这些外来物质不仅会对煎炸食品带来不利的影响，而且在煎炸过程中导致煎炸锅中的煎炸油变差；

(2) 用去石机去掉石头颗粒；

(3) 用机械或者气流去皮机去掉马铃薯表面的大部分皮；

(4) 马铃薯通过检验台，其中有缺陷的被人工去除，体积大的被切成小块；

(5) 去皮的马铃薯在切片之前浸没在冷水中，这可以保护马铃薯表面防止褐变；

(6) 水与马铃薯一起输送至切片机，高速切片，将马铃薯切成需要的厚度的马铃薯片（图 9.11）；

图 9.11　高速马铃薯切片机

(7)清洗去掉马铃薯片表面的淀粉防止煎炸过程中淀粉烧焦使油脂颜色变深，并且防止薯片在煎炸过程中颜色变深以及形成焦味。 清洗装置有很多种类，例如鼓式清洗器或者高速清洗器。 前者是在带孔的鼓中进行清洗，旋转水床连续补充清洗水。 由于其简易性，高速清洗机更加普遍；

(8)在单式煎炸锅中，高速沥水连同进料装置将薯片送入煎炸锅中，减少了进料过程中带入的水分，也使得自由煎炸区域有最好煎炸状态。 这也可以减少粘连在一起形成团。（图9.12是薯片煎炸锅）；

图9.12　薯片煎炸锅

(9)在自由煎炸区域，薯片与最高温度的煎炸油接触（182.2℃），使得薯片最大程度脱水；

(10)薯片然后进入一个区域，由搅拌轮控制沿煎炸锅长度方向移动。 搅拌的旋转转速以及搅拌轮的交叉连接由煎炸锅的生产厂家设置；

(11)然后薯片浸没在煎炸油中通过一个区域，这是煎炸食品的最后完全脱水过程；

(12)传送带将煎炸食品从煎炸锅中取出，特别设计的传送带可以去除薯片上过量的油脂，总的煎炸时间是165～180s；

(13)煎炸后薯片的水分含量大约1.5%；

(14)与进料端的182.2℃相比，煎炸锅出料端油温降低22.2～27.8℃；

(15)煎炸油离开煎炸锅，通过过滤装置，泵入外部加热器重新升温至初始时的182.2℃；

(16)加热后的煎炸油从产品入口进入煎炸锅，通过多种形式布满整个煎炸锅；

(17)加盐装置适于装在煎炸锅的末端，但是要注意防止盐被气流吹入煎炸油中，盐将导致煎炸油快速劣变[6,7]；

(18)调料是通过量杯加入的，大多数的调料预先与盐混合，因此加过调料的食品不需要再加盐了；

(19)煎炸过的食品多数是用镀金属充氮包装袋包装，以得到更长的货架期；

(20)包装好的产品放入仓库，等待分销；

(21)在煎炸后、加调料后、灌装后都要检测煎炸食品的品质；

(22)定期检测煎炸油的品质。

9.17.1 连续式墨西哥玉米片煎炸系统

墨西哥玉米片的主要成分是玉米粉，其有两种形式：

(1)新鲜烹制的玉米；

(2)玉米粉。

9.17.1.1 新鲜烹制的玉米

(1)玉米在含有一定量石灰（氢氧化钙）的大桶或者连续式煮锅中烹制，氢氧化钙可以软化玉米皮层，并且可以增加产品的风味；

(2)煮过的玉米表面过量的氢氧化钙通过喷淋水在滚筒内去除；

(3)之后用石磨或者不锈钢磨磨成粉，即湿润粉糊。精确控制磨粉的粒度，以达到产品要求的性状；

(4)在磨粉机中加入水，使湿润粉糊中的水分含量达到大约50%；

(5)湿润粉糊然后制成片，再切成特定的大小及形状；

(6)片状半成品通过燃气烤炉，其中温度为338℃，产品失去一些水分，在表面形成烘烤色泽，这使得形成最终产品的烘烤风味。烘烤的程度要严格控制，过度的烘烤导致最终产品形成烧焦味，相反如果烘烤不足则最后煎炸后的产品的玉米风味不足；

(7)片状半成品从烤炉里出来，经过一个一边开口的平衡装置。片状半成品也要通过一系列特殊的传送带。主要目的是使水分分布均匀，也可以保证颜色和质构均一。对于由煮制的玉米得到的湿润粉糊来说，这一阶段的半成品水分含量在40%左右，对于由干粉制成的半成品，其水分含量在30%~35%（图9.13为煎炸前的墨西哥玉米片系统图）。在平衡装置中半成品的温度降低至38℃以下；

(8)然后产品在马蹄形或直形煎炸锅中（图9.14）进行煎炸。煎炸油温度约为177℃，ΔT为5.6℃，这时的ΔT比炸薯片时低得多，其原因是产品脱水量小；

(9)与薯片相比，煎炸时间更短，通常不到1min；

(10)煎炸后产品水分含量大约1%；

(11)产品的移动、加盐以及调味技术与薯片的技术非常相似；

(12)调味后的产品装入透明的包装袋中，有些生产商采用充氮镀金属的包装袋。

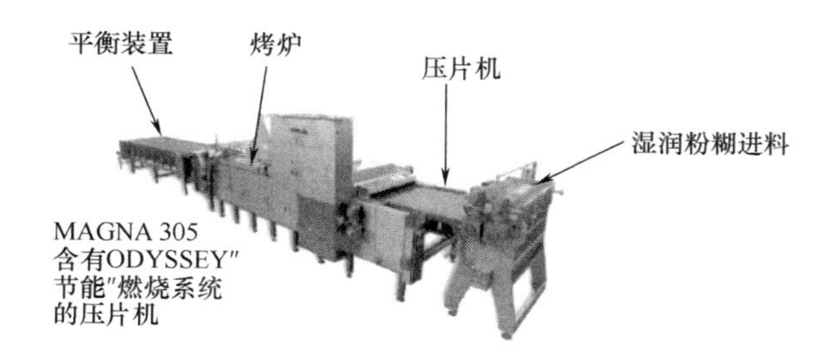

图9.13 墨西哥玉米片系统（彩色图片见网址 http://www.mrw.interscience.wiley.com/biofp）

图9.14 墨西哥玉米片煎炸锅（彩色图片见网址 http://www.mrw.interscience.wiley.com/biofp）

9.18 挤压食品

有很多挤压快餐食品是经过煎炸、调味和包装分销的。由煮制玉米或者玉米干粉加工制成的挤压玉米片，就是此类产品中非常受欢迎的一种。产品直接加到煎炸锅中，通常煎炸温度比炸墨西哥玉米片或者薯片的温度稍高，煎炸锅带有浅煎炸盘，图9.15所示为典型的玉米片煎炸锅。

9.18.1 裹粉煎炸食品

这些产品是裹面糊的预炸食品，分销至餐馆、连锁餐饮店以及超市。煎炸好后的产品立即放入速冻间，用液氮速冻。产品用冷冻卡车进行运输，然后在销售处储藏在冰柜中，

图 9.15 玉米片煎炸锅

其储藏温度 -23 ~ -21℃。产品从冰箱中取出后不解冻直接进行煎炸。

此类产品众多，分述如下：

(1)鱼片；

(2)鸡肉；

(3)牛肉；

(4)奶酪条；

(5)蔬菜。

9.18.1.1 鱼片

鱼是在冻结状态下运到车间的，然后分割成块状或者片状，裹上面糊并且撒上淀粉、葡萄糖和酵母风味物的混合粉（对天妇罗而言）。裹浆和撒粉工艺要重复一次以上，确保裹浆能够更好的黏附在食品上。此时鱼片内部仍然是冷冻的。

煎炸操作在 193.3 ~ 198.9℃温度下充分煎炸确保外表皮煎炸完全，鱼的内部仍然是冻结状态。之后在 -34 ~ -32℃的速冻间冷冻。

有一种鱼产品是完全煎炸熟透的，通过微波炉加热即可销售。这种情况下，鱼内部的温度必须达到 62.8℃，然后像其他产品一样速冻。

鸡肉或者牛肉产品在速冻前完全煎炸熟透的，产品中心必须达到某一特定温度以防止病菌生长，其温度如下：

无骨鸡肉　71.1℃；

带骨鸡肉*　85 ~ 90.6℃；

牛肉块　62.8℃

*在纽约的学校系统中，从筋骨外层取肉的温度是 96.1℃。

奶酪条和蔬菜条的煎炸方式与冻鱼相似，在不影响内部的情况下形成外表脆皮。

除了天妇罗裹粉产品外，这些产品在煎炸时都是非漂浮式产品。天妇罗产品煎炸过程中要有使其浸入到煎炸油内部的装置，其他产品都是用传送带运输。所有煎炸锅的传送带都有底部清洁作用。煎炸锅底部的油泥收集到集油箱中，通过一系列的滤纸和金属滤网过滤器去除固体，过滤好的煎炸油连续不断的注回到煎炸锅中。

9.18.1.2 煎炸裹粉产品的特殊挑战

像薯片、墨西哥玉米片、玉米片等这类产品很容易处理。然而，裹粉产品却不同，在煎炸前以及煎炸过程中需要更多的处理。

裹粉产品必须经过裹浆和涂粉的过程。喂料进入煎炸锅时也需要特别注意减少产品间的彼此粘连。传送这类产品经过煎炸锅，煎炸锅的内部设计非常关键。对于在煎炸锅中会上浮的产品需要配备浸入设备。积累的食品屑可能会焦煳，得到的产品也会颜色深和/或具有焦煳味道。

在产品与煎炸锅内部的传送装置接触前，涂层的外表层先要置于热油中，这一置于煎炸锅前段的区域称为自由煎炸区，在裹粉产品、薯片和各种其他的煎炸食品前都会有这样的区域。这可以防止在煎炸食品进入煎炸区域之前粘在传送带上或者互相粘连。自由煎炸区以及进料系统随煎炸食品种类而变化。

配有适当进料和传送系统的直接和间接加热式煎炸锅都可用于煎炸裹粉产品。

9.18.2 炸薯条

炸薯条与炸鱼片或者炸肉馅饼在物理性状上比较相似。炸薯条可以是裹粉的也可以不裹粉，裹粉的薯条很受欢迎。薯条有很多不同的切削方式，直切是最常见的，还有其他种类的切削还有切丝和螺旋型。

炸薯条是用固形物含量高的土豆制成。但是马铃薯的水分含量在80%～82%，煎炸薯条的过程如下：

(1)马铃薯去皮、清洗。炸薯条通常选用蒸汽去皮的方法；

(2)洗净的马铃薯在水槽中，用水刀在线切成横截面为7.4mm^{2}的小块；

(3)薯条在运送到过滤器的过程中冲洗去表面的淀粉。过多的水分通过过滤器去除；

(4)薯条原料在两级漂烫器中漂烫：①第一阶段在73.9℃热烫7min；②第二阶段是在79.4℃下热烫大约3min；

(5)漂烫的半成品在0.6%的焦磷酸钠溶液中浸泡45～60s，溶液温度为62.8℃；

(6)浸泡好的半成品之后通过干燥器进行干燥，此过程分为3部分，干燥温度大约为28.3℃，使得产品在煎炸之前达到水分平衡；

(7)接下来产品在薯条煎炸锅中煎炸65s，进油温度为185℃；

(8)产品然后转移到冷冻间，从煎炸锅出来后直接速冻；

(9)冷冻间分为两个区域，第一个区域为－25.6℃，第二个区域为－32.2℃，通常冷冻时间为20min；

(10)然后将产品收集在容器中，在－23.3℃下储存。之后用内层为塑料的纸袋包装；

(11)包装好的产品再放回－23.3℃下储存；

(12)这时产品的水分含量为64%～65%，含油量为14%～18%。

9.18.3 预炸产品

预炸保障了大规模生产和分销。预炸产品与全煎炸产品相比，吸油量低。产品吸油率较低会增加煎炸油的周转时间，加速油脂的劣变。这种煎炸方式会使煎炸油产生较高的游离自由基（氧化产物）。预炸产品中吸附的油脂中含有高含量的游离自由基，在储存过程中游离自由基催化产品中的油脂发生氧化分解。

随后在预炸的最后阶段，预炸产品与煎炸油之间发生油脂交换。这增加了最后阶段油脂中的自由基含量，导致煎炸油迅速氧化分解。这就是包装好的预炸产品在储藏过程中产生不愉快油脂风味的原因。产品再次煎炸后包装于镀金属的包装袋并且充氮，即使这样产品中的氧化产物也不会减少。预炸产品的货架期比其他非预炸产品短，因此该方法不适用于大规模制作咸味预炸产品然后将其供给终端加工者进行二次炸制和销售。

9.18.4 其他常见煎炸快餐食品

9.18.4.1 甜甜圈

新鲜的炸甜甜圈非常受欢迎，常常用于早餐或者休闲食品。这些产品是用酵母发酵，然后在氢化起酥油中煎炸赋予其口感和风味。货架期稳定的产品在超市、便利店或者加油站销售，这些产品通常是烘焙而非煎炸生产的。

9.18.4.2 煎炸坚果

花生、腰果、葵花籽、南瓜籽等以煎炸、烘烤、裹粉、上光等多种形式出售。煎炸的坚果吸油率低，导致煎炸锅中煎炸油的周转期长，用于煎炸坚果的煎炸油要有很好的氧化稳定性以保证产品有长的货架期。

9.19 热淋式煎炸锅

图9.16所示为由热控公司生产的热淋式煎炸锅。在这种煎炸锅中，单个的煎炸产品

置于微小的煎炸篮中，煎炸篮是传送带的一部分，并随传送带向前移动。热油轻微淋到产品上进行煎炸。与传统的煎炸锅相比，这种煎炸锅在煎炸成形的产品、坚果等时有很多优势，因为其对煎炸油的操作柔和，所以明显地降低了煎炸油的氧化。

图 9.16 热淋式煎炸锅（彩色图片见网址 http://www.mrw.interscience.wiley.com/biofp）

9.20 煎炸工业的进展——多样化产品

与早期的普通锅内煎炸薯片相比，煎炸工业已经取得了巨大的进展。煎炸锅变得更大，进料方式、内部结构、油温控制以及配送等方面都得到了长足的发展。

为了缩短油脂的周转时间以保持油脂的质量，在减少煎炸系统的加油量方面付出了巨大的努力。

批式煎炸锅传统上用于煎炸量少、质构较硬的煎炸薯片，新式连续式煎炸锅可成功复制锅式煎炸薯片的较硬质构，且生产效率大大提高。

内置专业化煎炸床的连续式煎炸锅已经用于煎炸薯片，可以保证较低的油脂周转时间。这类产品煎炸时间短，同样按照传统方法设计的煎炸锅煎炸这些产品时，油脂周转时间长，油脂劣变程度高。

像炸薯条、马铃薯、炸鸡肉、炸鸡排等所有这些预炸食品，在煎炸后立即冷冻，并储藏在 -23.3 ~ -20.6℃下。产品用冷冻卡车配送。产品直接放入煎炸锅，无需解冻直接煎炸，而且会即刻在餐馆、连锁餐厅或者家中食用。这类产品方便快捷、价格低廉。像预炸薯条、鸡肉以及裹浆蔬菜这类产品，需要高固脂含量的起酥油进行煎炸，较高的固脂含量可以通过标准的氢化工艺达到，这在美国和一些其他的国家都可以实现。裹浆鱼排可以用轻度氢化油脂或者非氢化油脂煎炸。-23.3 ~ -20.6℃的储藏温度可以保护油脂免于快速氧化，这样的话可以用非氢化油脂进行煎炸。

美国、加拿大、荷兰这三个国家是冷冻炸薯条的主要生产出口国。据美国商业部对外贸易局的统计，2002 年美国出口了价值 31.6 亿美元的冷冻薯条。其他预炸冷冻产品为炸鱼、裹面包屑的虾以及预炸鸡肉。

9.21 低含油量的休闲食品

早在 20 世纪 80 年代，消费者就开始寻求减少包括休闲食品在内的各类食品脂肪含量。90 年代，对低油或者无油产品的需求开始增加，之后逐渐减弱直至到最后没有增长。但是，低脂休闲食品还是有市场的。

根据美国食品与药物管理局（FDA）的规定，产品中的油脂含量与标准含量相比降低 33%（1/3）时可以称为低脂产品。

低油薯片用以下方法生产：

(1)产品在煎炸锅中部分脱水（水分含量 8% ~12%）；

(2)部分脱水的煎炸物然后通过一个脱油器，该设备在高温下，用高速蒸汽、空气或者氮气吹掉产品表面的部分油脂；

(3)薯片的烹制是在脱油器中完成的；

(4)终产品的水分含量约为 1.5%；

(5)与传统的薯片相比，最终的产品含油率降低 1/3；

(6)其他操作与普通薯片相同。

图 9.17 所示为热控公司制造的低油量薯片生产系统的图片。

图 9.17 低油薯片生产系统

9.22 碎屑的产生以及去除

在煎炸过程中，煎炸锅中会积累碎屑。这些积累的物质主要是碳氢化合物（可能是家禽、肉或者鱼中类似蛋白质的物质）。在煎炸过程中面包屑也会烧焦。因此在煎炸过程中积累的碎屑可以引起煎炸油颜色变深，从而导致产品颜色变深并且具有焦味。这是连续或者定期去除煎炸锅内碎屑的主要原因。在煎炸裹粉食品时，在煎炸锅底部会积累大量的碎屑。

可以用连续化的过滤装置去除煎炸锅中的碎屑，但即使这样也会在煎炸锅中积累一定量碎屑。煎炸锅清洁设备可以将煎炸锅中剩余的碎屑去除。对于在煎炸过程中产生大量碎屑的食品来说，连续式油脂过滤装置是很需要的。连续、高流量的间接加热煎炸锅，通过连续化油脂过滤系统，很容易去除煎炸锅中大部分的碎屑。然而，对于非常大量的面包屑或者油泥积累的话，推荐使用一套底部疏通条，它能将杂物推进过滤器。过滤好的油脂则通过适当的设备循环回煎炸锅。

有很多种类的过滤装置用于移除煎炸油中的碎屑，纸芯过滤装置不是最好的，这种装置会导致油脂损失量大而且热油长时间暴露在空气中。通常煎炸系统也包含一个能滤除大颗粒杂质的过滤器。有时，增加好的过滤装置可以去除煎炸油中更小的颗粒，在很多装置中需要使用机械化和离心结合的过滤装置（或旋转过滤器，见图9.18）。有时，要不要用更精细的过滤器去除油脂中的较小颗粒存在争论。在许多实际应用中，往往需要机械过滤器和离心过滤器组合（或转鼓过滤器，见图9.18）使用。

图9.18 转鼓过滤器

煎炸锅过滤器的种类要根据煎炸油中碎屑的大小、数量以及硬度进行选择。对于产生大量碎屑的产品，例如裹有面包屑的产品、浸糖产品等，煎炸锅底部要装有上述的底部疏通装置，这就是特殊设计的传送带。需要告知煎炸锅加工商煎炸过程中碎屑去除的需求情况。

有时，用连续化过滤设备清洁煎炸油。在这样的过滤过程中，往往约5%的煎炸油会被拿出，用在线过滤器过滤，之后返回煎炸锅。此系统很好，但是在很多情况下，由于诸多因素影响，回流到煎炸锅的煎炸油流量不能很好分散，这样的话碎屑会在煎炸锅的不同位置积累，无法通过过滤去除。换句话说，连续式的过滤器能够去除所有的碎屑，并且煎炸锅中积累的碎屑最少。很多操作中使用了油脂处理系统，这就去除了煎炸油中的碎屑而且减少煎炸油中的游离脂肪酸、色素、氧化物质以及皂，通过证实这一过程增加了煎炸油的使用寿命以及产品货架期。油脂的处理过程可以在煎炸结束时，也可以在煎炸过程中。前一种情况采用间歇式处理系统。后一种情况下少量的煎炸油（通常5%）通过处理系统。

有很多处理剂可用于商业化处理煎炸油。尽管油脂处理剂有益，但是市场上不是所有的处理剂都有效，其中有很多是通过酸碱反应去除煎炸油中的游离脂肪酸，这些物质中的碱性物质（通常是钙、镁盐）与游离脂肪酸反应生成钙、镁皂。煎炸油中的皂导致煎炸油迅速产生游离脂肪酸并导致油脂快速氧化。因此，减少煎炸油中的游离脂肪酸不应该依靠酸碱反应[8]。

9.23 煎炸工业中使用的术语

间歇式煎炸锅以及连续式煎炸锅都已经在前面讨论过了。

9.24 煎炸锅的生产能力

煎炸锅的生产能力基于商业对产品的需求而定。在煎炸锅生产能力的选择上，很多需要考虑的因素，如：

(1)每天煎炸操作的小时数（8、16或24h）；

(2)达到产品适当的水分以及质构所需要的煎炸时间；

(3)煎炸锅清洁的频率；

(4)公司的仓库储存以及分销系统；

(5)基于货架期、销售以及配送所需要的产品批次代码日期。

利用上述信息，可以决定：

(1)煎炸锅的外形尺寸；

(2)传送带宽；

(3)传送带装载能力。传送带装载能力定义如下：①单位面积装载产品量；②每米带的装载产品量；③每条食品生产线上的数量。

9.25 确定煎炸锅尺寸的关键点

对于确定煎炸锅的尺寸，以下信息非常重要：

(1)期望的每小时生产量；

(2)产品的外形；

(3)需要的煎炸时间；

(4)传送带的装载能力，通常是单位面积装载产品的重量（kg/m^2）。

9.25.1 煎炸锅的尺寸

煎炸锅的尺寸表明煎炸锅每小时的生产能力。例如，PC2000 意味着在标准煎炸条件下，连续化薯片煎炸锅每小时可以生产 2000lb 的炸薯片。

9.25.2 用于命名煎炸锅外形尺寸的数据

2410 这个数字例如代表煎炸锅的宽是 24in，长是 10ft。

9.25.3 煎炸面积

煎炸面积 = 煎炸锅的宽度 × 煎炸长度 = 平方英尺（ft^2）。在上述例子中，煎炸锅的煎炸面积为 2ft（24in）× 10ft = 20ft^2。

9.25.4 煎炸时间

煎炸时间是指从食品进入煎炸锅到从煎炸锅中出来的整体时间。煎炸时间取决于煎炸产品的种类、最终产品所需的水分含量，以及煎炸锅的设计和热量输入等。

9.25.5 带的装载量

带的装载量是指煎炸锅的单位面积上煎炸产品的重量。对于片状食品，可表示为 lb/ft^2；对于特定产品例如肉片、鱼片等每片重量一定的食品，可表示为片/ft^2。

例如：

需要的生产速度 = 3000lb/h（1367kg/h）

推荐产品装载量 = 1.5lb/ft^2（0.81kg/m^2）

需要煎炸面积 = （3000lb/h）/（1.5lb/ft^2 ×60min） = 33.3ft^2（2.97m^2）

9.25.6 煎炸锅长度的计算

煎炸时间 = 1min

煎炸锅宽度 = 3.33ft（1.01m）

煎炸锅长度 = 33.3ft^2/3.33ft = 10ft = 2.97/1.01 = 2.95m

9.25.7 直接加热

煎炸油通过燃烧产生热气流加热，热气通过浸在油中的管子加热，或者通过套在煎炸锅外层的加热套加热。

9.25.8 间接加热

间接加热是加热器加热流体，然后热的流体泵入到浸没在煎炸油中的管中加热煎炸油。

9.25.9 外部加热器

在这种系统中，煎炸油连续泵入到加热装置中加热，然后再泵回到煎炸锅中，热源为高压蒸汽或者气体燃烧加热。燃气加热分为直接加热和间接加热。在燃气直接加热系统中，油脂通过一簇管路然后热气从管外对油脂进行加热。这种类型的油脂加热系统可能引起管路内壁的油脂过热，破坏油脂。在间接加热系统中，热气流通过一簇管路。当周围空气变热时，也可以通过这些管路。热空气之后加热流经“管路束”的油脂（换热器中许多捆在一起的管路）。这一系统对管路内壁的油膜破坏小。

9.25.10 油膜温度

液体在通过管道时，在管子内壁形成一层油膜，随着液体流速的增加油膜的厚度减少。油膜的温度显著高于管内中心处油的温度及通过管道油的平均温度。在气体燃烧直接加热式煎炸锅中，管内壁上油膜的温度非常高。除非油膜温度能够控制，否则会破坏油脂，导致产品货架期变短。在间接气体燃烧加热器中，油膜温度可以低一些，这就保证了煎炸油的品质。

9.25.11 $\Delta-T$

这是指在设计生产量的条件下操作时煎炸锅进料口与出料口的温度差值。当煎炸锅空转时，煎炸锅进料口与出料口的温度相同（也就是$\Delta-T$等于0）。恢复煎炸时，煎炸锅的进料口和出料口就产生了温差。例如，当进料口的油温为182.2℃时，出料口的油温为160℃，$\Delta-T$为4.4℃。$\Delta-T$的大小取决于食品原料的水分含量以及煎炸后终产品的水分含量，此温度差对于产品的性质（脱水率、脱水量、产品质构、色泽等）有很大影响。

在间接加热煎炸锅设计中，温差可以设计到很精确的程度。通过将流过煎炸锅的油脂流速设定在特定范围，根据煎炸锅进料口处产品所吸收的能量（热量），就可以预测流过煎炸锅所产生的温度 $\Delta-T$。大多数直接加热式煎炸锅有双控加热装置（火管或热辐射体），因此可以在煎炸锅的两端设定不同的温度，从而提供相当可靠的 $\Delta-T$。

9.25.12 煎炸油的周转期

煎炸油的周转期是指煎炸锅中的设计液位的煎炸油被煎炸食品全部吸收所需要的理论时间，通常用小时来表达。煎炸油的周转期的计算如下：

煎炸锅中加入4000lb 生产能力的煎炸油

成品的重量	2000lb/h
煎炸产品的含油量	25%
产品吸收的煎炸油质量	0.25 ×2000lb/h = 500lb/h
煎炸油的周转时间	4000lb/500（lb/h）= 8h

薯片煎炸锅需要周转期为 8h。在实际操作过程中，其时间为 9.5 ~ 10h，这是因为启动、关闭、产品转换和机械停机时间导致煎炸锅的使用降低到 80% ~90% 的使用率。

对于不同煎炸锅油脂的周转期如下所示：

煎炸锅种类	煎炸油实际周转时间
薯片	9.5 ~ 11.0h
墨西哥玉米片	6.5 ~ 8h
玉米片(挤压产品)	4.0 ~ 5.0h
间歇式煎炸锅（釜式）	20 ~ 30h
餐馆煎炸锅	18 ~ 20d

9.26 需要载热量

需要载热量是指在不考虑系统损失的基础上，煎炸食品所需的理论热量，用 BTU/lb 或者 CHU/kg 表达。煎炸锅的生产商能提供不同产品的载热量，这些数据作为他们的商业机密，没有文字出版物。

在煎炸过程中，煎炸锅的主要作用是使食品脱水。煎炸油提供：

(1)食品中游离水蒸发所需要的热量；

(2)使食品加热到煎炸温度所需要的热量。

其中主要的热量是食品中游离水分蒸发所需要的热量。在煎炸过程中有几个区域热量损失，因此煎炸锅要提供除了食品脱水和加热以外的多余热量。 以下是关于煎炸过程中热量损失的例子，在煎炸锅设计的加热系统时需要考虑：

(1)食品从室温加热到煎炸温度所需要的热量；

(2)煎炸食品脱水所需的热量；

(3)产品的脱水率；

(4)加热所有的物理设备，包括管道、过滤器等；

(5)煎炸锅、炉子以及其他辅助设备的辐射热损失；

(6)煎炸锅排气的热量损失；

(7)燃气加热的热量损失；

(8)热交换系统的传热效率。

为了给特定产品设计一定生产能力的煎炸锅，可用计算得到的载热量来确定实际需求载热量。

不同产品的典型热量需求如下：

产品	煎炸温度	需要热量/（BTU/lb）
薯片	188℃	4500(1136CHU)
墨西哥玉米片	190. 6℃	1500(378. 8CHU)
玉米片	199℃	2250(568. 2CHU)
裹浆以及预炸产品①	190. 6℃	350(88. 4CHU)
蛋卷和卷饼②	179℃	200(50. 5CHU)
坚果	163℃	500(126. 3CHU)
油炸馅饼小吃	185℃	1000～1500(252. 5～378. 8CHU)

注：①热量仅用于煎炸外部脆壳，不用于加热鱼内部。
②热量仅用于炸制外壳，夹心经预烹制。
资料来源：Sea Pack 公司提供。

可以看到，这些数据随产品的种类变化很大。 薯片需要的热量最高，原因是其原料马铃薯的水分含量很大（大约 80%）。

在预计煎炸锅的载热时，必须考虑以下因素：

(1)煎炸锅两端的温度差，通常称为 $\Delta - T$；

(2)加热系统保持合适的油温所需的回温时间或者响应时间；

(3)温度超调最小化。

9. 26. 1 载热量的计算实例

产品类型：3 层裹皮（预裹粉、面糊、面包屑）嫩鸡肉。

生产效率：4000 个/h。

BTU 需要量：每磅需要 350BTU 热量。

需要的热量：4000 ×350 = 1400000（BTU/h）。

上述预估的需求热量要根据上述各种热损失进行校正。

9.26.2 回温时间/响应时间

响应时间代表了在煎炸食品量增加时煎炸锅的反应能力，其主要受以下几个因素所影响：

(1)有效热能，包括在一定产率下煎炸食物所需能量，以及各种途径消耗的能量；

(2)在系统中使用的换热器类型；

(3)管式燃烧（直接燃烧）煎炸锅响应速度最慢，这些系统中煎炸油的加热或者冷却所需要的时间最长；

(4)煎炸油的温度达到控制值和煎炸油温度开始变化之间通常有一定的时间间隔，这会导致煎炸油 5.6 ~8.3℃的温度变化；

(5)通过热流体散热加热的直接加热煎炸锅的温度响应是可以预测的。 这主要是因为系统用热流体通过散热器给管供热，当内部的恒温调节器感应到热能需求变化时，控制阀控制通过散热器的热流体流量。 对于这种加热系统通常有 3.9 ~5.6℃的温度浮动；

(6)间接加热式煎炸锅对热需求的改变反应速度最快，但也有±1.1℃的温度浮动。 通过不断补充新油以及精确的流速控制，这个温度浮动将会进一步降低。

9.27 空气要求（对于燃烧）

燃烧系统需要的空气分为两部分：

(1)初次燃烧需要的空气；

(2)二次燃烧需要的空气。

初次燃烧的空气足以用于天然气完全燃烧。 然而，初次燃烧产物不加二次空气进一步燃烧的话，燃料（天然气）就不可能完全燃烧。 这就是所说的用于二次燃烧的空气。

除了燃烧所需要的总空气量以外，需要提供室内空气以及补充通过排气系统损失的空气。 因此，供气系统必须认真设计以保证上述系统没有空气不足的现象。

9.28 产品的容积密度

产品的容积密度在煎炸锅的设计中是一个很重要的因素。 例如，墨西哥玉米片在煎炸后有一定程度的体积增加，然而，而块料在煎炸过程中就有很大程度的体积膨胀。煎炸锅的内部设计必须考虑这种体积增加。产品的容积密度也同样影响包装尺寸。

9.29　煎炸油品质管理

与间歇式煎炸锅相比，连续式煎炸锅的煎炸油品质更加稳定，这主要是因为煎炸油的周转时间短。可是，如果煎炸油在除煎炸锅以外的操作中处理不当的话，煎炸油的品质也会变差，而且煎炸出的产品货架期也会变短。采购高品质的新鲜油脂、充氮储藏、适宜条件下使用（煎炸油章节中已经讨论）就非常重要。

大多数工业化生产通过监控煎炸油中的游离脂肪酸来确定油脂的品质。基于煎炸油章节的讨论，必须认识到游离脂肪酸并不是煎炸油品质检测的最好方法。一些煎炸油生产商分析煎炸油中的茴香胺值、极性物质、聚合物含量，其他厂家则注重游离脂肪酸和极性物质的分析。对于煎炸不同产品的煎炸油，没有统一的煎炸油检测标准，这是因为，仅仅基于一个油脂品质参数不能确定所有产品的货架期。

在设计的煎炸锅生产能力下，一次开机并进行较长时间的运行，煎炸油的品质是比较好管理的。因此只能在一周生产结束、转换产品或者不可预见的机械故障发生时，才能停机清洗。

通过及时、恰当的清洗煎炸系统，煎炸油的煎炸寿命还可以进一步提高。煎炸系统恰当的清洗包括用碱或化学清洗剂清洗、水洗，以及碱洗后将水洗残余的皂或碱加以中和。

9.30　煎炸锅的清洗

对于煎炸锅盖以及其他难以接近部分，生产商安装喷射喷嘴作为在线清洗系统（CIP）的一部分。在肉类、家禽或者鱼的煎炸设备中CIP系统是常见的，并强制每天进行清洁。而煎炸油放空的条件下，煎炸锅、管路以及外部油脂加热器，必须用碱性溶液或者清洁剂清洗去掉残留的油脂以及屑片残留。

不同类型的煎炸锅，清洗的方式也差别很大。例如，直接燃烧加热式煎炸锅由于没有油脂循环系统，与配备有油脂循环泵的煎炸锅相比需要更多的人工清洗，这是因为带有循环系统的煎炸锅可以用泵将碱性溶液在整个系统中进行循环从而完成煎炸锅的清洗。与此相似，釜式煎炸锅需要更多的人工清洗，而薯片连续煎炸锅可以通过泵循环完成清洗。

煎炸锅的清洗对于保持煎炸锅中煎炸油的品质是很重要的，任何残留的油脂以及物料碎片都会使煎炸油的劣变反应加速。

9.31 小结

煎炸食品是食品工业中的重要组成部分，其分为两个部分：①餐馆/餐饮服务业部分；②工业化的包装产品部分。这两部分都采用专门的煎炸锅，来生产具体类型的产品。预炸是煎炸工业的重要组成部分，它为餐馆以及餐饮服务业提供了方便，并带来经济效益。

餐馆以及餐饮服务业生产的煎炸食品一经制作出来就很快消费，产品的货架期对于这些产品不是很重要。工业生产的产品采用多种形式的包装后销售，这些包装可以防止煎炸食品在储藏和销售过程中发生劣变。餐馆中煎炸油的劣变速度较快，因为它暴露在高温下而且超过合理的煎炸时间。连续式煎炸锅可以保持煎炸油的品质。然而，频繁断电、缺少清洗以及过度加热都会导致油脂快速劣变。对于煎炸油的品质而言，釜式煎炸锅比餐馆用煎炸锅好，但是远不如连续式煎炸锅。

参考文献

1. P. J., C. P. Su, and M. Gupta, in American Oil Chemists' Society Annual Meeting, Kansas City, Missouri, Abstract in AOCS program book, 2003, pp. 45 – 46.

2. Richard F. Stier, Consulting Food Technologist, personal communication.

3. D. Firestone, "Regulatory Requirements for the Frying Industry," in M. K. Gupta, P. J. White, and Warner, eds., *Frying Technology and Practices*, AOCS Press, Champaign, IL, 2004.

4. America Snack Food Association website.

5. *Snack Food & Wholesale Bakery*, **91**: SI – 5 (2002).

6. M. M., Blumenthal, *Optimum Frying: Theory and Practice*, Libra Laboratories, Inc., Piscataway, New Jersey, 1987.

7. M. M., Blumenthal, *Food Technol.*, **45**:68 (1990).

8. C. K. Chow, and M. K. Gupta, Treatment, Oxidation and Health Aspects of Fats and Oils: Technological Advances in Improved and Alternative Sources of Lipids, Blackie Academic & Professional, 1994, p. 328.

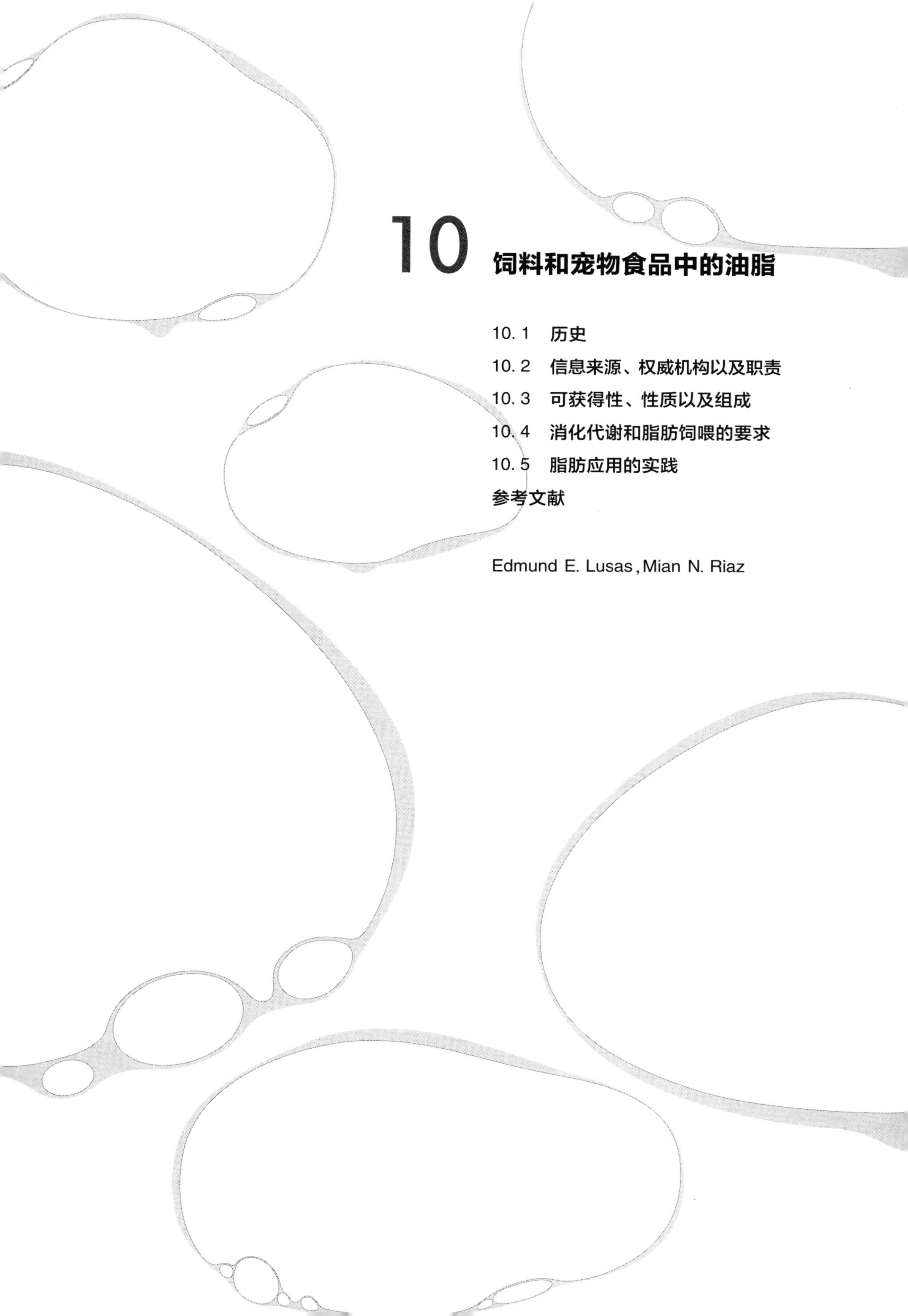

10 饲料和宠物食品中的油脂

Edmund E. Lusas, Mian N. Riaz

油脂在饲料和宠物食品中可以起到多种作用，包括：

提高饲料中能量密度(约为等量蛋白质或者碳水化合物干基的2.25倍)；

改善饲料的适口性及外观；

减少饲料摄入总量，提高饲料转化效率，并最大程度降低饲料成本；

对于从事体力劳作的动物，如马和拉撬狗等，提高其血糖浓度及耐力；

降低消化和代谢过程中的反应热，天热时，这对于大型动物的舒适和繁殖非常重要；

采用惰性的脂肪和涂层，使饲料的消化延迟到瘤胃之后的器官中进行；

通过摄入必需脂肪酸(EFA)和磷脂提供所需的分子结构；

改善毛皮的外观，并预防皮炎；

改变作为“预设食品”的动物产品中的脂肪酸组成；

携带脂溶性维生素或色素化合物；

使挤压或干燥后的宠物食粮与热敏性风味剂、维生素、药物以及 “速食肉汁”的混合料等结合在一起；

改善干混料的分布均匀性，例如，牛乳代用品中的卵磷脂；

防止混合饲料的分离；

减少饲料本身、饲喂过程以及谷物提升机的粉尘；

在饲料的机械加工中起润滑作用。

油脂的营养价值因其脂肪酸组成而异，也因动物品种、年龄、生理阶段、动物环境、总体饮食的充足性等不同而有所差别。 必须认真对待以下几点：

避免加重不同种类动物消化系统的油脂吸收负担，特别是幼龄动物和反刍动物；

避免在脂肪、油以及与油有关的物料中混入有毒或不卫生的组分；

合理且规范地处理饲料中所含的活性抗营养或毒性成分，包括真菌毒素在内；

避免过量的脂肪干扰造粒(脂含量 >4% 时)，或在挤压饲料中限制淀粉所产生的膨胀以及大豆蛋白片层状质构的形成(脂含量 >6% 时)。

在美国，食用动物脂肪仅可在食品级的工厂中炼制，并受美国农业部（USDA）的监督[1]。美国国内用于动物饲料和宠物食品的动物脂（tallow）和动物油膏（grease）大多是饲料级的。国家炼制者协会（NRA）将炼制过程定义如下：

以动物下脚料为原料，71.1～82.2℃加热释出油脂并在115.6～126.7℃去除水分。压榨使90%的脂肪与蛋白质分离，留下约10%在蛋白基中。脂肪的品质通过硬度、色泽、水分、杂质、稳定性以及游离脂肪酸含量来确定。

在美国，非食用油脂经美国油脂化学家协会滴定试验（AOCS Cc12－59）方法皂化后，如果在高于40℃时发生固化，则称为动物脂，如果在低于该温度下发生固化，则称为动物油膏。不同国家采用的评定温度并不一致，有些采用38℃。通观本章，“动物脂”这个词既指动物脂又可指含有由炼制者回收的植物油的动物油膏。

通常，“油”和“脂”分别指三酰甘油酯（甘油三酯）的液体和半固体形态，然而在整个工业领域这些词的用法并不总是一致的。在本章中，“脂”这个词是指一组商品化的脂质（单甘酯、甘油二酯和甘油三酯，脂肪酸以及磷脂），无论是固体形态还是液体形态。为了不断提高农产品综合加工业中各种副产物的价值，除一些地方引用已明确的规定外，本章均采用副产物这个词。

非油脂化学工作者可以从以下解释中得到启示。多不饱和脂肪酸可简写为PUFA。必需脂肪酸（EFA）是动物宿主所必需但自身不能合成而只能通过饮食获得的脂肪酸。C_{18}这个符号指脂肪酸链，链长为18个碳。$C_{18:0}$和$C_{18:3}$区别在于不饱和（双）键的数量。$C_{18:0}$代表一种完全饱和脂肪酸，有18个碳长，即硬脂酸。$C_{18:3}$代表脂肪酸18个碳长并具有3个不饱和双键，但并未指明双键的位置。

亚麻酸（9,12,15－十八碳三烯酸；IUPAC命名）即9,12,15－$C_{18:3}$，意思是指18碳的脂肪酸其双键位于从链的羧基端起第9、12及15个碳原子上；这是最主要的亚麻酸异构体，亦称作α－亚麻酸。近年来另一种$C_{18:3}$脂肪酸得到营养学者的相当关注，这就是6,9,12－十八碳三烯酸（γ－亚麻酸），实际上是亚麻酸族中量较少的一员。Δ这个符号从日内瓦命名法中保留下来并在此处得到有限使用。例如，Δ5去饱和酶会在羧基碳为第一个碳原子算起的第五个碳原子后接入双键。当描述多不饱和脂肪酸时，有时更习惯从甲基端算起。这时用ω和n表示。符号$C_{18:2}$ $n-6$指亚油酸，即含两个不饱和双键的18碳脂肪酸，第一个双键位于从甲基端算起的第六个碳原子后（亚油酸可用$C_{18:2}$ $n-6$表示）。在本章中，均指顺式脂肪酸，除非另外标出。

10.1 历史

10.1.1 使用沿革

在美国，提取的油脂偶尔用于动物饲养试验的报道始于19世纪90年代，当时第一所国立农业试验站刚建立。而到20世纪40年代末，才有足够数量又价格实惠的油脂可以供应给大规模饲养所。在60年代，饲料应用的焦点是寻求高能量的肉鸡饲料和提高宠物干性食物的适口性。在70和80年代，有关猪和反刍动物油脂饲喂的研究发展迅速，近年来已延伸到水产动物品种。

10.1.2 对优质食品及饲料的需求

随着遗传学和代谢系统的生物技术操控水平的进步（包括饲喂生长的激素，如牛生长激素BST、猪生长激素PST），动物的产奶和产肉能力得到提高。在传统饲料中提高热量以及氨基酸的摄入量很难达到上述效果，因此能量密度高和营养均衡的饲料受到越来越多的关注。

公众对饮食中脂肪数量和种类的关注导致了对家禽、鱼以及瘦肉需求的不断增加。在动物遗传学和实际饲喂水平达到能直接生产瘦肉型动物之前，瘦肉的需求仍依靠手工或机械处理来满足。各种休闲食品及方便食品生产商和快餐店已将煎炸油由动物脂改换为植物油。如今，在富裕国家，炼制的动物油和非食用的回收动物脂是过剩的，可将它们作为饲用的高代谢能低成本资源而低价出售。

用于饲喂的脂肪类型影响着动物组织（肉）及产品（蛋和乳）的脂肪酸组成以及产品消费者的脂肪代谢。这就引出“预设食品”的概念——为了人们的健康，通过饲喂有意识地改变动物产品的脂肪酸组成[2]。虽然营养学家们还没有在最优化的脂肪酸组成上达成一致，但亚麻酸及其他$n-3$型多不饱和脂肪酸含量高的营养强化鸡蛋已经上市。有关何种脂肪或组分适合于预设食品的问题要具体分析，该问题可能左右今后十年甚至更长时间的饲料应用研究。

10.1.3 采用整粒油料饲喂

油料生产者已经意识到，与其出售油料，让其到运输商，又到炼油厂、精炼厂，然后又去购买浸出蛋白粕、动物脂以及饭店的废弃黄油（动物脂和植物油的混合物），可能不如在农场中生产并饲喂整粒的油料更有利可图。随着技术的改进，存在于粗棉籽、大豆以及卡诺拉菜籽中的天然毒素和生长抑制剂的影响可降至最低程度。现在饲料加工者和家禽饲养者可以依据价格，在油籽和浸出油脂的使用上做出选择。而所有的选择都应该在脂肪的饲喂上进行全面的权衡。

10.2 信息来源、权威机构以及职责

10.2.1 早期的技术交流

现代商业化的动物及宠物饲养已成为一门可定量的、基于信息化的科学，具有多种选

择性和多项附属责能。 对于动物营养需求和饲料营养组成的探索及规范化工作已持续很久。 从1898年到1956年先由W. A. Henry而后由F. B. Morrison出版的22个版本的《饲料与饲养》为该领域知识的交流作出了重要贡献。 1978年的《饲料与营养综述》[3]延续了这一经典名著。 更新的信息发表在更简明的《饲料和营养文摘》[4]上。 这些年还有其他饲养和饲料方面的书籍文献出版[5,6]。 比起十年前发表的著作，新近出版的饲料和营养管理的书籍在营养代谢的一般性描述方面更加严谨，这也许是因为已经发现不同物种间的代谢途径不同，同时，同一物种中的代谢途径也是变化的。

10.2.2 国家研究委员会(NRC)的营养要求

有关不同物种在不同生命阶段营养需求的专业知识在不断扩展，动物营养协会对这些知识进行检索、解释和总结，该协会是国家研究委员会(NRC)农业部门下属的专业性委员会。 目前有各种版本的《营养需求》，针对肉牛[7]、猫[8]、乳牛[9]、狗[10]、鱼[11]、山羊[12]、马[13]、貂和狐狸[14]、非人类灵长目动物[15]、家禽[16]、兔[17]、绵羊[18]以及猪[19]等。 每种出版物都包括对具体物种不同生命阶段的营养建议、饲养试验的文献综述和有关索引以及该物种常用的饲料清单。 更新的版本还提供了特定的营养组成、消化能力以及代谢能等信息。 像《美国—加拿大饲料组成》[20]这样老版本的综合性营养组成文献都逐渐被具体物种的文献资料所替代。

一些最近的营养需求方面的出版物，尤其是有关奶牛[8]和马[13]的，还包括计算机光盘，其中的交互软件可以根据动物的年龄、重量、性别、生理状态以及劳作状况等计算营养需求。 基于NRC出版物还按期出版各种有关饲料组成和动物需求的简要，包括年度的《饲料参考消息》。

10.2.3 美国饲料稽查员协会法规

NRC的营养要求是建议性的，并没有法律效力。 而美国饲料稽查员协会(AAFCO)则发布了猫狗食物饲料成分的官方定义和名称、营养要求和标签要求、加药饲料的法规、标签样式以及出售饲料的要求等。 饲料成分的AAFCO法定名称必须在产品包装、标签或运输发票上列出，对于配方固定（需保密）的产品，组分以递减的顺序列出，而对配方公开的产品则以百分含量的顺序列出。 已经制定了统一的法规以加速州际饲料贸易的往来，然而每一个州都有权力制定独立的法规和说明。 在任何一个州出售的所有商业化饲料都必须直接在该州下属的饲料控制机构注册。 AAFCO规定和法规不断更新，并在每年的《官方公告》上发布。 在地方饲料控制机构可获得该文的复件。

饲料成分和法规是不断演进的。 例如，1994年的《官方公告》就首次列出饲料级“水解蔗糖聚酯”及其临时法规，这是一种生产低热量脂肪替代物时产生的营养型副产物。

《官方公告》对一种饲料成分下定义时，并不只是认可其是否能达到特定的营养目标，更要在当前的专业知识范围内对其应用于各种指定场合的安全性进行确认。

10.2.4 国际饲料、AAFCO 饲料成分以及 FDA 编码

NRC 发布的饲料成分根据其国际饲料编码（IFN）和名称来区分，这些内容由位于马里兰州 Beltsville 的国家农业图书馆中的饲料组成数据库（FCDB）制定并保存。《官方公告》中饲料成分的定义采用 AAFCO 编码，同时也包括国际饲料编码。对于同一类原料，几个不同 IFN 规格和商品贸易质量等级有可能被限定在同一个 AAFCO 名称下。某些 AAFCO 成分（尤其是分离纯化的化学制品）同时具有 FDA 鉴别编码，可在联邦法典（21CFR）的食品添加剂增补栏中查到。

10.2.5 成本最低化的复配饲料

公开的动物营养需求和饲料成分表在工业上只是粗略而近似地进行了优化。如果配方制定者能根据现场的环境条件采用本地饲喂相同种类动物的经验，同时又能依靠饲料成分的实际分析结果或专营供货商以往的业绩，那么他的工作将会更高效。

现代的生理代谢测定及仪器分析使快速评价动物需求及特定饲料的营养供应成为可能。全球贸易、产品定义以及商业标准的协调一致和全面质量管理（TQM）模式（例如欧洲 ISO9000 体系）的运作，促进了各种来源的饲料产品的统一性。近十年来桌面电脑和笔记本电脑的普及使许多配方制定者可采用线性程序来计算最低成本的饲料配方。这些因素与地方和全球的各种饲料供应和价格的即时信息相结合，通过网络在线交流，可迅速挖掘出所有未被发现的饲料合同信息。将来，动物饲养上的获益可能越来越依靠个人的知识水平，如：①基于对动物遗传性能的了解而采取的对策；②极端海拔和气候条件下对动物健康和舒适的保证；③在饲养管理操作中效率的提高等。已经有人声称，经遗传调控的肉鸡和猪，其饲料转化能力和健康状况都得到了改进。如今，根据消化能、代谢能或者净能量、蛋白质、粗纤维、灰分、必需氨基酸以及所选特定物种在不同生长阶段对特定维生素和矿质元素的需求，电脑程序能够配制出最低成本的饲料。将来，配方还可以针对特定的必需脂肪酸和甘油三酯结构进行调整。

10.2.6 饲料污染的后果

饲料加工和炼制厂合并为少数几个大企业也为失误和事故发生时造成更大经济损失创造了条件。一个例子就是在 19 世纪 70 年代早期至中期所发生的鸡水肿和死亡事故，其原因被查明是饲喂的脂肪和脂肪酸受到了源于除草剂的多氯二苯并－对－二肟[21,22]和多氯代酚[23]污染。这个事件促使了购销规范的出台：炼制者或分销商必须保证动物脂中不含鸡水肿因子。

另一个例子是在1973—1976年的三年间，密歇根爆发了多溴化联苯(PBB)中毒事件，在一种浓缩混合动物饲料中含有错误标记的毒性阻火剂，从而导致意外事故的发生。在察觉问题并将肇事农场检疫隔离前，未知品质的肉类、乳产品以及炼制原料已经进入了食品和生物循环链。到1978年，密歇根的910万居民中有大约800万人体内含有可被检出的PBB[24]。随后的研究继续发现多数密歇根居民的血清、体脂肪以及乳汁中含有PBB[25]。

最后一点，如果采用整粒棉籽饲喂奶牛，而其中黄曲霉毒素含量高于FDA所允许的20μg/kg的话，那么毒素可被转移到牛乳中，并超过0.5μg/kg的FDA限量[26]。由于给奶牛饲喂整粒棉籽的数量在增加，并拓展到那些不产棉籽的州，因此必须都执行州和联邦的牛乳中黄曲霉毒素的监控程序。即使是非毒性的物质，像聚乙烯之类的包装材料，由于在炼制温度下发生融化，也会导致令人讨厌的麻烦：80℃时固化、结块，阻塞使用脂肪的喷嘴[27]。

10.3 可获得性、性质以及组成

10.3.1 饲用脂肪的供应及应用

(1)固有副产物供应的稳定性　许多油脂是作为其他工序的固有副产物而产生的，因此其供应与油脂的价格变化关系不大。这些例子包括：①包装厂或肉类贮藏部门在动物或家禽的屠宰和清洗中会产生手工剪裁下来的脂肪组织；②饭店里废煎炸油的处理、从动物油膏收集器中撇油、牧场和饲养场中的死亡动物，所有这些都需考虑到卫生系统、公众健康以及环境利益；③高蛋白大豆和鱼蛋白粉的生产；④棉花种植旨在供应国内和国际棉花纤维市场，同时也产生棉籽副产物；⑤国内玉米淀粉和甜味剂工业的发展，产出充足的玉米胚芽可制取玉米胚芽油，并成为美国当前产出的第二大油品。

由于这些原因，大部分饲料级脂肪和一些含油饲料的生产几乎可以不考虑其市场价格。当然，未来的价格将会反映：①国内饲料行业的竞争、油脂化学以及洗涤剂工业的需求；②进入全球市场的机会；③进口更低成本的脂肪（如棕榈油和棕榈硬脂）的能力。

(2)脂肪、油和动物脂的来源　全世界油脂产量约为7620万t。包括5920万t的食用油脂(大豆油1690万t；棕榈油1150万t；菜籽油和卡诺拉油910万t；葵花籽油760万t；棉籽油420万t；花生油340万t；椰子油290万t；橄榄油210万t；还有棕榈仁油150万t)，黄油530万t；全部水产油110万t，全部动物油膏和动物脂700万t[28]。

在美国每年约有410万t的非食用动物脂肪被熬制出来(表10.1)。其主要来源按总吨数从大到小排列是：牛肉加工、猪肉加工、餐馆废油、肉鸡和火鸡加工等。仅有约5%的非食用脂肪供应是来自于死亡动物原料的回收[1]。

表 10.1 美国炼制动物油脂的来源[1]

来源	屠宰数量（或产品的数量）/kg	脂肪产量	
		总量中的占比/%	产量/万 t
小公牛和小母牛	28000000	37.3	152.7
屠宰的奶牛和公牛	7000000	3.9	15.9
市售猪	83000000	21.3	87.4
屠宰的母猪和公猪	5000000	2.2	9.1
肉鸡	5200000000	8.7	35.5
火鸡	242000000	1.4	5.7
死亡动物	(1636000000)	5.2	21.3
餐馆废油	(1023000000)	16.7	68.2
杂项	—	3.3	13.6
国内非食用油总量	—	100.0	412.5

(3)美国国产动物脂的用途　目前，约有35%的美国国产非食用动物脂是出口的，剩下约270万t供国内使用[1]。Rouse[29]报道国内的非食用动物脂从1950年的81万t到1991年的130万t，增长了约63%。在1950年，约72%国内供应的非食用动物脂(58万t)用于制皂，而很少用于动物饲养。随着合成洗涤剂的发展，到1991年用于制皂的非食用动物脂减至15万t，即总量的12%，而用于动物饲料则约占到国内供应量的62%。

全世界非食用油最大的用途在动物饲料上。各种饲料的国内应用情况列于表10.2。大约有56.2%用于肉鸡和火鸡饲养，而另有2.7%用在产卵家禽的饲养中[29]。若所有的饲料包含3%~4%的脂肪，国内动物饲养就要使用约250万t脂肪，这是一些营养学家和饲养者所认同的水平[1]。

表 10.2 1993 年油脂在国内动物饲养中的估测用量[29]

饲料种类	耗用的脂肪	
	总量中的占比/%	产量/万 t
嫩肉鸡	34.8	59.1
火鸡	21.4	36.4
宠物食品	16.0	27.3
猪	10.7	18.2

续表

饲料种类	耗用的脂肪	
	总量中的占比/%	产量/万 t
肉牛	5.4	9.1
奶牛	4.8	8.2
蛋鸡	2.7	4.5
小肉牛	2.1	3.6
鱼	2.0	3.4
总计	100.0	169.8

10.3.2 饲养中使用的脂肪和相关产品的定义

饲用脂肪产品在行业范围内的定义如今仍在发展。而 USDA 和 NRA 对熬制工艺、动物脂和动物油膏的定义则在前文中已经论及。

(1) NRA 推荐标准和定义　工业用动物脂和动物油膏的 AFOA(美国油脂协会)等级标准见表 10.3[1]。不同来源的饲用级脂肪分析结果如表 10.4 所示[30]。NRA 针对普通饲用脂肪贸易所推荐的质量标准见表 10.5[1]。后文列出 NRA 附加建议。

表 10.3 美国油脂协会动物脂和动物油膏等级标准[1]

等级	滴点 Titer (最低)/℃	游离脂肪酸 (最大)/%	FAC 色泽 (最大)	规格(R&B, 最大)	MIU①/%
食用动物脂	41.0	0.75	3	无	②
食用猪油	38.0	0.50	③	无	②
优质白色动物脂	41.0	2	5	0.5	1
纯正中脂	42.0	2	无	0.5	1
超特级动物脂	41.0	3	5	无	1
特级动物脂	40.5	4	7	无	1
可漂白特级动物脂	40.5	4	无	1.5	1
初级动物脂	40.5	6	13～11B	无	1
特制动物脂	40.0	10	21	无	1
2 号动物脂	40.0	35	无	无	2
“A”级动物脂	39.0	15	39	无	2
分选白色动物油膏	36.0	4	13～11B	无	1
黄色动物油膏	④	15	39	无	2

注：①水分、不溶物、不皂化物；
②水分，最大 0.20%；不溶性杂质，最大 0.05%；
③罗维朋色泽 5.25in 比色槽，红最大 1.5。猪油过氧化值最大 4.0meq/kg；
④滴点下限，需要时可在协议基础上由购销双方协商。

表 10.4 饲料级脂肪的典型分析结果

脂肪来源	滴点/℃	FAC 色泽（最大）	MIU[①]/%	碘值/（gI/100g）	FFA[②]（最大）/%	脂肪酸百分比/%		
						饱和	不饱和	亚油酸
FGF（通用）	34～38	37	2	55	15	44	56	10
FGF（专用于代乳品）	38～41	9	1	45	5	50	50	4
全牛油	38～42	7	1	40	5	56	44	2
全猪油	32～38	37	2	58	15	36	64	12
全鸡油	28～35	19	2	65	15	28	72	20
黄油脂肪	28～35	—	—	32	—	63	37	2
植物油（棕榈油）	28～36	—	2	53	—	42	58	10

注：①水分、不溶物和不皂化物。
②游离脂肪酸。

表 10.5 国家炼制者协会所推荐的饲用脂肪质量标准[1]

项目	动物脂	精选白色动物油膏	黄色动物油膏	水解动植物混合油
总脂肪酸/%	90	90	90	90
游离脂肪酸/%	4～6	4	15	40～50
FAC 色泽	19	11A	37～39	45
水分/%	0.5	0.5	1.0	15
杂质/%	0.5	0.5	0.5	0.5
不皂化物/%	0.5	0.5	1.0	2.5
总 MIU/%	1.0	10	2.0	4.0
碘值/（gI/100g）	48～58	58～68	58～79	85
AOM 值/h	20	20	20	20

饲用脂肪应通过活性氧法（AOM）试验，AOM 最小为 20h。

混合饲用脂肪仅包括动物脂、动物油膏、家禽脂肪以及皂脚；所包含的其他任何产品必须经购买者了解并同意。

所有的脂肪产品中的化学品及杀虫剂残留量必须低于限量；绝大多数炼制者应能够提供该保证；用于家禽日粮的脂肪必须不含鸡水肿因子；而且所有的脂肪必须不含污染物，包括重金属等。

用于家禽日粮的脂肪必须不含棉籽皂脚或其他副产物。

在改用新的脂肪源时，尤其是对于反刍动物和猪以及宠物食品，必须循序渐进，这是由于与先前采用的脂肪源在适口性上有潜在的差异[1]。

脂肪中聚乙烯没有标准；去除聚乙烯的实用方法是在较低的温度下利用特殊过滤装置过滤动物脂以将其除去；多数用户能够使用含有近 30mg/kg 聚乙烯的动物脂，而少数则可多达 150mg/kg[31]。

最大的杀虫剂残留限量：DDT、DDD 和 DDE 为 0.5mg/kg；狄氏剂为 0.3mg/kg；PCB[31] 为 2.0mg/kg。

一些购买者还提出过滤速率（ROF）的规格，它的定义是在特定的试验条件下，动物脂在 110℃下 5min 内通过滤纸的体积（mL）；通常可以看到的值为 35～40ROF；该试验用来鉴别脂肪是否会引起加工过程的麻烦，比如说过滤速率低、乳化、起泡等[31]。

家禽脂肪主要从包装车间收集的家禽下脚中炼制得到，但也包括炼制那些死体、孵卵厂废弃物以及不能销售的禽体部分。大多数炼制出的家禽脂肪及肉糜在饲养加工一体化工厂中生产并循环，因此可供市场的量很有限。

（2）美国饲料控制委员会（AAFCO）的油脂定义　许多饲料成分是农业综合产业的副产物。除一些例外情况，目前对它们很少进行深加工，即产即售。美国饲料控制委员会（AAFCO）对饲料脂肪的定义如下：

动物脂肪（AAFCO 编码 33.1）是由哺乳动物和/或家禽的组织通过工业化的熬制和浸出获得的。它主要由甘油三酯组成，而不含外加的游离脂肪酸或从脂肪中获取的其他物质，必须保证不少于 90% 的总脂肪酸含量，不多于 2.5% 的不皂化物，以及少于 1% 的不溶性杂质。其最大游离脂肪酸及水分含量也必须限制。如果产品的名称描述了其种类或来源（例如，牛、猪或家禽等），那么它就必须与之相对应。如果添加了抗氧化剂，就必须明示其学名或俗名，其后写明是用于防护。包括 IFN4－00－409（动物家禽脂肪）。

植物脂肪或油（AAFCO 编码 33.2）是从食用性油籽或果实中萃取出来的植物来源油脂。它主要由甘油三酯组成，而不含外加的游离脂肪酸或从脂肪中获取的其他物质，必须保证不少于 90% 的总脂肪酸含量，不多于 2% 的不皂化物，以及少于 1% 的不溶性杂质。其最大游离脂肪酸及水分含量也必须限制。如果产品名称描述了其种类或来源（例如大豆油或棉籽油等），那么它就必须与之相对应。如果添加了抗氧化剂，就必须明示其学名或俗名，其后写明是用于防护。包括 IFN4－05－077（植物油）。

饲料级水解油脂（AAFCO 编码 33.3）是采用在食用油加工或制皂加工中通用的脂肪加工工艺获得的产品。它主要由甘油三酯组成，而且必须保证含有不少于 85% 的总脂肪酸量，不多于 6% 的不皂化物，以及少于 1% 的不溶性杂质。其最大水分含量也必须限制。产品的来源必须在名称中声明，比如说水解动物脂肪或水解动植物脂肪等。如果添加了抗氧化剂，就必须明示其学名或俗名，其后写明是用于防护的。包括 IFN4－00－376（水解动物脂肪）和 IFN4 – 05 – 076（水解植物脂肪）。

饲料级酯类（AAFCO 编码 33.4）是由动植物来源的脂肪酸的甲酯、乙酯以及非甘油酯等组成的产品。它主要由酯类组成，而且必须保证含有不少于 85% 的总脂肪酸量，不多于 10% 的游离脂肪酸，不多于 6% 的不皂化物（对于甲酯则为 2%），以及少于 1% 的不溶性杂质。产品的来源必须在名称中声明，比如说动物脂肪酸甲酯或植物油脂肪酸乙酯等。甲酯只能含不多于 150mg/kg 的游离甲醇。如果添加了抗氧化剂，就必须明示其学名或俗名，其后写明是用于防护的。这些饲用脂类包括 FDA 规定 573.640：

IFN4 – 00 – 377（动物脂肪酸乙酯）

IFN4 – 00 – 378（动物脂肪酸甲酯）

IFN4 – 00 – 379（动物脂肪酸非甘油酯）

IFN4 – 12 – 240（植物脂肪酸乙酯）

IFN4 – 05 – 075（植物脂肪酸非甘油酯）

IFN4 – 05 – 074（植物脂肪酸甲酯）

饲料级脂肪产品（AAFCO 编码 33.5）是不符合在动物脂肪、植物油或脂、水解脂肪或酯类定义的其他各种脂肪产品。它必须依照其自己的标准出售，包括总脂肪酸的最低百分比、不皂化物的最大百分比、不溶性杂质的最大百分比，以及游离脂肪酸和水分的最大百分比等。以上列出的指标都必须在标签上得到保证。如果添加了抗氧化剂，就必须明示其学名或俗名，其后写明是用于防护的。包括 IFN4 – 00 – 414（动植物脂肪产品）。

玉米胚芽油（AAFCO 编码 33.6）是从玉米麸质中萃取得到的油。它主要由脂肪酸的甘油三酯组成，且必须保证有不少于 85% 的总脂肪酸含量，不多于 14% 的不皂化物，以及少于 1% 的不溶性杂质。如果添加了抗氧化剂，就必须明示其学名或俗名，其后写明是用于防护的。包括 IFN4 – 02 – 852（玉米胚芽油和 FDA 规定 8.322）。

饲料级植物油精炼脂质（AAFCO 编码 33.7）是在植物油碱炼或食用产品时获得的。它主要由脂肪酸盐、甘油酯以及磷酸盐等组成。它可含有水分以及不大于干重 22% 的灰分。在用作商业化饲料使用之前，要用酸加以中和。包括 IFN4 – 05 – 078（植物油精炼脂质）。

长链脂肪酸钙盐（AAFCO 编码 33.14）是钙与动物和/或植物来源的长链脂肪酸反应的产物。它最多可含有 20% 的不以钙盐结合形式存在的脂质，应标示其总脂肪含量。其不皂化物（不包括钙盐）不应超过 4%，而水分应不超过 5%。如果添加了抗氧化剂，就必须在标签上明示其俗名。在测定总脂肪量之前，必须水解钙盐以释放出其脂质部分。

饲料级水解蔗糖酯(AAFCO 编码 T33. 15)是蔗糖酯(例如 olestra)的水解物，可以消化。它主要由脂肪酸组成，而且必须保证含有不少于 85% 的总脂肪酸量，不多于 2% 的蔗糖酯(六酯或六酯以上)，不多于 2% 的不皂化物，以及少于 2% 的不溶性杂质。 其最大水分含量也必须限制。 产品的来源必须在名称中声明(比如说水解动物蔗糖酯、水解植物蔗糖酯或水解动植物蔗糖酯等)。 如果添加了抗氧化剂，就必须明示其俗名，其后写明是用于防护的。 该定义于 1993 年制定，现在是暂时性的。

鱼油(AAFCO 编码 51. 8)是整鱼或罐头工厂废弃物熬制所得的油。 它包括 IFN7 - 01 - 965(鱼油)。

挥发性脂肪酸盐(AAFCO 编码 60. 73)是异丁酸的铵盐与钙盐以及五碳酸(异戊酸、2 - 甲基 - 丁酸和正戊酸等)的铵盐与钙盐的混合物。 其含有的挥发性脂肪酸铵盐和钙盐必须与 21CFR573. 914 中的规格相一致。 它作为奶牛饲养中的能量来源。 产品的标签必须作出充分的使用说明，包括声明最大用量。 对于挥发性脂肪酸铵盐来说，当混合在奶牛饲料中作为能量来源时，其饲喂量不应超过每日每头 120g；而对于挥发性脂肪酸钙盐来说，当混合在奶牛饲料中作为能量来源时，其用量不应超过每日每头 135g。 包括 FDA 规定 21CFR573. 914。

大豆磷酸盐或大豆卵磷脂(AAFCO 编码 84. 10)是通过大豆油脱胶工艺获得的磷脂混合物。 它包含卵磷脂、脑磷脂和肌醇磷脂，还有大豆油的甘油三酯以及少量维生素 E、糖酯以及色素等。 它必须对稠度多少和是否漂白加以描述，根据常规等级标准来标明和出售。包括 IFN4 - 04 - 562(大豆磷脂)。

(3)美国饲料控制委员会(AAFCO)的脂溶性维生素和必需化合物定义　脂肪相关饲料成分包括天然和合成的脂溶性维生素。 AAFCO 对维生素 A 来源的定义包括：

90. 3，维生素 A 油(IFN7 - 054 - 141)；

90. 14，维生素 A 补剂(IFN7 - 05 - 1244)；

90. 25，维生素 A 乙酸酯 [IFN7 - 05 - 142，FDA 规定 582. 5933(GRAS)]；

90. 25，维生素 A 棕榈酸酯 [IFN7 - 04 - 143，FDA 规定 582. 5936(GRAS)]；

90. 25，维生素 A 丙酸酯(IFN7 - 26 - 311)。

对维生素 D 来源的定义包括：

90. 4，维生素 D_2补剂(IFN7 - 05 - 149)；

90. 7，胆钙化甾醇(维生素 D 活性动物甾醇)(IFN7 - 00 - 408)；

90. 8，麦角钙化甾醇(维生素 D 活性植物甾醇)(IFN7 - 03 - 728)；

90. 15，维生素 D_3补剂(IFN7 - 05 - 966)；

96. 3，辐射处理干酵母(IFN7 - 05 - 524)。

对维生素 A、维生素 D 来源的定义包括：

90.1，鳕鱼肝油（IFN7－01－993）；

90.2，添加维生素 AD 的鳕鱼肝油（IFN7－08－047）；

90.25，青鱼油（IFN7－08－048）；

90.25，鲱鱼油（IFN7－08－049）；

90.25，大麻哈鱼油（IFN7－08－050）；

90.25，大麻哈鱼肝油（IFN7－02－013）；

90.25，沙丁鱼油（IFN7－02－016）；

90.25，鲨鱼肝油（IFN7－02－019）；

90.24，金枪鱼油（IFN7－02－024）。

维生素 E 是防止细胞膜损坏所必需的生物抗氧化剂。它对于维持正常的生长、激素功能以及正常的肌肉和神经系统活性是必需的。维生素 E 同时也可延缓油脂氧化。对其来源的定义如下：

90.12，维生素 E 补剂（IFN7－05－150）；

90.25，生育酚［IFN7－00－001，FDA 规定 582.5890（GRAS）］；

90.25，α－生育酚乙酸酯［IFN7－18－777，FDA 规定 582.5892（GRAS）］；

90.25，小麦胚芽油（IFN7－05－207）。

胆碱是鱼、家禽和猪等肝脏脂肪酸代谢的抗脂肪肝因子。它是生物活性甲基的一种非特异性来源，并且对于合成乙酰基胆碱（传递神经脉冲的主要化学物质）是必需的，还起到构建并保持细胞结构、防止家禽脱腱病（肌腱打滑）的作用。胆碱还是磷脂酰胆碱的前体，磷脂酰胆碱是小肠脂质吸收与脂质运输的活性物质。美国饲料控制委员会（AAFCO）定义其来源包括：

90.25，氯化胆碱［IFN7－01－228，FDA 规定 582.5252（GRAS）］；

90.25，胆碱泛酸盐（IFN7－01－229）；

90.25，胆碱黄酸盐（IFN7－01－230，FDA 规定 573.300）；

90.17，甜菜碱（氯化氢或脱水物），IFN7－00－722；它有时包含在饮食中作为一种甲基供体，并部分取代胆碱；

90.25，肌醇（肌醇、内消旋肌醇、异构肌醇），［IFN7－09－354，FDA 规定 582.5370（GRAS）］；对于某些动物来说这是一种抗脂肪肝生长因子；

6.12，牛磺酸（IFN5－09－821，FDA 规定 573.980），这是一种氨基磺酸；绝大部分哺乳动物的胆汁盐是牛磺酸和氨基乙酸结合物的混合物，而仅在猫中是牛磺酸结合物；缺乏会导致猫的中央视网膜损坏并致盲；通常可在肌肉中发现；对于动物蛋白含量可能不足的猫或小动物，建议在其饮食中予以补充；NRC 以及 AAFCO 的《官方公告》将它列为猫的营养素。

(4)美国饲料控制委员会(AAFCO)的化学防护剂(抗氧化剂)定义　抗氧化剂用于延缓脂肪、油以及鱼和肉糜中不饱和脂肪酸氧化，延缓脂溶性维生素，尤其是维生素 E 的损耗。在使用中必须标识其存在。以下化合物允许单独或复配使用，其含量不应超过脂肪量的 0.02%：

18.1，丁基羟基茴香醚(BHA)(IFN8 -01 -044，FDA 规定 582.3169)；组成表中全称或 BHA 都可用；

18.1，二叔丁基羟基甲苯(BHT)(IFN8 -01 -045，FDA 规定 5823173)；组成表中全称或 BHT 都可用；

18.1，叔丁基对二苯酚(TBHQ)(IFN8 -04 -829，FDA 规定)；处于非正式复审中；

18.1，硫代二丙酸(IFN8 -04 -830，FDA 规定 582.3109)；

18.1，硫代二丙酸二月桂酯(IFN8 -04 -789，FDA 规定 582.3280)；

18.1，硫代二丙酸二硬脂酰酯(IFN8 -01 -792，FDA 规定 582.3280)；

18.1，丙基没食子酸盐(IFN8 -03 -308，FDA 规定 582.3660)；

18.1，愈创树脂(IFN8 -03 -909，FDA 规定 582.3336)；与愈创胶相同，在油脂中可用到 0.1%，或等价防护剂 0.01%；

18.1，乙氧基喹(IFN8 -01 -841，FDA 规定 573.380)；在饲料中或饲喂时不应超过 0.015%；

18.1，生育酚(IFN8 -05 -0348，FDA 规定 582.3890)；没有法定的生育酚最大限量，但使用时必须遵照良好生产操作规范(GMP)。

配方制定者需要了解各种抗氧化剂的特性。比如，多数抗氧化剂在加热和汽提时容易蒸馏出来。丙基没食子酸盐与铁可形成稳定的紫色化合物。抗氧化剂的防护效果可在添加金属螯合剂如柠檬酸时得到增强。另外，许多植物来源的粗饲料，包括大豆粕、大豆毛油以及卵磷脂等含有各种天然醌类化合物，它们将有利于抗氧化性能的发挥，但不必标出。

(5)美国饲料控制委员会(AAFCO)的特殊用途产品定义　脂肪基料或相关特殊用途产品包括：

85.5，食用油脂或食用脂肪构成的脂肪酸单甘酯、甘油二酯的二乙酰基酒石酸酯(IFN8 -07 -248，FDA 规定 582.4101)；用作乳化剂；

85.5，乙氧基单甘酯、甘油二酯，(FDA 规定 172.834)；用作乳化剂；

85.5，卵磷脂(IFN8 -08 -041，FDA 规定 582.1400)；用作稳定剂；

85.5，椰子油酰甲基糖酯（IFN8－09－346，FDA规定573.660）；用作糖蜜的表面活性剂；

85.5，食用油脂或食用脂肪构成的脂肪酸单甘酯、甘油二酯（IFN8－07－251，FDA规定582.4505）；用作乳化剂；

85.5，食用油脂或食用脂肪构成的脂肪酸单甘酯、甘油二酯的磷酸一钠盐衍生物，（IFN8－07－252，FDA规定582.4521）；用作乳化剂。

（6）AFIA定义 美国饲料工业协会（the American Feed Industry Association）定义如下：

饲料级动物和植物脂肪混合物是指通过GMP生产的熬制动物脂肪、烹调油、粗植物脂肪、脂肪分离副产物和水解脂肪，以任何方式复配形成的混合物。其品质必须适合于作为动物饲料成分。典型的分析数据包括：总脂肪酸含量93%、游离脂肪酸40%、水分1%、杂质0.4%以及不皂化物3.5%。每批货的脂肪酸的组成情况和碘值必须保持一致。所声明的可代谢能必须经实验数据证实。脂肪用可接受的食用级或饲用级抗氧化剂来稳定，添加量应符合抗氧化剂生产者所推荐的范围。鱼油和鱼油副产物应该避免与禽肉相混合，除非在购买者和供应者之间达成一致。脂肪中的杀虫剂和工业化学品含量必须在联邦或州的相关机构所限定的残留量以内。家禽混合料必须通过一种鸡水肿因子指示剂的颜色测试（一种修改过的罗维朋比色法试验），合格后才可接收。由于该方法并非检测鸡水肿因子的特定方法，故应谨慎评价其结果。物理特性包括：色泽从褐色到黑色；气味是典型或是不腐臭；密度是0.9kg/L。动植物脂肪混合物基本上是作为能量来源饲喂家畜和家禽，尤其是肉鸡、火鸡和肉牛等。混合脂肪也可加入到产乳动物和猪饲料中。AAFCO并没有定义这些，但已有暂时性规定。必须在混合饲料的标签上声明动物脂肪和植物脂肪的情况[31]。

酸化棉籽油皂脚是将棉籽油碱炼副产物皂脚完全酸化和彻底沉降所得到的产物。总脂肪酸含量95%以上才能出售。如果其总脂肪酸含量低于85%，那么它可能被拒绝接受。它不应含有高于6%的不皂化物和不溶物。典型的分析数据：总脂肪酸90%、水分2.5%。酸化棉籽油皂脚中棉酚的量多变，而且采用现有的分析方法不易测定。物理特性包括：颜色深褐色到泛绿的黑色，表观为油状物。当pH为4时，它具有一种轻微的酸臭味。在寒冷条件下它是可溶的，而在49℃时是可泵送的流体。它可用作反刍动物的饲用级脂肪。考虑到其棉酚含量，在应用于其他物种时应小心。它不应作为蛋禽的日粮。它应符合AAFCO33.3、IFN4－17－942或IFN4－05－076。

酸化大豆油皂脚是将通过大豆油碱炼副产物皂脚完全酸化和彻底沉降所得到的产物。总脂肪酸含量95%以上才能出售。如果其总脂肪酸含量低于85%，那么它可能被拒绝接受。典型的分析数据：总脂肪酸90%、水分2.5%、碘值125gI/100g。实际上，可能发现大豆油皂脚是各种植物油皂脚的混合物。购买者应该确定其中是否含有棉籽油皂脚，主要是因为可能含有棉酚因而在非反刍动物饲用中有害。物理特性：中等程度的褐色，具有某种典型的豆腥味，轻微的坚果味；当冷却时为固态，而在38~44℃时是可泵送的流体。它应符合 AAFCO33.3、IFN4-17-893[31]。

10.3.3 压榨后的物料和全籽产品的定义

溶剂浸出油籽饼粕一般含有少于1.5%的残余脂肪，除非在脱溶-烘干或饼粕干燥前将胶质(水化磷脂)或皂脚返还到饼粕当中。机械压榨(挤出或螺旋压榨)的饼粕可含有4%~9%的油，这在动物饲喂时是不可忽视的热量来源。压榨饼粕的脂肪含量并不是定义所规定的部分，典型的分析如下所示：

(1)美国饲料控制委员会(AAFCO)定义——压榨产品　机械压榨这个词在作为生产饲料用的成分时是无需标明的。

T24.10，棉籽饼粕，机械压榨；含有防结块剂；如果适用，可代替定义24.10(IFN5-02-045；机械压榨棉籽饼粕含36%蛋白)；一种典型的NRC组成是[9]用乙醚萃取(EE)干基含油率为4.6%；

71.1，亚麻籽饼粕，机械压榨(IFN5-16-280；机械压榨亚麻籽饼粕)；NRC：用乙醚萃取(EE)干基含油率为6.0%；

71.9，花生饼粕，机械压榨和溶剂浸出(IFN5-03-649；机械压榨去壳花生饼粕)；NRC：用乙醚萃取(EE)干基含油率为6.3%；

71.25，菜籽饼粕，机械压榨(IFN5-03-870；机械压榨菜籽饼粕)；NRC：用乙醚萃取(EE)干基含油率为7.9%；

71.130，红花籽饼粕，机械压榨(IFN5-04-109；机械压榨红花籽饼粕)；NRC：用乙醚萃取(EE)干基含油率为6.7%；

71.210，葵花籽饼粕，脱壳，机械压榨(IFN5-04-738；机械压榨脱壳葵花籽饼粕)；NRC：用乙醚萃取(EE)干基含油率为8.7%；

71.220，葵花籽饼粕，机械压榨(IFN5-27-477；机械压榨葵花籽饼粕)；

84.60，大豆饼粕，机械压榨(IFN5-04-600；机械压榨大豆饼粕)；NRC：用乙醚萃取(EE)干基含油率为5.3%。

(2)全脂大豆　美国饲料控制委员会(AAFCO)并未对每种整粒油籽加以定义。由于物种、地区以及作物成熟时期的气候不同都可导致组成有相当大的差异。大豆通常含有92%的总固体，其中包括19%的油，或者以干重100%计有21%的油。全脂大豆的定义如下：

84.1，磨碎大豆是由未蒸炒或除油的完整大豆经研磨得到的；包括 IFN5－04－596(磨碎大豆)；

84.11，热加工大豆是将未脱除任何成分的完整大豆加热得到的；它们可能是磨碎的、球状的、片状的或是粉状的；采用标准的脲酶试验程序时，其 pH 最大上升值不应超过0.10个 pH 单位；它们必须根据其粗蛋白含量、粗脂肪含量、粗纤维含量来出售；包括 IFN5－04－597(热加工大豆)；

84.15，磨碎膨化大豆是将未脱除任何成分的完整大豆通过摩擦热和/或蒸汽挤压膨化所得的产物；应根据其粗蛋白、脂肪和纤维含量来出售；包括 IFN5－14－005(磨碎膨化大豆)。

AFIA[31]还进一步致力于规范整粒(全脂)大豆的质量因素和饲喂应用条件。整粒大豆必须采用合适的热加工从而为某些特定动物提供优化的蛋白营养，尤其是家禽、猪、羊羔和小牛，同时也包括宠物和产皮毛动物。

对整粒大豆的热加工不充分可能无法完全破坏胰岛素抑制剂和降低脲酶及其他酶活力，从而导致饲料的蛋白利用率降低。使用热处理不足的大豆粕将极大地提高维生素 D 的需要量，才能防止火鸡幼禽佝偻病的发生。对整粒大豆的热加工过头可能导致必需氨基酸（如赖氨酸、胱氨酸以及甲硫氨酸和其他氨基酸等）的失活或破坏[31]。

实验室的测试数据，比如脲酶活力、蛋白分散指数(PDI)、氮溶指数(NSI)、硫胺素以及水分吸收等对于每天监控蛋白产品品质是有价值的。但只有鸡和(或)小鼠的生化试验才是当前能提供整粒大豆蛋白营养价值可信结果的分析手段。必须定期进行测定以确证化学测试的结论[31]。如果在一种混合饲料（含有20%或更多的豆粕、5%或更多的尿素以及20%或更多的糖蜜）或一种等效混合物中使用整粒大豆，并暴露在温热潮湿的环境中，建议整粒大豆的脲酶活力不超过0.12pH 上升值[31]。经适当处理的膨化或烘烤大豆用于牛的饲喂以提高过瘤胃蛋白质，其脲酶应不超过0.05pH 上升值。0.05～0.20个脲酶上升值对于猪和家禽来说是适当处理的一种标志。

整粒大豆可用于饲喂怀孕的猪(磨碎形式)和成熟的反刍动物(完整或碾磨的形式)。然而，对所有其他牲畜饲用整粒大豆将导致功效降低，因此并不推荐。膨化大豆可用于饲喂所有牲畜，尤其是猪和家禽。膨化大豆饲喂产奶时的奶牛会提高过瘤胃蛋白，但多数通常会降低牛乳中的脂肪。烘烤大豆可用于饲喂所有牲畜，尤其是成熟的反刍动物。烘烤大豆饲喂产乳的奶牛会提高过瘤胃蛋白并轻微地提高牛乳中的脂肪。

采用含膨化大豆或含烘烤大豆的造粒日粮饲喂家禽和猪，其效果与等热量、等氮的含大豆粕和大豆油的日粮是一样的。用含膨化大豆的造粒日粮饲喂可提高功效，主要是因为提高了日粮的营养密度。而用含烘烤大豆的日粮使饲喂效果提高主要是因为提高了脂肪的可消化性(油体包囊破裂使油更易于消化)。整粒大豆容积密度为737~769kg/m^3；磨碎的整粒大豆为384~545kg/m^3；膨化大豆为384~497kg/m^3；烘烤大豆为720~753kg/m^3。

(3)棉籽与棉籽产品　整粒棉籽及其榨油(螺榨或挤出)饼粕是在成本上具有吸引力的油脂和蛋白来源，但必须适当使用。目前，每年有35%~40%(150万t)的美国国内棉籽作物以完整颗粒用于成年反刍动物(主要是奶牛)饲养。完整棉籽并未经AAFCO定义，但有IFN5-01-614作为鉴别标准；在国家棉籽产品协会行业规定中[32]，它被称为饲用级棉籽。它由棉花作物的完整籽粒所组成，该籽粒是将棉花绒毛碾除后纤维与籽粒比约为1∶1.65的产品。净棉籽(Pima型)的获取装置被安装在轧棉机和制油厂之间，得到籽粒并将纤维分离用于其他场合。完整棉籽出售时有三个等级：初级饲料级棉籽(水分最大13%、油中游离脂肪酸最大3%、粗蛋白和粗脂肪最少34%，均以干重计)；脱绒的初级饲料级棉籽(纤维最大5%、水分最大13%、油中游离脂肪酸最大3%、粗蛋白和粗脂肪最少34%，均以干重计)；以及饲料级棉籽，无质量指标。有绒毛(“白的”，“含绒的”)的完整棉籽含有约92%的总固体，其中包括21%的脂肪，其净籽粒在相同的水分含量下含有23%的脂肪。净籽粒在饲用前碾磨(压片)可缩短完整籽粒在奶牛体内的消化过程[33]。未脱绒的棉籽容积密度为288~401kg/m^3，而脱绒棉籽容积密度为401~561kg/m^3。

棉籽加入到饲料中饲喂反刍动物可作为一种高浓缩能量和瘤胃不降解蛋白及纤维的来源。尽管1993年就有将整粒籽粒和大豆加以膨化的专利报道[34]，但典型的方式仍是采用整粒的而不是磨碎的或造粒的棉籽饲喂。完整棉籽含有0.5%~1.2%的棉酚，这是一种黄绿色的色素，对于单胃动物和幼小牛犊、羊羔以及瘤胃功能还未完善的小山羊等是有毒性的。它可饲喂牛、绵羊以及其他反刍动物，这归功于其瘤胃中微生物的解毒能力。在饲喂时必须谨慎，以保证不发生反刍解毒能力的负担过重而致棉酚中毒。典型的饲喂量是每头牛每天2.3~3.6kg完整棉籽。棉籽产品中的“游离”棉酚可通过加工或采用铁盐螯合而被钝化(“结合”)。普通棉籽产品中棉酚的典型含量，以及所饲喂品种的耐受性分别列于表10.6和表10.7[35]。

表10.6　普通棉籽产品的棉酚含量分析[35]

产品	棉酚	
	总棉酚百分含量/%	游离棉酚百分含量/%
棉籽仁	0.39~1.7①	0.39~1.4①
完整棉籽	—	0.47~0.63②

续表

产品	棉酚	
	总棉酚百分含量/%	游离棉酚百分含量/%
脱纤维整粒棉籽	—	0.47～0.53②
棉籽饼粕		
螺榨	1.02①	0.02～0.05①
预榨浸出	1.13①	0.02～0.07②
直接浸出	1.04①	0.1～0.5①
浸出(膨化工艺)	—	0.06～0.1②
棉籽壳	—	0.06①
无腺体完整棉籽	0.01①	—

注：①以干重为基准。
②以饲喂状态为基准。

表 10.7 游离棉酚有影响或无影响的含量报告

活体类别	游离棉酚摄入量/(mg/kg)	
	有影响	无影响
反刍动物		
无反刍能力的小牛	—	100①
幼年羊羔	824①	—
成年奶牛	1076②	—
非反刍动物		
一岁小马	—	115①
断奶小马	—	348
鲶鱼	—	900②
鲷鱼	—	1800
红鳟鱼	1000①，③	250①，③
虾	—	170②

注：①未报道以饲喂状态为基准。
②以干重为基准。
③以醋酸棉酚饲喂。

AFIA[31]认为：①食用200mg/kg(0.02%)游离棉酚不会影响产卵；②50mg/kg(或150mg/kg，以铁离子：棉酚4：1加入$FeSO_4$处理)可避免（新鲜）蛋黄在冷冻储存时变色；③可用含150mg/kg游离棉酚(或400mg/kg，以铁离子：棉酚1：1加入$FeSO_4$处理)的饲料用于肉鸡饲养。可用含量达100mg/kg游离棉酚(或更高含量，但不超过400mg/kg以铁离子：棉酚1∶1加入$FeSO_4$处理)的饲料饲养生长期和增肥期的猪。

Jones[36]回顾了棉籽蛋白产品中的天然抗营养素—棉籽和环丙烯酸(CPFA；锦葵酸和苹婆酸)。CPFA参与Halphen反应中紫色复合物的形成，该反应是棉籽油与其他油脂混合时的棉籽油定性方法。CPFA还可抑制Δ9去饱和酶（这种酶将硬脂酸转化为油酸），从而提高以玉米等高不饱和脂肪酸含量饲料饲喂获取的动物脂肪(如猪的储备脂肪和猪油)的硬度。工业化的饲养中限制棉籽脂质在产蛋鸡的饮食中不高于0.1%～0.2%，以避免蛋清发生粉红色变色和蛋黄膜的改变而导致混浆状蛋黄。

(4)其他完整油籽　各种完整或脱壳的油籽在价格较便宜或不合榨油标准但仍可用于动物饲养时都可用作饲料。实例包括红花(*Carthamus tinctorius*)籽，其脂肪干基含量35%；油葵籽，其脂肪干基含量44%。如今，加拿大和北欧对完整的卡诺拉菜籽(41%～46%的油)的饲用很有兴趣。可使用*Brassica napus*(菜籽、油菜籽、瑞典菜籽以及阿根廷菜籽)和*Brassica campestris*(芜箐菜籽、油芜箐以及波兰菜籽)等“双低”品种[37]，它们含有很低的芥酸和硫葡糖苷。卡诺拉是专门为低芥酸菜籽(LEAR)起的名字，与传统的高芥酸菜籽(HEAR)相区分，加拿大大量种植这种作物。

整粒油籽饲喂之前应该考虑纤维含量、天然有毒化合物以及真菌感染等因素。高的皮壳与纤维含量往往限制许多油籽用作反刍动物的饲料。几乎每一种油籽都含有可被识别的毒性或抗生长因子。幸而，它们多数在干热或湿热加工中都容易发生变化。只有葵花籽例外，但是在饲喂前将其加热，仍然能加快动物的生长[38]。

10.3.4 饲用脂肪来源的组成

(1)动物脂、鱼油和植物油的脂肪酸组成　用作饲料添加剂的动物脂、鱼油和植物油的脂肪酸组成列于表10.8[11]。棕榈油的情况没有列出；通常它们经过冷冻结晶分提为液油和硬脂，这样其脂肪酸组成就发生了很大变化。主要水产油脂的基本脂肪酸列于表10.9[39]。

(2)卵磷脂　大豆卵磷脂由AAFCO84.10、IFN4－04－562规定，而卵磷脂则由AAFCO87.5、IFN8－08－041、AAFCO官方公告中的21CFR582.1400GRAS规定。从油中水化分离得到的卵磷脂又称作“胶”或“磷脂”。商业上脱水的粗大豆卵磷脂在交易前应标准化以满足NOPA的流态天然卵磷脂规格，即最少含62%的丙酮不溶物，水分最大为1%，己烷不溶物最大为0.3%，酸值(AV)最大为32mgKOH/g，加德纳色值最大为10，25℃时最大黏度为15Pa·s。该产品在制成时通常要加入脂肪酸和油以保证流动性。粗卵磷脂可脱油、采用乙醇和其他溶剂分提以及造粒以适应某些特定用途[40～42]。

表10.8　普通饲用动物脂肪、鱼油和植物油脂肪酸组成[①]

脂质来源	IFN[②]	脂肪酸百分含量/%																
		14:0	16:0	16:1	18:0	18:1	18:2 $n-6$	18:3 $n-3$	18:4 $n-3$	20:1	20:4 $n-6$	20:5 $n-3$	22:1	22:5 $n-3$	22:6 $n-3$	$\sum n-6$	$\sum n-3$	$\sum n-3$: $\sum n-6$
动物脂肪																		
牛脂	4-08-127	3.7	24.9	4.2	18.9	36.0	3.1	0.6	—	0.3	—	—	—	—	—	3.1	0.6	0.19
猪脂	4-04-790	1.3	23.8	2.7	13.5	41.2	10.2	1.0	—	1.0	—	—	—	—	—	10.2	1.0	0.10
鸡脂	4-09-319	0.9	21.6	5.7	6.0	37.3	19.5	1.0	1.1	0.1	—	—	—	—	—	19.6	1.0	0.05
鱼油																		
凤尾鱼		7.4	17.4	10.5	4.0	11.6	1.2	0.8	3.0	1.6	0.1	17.0	1.2	1.6	8.8	1.3	31.2	24.0
鳕鱼	7-01-994	3.2	13.5	9.8	2.7	23.7	1.4	0.6	0.9	7.4	1.6	11.2	5.1	1.7	12.6	3.0	27.0	9.0
香鱼	7-16-709	7.9	11.1	11.1	1.0	17.0	1.7	0.4	2.1	18.9	0.1	4.6	14.7	0.3	3.0	1.8	12.2	6.78
驯养河鲶		1.4	17.4	2.9	6.1	49.1	10.5	1.0	0.2	1.4	0.3	0.4	—	0.3	1.3	12.7	3.2	0.25
大西洋鲱鱼	7-08-048	6.4	12.7	8.8	0.9	12.7	1.1	0.6	1.7	14.1	0.3	8.4	20.8	0.8	4.9	1.4	17.8	12.71
太平洋鲱鱼		5.7	16.6	7.6	1.8	22.7	0.6	0.4	1.6	10.7	0.4	8.1	12.0	0.8	4.8	1.0	15.7	15.7
鲱鱼	7-08-049	7.3	19.0	9.0	4.2	13.2	1.3	0.3	2.8	2.0	0.2	11.0	0.6	1.9	9.1	1.5	25.1	16.73
鲑鱼		4.9	13.2	13.2	2.2	13.3	0.9	0.5	1.1	17.2	0.3	8.0	18.9	0.6	8.9	1.2	19.1	15.92
海捕大马哈鱼		3.7	10.2	8.7	4.7	18.6	1.2	0.6	2.1	8.4	0.9	12.0	5.5	2.9	13.8	2.1	31.4	15.0
植物油																		
卡诺拉	4-06-144	—	3.1	—	1.5	60.0	20.2	12.0	—	1.3	—	—	1.0	—	—	20.2	12.0	5.94
椰子	4-09-320	16.8	8.2	—	2.8	5.8	1.8	—	—	—	—	—	—	—	—	1.8	0	0
玉米	4-07-882	—	10.9	—	1.8	24.2	58.0	0.7	—	—	—	—	—	—	—	58.0	0.7	0.01
棉籽	4-20-836	0.8	22.7	0.8	2.3	17.0	51.5	0.2	—	—	—	—	—	—	—	51.5	0.2	0.00
亚麻籽	4-14-502	—	5.3	—	4.1	20.2	12.7	53.3	—	—	—	—	—	—	—	12.7	53.2	4.2
棕榈		1.0	43.5	0.3	4.3	36.6	9.1	0.2	—	0.1	—	—	—	—	—	9.1	0.2	0.02
花生	4-03-658	0.1	9.5	0.1	2.2	44.8	32.0	—	—	1.3	—	—	—	—	—	32	0	0
红花	4-20-526	0.1	6.2	0.4	2.2	11.7	74.1	0.4	—	—	—	—	—	—	—	74.1	0.4	0.00
大豆	4-07-983	0.1	10.3	0.2	3.8	22.8	51.0	6.8	—	0.2	—	—	—	—	—	51.0	6.8	0.13
葵花籽	4-20-883	—	5.9	—	4.5	19.5	65.7	—	—	—	—	—	—	—	—	65.7	0.00	0.00

注：①经参考文献［11］允许引用；“—”表示该项经测试但未获得数值。

②国际饲料编码。

表 10.9 重要商业水产油脂的主要脂肪酸* 单位：g/100g

脂肪酸	鲱鱼	特殊加工鱼油（鲱鱼）	沙丁鱼	香鱼	青鱼	凤尾鱼	鳕鱼	鲭鱼	马鲭鱼	挪威大头鱼	小鲱鱼	砂鳗
$C_{14:0}$	9	7	8	7	7	9	3	8	8	6	1	7
$C_{16:0}$	20	15	18	10	16	19	13	14	18	13	16	15
$C_{16:1}$	12	10	10	10	6	9	10	7	8	5	7	8
$C_{18:1}$	11	15	13	14	13	13	23	13	11	14	16	9
$C_{20:1}$	1	3	4	17	13	5	0	12	5	11	10	15
$C_{22:1}$	0. 2	2	3	14	20	2	6	15	8	12	14	16
$C_{20:5}$	14	17	18	8	5	17	11	7	13	8	6	9
$C_{22:6}$	8	10	9	6	6	9	12	8	10	13	9	9

注：*经参考文献［39］允许转印。

美国国内销售的工业化生产的卵磷脂大多数是从大豆中提取的。玉米和葵花籽磷脂的供应量有限。一些大豆种植量不大的国家考虑卡诺拉作为卵磷脂的来源。卵磷脂可以以粗制或者精制的形式添加到饲料中，也可以留在溶剂或者机械制取油脂后的油粕中，还可以作为溶剂萃取－油脂精炼联合工艺中所萃取的胶体或者皂返回到粕中，或者返回油籽中直接喂食。

卵磷脂中的极性部分作为最短碳链族通常位于甘油基的 *sn*－3 位上。不同油籽种类的脱油卵磷脂的极性脂质和脂肪酸分别列于表 10. 10 和表 10. 11[44,45]。在商业上，“卵磷脂”这个词有时特指磷脂酰胆碱，而“脑磷脂”特指磷脂酰乙醇胺。

表 10. 10 不同种类脱油卵磷脂的极性脂质组成* 单位：%

组分	大豆	棉籽	玉米	葵花籽	油菜籽	花生	米糠
磷脂酰胆碱(PC)	29～39	34～36	30	13～27	16～24	49	20～23
磷脂酰乙醇氨(PE)	20～26	14～20	3	15～18	15～22	16	17～20
磷脂酰肌醇(PI)	13～18		16	7～8	8～18	22	5～7
磷脂酰丝氨酸(PS)	5～6	7～26	1				
磷脂酸(PA)	5～9		9				
植物糖脂(PGL)	14～15		30				
其他磷脂	12		8				

注：*经参考文献［39］允许转印。

表 10.11 不同种类脱油卵磷脂的脂肪酸组成* 单位：%

脂肪酸	大豆	棉籽	玉米	葵花	菜籽	花生	米糠
肉豆蔻酸($C_{14:0}$)	0~2	0.4					
棕榈酸($C_{16:0}$)	21~27	31.9	17.7	11~32	18~22	12~34	18
棕榈油酸($C_{16:1}$)	7~9	0.5					
硬脂酸($C_{18:0}$)	9~12	2.7	1.8	3~8	0~1	2~3	4
油酸($C_{18:1}$)	17~25	13.6	25.3	13~17	22~23	30~47	43
亚油酸($C_{18:2}$)	37~40	50	54.2	42~69	38~48	27~36	34
亚麻酸($C_{18:3}$)	4~6		1.0		7~9		2
花生酸($C_{20:0}$)	0~2						
总棉酚		9.1					
游离棉酚		0.02					

注：*经参考文献［39］允许转印。

10.4 消化代谢和脂肪饲喂的要求

10.4.1 脂肪消化系统比较

在讨论如此广泛多样的驯养动物脂肪时，并没有一个现存的规则体系，这里只能使用调查的方法。代谢是营养物质在生命体内的各种运行过程的总和。消化过程是把食物分成小颗粒并最终变成用于生理活动的易吸收化合物。饲料组分的相对营养值是饲料浓度与其消化系数的乘积。目前关于脂肪代谢的研究是深入细致的，新的信息也不断涌现，读者可参阅技术期刊以获得最新的详细资料和概念。

在几百年内，人们已经知道如何有选择地饲养宽胸火鸡和低矮德国小猎狗，养鸡取蛋和养牛取奶，给狗和猫等食肉动物饲喂蒸煮过的油籽和谷类。虽然肉、乳、蛋的产量增加了，但动物仍受到原始的消化和代谢系统的限制，这一点在饲养管理中必须加以考虑。现在，所推荐的脂肪补充水平通常是各种动物已消耗脂肪水平的1倍，动物已有的消化和代谢系统估计要处理等量的固有脂肪和补充脂肪。

短链脂肪酸含有6个或6个以下的碳原子；中链脂肪酸含6~10个碳原子；而长链脂肪酸含12~24个碳原子[45]。人们对于中链脂肪酸及其甘油酯(MCTs)具有相当大的兴趣，尤其是在幼龄动物营养和人类医药应用等方面[46]。在日常营养中，这些化合物可迅速分解代谢或延长，在此仅简单提及。人们发现绝大多数天然储备的甘油三酯由长链脂肪酸组成，称作长链甘油三酯(LCTs)。

熟悉消化系统的相对差异将有助于确定给不同物种饲喂脂肪的时机和注意事项。动物可分类为：①食肉动物，基本上是从蛋白质和脂肪中获得营养和能量的食肉者(狗、猫以及哺乳动物中的貂等)；②草食动物，是完全依靠植物原料的素食者(牛、山羊、绵羊和马等)；③杂食动物，是肉和植物的消费者(人类和猪等)。食肉动物具有较短的消化道，因此需要浓缩的食物源。食草动物具有相对长的消化道，并且具有附加组织（如瘤胃和扩展的盲肠－结肠等结构）以利于纤维的微生物发酵。杂食动物消化道长度和复杂性及对植物原料的利用效率处于中等[3~6]。

鸟类是主要的一类不借助牙齿咀嚼的非哺乳动物，它采用某些方法以减小食物的尺寸；在鸟类和鱼类中亦存在食肉类、食草类和杂食类，然而它们并不咀嚼食物，而是依赖于其强劲的消化酶。

脂质存在于细胞壁、细胞胞浆和动物的储脂细胞中。相反，植物或籽粒中并不存在专门的储脂细胞。更常见的是，脂肪酸存在于植物表面的蜡中，蜡可减少叶子、茎干、果实和籽粒中的水分散失；它们还存在于籽粒细胞壁和细胞质中；也作为储备甘油三酯存在于籽粒胚芽细胞的分散球形细胞器中[48]。

脂肪消化是一个两步过程。第一步是(酶)穿过肉类的蛋白基质、籽粒和果实中主要由非结构性碳水化合物和蛋白质组成的基质或含有结构性碳水化合物(纤维素)的更复杂基质以接触脂肪；第二步则是将甘油三酯降解为脂肪酸和可吸收组分，并通过各种途径带入血管。

(1)消化系统概述　基本的消化系统为单胃系统，依次包括以下部分：

嘴：撕咬和咀嚼食物并将含有酶的唾液与之相混合，以初步降解碳水化合物和脂肪；

食道：输送消化物；

胃：pH 1.5~3.5，许多蛋白质在该 pH 时已低于其等电点而结合(例如，酪蛋白的凝固)，蛋白酶进入，以蛋白质为基础的基质在搅动下进一步降解；胃脂肪酶也分泌进入食糜（消化物）；

小肠：脂肪在此处被胆汁乳化；在接近中性 pH 条件下，甘油三酯中 *sn*－1 和 *sn*－3 位被水解，产生脂肪酸和 *sn*－2 单甘酯；这些产物通过几个过程交替吸收；

结肠(大肠)：水分在此处吸收，同时残留的营养物质在这里发酵；

直肠：提取过的消化物在此处储存；

肛门：排放粪便。

在所有的物种中，小肠都是在选择性酶作用下同时水解脂肪、蛋白质和碳水化合物并且吸收其营养产物的主要场所。它依次包括三个区段：十二指肠、空肠和回肠，每段都具有长茸毛和黏膜。该过程中消化物的pH较其在胃中已有所上升，在整个小肠中接近中性。猪的pH曲线如下：胃，2.4；十二指肠近端，6.1；十二指肠远端，6.8；空肠近端，7.4；空肠远端，7.4；回肠，7.5。绵羊的曲线则为胃，2.0；十二指肠近端，2.5；十二指肠远端，3.5；空肠近端，3.6；空肠远端，4.7；回肠，8.0[48]。几种形式的收缩和蠕动的混合行为使消化物进入小肠。反刍动物的十二指肠近端的低pH对脂肪酸的再吸收是相当重要的。胰腺酶水解甘油三酯始于十二指肠，但对于不同物种，上述三个区段中的吸收位置有不同报道。

在反刍动物(牛、绵羊、山羊等)中，消化物从食道出来后在回到位于小肠的基本消化系统前经历四个瘤胃。在近乎中性的瘤胃中，细菌、原生动物和真菌进行发酵。纤维经消化产生2~4碳的乙酸、丙酸和丁酸等挥发性脂肪酸(VFA)，这些脂肪酸都可经瘤胃壁吸收。最好是大量地产生乙酸。微生物的酶系可使纤维基质降解成非结构性碳水化合物、蛋白质和脂肪等。利用该系统的处理能力，甘油三酯水解为脂肪酸、甘油、短链脂肪酸经瘤胃壁吸收，而长链不饱和脂肪酸则经生物氢化后进入小肠吸收[3~6]。

然而过量饲喂高比例的谷物(碳水化合物)，将导致乳酸累积并使瘤胃的pH降至4~5，形成不利于瘤胃细菌生存的环境。这将抑制正常的发酵作用，最低限度下这种急性的消化病变将使动物不进食。这些问题中有一些可通过饲喂碳酸钠或其他缓冲液来克服。在瘤胃的蛋白质消化过程中氨会流失，而且微生物蛋白质的氨基酸组成通常在质量上比动物来源或油籽蛋白质要差一些。纤维上沾着的油过量会干扰其消化和发酵过程。虽然瘤胃有其天然的生理限制，但为提高牛乳产量需要给奶牛增加更多的营养，出于这样的需求，开发了各种过瘤胃蛋白质和脂肪商品。这些产品将不能为瘤胃细菌所接受，因此随后将进入该消化系统的单胃部分再行消化。

非反刍食草动物(马、鼠、豚鼠等)具有一个功能性的盲肠和扩展的结肠，消化物经过小肠后在此处进行细菌发酵。对于这些动物，其选择性吸收细菌消化产物(主要是VFA以及简单含氮化合物)的功能延伸到了大肠。多数哺乳动物至少具有未完全退化的盲肠，然而由于其空间限制，它通常不是纤维消化的有效部位。虽然在非结构性碳水化合物、蛋白质和脂质完全完成初始消化和吸收之前，纤维基质还未受攻击，但仍有可观的代谢能以VFA的形式产生并吸收。鼠类和豚鼠食用其自身的粪便以增加其对盲肠产生的必需氨基酸、维生素K和B族维生素等的吸收[3,4]。如果饲喂缺乏蛋白质的食物，马也会食用其粪便。

(2)脂肪酸合成、延长以及去饱和　给动物饲喂脂肪的主要目的，就是提供浓缩的能量来源，而并不是要让脂肪储积在组织中。人们已经认识到在多数情况下，对EFA的需求最多不超过干物质重的几个百分点，然而它们在维持生理机能方面具有重要作用，这一点对当前大部分的饮食脂肪应用研究具有吸引力。

新生脂肪酸是以在代谢过程产生的二碳酰基单元合成的。两种酶复合物，即乙酰辅酶A－碳酸酶和脂肪酸合成酶共同作用构建脂肪酸链，每次两个碳原子，直到被酶复合物释放出来。植物和动物所必需的基本单元是二碳酰基，因此脂肪酸链具有偶碳数。奇碳数的脂肪酸通常存在于微生物脂质中，同样可以由瘤胃细菌从三碳的VFA开始合成，并储存在脂肪组织中。脂肪酸合成的长度由各组织而定。棕榈酸由肝脏和脂肪组织产生，而短链的脂肪酸则由乳腺产生[49]。

棕榈酸在脂肪酸合成酶的作用下以每次两个碳延长(或缩短)而生成，途径是：①线粒体中运用乙酰辅酶A和NADH，而NADPH则起还原作用；②微粒体中运用的是丙二酸单酰辅酶A和NADPH，但途径不同于胞内酶脂肪酸合成酶。棕榈酸经延长形成硬脂酸，再经乙酰辅酶A－Δ9去饱和酶复合物的去饱和作用形成油酸(顺9－$C_{18:1}$)。所有的饱和长链脂肪酸熔点都高于体温(月桂酸，44℃；肉豆蔻酸，58.5℃；棕榈酸，63.6℃；硬脂酸，69.5℃)。因此必须与多不饱和脂肪酸结合成甘油三酯才能保证体脂的流动性。去饱和作用十分必要，它使组织中的脂肪和生物膜中的磷脂的流动性得以维持，使主要的膳食必需脂肪酸(亚油酸和亚麻酸)能够经延长和转变形成更长和更不饱和的脂肪酸[50]。

PUFA对于合成前列腺素、细胞壁脂质以及各种其他化学结构是必需的。但与植物不同的是，脊椎动物没有可以在C_{18}脂肪酸的第9个碳和甲基端之间引入双键的酶。许多年以来人们就已经知道亚油酸是合成花生四烯酸的前体，而且必须通过饮食获得。不幸的是，早期的大鼠试验导致了对动物能够将亚油酸转化为所有其他必需脂肪酸的错误理解。现在已逐渐清楚多不饱和脂肪酸可分为四族($n-7$，棕榈油酸；$n-9$，油酸；$n-6$，亚油酸；$n-3$，亚麻酸)。只需提供各族多不饱和脂肪酸中碳数最少的成员，经延长和去饱和即可形成多达22个碳6个双键的脂肪酸，同时产生各种必需的中间物。鱼体内合成高不饱和脂肪酸(HUFA)的途径示意图见图10.1[41]。延长和去饱和由同一酶系完成，路径图表明了两种途径交替进行（先去饱和或先延长）所获得的产物。然而在典型的鱼油分析结果

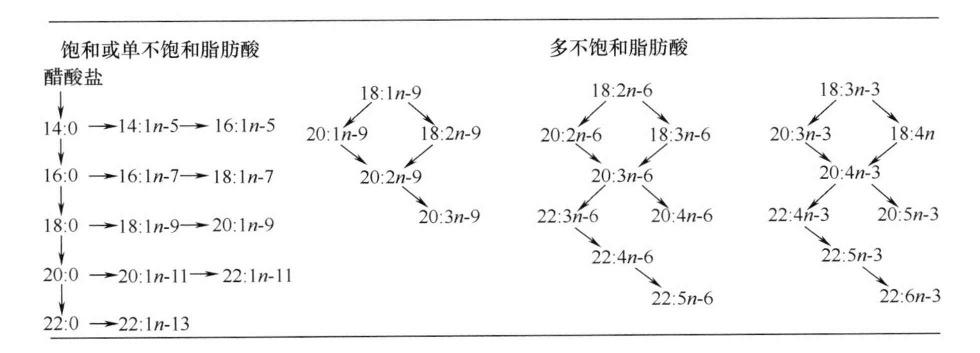

图10.1 饱和脂肪酸、单不饱和脂肪酸和多不饱和脂肪酸的合成途径（经参考文献［42］允许转印）

中仅报道了先延长途径的产物。部分高不饱和脂肪酸的名称见表10.12。

表10.12 多不饱和脂肪酸族成员*

系列	不饱和键	俗名	IUPAC命名
棕榈油酸(族)			
C16:1n-7	9-16:1	棕榈油酸	9-十六碳一烯酸
C18:1n-7	11-18:1	反-十八碳烯酸	11-十八碳一烯酸
C18:2n-2	8,11-18:2	—	8,11-十八碳二烯酸
油酸(族)			
C18:1n-9	9-18:1	油酸	9-十八碳一烯酸
C18:2n-9	6,9-18:2	十八碳二烯酸	6,9-十八碳二烯酸
C20:2n-9	8,11-20:2	二十碳二烯酸	8,11-二十碳二烯酸
C20:3n-9	5,8,11-20:3	二十碳三烯酸	5,8,11-二十碳三烯酸
亚油酸(族)			
C18:2n-6	9,12-18:2	亚油酸	9,12-十八碳二烯酸
C18:3n-6	6,9,12-18:3	γ-亚麻酸	6,9,12-十八碳三烯酸
C20:3n-6	8,11,14-20:3	二高-γ-亚麻酸	8,11,14-二十碳三烯酸
C20:4n-6	5,8,11,14-20:4	花生四烯酸	5,8,11,14-二十碳四烯酸
C22:4n-6	7,10,13,16-22:4	肾上腺酸	7,10,13,16-二十二碳四烯酸
C22:5n-6	4,7,10,13,16-22:5	—	4,7,10,13,16-二十二碳五烯酸
亚麻酸(族)			
C18:3n-3	9,12,15-18:3	α-亚麻酸	9,12,15-十八碳三烯酸
C18:4n-3	6,9,12,15-18:4	—	6,9,12,15-十八碳四烯酸
C20:4n-3	8,11,14,17-20:4	—	8,11,14,17-二十碳四烯酸
C20:5n-3	5,8,11,14,17-20:5	EPA	5,8,11,14,17-二十碳五烯酸
C22:5n-3	7,10,13,16,19-22:5	DPA	7,10,13,16,19-二十二碳五烯酸
C22:6n-3	4,7,10,13,16,19-22:6	DHA	4,7,10,13,16,19-二十二碳六烯酸

注：*除特别指出外均为顺式异构物。

虽然动物能够进行去饱和合成直到 C_{12} 位，但不包括 C_{12} 位。n-7（棕榈油酸）和n-9（油酸）族以及知之甚少的n-5肉豆蔻酸（9-$C_{14:1}$ n-5）族虽有价值但并非膳食必需。然而，n-6和n-3脂肪酸必须通过食物或饲料提供，才能合成该族的其他成员。亚油酸和亚麻酸在油籽中含量丰富，而且通常也是成本最低的来源。

在某种动物种群或在人类的脂肪代谢出现异常时，完整的代谢途径可能无法运行。某些动物需要同时供应亚油酸和花生四烯酸，虽然它们都属n-6族。某些肉食鱼类需要二十碳五烯酸（EPA；5,8,11,14,17-20:5n-3）和二十二碳六烯酸（DHA；4,7,10,13,16,19-22:6n-

3)，而并不仅仅需要亚麻酸(9,12,15 - 18:3n - 3)。

(3)非反刍哺乳动物系统　脂肪的消化将在下文中详细描述。单胃动物(猪、貂和鱼)、反刍动物(牛)、非反刍食草动物(马)以及鸟类(鸡)的消化系统列于图 10.2[4]。

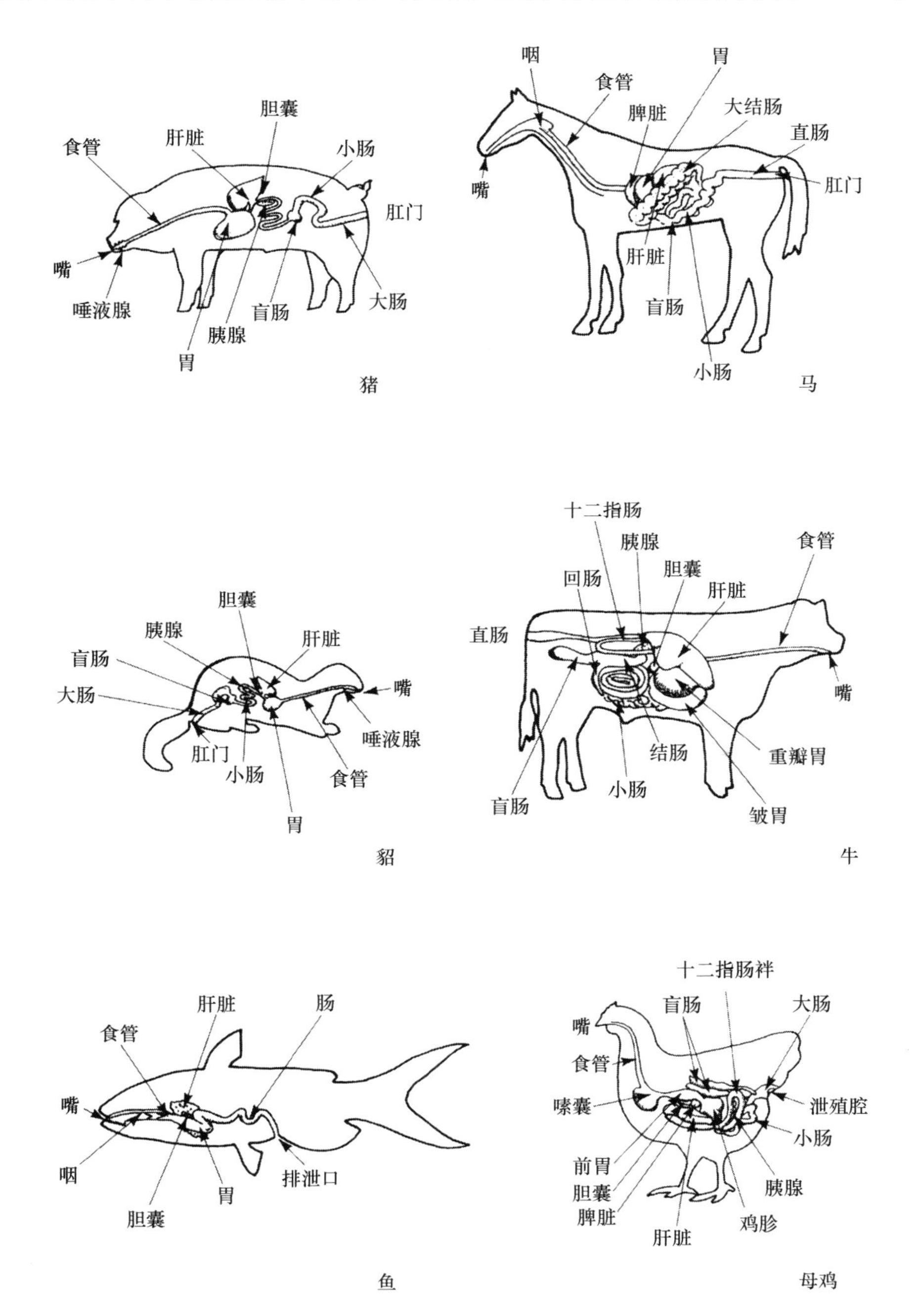

图 10.2　代表性动物的消化系统［1. 盲肠无作用的单胃动物：猪（杂食）、貂（肉食）及鲶鱼（杂食）；2. 具有功能的盲肠和结肠非反刍食草动物：马；3. 反刍动物：牛；4. 禽类：母鸡］（经参考文献［4］允许转印）

对于幼小或哺乳期的动物来说，中、短链脂肪酸常在口腔和胃部的脂肪酶作用下从 *sn*－3 位水解并在胃部吸收，而 *sn*－1 和 *sn*－2 位长链脂肪酸则在胰脂酶作用下水解并经小肠吸收[50,51]。在生长过程中，幼体原来的脂肪消化系统活性降低，替换为小肠——胰脂酶消化途径。对某些物种及个体而言，残留的口腔脂酶和胃脂酶活力以及在胃部对短链脂肪酸的直接吸收能力可保留在较低水平。这些因素有助于解释为什么幼小动物食用长链脂肪酸的效率较低，因而启发人类和小牛的替代乳中使用短链的椰子油脂肪酸。

成年非反刍动物的甘油三酯消化过程始于口腔，在舌头根部唾液释放出的口腔脂肪酶作用下进行消化[52]。在胃部，多达6%的脂肪酸被水解下来，同时形成乳化物。消化物（此处称食糜）从胃部释出，并缓慢进入十二指肠以保证与胆汁完全混和并乳化。由胆盐所稳定的乳化物表面上的胰脂酶和辅酶以协同的形式水解脂肪。产生两亲分子（脂肪酸、*sn*－2 单甘酯以及溶血卵磷脂）与胆盐协同形成水溶性胶束并被吸收。

短链脂肪酸和某些中链脂肪酸直接经小肠黏膜吸收并输送至门脉循环和肝脏。与此相反，长链脂肪酸和 *sn*－2 单甘酯首先混入胆汁胶束然后通过微绒毛膜输送。接着脂肪酸被活化成乙酰辅酶 *A* 酯并再次合成为甘油三酯。*sn*－2 单甘酯不饱和时，有利于再合反应。这样产生的疏水性甘油三酯将为两亲化合物（磷脂——主要是磷脂酰胆碱、胆固醇和脱辅基蛋白等）所包覆，并形成乳糜微粒。乳糜微粒可通过其他途径产生，包括胞外作用[51]，也称作胞饮作用[4]。乳糜微粒以乳糜形态进入淋巴系统，经胸导管进入颈静脉的血液循环[52]。脂肪的可消化性取决于总膳食中不饱和脂肪酸和饱和脂肪酸的比例。当比例大于1.5 时可消化性较高（85%～92%），当比例低于1.5 时呈线性下降[52]。这有助于解释动物脂－植物油混合物常见的可消化能改善现象。据报道，不同物种对各种脂肪可消化性存在差异。

（4）反刍动物　反刍动物（牛、羊等）提供了许多与单室胃消化系统模型例外的情况。首先是四室胃系统（在小肠之前）：瘤胃、蜂巢胃、重瓣胃以及皱胃。食物在口腔中与唾液混合，唾液提供了酶、碳酸盐和磷酸盐缓冲液以及润滑剂，然后经食道进入食管室，这是一个由瘤胃和蜂巢胃形成的凸起区域。蜂巢胃提供了类似于蜂巢状的内侧，作为外来物质的收集点并作为一个消化器官。瘤胃本质上是一个发酵罐，运作的 pH 条件为6.2～6.8，为细菌和原生动物所占据，这些微生物随后作为食物被纳入消化系统。脂肪沉淀在它们的细胞中，用于动物的非反刍消化过程。重瓣胃具有无数组织状的肉瓣可帮助碾碎食物，同时它还可从部分消化的食物中再次吸收水分。皱胃的 pH 为1.6～3.2，基本上发挥着一个真正胃的作用[3,4]。

幼小的反刍动物开始只具有幼小单胃动物一样的功能。小牛犊接受哺乳时，由瘤胃和网胃的肌肉折叠形成的食道沟面受到刺激发生反射性关闭，导致牛乳直接经食道送入皱胃中。在这里，脂肪在酸和凝乳蛋白原酶的作用下发生凝固，进而脂肪被唾液脂肪酶和胃脂酶所消化。当幼小动物所消耗的固态食物增加时，其瘤胃开始发育；通常可认为到其 2 月龄，瘤胃才开始运作。对于绵羊和山羊，到第 8 周瘤胃长到成熟的尺寸，而对于牛则是第 6 ~9 周[3,4]。瘤胃中的微生物能对很多化合物进行一定的脱毒，如完整棉籽和棉籽饼粕中的游离棉酚、生大豆的胰岛素抑制因子之类。虽然可能有某些经济上的压力促使人们对于幼小动物较早的饲喂棉籽产品，但其先决条件是瘤胃开始运作。

由于没有上门齿，在放牧或食用干草时，牛只有利用舌头和上齿托将介于二者之间的植物茎干拗断，然后不经咀嚼一口吞下。在饲养场大批量饲喂时，牛采用类似的方式吞咽食物。随后饲料变成软化的圆形物块（也称返料）反刍回来，这种“反刍食物”经咀嚼后被重新吞咽。在初始浸泡之后进行这样的碾碎过程增强了一般纤维基质的降解。微生物在瘤胃中迅速地消化碳水化合物和纤维素，并产生挥发性脂肪酸，它们将经瘤胃壁吸收。粗饲料中 60% ~80% 的能量可通过该途径提供给动物[3]。

粗饲料中通常有 5% ~8% 的乙醚溶解物，其中有一半为脂肪酸，大多数饲料的脂肪含量小于 5%，它们以单半乳糖基二乙酰甘油和二半乳糖基二乙酰甘油的形式存在。除非加入完整的油籽或增补的脂肪，大多数饲料的脂肪含量低于 5%。脂肪在瘤胃中被水解为脂肪酸和甘油，它们立即参与代谢。一旦成为未酯化的形式，65% ~90% 的脂肪酸可以发生生物氢化，主要产物为硬脂酸($C_{18:0}$)以及属于棕榈油酸($n-7$)族的异油酸(反式 11 - $C_{18:1}$)。大量饲喂谷物将导致游离脂肪酸和游离态油的大量存在，使瘤胃中 pH 的下降，增加反式异构物比例。饱和脂肪酸吸附在疏水的饲料颗粒上然后进入十二指肠。能以酯化形式进入十二指肠的脂肪酸只有微生物细胞磷脂中的脂肪酸。在邻近的十二指肠的低 pH 环境中，脂肪酸通过胆盐的洗涤作用从饲料颗粒上解离下来。在缺乏单甘酯的情况下，溶血磷脂和油酸作为两亲分子帮助其形成可溶性胶束[52]。

微生物消化纤维素并产生挥发性脂肪酸以及其他化合物，下列因素将对其产生抑制作用[52]：

饲用补充脂肪，其浓度超过所饲用干物质量的 2% ~3%；

脂肪酸的溶解度，中碳链(12 ~14 碳)和不饱和(植物油、鱼油)脂肪酸是最主要的抑制剂；

未酯化的脂肪酸比甘油三酯具有更大的抑制作用；

游离的油比存在于整粒油籽中的油具有更大的抑制作用。

使抑制作用最小化的因素包括：

饮食中增加粗饲料以增加唾液分泌，进而增加缓冲液的供应，并提升瘤胃的 pH；同时具有更大的脂肪吸收表面积；

减少溶解的脂肪酸或脂肪酸源。

反刍动物具有与非反刍动物相当甚至更强的消化饱和脂肪酸的能力，但由于瘤胃的生物氢化作用，不饱和脂肪酸的饲喂通常只能获得较低的消化率。当将其保护起来进行饲喂时，反刍和非反刍动物消化不饱和脂肪酸是相当的。脂肪在以中等水平补充时（达到干物质量的3%）实际可消化率为85%[52]。

虽然多不饱和脂肪酸在瘤胃中生物氢化为硬脂酸（$C_{18:0}$），但是在小肠、黏膜脂肪组织以及乳腺中又经去饱和形成油酸。故脂肪组织和乳汁脂肪中$C_{18:1}$对$C_{18:0}$的比例要高于血浆甘油三酯中二者的比例。反刍动物乳汁也含有以重量计40%～50%的$C_{4:0}$～$C_{14:0}$的脂肪酸，它们在乳腺中由乙酸酯合成。

乙酸酯由肠道产生并加以利用（氧化），在反刍动物中可占到肠道所需能量的50%。瘤胃和（或）后面的肠道发酵作用（非反刍食草动物）所产生的丙酸酯和丁酸酯大多为内脏组织所代谢，因此到达门脉循环的量是微不足道的。在反刍动物和其他哺乳动物中，血浆脂肪酸是比乙酸酯更主要的骨骼肌肉能量来源[53]。

（5）鸟类　鸟类的消化系统的特殊性值得注意。本节着眼于肉鸡、火鸡以及鸭（基本上属于杂食动物）和平胸类鸟（草食动物），肉食动物不作讨论。鸟类的消化系统自嘴和食道开始，食道一直延伸到嗉囊，饲料在此处储存并受浸泡（图10.2）。随后，饲料经过腺胃（前胃），在此处与消化液混合；接着进入一个肌肉发达的器官（砂囊），该器官内有石子或粗砂，有助于切碎和研磨饲料。这样得到的消化物经过小肠，消化并吸收脂肪；再经过盲肠、大肠；最后通过排泄口[3]。消化过程相当迅速，自嘴开始直到排泄口，对于产蛋鸡需耗时2.5h，对于非产蛋鸡则是8～12h[4]。

摄入体内的长链脂肪酸在家禽小肠黏膜处经单酰甘油或甘油－3－磷酸酯两条途径之一重新合成甘油三酯。与哺乳动物相比，禽类的淋巴系统发育并不完善，所有的营养物质都是经肠系膜入口系统吸收的。所吸收的脂质基本上是以极低密度脂蛋白组分（VLDL）中的甘油三酯形式输送的。脂蛋白的合成在产蛋鸡的肝脏是相当活跃的。VLDL在血清中浓度高，而且似乎是合成卵黄的主要脂质前体[51,54]。因此，家禽和家禽产品似乎可将饲料中的脂肪酸直接转移到食品中，其改变是极小的。具有高不饱和脂肪酸含量的脂肪更易于为家禽所吸收。这可以部分解释当采用植物油与动物脂混合饲喂肉鸡时，所观察到的“超量热值”现象[55]。

平胸类鸟是不能飞行的鸟类，具有肌肉强壮的腿部以便奔跑和防御敌害。此类鸟包括鸵鸟（*Sutruhio camelus*）、鸸鹋（*Dromaius movaehollandiae*）、普通美洲鸵和达尔文美洲鸵（分属 *Rhar americana* 和 *Pterocnemia pennata*），澳大利亚鹤鸵（*Casuarius*）以及几维（*Apteryx australis*）。虽然在美国通常把它们视为动物园才有的动物，但近来人们对培育鸵鸟和鸸鹋以获取其皮毛、羽毛、肉以及油等产生相当大的兴趣。

平胸类鸟基本上具备依靠天然粗饲料即可存活的能力，而且具有多功能的盲肠。有报道称，鸸鹋可消化其饮食(含26% ~36% NDF)中35% ~45%的中性洗涤纤维(NDF)。对于鸸鹋来说，这可满足多达63%的基本代谢和50%的储备需要。饲料经过肠－胃消化道是相当迅速的，人们观察到这仅需（4.1±0.2）h[56,57]。在培育平胸类鸟过程中使用脂肪的报道极少发表，而通常是总量的6%。

(6)鱼类　据估计，养殖的水产动物至少有130种。即便如此，水产加工业所囊括的动物种类比具有经济价值的陆地动物和宠物的总和还多得多。每一物种在新陈代谢途径和营养需求方面都是一个独一无二的组合，要阐明这点无疑挑战很大。鱼是冷血动物，它们与其所处的环境温度以及代谢废物的处理相协调。

鱼可分为四类：①草食类，它们食用绿色植物(鲤鱼、大型攀鲈、虱目鱼、鲈鱼、河豚、越南鱼以及联体攀鲈等)；②腐食类，它们食用水底死亡的有机物质(食腐鲤鱼等)；③杂食类(河鲶、普通鲤鱼、灰色鲱鱼等)；④肉食类(黑鱼、鲶鱼、鲶科鱼、大理石虾虎鱼、鲑鱼、海鲈鱼以及鳟鱼等)。相对于陆地动物，鱼类的小肠较短，但与它们类似的是，肉食鱼类的消化道比草食鱼类的消化道要短。鱼类和陆地动物的小肠长度与其身长的比率为：鳟鱼1.0~1.5；鲤鱼2.0~2.5；狗和猫5；马12；猪15；牛20；绵羊30[41]。

鱼油97%的总脂肪酸由偶碳链脂肪酸组成，但同时存在奇数碳链和支链奇数碳脂肪酸[58]。对家禽和猪饲喂鱼类脂肪酸时，其消化率随碳链长度增加而减小，随不饱和度的增加而增加[59]。

绿色植物可合成最为复杂的脂质。同陆地动物一样，鱼类对来自浮游生物或者经较小水生动物循环过的浮游生物的脂肪酸进行了收集和浓缩。尤其是某些肉食鱼类，丧失了合成某种特定脂肪酸的能力，因此需要补充。北纬30°以上的海洋食物链含有特别丰富的$n-3$族脂肪酸。在北大西洋和北太平洋中的鱼体内，二十碳五烯酸($C_{20:5n-3}$)和二十二碳六烯酸($C_{22:6n-3}$)的量占到总多不饱和脂肪酸的约90%，而亚油酸($C_{18:2n-6}$)加花生四烯酸($C_{20:4n-6}$)的量还不到2%。结果是，其$n-6$与$n-3$的比率(0.15±0.1)比来自澳大利亚水域的鱼类(0.38~0.93)要低，在南纬食物链中花生四烯酸是主要的脂肪酸。随着栖息地从南纬10°的澳大利亚转移到遥远的南纬70°的南极，鱼类脂质中的$C_{20:4n-6}$含量下降，而$C_{20:5n-6}$上升。观察其他的资料文献所确认的事实是，所有的去饱和酶在低温(5℃)下比在高温(10℃)下具有更高活力。鱼油组成从$C_{20:4n-6}$到$C_{22:6n-3}$的转换发生在那些为适应从淡水到海水的转变的鱼类身上。养殖鱼类的总脂质含量比野生鱼类和鳗鱼的高，然而野生鱼类$C_{20:4n-6}$和$C_{18:3n-3}$的总含量较高[60]。

作为胆碱、肌醇、乙醇氨以及多不饱和脂肪酸的来源，用大豆卵磷脂饲喂寒带鱼类和甲壳类动物，近年来得到推广。以食料干重计推荐用量高达7%～8%[40,41]。

10.4.2　能量需求及供应

饲料可提供水分、能量、蛋白质、矿质元素以及动物自身所不能合成的有机化学物质，对此有一个术语是“必需营养素”。此类物质包括维生素、某些氨基酸以及某些脂肪酸。所有的有机物质，包括必需的成分，均具有为肌肉运动、维持体温、组织合成、营养储备以及生理代谢反应提供能量的功效。复杂化合物的构造需要能量，而它们的水解或降解则提供能量。

(1)NRC定义　NRC定义了用于描述饲料能量评定的大多数术语[61]。1cal是将1g水从16.5℃加热到17.5℃所需的能量，同时也等同于4.184J(用于机械、化学以及电工热能的术语)。1kcal即1000cal，1Mcal相对于1×10^6cal、1000kcal。英制热量单位(Btu)为252cal，即使1lb水上升1℉所需的热量，但是很少用于营养学。焦耳相对于10^7erg(1erg是使质量为1g的物质加速到1cm/s所消耗的能量)，并且为国际单位体系(国际单位制)和美国国家标准属选定为表述各种形式能量的推荐术语[16]。由于kcal是美国营养学者和工业界的标准术语，故在此处采用。

针对不同物种采用了某些各不相同的术语和方法来评估或计算不同类型的代谢和产出能量。用于家禽的术语的主要关系列于图10.3[16]。

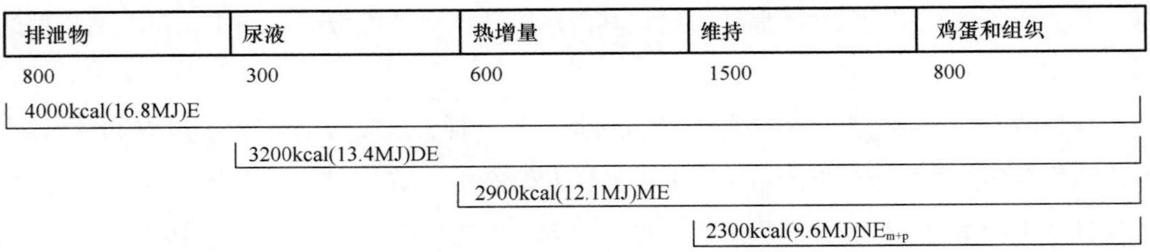

排泄物	尿液	热增量	维持	鸡蛋和组织
800	300	600	1500	800

4000kcal(16.8MJ)E

3200kcal(13.4MJ)DE

2900kcal(12.1MJ)ME

2300kcal(9.6MJ)NE_{m+p}

图10.3　产蛋鸡消化食物的能量分配（经参考文献[16]允许转印）

总能量(E，GE)是指当某种物质完全氧化成二氧化碳和水时所释放出的热能。通常该数值是采用25～30atm的氧弹量热装置来测定，因此也称作燃烧热。

表观可消化能量(DE)是指所消耗的饲料总能量减去粪便总能量。鸟类将粪便和尿从排泄口一同排出，而将粪便分离出来以测定消化率是相当困难的。DE值适用于许多动物，但通常不包括家禽。

表观可代谢能量(ME)是指所消耗的饲料总能量减去包含在排泄物(粪便、尿以及消化过程产生的气态物质等)中的总能量。一个描述保留在体内的氮含量的修正项可用来计算ME_n，ME_n是在家禽饲料配方中最常用的衡量标准。

实际可代谢能量(TME)对于家禽来说是指饲料的总能量减去该饲料来源的排泄物的总能量。 对氮保留量作修正可获得 TME_n。 可以利用某些已知 ME 值的添加剂来替代那些需要测试的物质以测定待测物的 ME_n，多数物质的 ME_n值都是这样测定的。 当鸟以自由采食的标准消耗饲料时，对于绝大部分饲料，这样得到的 ME_n值近似于 TME_n值。

净能量(NE)是指用可代谢能量减去因热增量而损耗的能量所得的结果。 NE 可包括仅用于储备的能量(NE_m)或用于储备和生长的能量(NE_{m+p})。 由于 NE 在用于储备和生长时能量利用效率不同，因此对于每一种饲料来说，并没有绝对的 NE 值。 对于饲料所能够提供给家禽的能量，生长能量一度是被广泛采用的衡量方法，而对 NE 的估测则极少采用[16]。

根据管理动物的需要，对能量的需求可分为几种不同途径。 比如，在发育阶段的猪所需的 DE 即为其储备需求(DE_m)、蛋白质留存(DE_{pr})、脂肪留存(DE_{fr})以及生热御寒(保持体温)(DEH_c)[19]之和，可表述为：

$$DE = DE_m + DE_{pr} + DE_{fr} + DEH_c$$

哺乳净能量(NEL，NE_L)是用于奶牛能量需求的评估方法(9)。 对鱼类的不同能量部分之间的关系作了一个平衡表，见图 10.4。 在该示意图中，鱼类的 NE 在概念上与家禽的 NE_{m+p}类似，而恢复能量(RE)则等同于 NE_p。

碳水化合物、脂肪及蛋白质的总(燃烧)能量分别为 4.15kcal/g、9.40kcal/g、5.65kcal/g。还没有对所有饲料的可消化和可代谢能量加以测定，不过在普通的营养学实践中，常用碳水化合物和蛋白质为 4kcal/g、脂肪为 9kcal/g 来估计可代谢能量(ME)值。 然而，对于饲料的 ME 计算值通常要高于实际饲喂试验的结果。

(2)分析技术　饲料中的脂质通常采用索氏抽提法定量，此时采用乙醚作为溶剂。 但是该方法在萃取蜡、叶绿素以及其他色素的同时还萃取了半乳糖苷及其他脂溶性物质。 这样就会导致过量估计动物通过脂质所能获得的能量。 甘油三酯的乙醚萃取物中脂肪酸含量为 90%，谷粒的乙醚萃取物中为 70% ~80%，而饲料的乙醚萃取物中则低于 50%[52]。 由于在消化过程中形成了一些脂肪酸的不溶性盐，因此在测定粪便中的脂肪酸含量时重要的一点是采用酸化的溶剂。 在报告中，这种将粪便采用传统的乙醚萃取和酸化乙醚萃取的结果的差异被称为“粪皂”。

10.4.3 NRC 针对不同物种的脂肪饲喂所归纳的要点

在对不同物种的营养需求进行更新时，NRC 的下属委员会会准备一些广泛而关键的综述报告。 他们的报告内含大量已有的营养学信息资源，可获得最广泛的认同。

(1)宠物食品　在各种饲料中，宠物食品有特别值得关注的地方。 虽然它们本质上是

能量摄入(IE)
　减去粪便排泄物(FE)

消化能量(DE)
　减去鳃排泄物(ZE)
　减去尿液排泄物(UE)

代谢能量(ME)
　减去热增量(HiE)
　　形成和排泄废物(HwE)
　　合成产物(HrE)
　　消化与吸收(HdE)

净能量(NE)
　减去维持能量(HeE)
　　基础代谢(HeE)
　　自主活动(HjE)
　　温度调节(HcE)

再生能量(RE)
　用于生长
　　脂肪
　　繁殖

图 10.4　鱼食物能量去向示意图(RE 是提供给新生组织的)

采用饲料级的配料配制的，然而在用作宠物饲喂时，人们希望它们具有拟人化的特点，即具有类似于人类食物的外观和风味。 数量可观的宠物食品经平价连锁店和农场供应店出售。 还生产“专业化”的食料以提供给饲狗员和驯狗员、保安、警察以及军队等。

狗和猫是肉食动物，但现在已经适应于同时食用上述各种谷类碳水化合物和油籽蛋白。 猫是更为专一的肉食动物，通常需要蛋白质干重含量更高的食物。 现在，它们是唯一的规定了膳食中牛磺酸（主要在肉中发现的一种氨基酸）的必需摄入量的驯养动物。

与获取经济收益的生产性动物(家禽、猪、牛、鱼类以及虾等)不同，宠物通常允许活着完成其整个生命周期，这样就带来了老年的问题，包括肾脏、视力、骨骼以及髋部失效等，还有因没有针对动物活动量而调整食物摄入而导致肥胖等。 幼犬、小猫以及不同生命周期系列的宠物的特制套餐等都有市售。

宠物食品作为主产品涉及到城镇和郊区的家庭，受美国饲料稽查员协会所规范。 AAF-CO 并没有对 NRC 的营养需求加以增补，而是选择建立了自己的一套营养需求规范[8,10]。

以下内容来自 NRC 的推荐做法[8,10]，而且在狗和猫的营养方面，这可能仍是目前受到最广泛验证和公众认同的资料。

(2)狗　很显然，在哺乳期成熟个体的体型大小和能力要求方面，狗所处的极端状况之间的差异比猫要大得多。成熟体重从吉娃娃的 1kg 到圣伯纳德狗的 90kg。狗还要经历极端温度和体力活动，如警戒职责、拉雪橇以及捕猎等，对于猫则不作这些要求。

皮毛使狗在其所面临的温度范围内保持舒适，其效率以及为保持体温所需的 DE 随狗的品种差异而各不相同。商品化的狗食通常含有干重计 5.0% ~12.5% 的脂肪。如果未考虑到脂肪具有较高的热量值，那么在饲喂高脂肪配方的食料时可能会发生营养缺乏的情况。狗通常仅食用较少的高脂肪食料以保持接近正常的能量摄入，然而与此同时，蛋白质、矿质元素或维生素的摄入量就会不足。

当采用植物和动物甘油三酯的混合物饲喂时，狗的脂肪表观可消化率在 80% ~95% 波动。在耗竭性训练中，脂肪酸是肌肉的主要能量来源。与高碳水化合物的食料相比，高脂肪的食料可使猎兔狗在繁重的任务中耗竭时间延长约 30%，还能使拉撬狗在训练中血浆游离脂肪酸浓度提高更多。比起饲喂高碳水化合物食料，饲喂任何高脂肪食料会使静坐的成年狗更易于肥胖。

亚油酸是唯一受推荐的必需脂肪酸，亚麻酸的最低需要量则未予以设立。幼犬毛发粗糙干燥甚至皮肤鳞片化及损伤，均为亚油酸缺乏所显现出的征兆。NRC 推荐狗食应至少含有干重5% 的脂肪，每 1000kcal ME 的食料应中包括2.7g 亚油酸，或者是在含有 3.67kcal ME/g 的食料中亚油酸量达到干重的 1%[10]。

(3)猫　驯养的猫(驯化的猫科动物)成熟体重量为 2 ~6kg。干燥的猫食商品通常含有 8% ~12% 的脂肪，而通常饲喂的纯化食料中含有 25% ~30% 的脂肪及 30% ~40% 的蛋白质。脂肪加入可提高食料的适口性，猫喜爱牛油甚于喜爱黄油和鸡油，而对牛油、猪油或部分氢化植物油则喜欢的程度差不多。有报道称含 25% 氢化椰子油的食料不适口。含有中碳链甘油三酯的食料很难被接受，仅仅 0.1% 的辛酸($C_{8:0}$)就可导致食料不适口。

猫具有耐受并利用高脂肪含量膳食的能力。含有 25% 脂肪的食料将比含 10% ~15% 的更受欢迎。有报道称，脂肪的表观消化率可达 90%(在饲用食料干重 10% 的脂肪时)或 97% ~99%(在饲用食料干重 25% ~50% 的脂肪时)。在试验性食料中，脂肪含量升至干重的 64%，并未发现粪便中脂肪含量的增加、出现酮尿等迹象及明显的心血管系统病理学变化。

一种假设认为在某一物种中发现的代谢途径将自然而然地存在于其他物种中，然而在猫的营养方面的实践经验突出了这种假设的错误性。早期对于多不饱和脂肪酸的代谢试验都在鼠类身上进行，而它们恰好具有较高的 Δ6 和 Δ5 去饱和酶效率，可将亚油酸($C_{18:2n-6}$)分别转化为前列腺素前体二十碳三烯酸($C_{20:3n-6}$)和花生四烯酸($C_{20:4n-6}$)，因而得出一种假设：其他物种一样能对多不饱和脂肪酸去饱和。经过一段时间后，人们才发现猫并不能将 $C_{18:2n-6}$转化为 $C_{20:3n-6}$或 $C_{20:4n-6}$。现在，NRC 的推荐做法是每千克食料的干物质中应含有5g 亚油酸和0.2g 花生四烯酸。

猫缺乏必需脂肪酸的症状包括倦怠、毛发干燥并覆有皮屑、生长缓慢以及更容易受感染等。长期缺乏所产生的效应包括饲料效率下降且体重不变，皮肤水分损失、脂肪肝、脂肪渗透以及在慢性肾脏矿化的同时伴随血小板聚集病变等。当消费以鱼为主的食料，尤其是罐装的鲔鱼、红肉以及鲔鱼油时，经常伴随有皮脂炎(脂肪发黄的炎症，据推测是维生素 E 缺乏所致)的发生。在含鲔鱼油的食料中通常含有维生素 E(D-α-生育酚醋酸酯)补剂以防止皮脂炎的发生。NRC 规定对猫每 kg 食料中最少应含有 30mg 的 α-生育酚[8]。各种来源的脂肪，包括动物组织都可能被用于猫食中，其脂肪酸组成和可代谢能量列于表 10.13[8]。

表 10.13 可给猫饲喂的脂肪、脂肪酸及其可代谢能量①

俗名	国际饲料编码	干物质/%	乙醚萃取物②/%	饱和脂肪②/%	不饱和脂肪③/%	亚油酸②/%	亚麻酸②/%	花生四烯酸②/%	ME/(kcal/kg)
糠油	4-14-504	100.0	100.0	18.5	81.1	36.5	—	0	8047
脂肪									
猪(脂)	4-04-790	100.0	100.0	35.9	64.1	18.3	—	0.3~1.0	7850
熏肉	4-15-582	100.0	100.0	42.3	56.7	6.8	0.6	—	—
牛	4-25-306	100.0	100.0	44.9	55.1	1.9	1.2	1.0	—
羊羔	4-24-921	100.0	100.0	52.1	49.7	2.4	2.4	—	—
兔	4-24-923	100.0	100.0	43.3	56.7	19.9	9.4	1.8	—
火鸡	4-24-924	100.0	100.0	36.5	63.5	19.0	1.0	4.8	—
羊脑	4-15-583	100.0	100.0	41.4	58.6	0.2	0.8	2.4	—
羊肾	4-15-584	100.0	100.0	45.4	54.6	6.1	3.0	5.3	—
牛肾	4-15-585	100.0	100.0	56.3	42.7	3.6	0.4	1.9	—
猪肾	4-15-586	100.0	100.0	43.5	56.5	8.7	0.4	5.0	—
牛肝	4-15-587	100.0	100.0	49.6	50.4	5.5	1.9	4.8	—
猪肝	4-15-588	100.0	100.0	41.6	58.4	11.0	0.4	10.7	—

续表

俗名	国际饲料编码	干物质/%	乙醚萃取物②/%	饱和脂肪②/%	不饱和脂肪③/%	亚油酸②/%	亚麻酸②/%	花生四烯酸②/%	ME/(kcal/kg)
人造奶油									
硬质动物油和植物油	4-15-589	84.0	96.4	37.5	62.5	4.2	0.1	6.6	—
硬质植物油	4-15-590	84.0	96.4	38.2	61.8	9.1	0.5	0	—
软质动物油和植物油	4-15-591	84.0	96.4	30.7	69.3	8.1	0.4	6.1	—
软质植物油	4-15-592	84.0	96.4	33.1	66.9	19.3	1.8	0	—
软质多不饱和植物油	4-15-593	84.0	96.4	24.7	75.3	49.3	0.6	0	—
家禽下水	4-09-319	100.0	100.0	39.1	60.9	22.30	—	0.5~1.0	
油									
椰子油	4-09-320	100.0	100.0	90.3	9.7	1.10	—	0	8047
玉米油	4-07-882	100.0	100.0	12.3	87.7	55.4	1.6	0	8047
鲱鱼油	7-08-049	100.0	100.0	40.0	60.0	2.70	—	20.0~25.0	—
普通亚麻油	4-14-502	100.0	100.0	8.2	91.8	13.9	—	0	8047
红花油	4-20-526	100.0	100.0	10.5	89.5	72.7	0.5	0	8047
月见草油	4-15-591	100.0	100.0	8.5~13.5	86.5~91.5	73.0	10.4	0	8047
大豆油	4-07-983	100.0	100.0	14.7	85.3	51.9	7.4	0	7283
棉籽油	4-20-836	100.0	100.0	26.8	73.2	53.0	1.4	0	8047
低芥酸菜籽油	4-20-834	100.0	100.0	6.9	93.1	23.0	10.0	0	8047
葵花籽油	4-20-833	100.0	100.0	10.4	89.6	65.7	—	0	8047
动物脂	4-08-127	100.0	100.0	47.6	52.4	4.3	—	0~0.2	8343
白色动物脂	4-20-959	100.0	100.0	—	—	1.1	—	—	—

注：①经参考文献［8］允许转印。

②表示为该添加剂的干重质量分数。

③表示为该添加剂的质量分数；假定每个甘油三酯分子含有一个甘油基、一个16碳脂肪酸基和两个18碳脂肪酸基，脂肪酸占到甘油三酯重量的95%；脑、肾、肝以及蛋中脂肪的转换因子由参考文献［62］推荐。

（4）肉牛　美国国内出产的近50%动物脂和动物油膏来源于牛，但将用在国内肉牛、奶牛和小肉牛业中的饲料加起来也仅仅耗用了这个量的12%。肉牛、绵羊和肉山羊饲喂脂肪的原则与奶牛是相似的。近年来，产奶动物饲养已基本上放弃使用牧厂，转而采用营养强化的饲喂场并辅以动物健康护理。相反，肉牛则继续在分散的草场和山地放养，使得这些土地的使用可获得最大利益，而在上市之前可能采用饲料进行最后的饲喂。不可能对每个个体动物加以观察并记录每天表现，从成本上考虑也并不赞成产奶动物平时使用浓缩饲料。

虽然有关过瘤胃蛋白质的知识已经应用于肉牛饲养中，但是采用过瘤胃脂肪或整粒油籽饲喂还相当少见。这同样可能是缘于经济上的考虑。然而，对于预设食品的需求再度激活了肉牛营养和饲养管理两个研究领域，并使之越来越活跃。对于肉牛产业，人们认识到能否在与其他肉类、家禽以及鱼类代用品具有竞争力的价位上，提供更符合人们的营养要求的瘦肉，将对该产业的前途产生决定性的影响[7]。

(5)奶牛 在对所有物种的饲料加以改动的过程中，跨度最大的也许是奶牛，其中要求列于图10.5[9]。当一头高产奶量的奶牛下仔时，在泌乳期的头3周，其干物质摄入量将大幅下降并且保持低于平均水平15%。奶牛身体能量供应将迅速变化，并将处于负的能量平衡，同时体重下降。峰值产奶量出现在4~8周，但直到大约第10周其产奶量开始下降时动物才会逐渐增重。简而言之，最大利润并不是来自于动物增加产奶量和延长产奶的能力，因为在关键时刻没有足够的营养供应。为了努力恢复能量水平并获取最大产奶量，已经动用各种饲喂策略，包括采用保护性脂肪作为能量来源。

新生奶牛的食料中需要脂肪，直到其瘤胃开始发挥功能。在牛乳代用品中含大约10%的脂肪就足以提供必需脂肪酸、脂溶性维生素，并可提供足够的能量应付正常发育。对于寒冷气候下以及小牛的生产，推荐采用高脂肪(15%~20%)含量的牛乳代用品。草料和谷物通常含脂肪少于4%。奶牛每天可利用约0.45kg脂肪，即在其食料当中应含有2%~3%的增补脂肪。

为了成功地饲喂补充脂肪，使草料(纤维)摄入量最大化是一个值得考虑的要点。纤维缺乏以及食料中谷物过剩会导致牛乳中脂肪偏低，而部分地采用脂肪替代淀粉和谷物可使这种症状好转。在对奶牛饲用非保护性长链脂肪酸时，应包含多达高于推荐量20%~30%的补充钙和镁，以使瘤胃中形成钙皂和镁皂。对奶牛饲喂高不饱和脂肪酸并不太好，因为如果瘤胃微生物的生物氢化能力不能满足需要，不饱和脂肪酸将对瘤胃的发酵作用和消化作用产生抑制效应。动物脂肪，以及动-植物脂肪混合物能够提供最佳效果。原则上最大饲喂量约0.5kg脂肪/d，或将棉籽限制在2.5~3.0kg/(d·头)以内，通常能够获得成功。

食料中长链脂肪酸的增加将使奶牛乳汁分泌增加同时抑制乳腺组织中短链和中链脂肪酸的合成。添加的膳食脂肪和整粒棉籽可使牛乳中蛋白质含量下降约0.1%。近年来，还引入了“干脂肪”——含脂肪82%且经过造粒(通心小球状)的脂肪酸钙盐。这些产品能自由流动并易于定量混合，无需涂覆在纤维上而且在瘤胃中不会被生物氢化。人们建议奶牛

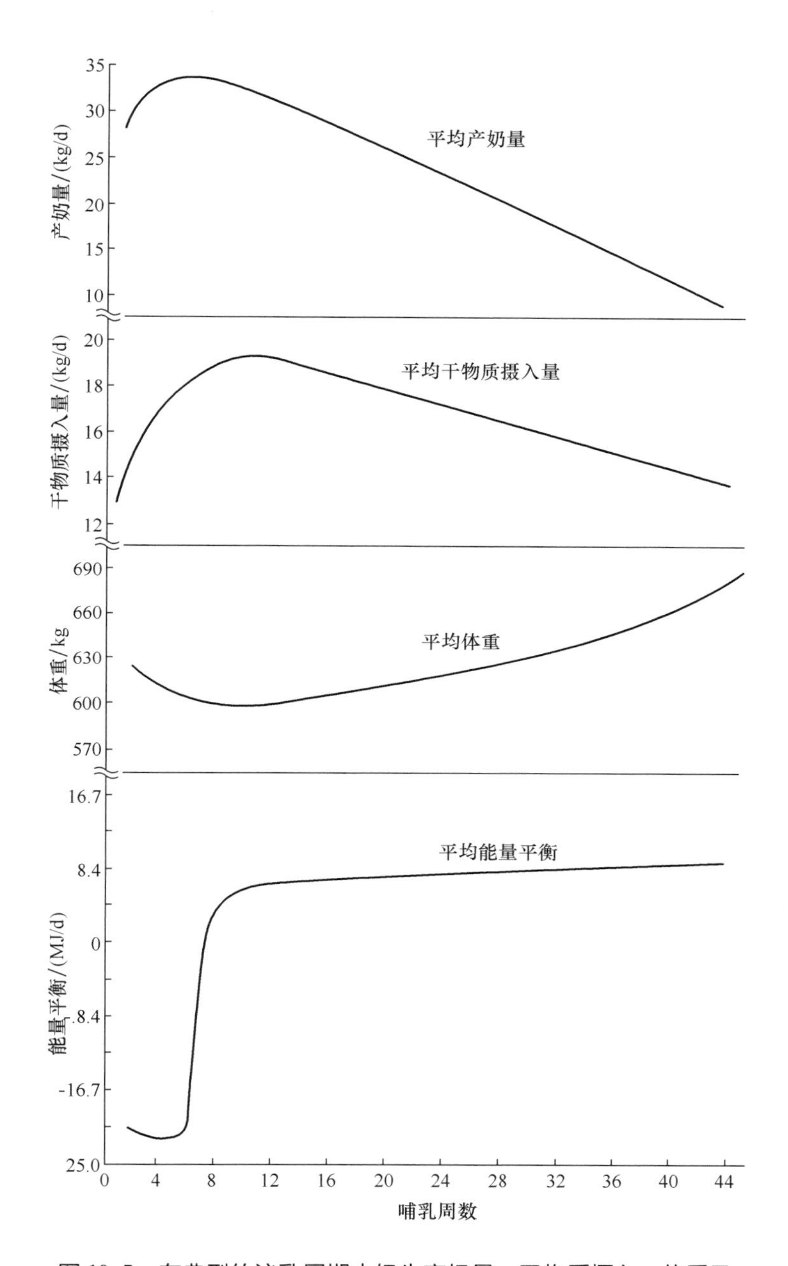

图 10.5　在典型的泌乳周期中奶牛产奶量、干物质摄入、体重及平均能量平衡的关系(经参考文献［9］允许转印)

需求的15%可通过饲喂脂肪来满足，相当于6%～7%的总干物质[9]。

(6)马　马属于最常见的食草类非反刍动物，它们具有高活性的盲肠－结肠，能够进行纤维素的微生物发酵，但其小肠仅能够消化和吸收脂肪，蛋白质和非结构性碳水化合物则只能放弃。有报道称，在饲喂高玉米食料和高苜蓿食料时，前盲肠对非结构性碳水化合物的表观消化率分别为71%和46%。发酵作用产生VFA(乙酸、丙酸、异丁酸、异戊酸和戊酸等)。在矮种马身上，可以观察到有大约7%的总葡萄糖产量(葡糖异生作用)是源于盲肠丙酸酯。

在训练过程中马体脂发生代谢，在进行诸如奔驰之类的繁重体能训练时脂肪将迅速氧化。经体力训练的马比未经训练的马在脂肪氧化时效率更高。幼小矮种马的超脂症是一个重要的医学问题。这在母马怀孕和泌乳晚期最常见，且在动物处于负能量平衡时发生。

如果在食料中添加的脂肪没有变质，那么马会乐于接受饲料。在各种脂肪中，玉米油是更好的，食料中估计有15%的玉米油。在食料中添加熬炼脂肪以提高脂肪含量，会获得减少饲料消耗、马驹提前发育以及提升乳脂肪浓度等效果。采用含脂肪12%（9%的玉米油添加)的食料饲喂的马与饲喂3%脂肪的马相比，表现更好而且在奔跑结束时血糖浓度更高。熬炼的动物脂肪显然可节约储备的肌糖原。马的EFA需求还不甚了解，在得到更多数据之前建议食料中含有0.5%的亚油酸[13]。

(7)猪　生热御寒，保持动物体温所需的能量，这在猪的营养中是主要的。25~60kg级的猪在其发育阶段，比临界温度每低1℃每天就需补偿总共25g(80kcal的可代谢能量)的饲料，而100kg级的猪在其长成阶段则建议补偿39g(125kcal)/d。更进一步的估算可知，有效环境温度(EAT)比动物的临界温度上限每高1℃，DE将下降0.017%[19]。

对于断奶的猪添加脂肪的价值并不确定。猪不能合成亚油酸和花生四烯酸，它们必须通过食料供应。典型的玉米——大豆食料已经能够满足亚油酸0.1%/kg食料的需求，而花生四烯酸则未作规定。脂肪作为猪的能量来源，其营养效价受其可消化率、消耗的脂肪量及其ME，还有猪圈中环境温度等的影响。在温度适中的环境下，在食料中用脂肪替代碳水化合物保持猪的热量将提高其生长速率并降低获得单位活体重量所需的ME。若猪圈处于温暖环境中，在食料中每添加1%的脂肪，ME的主动摄入量将提升0.2%~0.6%。这种增量是理所当然的，因为脂肪所需的热增量比碳水化合物的要低。

猪的年龄、脂肪酸的链长以及不饱和脂肪酸和饱和脂肪酸(U∶S)的比例将影响短链和中链脂肪酸(14个碳或更少)的表观消化率。14碳或更少碳的脂肪酸表观消化率为80%~95%；那些来自于食料中，脂肪酸U∶S高于1.5∶1则表观消化率为85%~92%。在食料中每增加1%的粗纤维，脂肪的表观消化率将下降1.3%~1.5%。对于猪，估计不同脂肪的可消化能量(DE)和可代谢能量(ME)分别为猪油7860和7750；家禽脂肪8635和7975；动物脂8200和7895；玉米油7620和7350，还有大豆油7560和7280[19]。

(8)家禽　关于鸡的营养经济学可能比其他物种的都先进。若所选食料中的某一种能够以最低的饲料成本换取单位产品(获得体重或禽蛋)，那么它就是具有最令人满意的能量水平的食料。根据高能谷物和饲料级脂肪的相对成本，这种“最佳食料”将在世界范围内的低能量和高能量食料中变动。脂肪通常添加在肉用家禽的饲料中以提高其整体能量密度并提升产率和饲喂效率。炼制脂肪中的水分、不溶物以及不皂化物(MIU 成分)通常没有价值，而且起着稀释剂的作用。脂肪酸链长，不饱和程度以及是否酯化都影响着肠道吸收。MIU 百分含量和可消化百分比联合影响 ME_n值。所有的饲用脂肪都必须采用某种抗氧化剂加以稳定以保护不饱和脂肪酸。

小鸡在 2～6 周龄时就显示出对膳食脂肪高的利用能力来，尤其对于长链饱和脂肪酸的利用。当饲料中添加少量动物脂时，将其与少量植物油混和可能是比较有利的[55]。混和油的 ME_n值比以数值计算为基础的估测结果要高。混和油中不饱和脂肪酸的存在使饱和脂肪酸的利用得到提高。在试验中，当 U：S 比例在 0～2.5 时，脂肪利用率迅速上升，在 U：S 比为 4 时逼近最大值。对于嫩肉鸡来说，因脂肪组分的化学组成差异，脂肪利用率和 ME_n发生近 75% 的变化。高含量的脂肪饲喂似乎增加了饲料在肠道中的停留时间并促成更完全的消化以及非脂质物质的吸收。在饲料中添加脂肪作为碳水化合物的同基因替代物通常可使相同 ME_n 水平下产能提升。饲用于家禽的脂肪所含的可代谢能量以及特性见表 10.14。用于估算饲用脂肪所含有可代谢能量的计算式见表 10.15[16]。

表 10.14 用于家禽饲喂的各种脂肪的特性及可代谢能量①

样品	MIU② /%	游离脂肪酸 /%	所选脂肪酸在总脂肪酸中的百分含量/%						饲用时的能量	
			16：0	16：1	18：0	18：1	18：2	18：3	ME/(kcal/kg)	评价方法③
动物脂										
牛脂	0.3	4.3	26.1	5.1	25.2	37.4	1.9	—	6683～6916	—
	—	—	35.4	2.7	36.5	24.5	0.9	—	7268～7780	幼禽 ME_n10%
商品化的	3.5	1.6	22.0	2.7	15.8	47.6	8.7	1.9	7628	—
	0.5	2.4	25.8	3.7	18.1	42.1	4.6	—	6808～8551	2～8 周幼禽 ME_n
	2.2	4.8	26.9	3.3	17.4	41.5	7.5	0.1	6020～7690	小鸡 ME_n10%～20%
	4.1	6.0	19.9	1.5	14.0	47.2	12.7	1.7	6060	—
	3.0	10.2	21.2	5.9	15.5	45.4	9.6	1.2	7148	—
	4.0	15.5	22.0	3.6	13.1	49.6	8.4	1.7	6258	小鸡 ME_n9%
	3.6	16.5	22.5	3.0	16.0	47.9	7.0	1.6	6709	—
	2.9	19.1	25.5	4.0	19.3	40.0	4.9	<0.1	6633～9353	小鸡 ME_n2%～6%
皂脚	5.9	65.1	36.2	0.9	9.6	44.1	8.2	—	4900	—
动植物混合油										
商品化的	3.6	61.0	21.0	1.4	6.0	25.4	38.6	4.2	7114～8924	2～8 周幼禽 ME_n
商品食用油	—	—	21.1	2.1	16.2	41.3	10.3	0.6	9360	—

续表

样品	MIU[②] /%	游离脂肪酸 /%	所选脂肪酸在总脂肪酸中的百分含量/%						饲用时的能量	
			16:0	16:1	18:0	18:1	18:2	18:3	ME/(kcal/kg)	评价方法[③]
动物脂，卡诺拉毛油	—	—	16.8	2.2	10.3	47.6	12.1	4.6	8710	—
动物脂，大豆毛油	0.8	13.6	19.8	1.6	10.3	34.4	29.9	6.3	7660	小鸡 ME_n10%
	0.9	2.6	19.0	1.7	10.7	34.3	27.8	3.8	8110 ~ 8820	小鸡 ME_n10%
动物脂，精炼玉米油	—	—	20.9	2.1	10.4	32.2	30.5	0.4	9570	—
动物脂，精炼大豆油	0.7	13.8	19.4	1.5	10.3	34.8	29.5	6.4	7830	—
动物脂、植物油皂脚	1.5	49.2	24.7	2.3	9.6	34.6	21.9	0.5	8490	—
动物油皂脚、大豆皂脚	1.7	68.7	23.9	0.5	6.9	34.1	32.6		5834	—
牛脂、大豆毛油	0.9	36.3	17.7	1.0	12.5	34.5	31.2	3.9	7571	小鸡 ME_n9%
	0.8	36.2	16.0	3.1	12.2	32.4	31.0	3.9	7788	小鸡 ME_n9%
猪脂、卡诺拉毛油	—	—	17.2	1.3	9.5	51.1	13.7	3.2	10000	—
卡诺拉油										
毛油	—	—	4.9	0.4	1.9	61.0	18.8	7.7	9210	TME15%
皂脚	—	—	9.9	0.4	4.8	52.4	22.4	7.5	7780 ~ 8930	ME_n TME 回归
椰子油										
24 油，MCFA57%	—	—	8.2	0.4	3.0	5.7	1.8	—	—	—
未精炼，MCFA[④]34%	—	—	12.8		2.9	13.7	23.1	—	8812	小鸡 ME_n9%
玉米油										
精炼油	—	—	12.2	0.5	0.7	24.7	60.5	1.4	9639 ~ 10811	幼禽 ME_n10%
	—	—	12.4	0.1	1.9	26.9	57.0	0.7	9870	TME15%
鱼油										
鲱鱼	—	—	—	—	—	—	—	—	8450	小鸡 ME_n4% ~ 12%
氢化	—	—	18.6	5.8	4.8	18.5	24.1	1.3	6800	小鸡 ME_n9%
猪脂										
食用的	—	—	28.7	2.1	19.6	40.9	8.7	—	9114 ~ 9854	幼禽 ME_n10%
	—	—	28.9	2.2	16.9	38.0	9.7	0.2	9390	TME15%
	0.2	0.1	26.6	3.1	15.8	42.4	9.1	<0.1	9926 ~ 10236	小鸡 ME_n9%
	1.1	0.2	22.4	2.1	17.7	46.1	8.0	2.1	7337	小鸡 ME_n9%
棕榈油										
脂肪酸	—	100	46.4	0.2	5.0	38.7	6.9	0.1	7710	TME15%
精炼油	1.8	0.2	40.7	0.3	5.2	41.6	11.4	—	5800	小鸡 ME_n9%

续表

样品	MIU[②]/%	游离脂肪酸/%	所选脂肪酸在总脂肪酸中的百分含量/%						饲用时的能量	
			16:0	16:1	18:0	18:1	18:2	18:3	ME/(kcal/kg)	评价方法[③]
烹调油	1.8	1.0	38.0	1.5	5.5	44.3	9.0	—	5302	—
家禽油										
商品油	0.7	0.7	21.6	4.8	7.2	42.3	23.0	—	8625~8916	小鸡 ME_n TME7%
	3.9	0.5	18.1	5.9	4.6	46.2	23.3	1.1	9360	TME7%
大豆油										
毛油	1.4	0.6	11.3	0.3	3.9	27.2	49.8	7.5	8650~8020	小鸡 ME_n10%~20%
干燥胶质	1.3	12.2	21.0	0.3	4.5	17.1	45.9	1.8	6440	—
毛油	—	—	12.2	0.1	3.2	26.0	51.6	6.3	9510	TME15%
精炼油	2.0	1.3	10.6	<0.1	3.9	25.1	52.1	7.0	9687~10212	小鸡 ME_n2%~6%
	1.8	0.1	11.6	—	3.9	19.8	57.9	6.8	8375	小鸡 ME_n9%
皂脚	4.2	72.3	7.9	—	4.1	24.0	56.9	7.1	6111	—
烹调油	4.0	1.1	28.5	—	5.0	35.8	28.0	2.7	6309	—
葵花籽油										
精炼油	—	—	6.7	0.1	4.3	27.4	57.1	3.7	9659	小鸡 ME_n2%~8%

注：①经参考文献[16]允许转印。

②水分、乙醚不溶物和不皂化物包括在脂肪百分含量中。

③ME_n，根据储留氮修正的表观可代谢能量；TME，除非特别指出，或标明脂肪在食料中的用量，均指对公鸡的真实可代谢能量。 某些 ME_n，尤其是1970年以前的值，未经储留氮修正。

④$C_{8:0}+C_{10:0}+C_{12:0}$记作中链脂肪酸。

表10.15 根据家禽饲料组分的基本组成估算其能量值(kcal/kg 干物质)的方程[①,②]

添加剂	预测方程
所有的油脂	$ME_n = 8227 - 10318^{(-1.1685)[\text{不饱和：饱和比例}]}$
	$ME_n = 28119 - 235.8(C_{18:1}+C_{18:2}) - 6.4(C_{16:0}) - 310.9(C_{18:0}) + 0.726(IV \times FR_1) - 0.0000379\ [IV(FR_1+FFA)]^2$
植物油(游离脂肪酸<50%)	$ME_n = -10147.94 + 188.28IV + 155.09FR_1 - 1.6709(IV \times FR_1)$
植物油(游离脂肪酸>50%)	$ME_n = 1804 + 29.7084IV + 29.302FR_1$
动物油(游离脂肪酸<40%)	$ME_n = 126694 + 1645IV + 838.4C_{16:0} - 215.3C_{18:0} + 746.61FR_1 + 356.12(FR_1+FFA) - 14.83(IV \times FR_1)$
动物油(游离脂肪酸>40%)	$ME_n = -9865 + 194.1IV + 300.1C_{18:0}$

注：①经参考文献[16]允许转印。

②ME_n，氮修正过的可代谢能量；IV，碘值；$C_{16:0}$，棕榈酸质量分数；$C_{18:0}$，硬脂酸质量分数；$C_{18:1}$，油酸质量分数；$C_{18:2}$，亚油酸质量分数；FFA，以油酸当量计的脂肪酸质量分数；FR_1，通过柱色谱的第一馏分，主要是未转变的甘油三酯和其他非极性组分。

鸡的脂肪酸合成主要发生在肝脏。正好在性征成熟之前，其脂肪合成以及体内脂肪的沉积速率迅速增加。从小肠吸收的脂肪转送到肝脏；不饱和脂肪酸的绝大部分不变，但饱和脂肪酸，尤其是硬脂酸须经历去饱和作用转化为油酸。18：$2n-6$ 和 18：$3n-3$ 的延伸作用和进一步的去饱和作用可在肝脏中进行。绝大多数蛋黄中的脂质是在肝脏中形成的，其脂肪酸来自于食料或经从头合成。脂肪的供应可避免合成的消耗，而且比经碳水化合物合成具有更高的能效。直接利用膳食脂肪组装肌体或禽蛋中的脂质，将产生脂肪酸组成类似于膳食中组成的效果。储备脂肪主要受膳食脂肪来源的影响，而具有较高多不饱和脂肪酸含量的植物油比饱和的动物脂肪对其影响更大[16]。鸡用鱼油饲喂可显著提高其生长和抗体产量[63]。

亚油酸(18：$2n-6$)和 α－亚麻酸(18：$3n-3$)在代谢中均为必需脂肪酸，然而仅有亚油酸作为一种必需脂肪酸确定了膳食要求。可以观察到，鸡典型的 EFA 缺乏症兆包括对水的需求量增加和抗病能力的下降。亚油酸的膳食要求量设定在食料干重的 1%。对于火鸡、鸭子、环颈雉以及美洲鹌鹑等并没有提出需要特别注意的地方[16]。

(9)鱼　鱼的能量需求比那些保持体温恒定的动物要少，这样就从食料中留下了更多提供生长和储备的净能量。对鱼来说，蛋白质和脂质是能够提供高能量的物质，而碳水化合物的效价则因品种而异。尼罗罗非鱼和河鲶(温水杂食类)可消化淀粉，获得其总能量的 70% 以上；虹鳟鱼(冷水肉食类)淀粉消化率低于 50%。挤压加工及其他形式的熟化过程可使鱼对淀粉的消化率上升。研究表明，对于河鲶，挤压加工玉米比压片玉米的 DE 高出 385；对于虹鳟鱼，糊化淀粉比生淀粉的 DE 高出 75%。在不远的将来，人们所面临的挑战是如何使低成本的碳水化合物饲料应用于鱼类或其他水产动物的饲养中。

比起生长和其他功能，维持生命是首要的，因而在鱼食料的开发方面，能量密度是首先应该考虑的。蛋白质通常首先引起注意，因为它比其他产能食料组分更为昂贵。鱼类与温血动物一样能有效地将膳食蛋白转化到组织中。这样，就需要建立一个蛋白质和能量之间的膳食平衡，而对于鲑鱼来说，能量可表示为碳水化合物或脂质。

与其他脊椎动物一样，鱼类不能全程合成亚油酸和亚麻酸，而在将十八碳不饱和脂肪酸转化为同族长链不饱和程度更高的脂肪酸的能力上则具有相当大的差异。针对所选鱼的品种，对 EFA 的需求列于表 10.16[11]。总体上看，淡水鱼需要亚油酸(18：$2n-6$)或亚麻酸或两者都要，而狭盐性海鱼(那些不能忍受水中盐度大范围变化的鱼)则需要进食二十碳五烯酸(EPA，20：$5n-3$)和/或二十二碳六烯酸(DHA，22：$6n-3$)。

在淡水鱼中，香鱼、河鲶、银大马哈鱼以及虹鳟鱼需要 18：$3n-3$ 或 EPA 和/或 DHA。大马哈鱼、普通鲤鱼以及日本鳗鱼需要等量的 18：$2n-6$ 和 18：$3n-6$ 混合物。尼罗罗非鱼和 Zillii 罗非鱼仅需 18：$3n-3$ 以获得最大的生长和饲喂效率。条纹鲈鱼不能延长 18：

3n－2，因此需要22：5n－3和22：6n－3。EFA的作用是作为全部生物膜中磷脂的组分，以及作为花生四烯酸前体完成各种生理功能。在对各种鱼的报道中，通常EFA的缺乏初步表征包括鱼鳍腐烂、震颤症、心肌炎，生长率降低、饲喂效率降低以及死亡率上升等。

表10.16　鱼类所需的必需脂肪酸①,②

品种	脂肪酸需求
淡水鱼	
香鱼	1%亚麻酸或1%EPA
河床鲶鱼	1%～2%亚麻酸或0.5%～0.75%EPA和DHA
Chum鲑鱼	1%亚油酸；1%亚麻酸
银鲑鱼	1%～2.5%亚麻酸
普通鲤鱼	1%亚油酸；1%亚麻酸
日本鳗鱼	0.5%亚油酸；0.5%亚麻酸
红鲑鱼	1%亚油酸；0.8%亚麻酸；20%亚麻酸脂质或10%EPA和DHA脂质
尼罗河鲷鱼	0.5%亚油酸
Zillii鲷鱼	1%亚油酸或1%花生四烯酸
条纹鲈鱼	0.5%EPA和DHA
海产鱼	
红海鲷鱼	0.5%EPA和DHA或0.5%EPA
大海鲈	1%EPA和DHA
条纹jack	1.7%EPA和DHA或1.7%DHA
大比目鱼	0.8%EPA和DHA
黄尾鱼	2%EPA和DHA

注：①经参考文献［11］允许转印。
②亚麻酸，18:3(n－3)；EPA(二十碳五烯酸)，20:5(n－3)；DHA(二十二碳六烯酸)，22:6(n－3)；亚油酸，18:2(n－6)；花生四烯酸，20:4(n－6)。

脂质对于所有的鱼来说都是一种重要的膳食来源，而对于冷水和海水鱼，由于它们利用膳食碳水化合物获取能量的能力有限，因此脂质显得更为重要。在一些应用场合，增加某些食料中的脂质含量将有效降低对蛋白质的需求。

10.5　脂肪应用的实践

10.5.1　脂肪选用原则

已经有一些综述对动物饲用的脂肪进行了广泛的探讨[64,65]。有报道称，对反刍动物饲喂高含量的脂肪可能会超过其脂肪吸收能力的负荷，导致蛋白质和脂肪的可消化率下降[66]，而脂肪酸的摄入量对可消化率的影响更是成二次方关系。

脂肪酸原料的来源及组成，以及利用这些脂肪的动物特性都已在前文交代过。有3000~4000例有关对不同物种饲喂脂肪的研究案例存放在可供检索的计算机数据库中，到现在已接近第二十五个年头了。读者更容易从这些案例中了解脂肪在饲料添加剂和各种动物中所起的作用。后文将讨论一些已经确立的原则。

脂肪最好回用于同种动物的饲喂。牛油最好饲喂给牛。鱼油则只应限量使用，以使禽蛋、嫩肉鸡、猪肉和熏肉不致变味。由于具有引发皮脂炎等问题的可能，故并不推荐将它们用在猫和貂身上[67]，除非食料中可提供充足的维生素 E。鱼油对鱼类的生长很有价值，而且当所提供鱼油的品种与被养殖种类在代谢中具有相同的高不饱和脂肪酸族（$n-6$ 或 $n-9$）偏好时，饲喂效率特别高。

在非反刍动物（家禽和猪）中，可消化率随脂肪酸链的缩短和不饱和度的提高而提高。牛脂在加入多达20%的大豆油时，可消化率和能量平衡（消化产热和燃烧热）得到了令人满意的提高（图10.6）[55]。

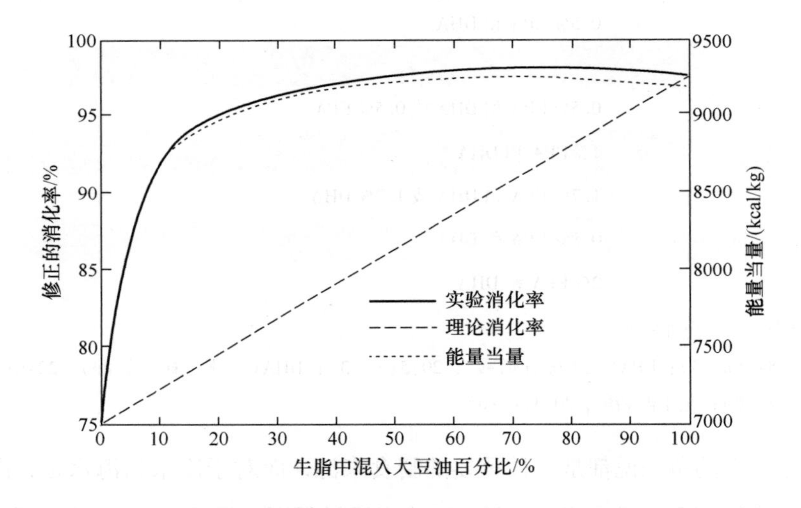

图10.6 大豆油与牛脂在校正的可消化率及能量当量上的协同效应（资料来源参考文献[55]）

如果脂肪未以“逃逸”或“旁路”方式加以保护，那么它在饲喂给反刍动物时将发生转变。至少，在瘤胃微生物酶系的作用下，甘油三酯全部被水解，而多不饱和脂肪酸则被生物氢化。

当今的饲料转化-动物养殖产业要有稳定的发展，就需要有稳定的饲料供应。更进一步说，为了避免所供应的产品中含有鸡水肿因子、杀虫剂、除草剂、多溴化联苯（PCB）等其他有害杂质，人们希望动物脂和动物油膏供应商能够提供脂肪酸组成情况更为稳定的产品。这就需要具备良好的原料购买、分级、隔离以及混合能力。脂肪供应商最好是拥有需求各异的客户。对于脂肪，现代的质量控制手段已从碘值(IV)——产品不饱和度的测定方法过渡到采用气相色谱(GLC)监控脂肪酸组成情况以及潜在的杂质。

过氧化值(PV，POV)的应用正在增加，它是一种监控饲用脂肪中潜在的有毒脂肪氧化产物的手段。鱼的幼体和小鱼苗对这些化合物最为敏感，PV还用作监控饲用于家禽和其他动物的脂肪的品质。过氧化物是在油脂氧化变质过程中产生的不稳定化合物，其本身不一定是有毒物质。因此脂肪经氧化后可能具有较低的过氧化值，但仍然含有相当数量的毒性成分。尽管有这些限制，在实际中，PV目前仍比硫代巴比妥酸(TBA)、二烯值(DE)、羰基值、茴香胺值以及总过氧化值(过氧化值乘二加上茴香胺值之和)等使用得更多。

另一个方法是AOCS的活性氧法(AOM)，测试脂肪样品被加热到(97.8±0.2)℃，在充气流量受控的情况下，以100meq/1000g样品作为稳定性诱导时间。然而，在食品级应用中，主要的煎炸油购买者通常在下订单时将最大允许PV值定在1或2。对于大豆油，PV值1.0~5.0可认为是低度氧化，5.0~10.0则为中度氧化，而大于10为高度氧化。当油的PV值大于20时通常其气味是令人难以忍受的，因此该产品很难获得人们的认可。

目前，总的来说PV还没有包含在工业产品的规格或贸易规范中，然而越来越多地出现在购货方的购买规格中。有人报道了宽PV范围的油饲用于不同物种产生不同的毒性影响。AOCS将在1996年提出AOM法作为油脂氧化稳定性的方法，同时也认可油稳定性指数(OSI)以及其他用于估计油脂到达设定氧化状态的时间的方法，以取代规定的PV值。人们对于食品在脂肪中进行深度煎炸时所产生的有益极性化合物兴趣日增，这似乎将导致人们对利用饭店废油饲喂动物的做法进行重新评估。今天，任何以此为主题的文章似乎都会迅速过时。因此建议读者调查业界流行采用的方法并在饲喂动物时对氧化的油和加热过的油加以限制。

用于饲料的油脂加工包括：

将液态的动物脂、动物油膏及植物油混入干饲料；

涂覆（“穿着”）在挤压的和造粒的饲料表层；

挤压高脂肪含量饲料；

制备自由流动的颗粒脂肪以便于混入干饲料；

制备自由流动的瘤胃保护性脂肪；

饲喂整粒棉籽；

挤压全脂油籽；

干烤大豆。

并非所有的安排都考虑到了脂肪使用的技术可行性和工程可行性。例如，液态脂肪会从包装饲料的牛皮纸中渗出。在使用多层纸包时，内部会产生脂肪堆积，使脂肪与产品毗邻。一些生产者更愿意采用“硬”(高熔点)脂肪以减少这种麻烦，还可以节约包装上的费用。不良的脂肪异味以及储存过程中产品易于氧化酸败，这些现象都可通过采用高熔点脂肪来加以抑制。

10.5.2 脂肪储存及应用

(1)储罐　饲用脂肪中可充分添加合法的抗氧剂和金属螯合剂。这些添加剂应在脂肪刚生产出来时就加入并充分分散。储藏和处理食用油脂经常利用氮气充填以形成惰性气体保护。保持氮气充填以保存非食用油的开销不尽合理，故至少应该尽可能避免空气的混入，包括紧固货车卸载泵吸入侧的密封圈和向罐中输油时将管道放到罐内部并使喷嘴浸没或漂浮以避免脂肪喷溅。

可泵送的脂肪必须是液态的，无论是加入饲料中的脂肪或是其他深度加工中的脂肪都是如此。加热将加速其变质过程。成品的品质可通过将脂肪存放在略高于其熔点50℃以下而得到改善。然后它们必须经换热器加热至所需的80℃，以改善与饲料的混合及吸附。在寒冷气候下，或是在冬天时，可能不得不加热到更高温度，以避免在混合器中加入冷的添加剂时产生“脂肪球”。

油罐通常由低碳钢制成，然而当连续处理脂肪酸、酸化皂脚或高游离脂肪酸含量的油时，需用不锈钢。有些时候，被批准使用的环氧树脂衬里也得到应用。油中的水分必须保持很低；有报道称，水分含量从1%升至2%即导致腐蚀速率翻倍。油罐应该加工得很平整以使底部的油能够排放到卸货口。在底部附近，还应环绕一个可控温的外置式蒸汽夹套环或电加热器。内置式蒸汽加热盘管可能产生不易察觉的裂隙，因此应该避免采用。一些操作者倾向于地把油从油罐底部取出，而允许水及沉积物集结在低处。当脂肪品质较差，会形成离析或在垂直壁面上产生沉积物时，安装一个单边固定的混合器可能是很有用的。该螺旋桨必须设定好尺寸、转速及位置以防空气混入脂肪。最好还有一个侧边人孔以方便清洗和检查罐体。油罐的顶部应该开一个口或设一个破真空口，以防止出料时罐体塌陷，而且还应安装可以避免吸入或聚集水汽的装置。在几乎所有地区，油罐的绝热处理都是一项正确的投资。油罐还应该环绕一个足够大的阻水堤，以备万一发生泄漏时可保留其内容物。

如果装置足够大，那么采用焊接管路较好，而当需要长距离的水平输送时，一个膨胀环可以提供安全保障。在不同的金属间总会发生电腐蚀，而采用螺栓紧固的法兰和垫圈将减少这种情况。铜制的和黄铜制的阀门应该避免使用。所有的管线必须伴随有蒸汽加热铜管或电加热线圈，以控制恒温，防止动物脂硬化。必须装备冷凝阱以便放空管路。除非管路设计成可完全排空的，否则在装置未运行时必须采用压缩空气吹干净以防止脂肪固结。油脂在进货时、储存后以及用于生产前均须过滤。在任何一处采用装有十字(三通)阀的双联过滤器都很不错，这样能在其中之一进行清理时也保持脂肪连续流动。典型的饲用脂肪的特性包括：49℃和93℃时相对密度分别为0.893和0.866，密度分别为0.890kg/L和0.864kg/L，黏度分别为24MPa·s和8MPa·s[68,69]。

绝大部分饲用脂肪的运输是采用绝热油罐车来完成的，这样使用者无需对铁路两侧加以定期维护，可以获得准时输送可减少当地储罐数量，且运输迅速，并使油脂保持温热。业界及其所接触的货运公司对他们的装备十分满意，只要保持清洁，非食用动物脂的油罐车看起来与其他装运牛乳或液体添加剂的卡车并无区别。

(2)对混合饲料施用液态脂肪　典型的操作设备包括一个水平的间歇干饲料混合器，它装有一个脂肪加料口。热油在干配料混好后加入这批料中，这样可以减少添加剂被脂肪球隔离。一些操作者喷施脂肪，而另一些则喜欢将脂肪经小的分布管或布有对角破口的水平管导入混合器。但多数人还是赞成采用分布管的方法。即使装备有网罩，喷嘴仍可能被堵塞。因此应该选用扇形排列的喷嘴，使脂肪不会沉积在混合器的侧边，另外还要定期检修设备，以保证喷嘴处于正确的位置。在喷雾的同时，脂肪得到冷却，温度降低并吸附在干饲料上。

近年来，添加动物脂的做法已经被直接照搬到奶牛和肉牛饲养场了。人们设计制造了一些小型的、可加热的绝热储罐以接收并储存脂肪类货品(图10.7)。正如前文所说，牛油

图10.7　饲养场中的液态脂肪绝热储罐，请注意其电加热恒温控制器(在每个罐的底部)以及防水的聚乙烯外套(由肯塔基州的Griffin工业公司提供)

是最适合于反刍动物的。它可以喷洒或流动的方式，以2%～3%干重的比例与相应配额的牧草、其他粗纤维料、谷物或浓缩饲料一同进入混合器，或作为干草或其他饲料的表面涂层，进行类似这样的饲料混合操作需要一种正位移泵，即具有变速装置的Moyno泵或齿轮泵，以便在特定时段中可输送定量的脂肪。作为一种替代方案，饲料厂中的混合器可安装在卸货室并装备流量控制器以便在所需重量的脂肪加入后截流。

含90%以上脂肪酸，但不含棉籽油的水解动植物脂肪可用于家禽饲喂。它们的可代谢能量估计为8360kcalME/kg。

(3)脂肪涂层　以前，最多2%～3%的脂肪可在造粒前加入饲料添加剂就可以获得完整的颗粒。在挤压饲料及其膨化加工产品中可含有总量约6%的脂肪。（某些挤压预混合料是用作“半湿”宠物食品的，其脂肪含量可达10%～12%，通过水分活度来控制保藏。但此类产品通常不经膨化加工）。近年来，饲料内部脂肪含量的上限得到提高，这主要是通过将造粒前的含淀粉饲料置于湿热环境中(熟化)以及利用挤压使淀粉得到更彻底的预蒸煮来实现的。

造粒机械或挤压造粒的脂肪涂层将提高动物对饲料的接受程度，这可归因于表面脂肪的芳香；热敏性维生素混合物、风味剂与可使干宠物食品易于水化的“速食肉汁”的结合；抗氧剂的添加(抗氧剂易于随水蒸气蒸发，故在挤压前加入会受到损失)等。如果采用乳化型涂层，它们可在进入干燥炉前加入到挤压饲料中。而常规的操作是在出干燥炉后在热颗粒上施加脂肪涂层，此时温度为60～70℃的热脂肪可部分浸透产品。用于涂层的脂肪最大用量约为5%。也许有必要在包装前冷却，以最大限度地减少液态脂肪黏附于饲料包装衬里或容器壁面上。

可以利用一个装有脂肪喷嘴、水平方向缓慢旋转的间歇混合器对少量的料粒或挤压颗粒施加涂层。混合操作必须轻柔以避免打碎料粒。利用一条平板输送带，上面架设一个漏斗和可调高度的活门以输送恒定高度(体积)的料粒，就能组成一个简单的脂肪施加系统。这些料粒通过一个喷洒室，到达其末端时散落下来，接着经过一个略微倾斜的滚筒来完成脂肪的分布过程。

图10.8例示了一个商业化的脂肪喷施机。自漏斗进入的料粒在通过一个带式失重进料器时得到计量，在经过喷洒箱后散落下来，随后在混合绞龙中输送并混合。该生产商还可提供一种较为便宜的脂肪喷施机，它的进料器采用一个容积式输送带，取代了重量式输送带。

图10.9所示为一个回转式料粒涂层系统。料粒和脂肪都从旋转的分离碟片上转落下来，在传送混合器中得到混合。这种设计所强调的主要优点是消除了喷嘴堵塞。

喷嘴的使用要求喷洒过程只能施用脂肪和脂溶性物料。当表面结合的液态脂肪不足

图 10.8　重量式脂肪涂布－混合系统

颗粒产品自滑槽或漏斗(A)进入，利用一条重量式进料带(B)保持恒定的进料速率，液态脂肪经喷洒箱(C)落下，在连续式开口绞龙(D)的碾转作用下完成涂布，产品出料(E)，还提供一种成本较低的容量式涂布－混合系统，它用流量可调的刮板式进料器代替重量式进料器系统（由得克萨斯州的 Hages&Stolz 公司提供）

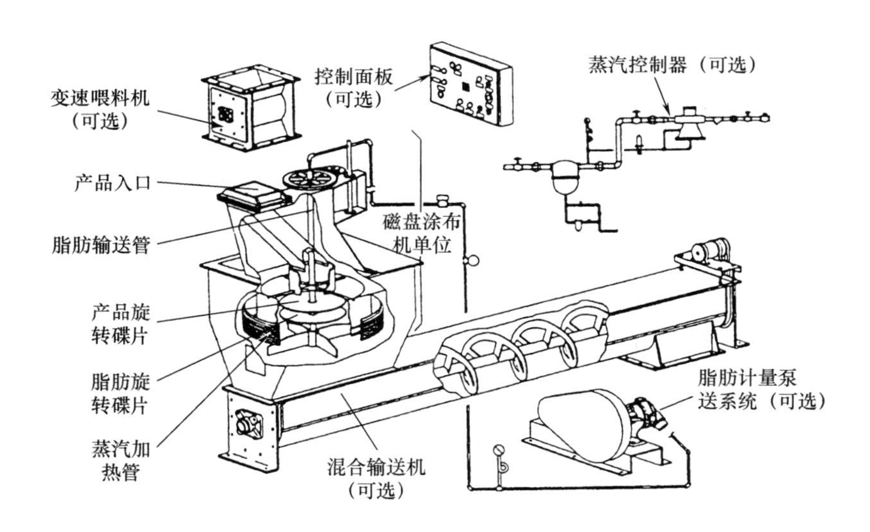

图 10.9　碟式脂肪涂布系统

计量过的产品进入一个蒸汽盘管加热箱后，经过一个翻斗进料器，然后在上部转碟的离心力作用下抛落，颗粒下落时经过以同样方式以底部转碟抛出的脂肪雾滴，在出料绞龙中继续进行混合和吸附（由堪萨斯州的 ASIKMA 公司提供）

时，干燥的物料会散落出粉粒。另一个选择是在物料经过一个连续式螺旋混合输送机时，添加一种由所有料粒涂层添加剂成分所组成的浆料。细小的颗粒通常在料粒中形成，可能来自料粒破裂，也可能来自粗糙边缘的打擦，或者是料粒的瓦解产生。如图 10.10 所示，细小颗粒可在脂肪涂层之前或之后从物流中去除(剥离)。

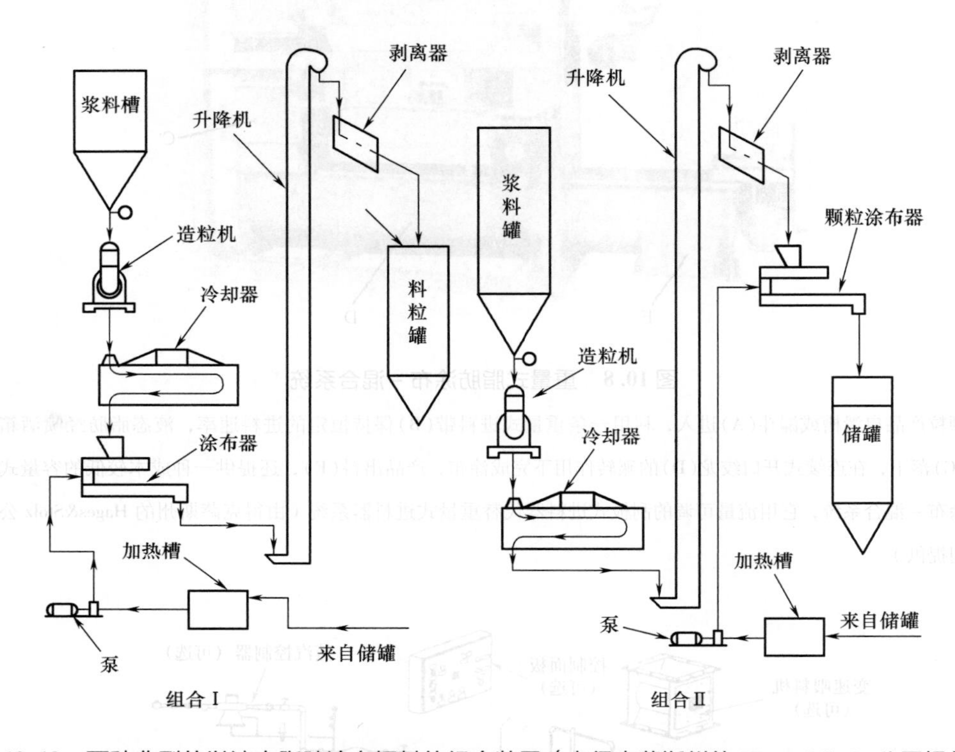

图 10.10 两种典型的以液态脂肪涂布饲料的组合装置(由得克萨斯州的 Hayes&Stolz 公司提供)

(4)高脂肪含量饲料的挤压过程 生产漂浮式鱼饲料需要充气(膨化加工)处理。而另一方面，这限制了挤压配方中脂肪的用量。如果漂浮不是必需的话，那么热量密集型饲料是可以制备的。含有 9% ~12% 脂肪的干宠物饲料已经生产多年了。鲑鱼和大马哈鱼已经进化成肉食动物，它们既可从脂肪也可从蛋白质中获取热量。人们已经开发出一些特殊技术，可利用单螺旋挤压机生产脂肪含量 20% ~25% 的饲料，利用双螺旋挤压机生产脂肪含量 25% ~30% 的饲料。双螺旋挤压机具有一对共同旋转、交互式捣碎、自身刮擦的螺旋，使其在实质上能够与一台正位移泵一样运行。在另一方面，脂肪致使物料在螺旋和管腔之间打滑，从而限制了单螺旋挤压机推进物料抵抗汽锁和模板的能力。

制备高脂肪含量饲料的技术包括：①采用未经压榨的谷物和油籽，完整利用其自身脂肪；②利用含淀粉谷物组分；③在水分含量高于 30% 的条件下操作挤压机(良好地满足淀粉凝胶化的需要，而不是处于糊化所需的低水分范围)；④在预调质机内对谷物和其他饲料添加剂进行长时间(4～5min)湿热处理；⑤在单螺旋挤压机中采用特别设计的加热螺旋和管腔段；⑥在挤压机管腔中注入蒸汽，以强化淀粉的蒸煮以及淀粉-脂肪胶体的形成；⑦在螺旋管腔中压注脂肪等。在成型、切割和干燥之后，通过涂层可添加5%的脂肪，使单螺旋挤压饲料含大约30%的脂肪，而双螺旋挤压饲料含35%的脂肪[70]。

挤压加工的一个重要优点是能够通过改换不同的模板，方便地制备各种尺寸的饲料。颗粒尺寸可在虾和幼鳗所使用的直径1.5mm到肉牛食用的直径2.5mm(in)之间变动。一个美国国内生产商提供的、用于鲑鱼和大马哈鱼的商品化饲料产品颗粒直径如下：

干粉料，<0.600mm（<美国30号筛孔）。

碎屑料1号，0.850～0.600mm(美国20/30号筛孔)；2号，1.18～0.850mm(美国16/20号筛孔)；3号，2.00～1.18mm(美国10/16号筛孔)；4号，3.35～2.00mm(美国6/10号筛孔)。

颗粒料，2.4mm(3/32in)，3.2mm(1/8in)，4.0mm(5/32in)，4.8mm(3/16in)(根据需要可添加色素)。

大型料粒，6.4mm(1/4in)。

一台大型双螺旋挤压机能够每小时生产6.3～15t水产饲料和宠物食品，同时需要450kW，如图10.11所示。制备干燥膨化或半湿宠物食品以及水产饲料的工艺流程图见图10.12。

图10.11 可用于制备宠物食品和高脂肪含量的水产饲料的大型双螺旋挤压机

请注意直径不同的预调质器(DDC)。450kW，15t/h以下的机械都可提供

（由堪萨斯州的Wenger制造公司提供）

(5)自由流动的脂肪 制备自由流动脂肪的目的是生产一种“干”配料，它能够很容易地混入饲料，提供无需瘤胃旁路的动物使用(主要是猪饲料和代乳品)。在当前的喷雾干燥

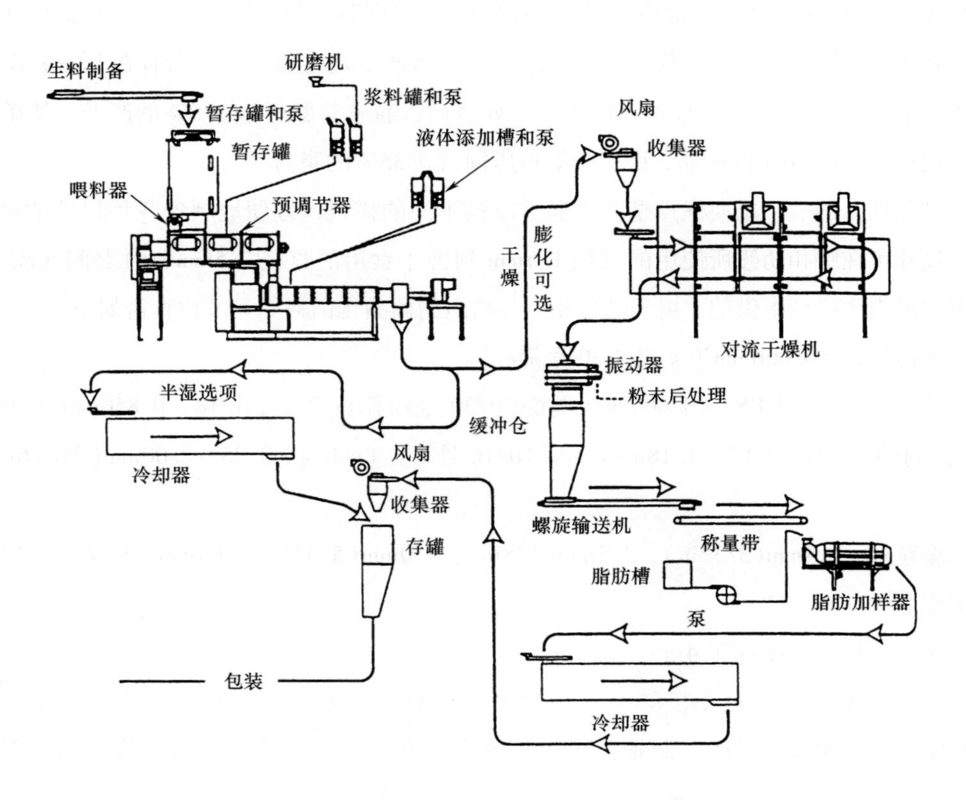

图 10.12 制备干燥膨化的或半湿的宠物食品和水产饲料的工艺流程图

（由堪萨斯州的 Wenger 制造公司提供）

或冷冻造粒产品出现之前，人们尝试过使用各种脂肪及谷物组分的混合物、花生和其他的皮壳以及蛭石等来制备该产品。精选的白色动物油膏（包括不饱和脂肪酸含量较高的猪油）以及椰子油（含中碳链脂肪酸）都是经常采用的。牛乳及其全组分或脱乳糖乳清粉、大豆蛋白或玉米糖浆粉等可为产品的加工提供帮助，因此也得到利用。通常，购入脂肪的硬度（通过碘值大致估计）随产品中脂肪百分含量升高而上升。目前，美国国内出售的产品包括：①40%的精选白色动物油膏和7%的脱乳糖乳清蛋白；②15%的椰子油，45%的食用猪油以及7%的乳清蛋白；③60%的精选白色动物油膏和7%的乳蛋白；④80%的食用牛油和4%的大豆蛋白；⑤80%的椰子油和4%的大豆蛋白；⑥80%的精选白色动物油膏和4%的大豆蛋白；⑦80%的动物脂肪，4%乳蛋白和玉米糖浆粉；⑧90%的动物脂肪。低脂肪含量的产品（30%脂肪或更低），喷雾干燥的脱脂奶粉、乳清粉或酪蛋白酸钠等都可加入完全干燥的小牛、羊羔和猪的代乳品中。

（6）瘤胃保护性脂肪　瘤胃保护性脂肪是被设计成不能为瘤胃微生物所利用的脂肪，它进入胃（皱胃）和小肠在胰脂肪酶作用下水解然后吸收。自由流动的产品也同样是受欢迎的。对于非反刍动物，比起使用动物脂、动物油膏和植物油来说，使用保护性脂肪并没有太大益处。利用不可消化的蛋白包覆脂肪、将脂肪制成如脂肪酸钙皂之类的不溶性形态、或通过氢化以提升动物脂（甘油三酯）或脂肪酸熔点使之高于瘤胃温度等手段，可使产品在瘤胃中保持惰性。

Scott 等开创了瘤胃惰性脂肪的研究工作，他们证明利用甲醛化酪蛋白包覆多不饱和脂肪酸，经饲喂后可使牛乳中多不饱和脂肪酸的含量上升[71~74]。美国国内出售的各种瘤胃惰性脂肪列于表 10.17。Palmquist 等探索用钙皂饲喂奶牛[75~77]，他们的工作为开发一种利用棕榈油和硬脂精制成的钙皂产品（Megalac）打下基础。

表 10.17 美国国内瘤胃惰性脂肪产品

产品	出品公司	配料组成	脂肪含量/%
Alifet	Alifet U. S. A	氢化动物脂与小麦淀粉混合并结晶	95
Biopass	Bioproducts, Inc	氢化长链脂肪酸	98
Booster fat	Balanced Energy Co.	海藻酸钠处理的动物脂和大豆粕	95
Carolac	Carolina Byproducts	氢化动物脂（经造粒）	98
Dairy 80	Morgan Mfg.	氢化动物脂（经造粒）；含磷脂，风味剂以及色素	92
Energy Booster	Milk specialities Co.	相对饱和的游离脂肪酸（造粒的脂肪）	98~99
Megalac	Chuch&Dwight Co.	棕榈油钙皂	82

钙皂从瘤胃出来进入酸性的皱胃发生解离。对于下列钙皂，其 pK_a 值分别估计为：大豆油 5.6；蒸馏棕榈油脂肪酸 4.6；动物脂 4.5；硬脂酸 4.5。由于不饱和脂肪酸钙盐解离的 pH 比较高，因此用于保持正常的瘤胃功能不太合适[78]。对山羊饲喂长链脂肪酸钙盐，乳脂肪含量从 3.4%±0.1% 显著上升到 3.7%±0.2%，但是中短碳链脂肪酸含量却有所下降[79]。报道称，补充饲喂 $C_{14:0}$ ~ $C_{18:0}$ 脂肪酸和碳酸钙包覆而得到保护的甲硫氨酸，可提升乳汁中蛋白质的含量[80,81]。

预成型钙皂对于产卵鸡是相当适用的，其可利用率达到 99.2% 左右。据报道，根据存留情况算得的 8140kcal ME/kg 和回归法估算，钙皂的实际可消化率达到 7200kcal ME/kg[82]。

（7）饲用整粒棉籽　整粒棉籽是保护性脂肪的最早形式之一，虽然许多年来其机制不是很清楚，但仍然应用于反刍动物饲喂。早在 1890 年的密西西比州[83]和 1894 年的得克萨斯州[84]就有了关于这种作物用于动物饲喂的研究报道。由于它易于获取，因此棉籽从 19 世纪 90 年代开始就成为美国国内主要的食用油源，直到 20 世纪 30 年代大豆的种植面积剧增才告一段落。大豆油和玉米油品质的提升和竞争压缩了一度由棉籽油独享的价格上的额外收益。对于饲用整粒棉籽的兴趣因 Stanford 研究机构在 1972 年的一个可行性试验而重新激发出来。目前，估计美国国内有35%～40%的棉籽用于饲喂奶牛。这种做法基本上已遍布全美各地。相对于其他营养来源，乳品产业厂商出比油厂更高的价钱去购买美国国内出产的150万～200万t棉籽，还是值得的，即使是在收成不好的年份也是如此。

有人对每天给动物饲喂3.6kg棉籽所产生的效果进行了报道[85]。与无棉籽食料相比，其产乳量上升4.9%，乳脂肪含量上升15.3%，所分泌的乳中总固体上升1%，但乳中蛋白质含量则下降6.4%。其他研究也得到相似结果[86]。还有报道称，饲用棉籽将降低乳中中碳链脂肪酸的含量，而硬脂酸和油酸的含量将上升[87]。当时由于出售黄油可获得实质性的收益，因此通过饲喂整粒棉籽来增加乳中脂肪含量是有利可图的。

在另一方面，在饲喂其他油籽和液态油的研究中，产乳量及其脂肪含量通常是下降的[88～90]。人们开展了各种研究，以解释为何饲喂完整棉籽会产生不同的反应。在这个问题还没有得到解答之前，许多研究者就指出棉籽蛋白比大豆蛋白的旁路性能要高一些，而牛在咀嚼反刍物时，只将其皮壳咬破，而不是使之瓦解。在一个使用尼龙袋和瘤胃瘘管的研究中，经过24h，瘤胃中短绒棉的消化率为16%，完整(未咀嚼)棉籽蛋白消化率为0，而磨碎的棉籽蛋白消化率为64%。可能是短绒纤维和籽粒蛋白协同作用，在瘤胃中形成了一种物理的旁路效应，这使蛋白质和脂肪的主体都转入到小肠进行消化。

(8)全脂油籽的挤压加工 由于油籽中的油都以脂蛋白基质的形式存在，因此动物对它的利用决定于对蛋白的处理情况。完整大豆含有约18%的脂肪和38%的蛋白，以单一植物的蛋白而论，其氨基酸组成情况达到了最佳平衡，具有相当好的品质。反刍动物可耐受一定限度的胰蛋白酶抑制素(一种抗生长因子)；然而，在将大豆饲喂给单胃动物，尤其是家禽和猪时，必须钝化绝大部分胰蛋白酶抑制素。挤压机的作用就是将大豆绞碎的同时钝化胰蛋白酶抑制素。在该过程中，其他毒素和抗营养因子(红血球凝集素、致甲状腺肿大素以及其他毒素)也得到钝化。

一台农场用的干料挤压机示于图10.13，其处理量为273kg/h。这种型号也可以利用一台农用拖拉机的动力部分驱动。生产商还制造了更大的型号。湿法生产全脂豆粕的加工线如图10.14所示，制造商推荐的大豆水分为8%～10%，出口温度145℃。用这种湿法全脂大豆粕饲喂时，可代谢能量(kcal ME/kg)是：发育的家禽3850，成年家禽3960，猪4180，反刍动物3335[91]。

胰蛋白酶抑制素和脲酶的主要相似之处是，它们都可通过加热钝化。由于比较容易分析，后一种化合物通常受到跟踪。在酶的钝化速率方面，水分起到显著的作用。例如，在水分含量15%、挤压温度135℃时，12%的胰蛋白酶抑制素失活，而相应的脲酶活力为1.0个pH单位。但在水分含量20%时，89%的胰蛋白酶抑制素钝化(脲酶活力0.1pH单位)。在这些水分含量下，蛋白质功效比值(PER)分别为1.82和2.15[92]。

图 10.13　制备全脂大豆粕和挤压成型饲料的干挤压机

产量为 272kg/h，该设备也可利用农用拖拉机的动力驱动（由 Lawa Des Moines 的 Instapro 国际公司提供）

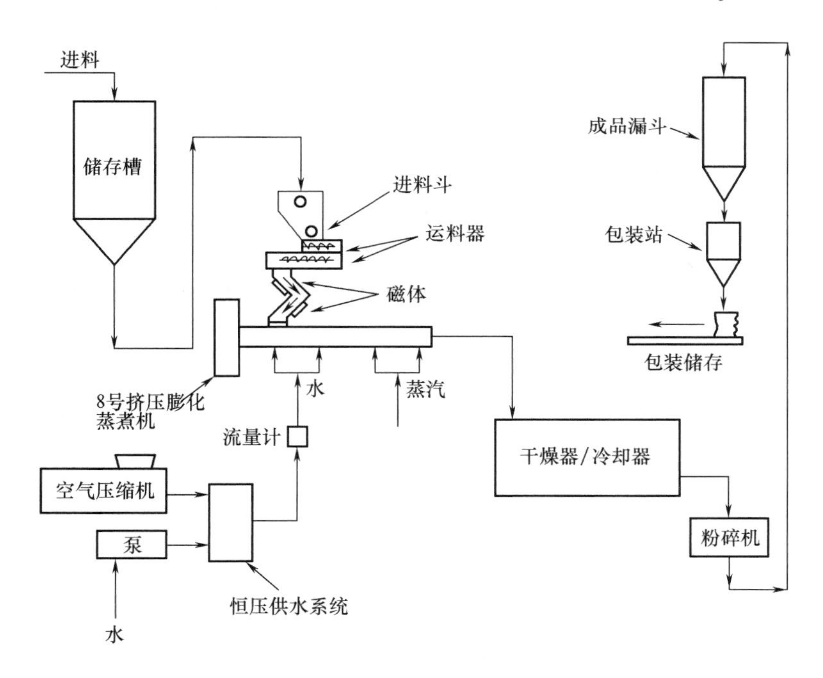

图 10.14　生产全脂大豆粕饲料的工艺流程图（由俄亥俄州的 Anderson 国际有限公司提供）

挤压机还可用于二级资源（副产品加工）的挤压加工中。家禽死体、鸡蛋壳、羽毛、虾头以及各种其他的肉糜和鱼类副产品与溶剂浸出大豆粕混合，然后在杀菌温度下挤压作为动物饲料。通过这种方法，在保证新鲜并接近生产地点的情况下，大量的脂肪可得到回收利用[92]。

完整的双低菜籽与30%～70%的豌豆或47%～53%的小麦粉一起经过挤压加工，在150℃下，胰蛋白酶抑制素下降20%～40%，总硫代葡萄糖苷酶下降20%～40%，致甲状腺肿大素下降46%～60%。对于4周和7周龄的猪菜籽脂质的表观消化率分别为70.1%和80.5%，与玉米油的数值相似[93]。

(9)干烤　烘烤机操作和维护简单，而且没有像挤压机那样的易磨损部件。一台商品化工作单元的示意见图10.15。对大豆进行烘烤是为了获得两个效果：钝化胰蛋白酶抑制素，提高蛋白质的旁路消化性能。生产商建议，对于猪饲料，烘烤机的出口温度应在115～127℃，最后还要在149℃下保温30min以提高旁路消化量。如果烘烤大豆的蛋白质分散性指数(PDI)在9～11，即可认为得到了最合适的加热；PDI为11～14时，作为加热略微不够；PDI大于14则为加热不够[94]。

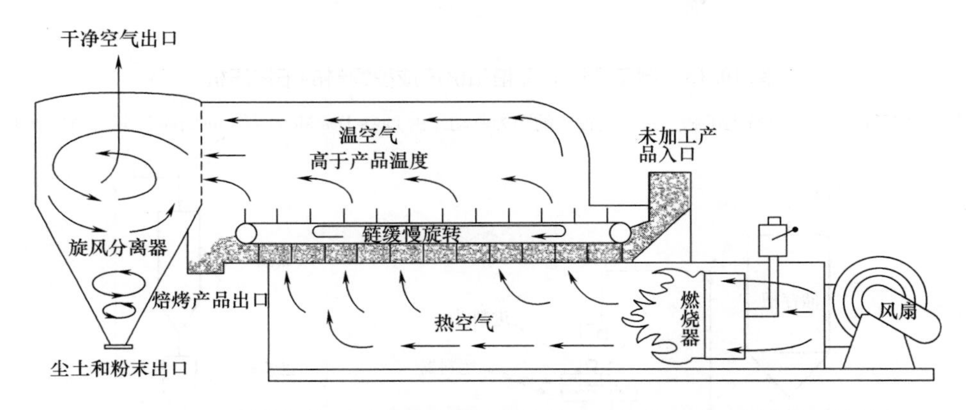

图10.15　大豆烘烤机简图（由俄亥俄州斯普林菲尔德的Sweet制造公司提供）

在一项研究中，对泌乳期的奶牛采用直接添加油或者用50%磨碎的烘烤大豆加8%大豆油饲喂。两个配方都使牛乳脂肪中的$C_{10:0}$、$C_{12:0}$、$C_{14:0}$、$C_{14:1}$、$C_{16:0}$以及$C_{16:1}$脂肪酸含量和产量下降，而$C_{18:0}$、$C_{18:1}$和$C_{18:2}$脂肪酸的含量和产量都上升。直接在食料中添加大豆油还使$C_{6:0}$和$C_{8:0}$的百分比和产量下降，而含生大豆的配方则使牛乳脂肪中的$C_{4:0}$的百分含量以及$C_{4:0}$和$C_{6:0}$的产量上升。

饲喂烘烤大豆比饲喂生大豆令牛乳增产得更多。而颗粒大小则似乎没有影响，也就是说整粒的或是碎裂的烘烤大豆都可用作饲料[96,97]。

有资料显示，加热的大豆在瘤胃中的蛋白质可降解性下降，并使消化延迟到小肠中进行[98]。然而，不可利用蛋白的生成也有所增加(图10.16)。用大豆粕、烘烤大豆、挤压大豆以及生大豆饲喂，对产乳量、乳中蛋白质以及脂肪含量的相对影响效果列于表10.18。挤压大豆使3.5%脂校正粕(FCM)产量最高，而总蛋白产量少于大豆粕，排在第二位。然而采用挤压大豆时，牛乳脂肪和蛋白质含量比其他处理方法要低。

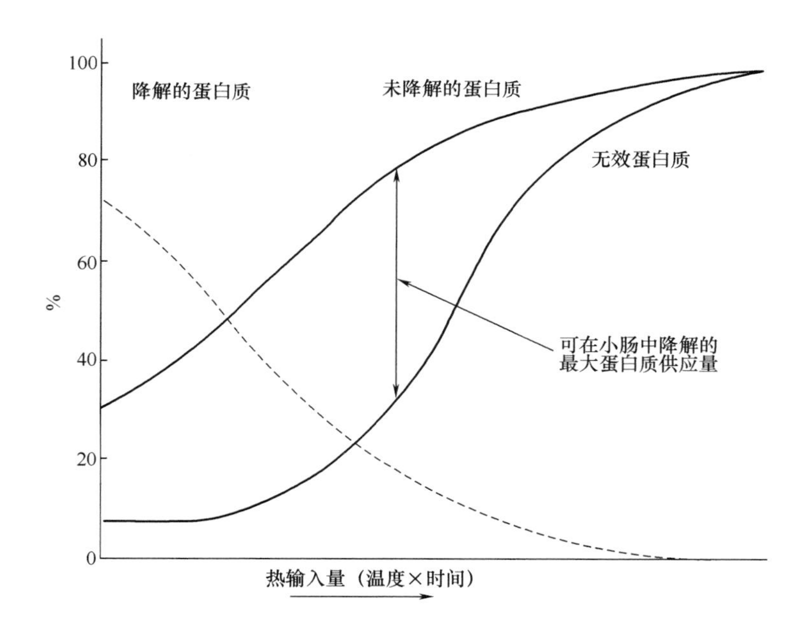

图 10.16 加热大豆对蛋白质(以及脂肪)旁路效应的影响

表 10.18 补充蛋白质和脂肪对饲料摄入、体重变化、产奶量以及乳汁组成的影响[98]

(A,B,C,D 表示在给定 p 值下同行数值有差异)

项目	大豆粕	烘烤大豆	挤压大豆	生大豆
摄入				
DM①/(kg/d)	24.7^{A}	22.5^{B}	25.1^{A}	22.7^{B}
DM 占 BW 的质量分数①/%	4.01^{A,B}	3.83^{A,B}	4.10^{A}	3.74^{B}
CP②/(kg/d)	4.32	3.87	4.29	3.88
UIP③/(kg/d)	1.49^{C}	1.61^{B}	1.79^{A}	1.20^{D}
NEL④/(Mcal/d)	38.3	35.6	39.7	35.9
产量/(kg/d)				
乳①,⑤	36.0^{B}	37.5^{A,B}	39.0^{A}	35.9^{B}
FCM, 3.5%①	35.7^{A,B}	36.6^{A,B}	37.6^{A}	35.2^{B}
蛋白质①	1.16^{A}	1.06^{B}	1.14^{A}	1.06^{A}
乳组成%				
脂肪①,⑥	3.48^{A}	3.35^{A,B}	3.25^{B}	3.45^{A}
蛋白质①,⑦	3.10^{A}	2.95^{B,C}	2.89^{C}	3.00^{B}

注：①协方差平均值。

②未进行统计学分析。

③非降解摄入蛋白。

④净哺乳期能量。

⑤星期×处理方式显著交互项($p<0.10$)。

⑥星期×处理方式显著交互项($p<0.01$)。

⑦星期×处理方式显著交互项($p<0.001$)。

对两种商品化瘤胃惰性脂肪和完整烘烤大豆对产奶量及牛乳脂肪酸组成情况的影响进行了评估[99]。三种脂肪源的脂肪酸概况列于表 10.19。比起两种瘤胃惰性脂肪源，采用完整烘烤大豆产出更多的乳量和 3.5% FCM 乳量、总蛋白质以及总脂肪（表 10.20）。然而，采用 Megalac 产出的牛乳脂肪含量最高。所有的脂肪源都使牛乳中蛋白质含量下降约 0.1%。与采用烘烤大豆相比，采用 Megalac（源于棕榈油）和 Alifet（氢化牛油）产出的牛乳脂肪中含更多的 $C_{16:0}$ 和较少的 $C_{18:0}$，$C_{18:2}$ 以及 $C_{18:3}$（表 10.21）。饲用烘烤大豆与采用瘤胃惰性脂肪相比，在平衡脂肪旁路消化和产乳量后，总的表观收益为节约成本 0.4～0.5 美元/lb。

表 10.19 不同脂肪来源的脂肪酸组成情况[99]① 单位：%

脂肪来源	$C_{14:0}$	$C_{16:0}$	$C_{18:0}$	$C_{18:1}$	$C_{18:2}$	$C_{18:3}$	饱和②	不饱和③
大豆	—	12.5	4.5	22.0	52.9	8.13	17.0	83.0
Megalac④	1.8	50.9	4.1	35.1	8.1	—	56.8	43.2
Alifet⑤	3.6	26.7	37.2	31.7	0.8	—	67.5	32.5

注：①以报道的脂肪酸质量分数计算。
②饱和脂肪酸（$C_{14:0}$，$C_{16:0}$，$C_{18:0}$）。
③不饱和脂肪酸（$C_{18:1}$，$C_{18:2}$，$C_{18:3}$）。
④棕榈油脂肪酸钙。
⑤氢化动物脂。

表 10.20 脂肪来源对产乳量、乳组成及血液的影响[99]

参数	处理方式①			
	CTL	RSB	MG	AL
产奶量/（kg/d）	32.3	34.0	32.1	33.8
3.5% FCM②/（kg/d）	31.6	33.8	32.6	32.5
脂肪/%	3.41②	3.45②	3.62①	3.25③
蛋白质/%	3.01①	2.95①,②	2.92②	2.91②
脂肪产量/%	1.10	1.18	1.16	1.11
蛋白质产量/%	0.96	1.00	0.94	0.99
总饲料效率③	1.27②	1.31②	1.45①	1.31②
血糖/（mg/100mL）	70.7	69.8	70.3	69.9

注：①CTL，无补充脂肪；RSB，干烤大豆作为脂肪补剂；MG，Megalac 作为脂肪补剂；AL，Alifet 作为脂肪补剂。
②3.5% FCM，kg/d = 0.432kg 乳 + 16.2kg 脂肪。
③总饲料效率以一头奶牛为基准（kg 3.5% FCM/kg DMI）。

表 10.21 膳食脂肪补充对牛乳脂肪酸组成的影响[99]①

[A,B,C,D 表示在给定的 p(p<0.001)值下，同行具有不同上标的值不同]

脂肪酸	处理方式②			
	CTL	RSB	MG	AL
$C_{4:0}$	2.5	2.5	2.5	2.6
$C_{6:0}$	2.1^{A}	2.0^{B}	1.8^{C}	2.0^{B}
$C_{8:0}$	1.5^{A}	1.4^{B}	1.2^{C}	1.3^{B}
$C_{10:0}$	3.7^{A}	2.9^{B}	2.4^{C}	2.8^{B}
$C_{12:0}$	4.5^{A}	3.2^{B}	2.9^{C}	3.3^{B}
$C_{14:0}$	13.6^{A}	10.8^{C}	10.5^{D}	11.9^{B}
$C_{16:0}$	37.1^{A}	27.2^{C}	37.4^{A}	32.8^{B}
$C_{18:0}$	10.2^{C}	14.0^{A}	9.8^{C}	11.8^{B}
$C_{18:1}$	20.2^{B}	27.3^{A}	26.2^{A}	26.7^{A}
$C_{18:2}$	3.3^{C}	6.1^{A}	3.5^{B}	2.9^{D}
$C_{18:3}$	1.5^{C}	2.2^{A}	1.5^{C}	1.9^{B}

注：①脂肪酸以质量分数计算。

②CTL，无补充脂肪；RSB，干烤大豆作为脂肪补剂；MG，Megalac(棕榈油钙盐)作为脂肪补剂；AL，Alifet(氢化动物脂)作为脂肪补剂。

(10)粉尘控制 在喂猪时，尤其是在低湿度的月份，已有报道利用大豆油[100,101]和非食用动物脂肪[102]可减少粉尘。2%的油用量即可使微粒数目和总粉尘量下降50%～99%。有人声称，这样可使细菌孢子及呼吸道疾病减少，改善猪的健康状况并提高存活率，同时还可提高饲料效率及日增重。

可以估算，谷物每处理一次，即约有0.15%的重量转化为粉尘，而且这可能达到爆炸极限，损失相当于1.5kg/t。在谷物进入商用提升机和通道处喷入200mg/kg(0.02%)的大豆可抑制99%的粉尘，而通常这些粉尘会随风传播。FDA和美国联邦谷物监察部门赞同使用该水平的精炼大豆油[104]。推荐应用于食用级(精炼)大豆油喷洒在流动谷物上的技术见图10.17。在该应用场合，应控制温度(10℃)使油能自由流动[105]。

10.5.3 脂肪酸组成的修饰——预设食品

对近来消费者的态度和观点加以概括时，可以发现绝大多数美国消费者相信食品中的天然成分可有助于疾病防治[104]。修饰食品组成的预设食品运动影响广泛，而且促使人们在食用肉类和禽蛋以外还要采用天然植物化学品；生物类黄酮；维生素、钙以及/或维生素富集型乳和谷类产品；酵母乳以及等渗饮料等[105]。

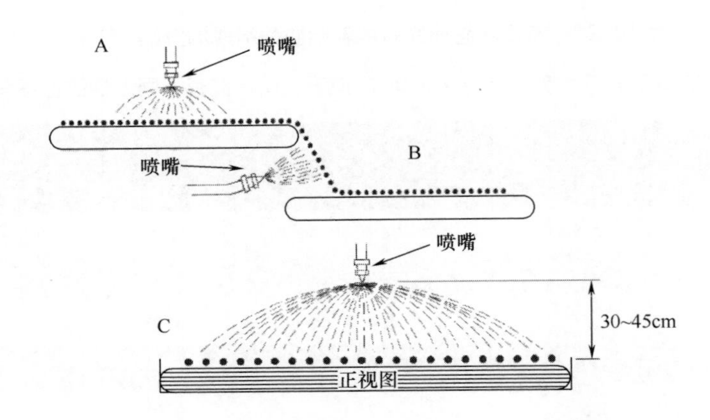

图 10.17 推荐用于减少谷物粉尘的大豆油喷施流程

谷物处于传送带上时，油可以从顶部喷下(A)，而当谷物成瀑状落下时从一边喷入(B)，喷头的形式(C)必须足以覆盖传送带的两边（由密苏里州圣路易的美国大豆协会提供）

动物的脂肪酸组成在一定程度上会因饲料而自发变化。 预设食品是为特定目标而进行修饰的食品，鸡和猪比较容易将饲料中的脂肪酸转化进入肉类及其他产品中。 牛同样具有这种能力，当然所提供的脂肪应该是瘤胃惰性的。

有资料显示牛乳的脂肪酸组成情况可通过饲喂加以改变[106]。 表 10.22 所示为饲料脂肪源的脂肪酸组成情况，而表 10.23 则列出牛乳脂肪酸组成情况的结果。 那些为早期研究者所了解的模式已经反复描述过了。 补充膳食脂肪将降低中链脂肪酸的含量而趋于提高长链 $C_{18:0}$和 $C_{18:1}$脂肪酸的含量。 许多研究者也发现当存在长链脂肪酸时，血液中胆固醇浓度将提高。

表 10.22 在脂肪可消化率和牛乳脂肪组成的饲喂试验中饲料脂肪酸含量和受试脂肪的脂肪酸组成*

脂肪来源	脂肪酸（%DM）	脂肪酸/（g/100g）								
		$C_{14:0}$	$C_{16:0}$	$C_{16:1}$	$C_{18:0}$	反式 $C_{18:1}$	顺式 $C_{18:1}$	$C_{18:2}$	$C_{18:3}$	IV
基本食料	1.1	5.2	19.7	—	2.9	—	20.2	37.3	3.1	94
动植物混合油	88.7	0.7	21.7	5.1	5.1	—	34.9	28.6	1.5	92
钙盐	83.8	1.5	50.1	—	4.2	—	34.1	7.8	0.3	45
氢化动物油脂	83.6	3.0	24.8	1.2	34.5	12.8	15.3	1.1	0.4	30
饱和脂肪酸	100	2.2	44.1	0.9	34.7	2.9	9.4	0.9	—	14
动物脂	81.0	2.8	23.7	2.8	20.9	4.0	37.7	2.0	0.4	45

注：*经参考文献［106］允许转印。

表 10.23 在饲喂试验中膳食脂肪来源和用量对牛乳脂肪酸组成的影响①,②

[A,B,C 同行数值有差异($p<0.05$); X,Y,Z 同行数值有差异($p<0.01$)]

脂肪酸	基础	动植物混合油	钙皂	氢化动物油脂	饱和脂肪酸	动物脂
$C_{4:0}$	3.34	3.66	3.81	3.79	3.62	3.49
$C_{6:0}$	2.70^{A}	$2.40^{A,B}$	$2.48^{A,B}$	$2.53^{A,B}$	$2.46^{A,B}$	2.34^{B}
$C_{8:0}$	1.75^{X}	1.34^{Y}	1.35^{Y}	1.39^{Y}	1.41^{Y}	1.34^{Y}
$C_{10:0}$	3.97^{X}	2.51^{Y}	2.57^{Y}	2.63^{Y}	2.72^{Y}	2.60^{Y}
$C_{12:0}$	4.64^{X}	2.75^{Y}	2.84^{Y}	2.88^{Y}	3.03^{Y}	2.89^{Y}
$C_{14:0}$	13.01^{X}	9.33^{Y}	9.54^{Y}	10.28^{Y}	10.10^{Y}	10.30^{Y}
$C_{14:1}$	1.46^{A}	1.08^{B}	1.07^{B}	$1.26^{A,B}$	$1.26^{A,B}$	$1.31^{A,B}$
$C_{15:0}$	1.28^{X}	0.87^{Z}	0.84^{Z}	1.07^{Y}	1.06^{Y}	1.04^{Y}
$C_{16:0}$	$29.87^{B,Y}$	$26.45^{C,Z}$	$34.15^{A,X}$	28.42	$32.67^{A,X,Y}$	$28.41^{B,C,Z}$
$C_{16:1}$	1.68^{Y}	1.64^{Y}	1.64^{Y}	1.72^{Y}	1.99^{X}	$1.80^{X,Y}$
$C_{17:0}$	0.60^{Y}	0.52^{Y}	0.39^{Z}	0.88^{X}	0.78^{X}	0.82^{X}
$C_{18:0}$	$9.05^{B,Y,Z}$	$11.50^{A,X,Y}$	$7.71^{C,Z}$	$11.68^{A,X}$	$9.86^{B,X,Y}$	$10.43^{A,B,X,Y}$
$C_{18:1}$	$17.22^{C,Z}$	$25.74^{A,X}$	$22.80^{A,B,X,Y}$	$22.89^{A,B,X,Y}$	$20.30^{B,Y,Z}$	$23.26^{A,B,X,Y}$
$C_{18:2}$	$2.24^{B,X,Y}$	$2.00^{B,C,Y,Z}$	$2.58^{A,X}$	$1.67^{C,Z}$	$1.74^{C,Z}$	$1.59^{C,Z}$
$C_{18:3}$	$0.55^{C,Z}$	$1.16^{A,X}$	$0.63^{C,Y,ZA}$	$0.72^{B,C,Y,Z}$	$0.62^{C,Y,Z}$	0.91

注：①经参考文献 [106] 允许转印。

②$n=12$；数据单位为 g/100g 甲酯。

正如前面提到的，家禽的淋巴系统发展很不完善。吸收的脂质经过代谢门循环后原则上会转化为 VLDL 组分的甘油三酯。VLDL 在血清中以高浓度存在，而且似乎是肝脏中蛋黄合成的主要脂质前体。进一步说，比起不饱和脂肪酸含量低的脂肪，不饱和脂肪酸含量高的脂肪更易于吸收[51,54]。

从 1992 年开始，具有高 $n-3$ 型脂肪酸含量而饱和脂肪酸和总脂肪含量较低的预设鸡蛋出现在美国和加拿大的超市中。通常，它们是通过对家禽饲喂含整粒亚麻籽或亚麻油的食料，或者通过排除动物副产物并对家禽饲喂含维生素 E、褐藻、以及卡诺拉油的食料来生产的[107]。

增加禽蛋及禽肉中 $n-3$ 型脂质含量主要有以下经验。对小鸡饲喂亚麻籽油、鲱鱼油以及大豆油，其血浆中的 VLDL 含量与饲喂鸡脂肪的那些鸡相似，而 LDL 含量则较低。饲用亚麻油的鸡组织脂质中 $C_{20:5\,n-3}$ 含量可接近饲用鲱鱼油者。饲用亚麻油的鸡组织中具有最高含量的多不饱和脂肪酸，而饲用鸡脂肪者则最低。饲用大豆油的鸡组织中其有最高含量的亚油酸（$C_{18:2n-6}$）和花生四烯酸（$C_{20:4n-6}$），而饲用亚麻油和鲱鱼油者会减少 $C_{20:4n-6}$ 含量[108]。其他研究者也报道了类似结果，饲用鲱鱼油的鸡蛋黄中花生四烯酸含量下降，而二十碳五烯酸（$C_{20:5n-3}$）和二十二碳六烯酸含量上升[109~112]。

人体试验表明，每天食用4个鸡蛋，对照鸡蛋使人体中血清胆固醇水平显著上升，而高 $n-3$ 脂肪酸含量的鸡蛋则使之不变。$n-3$ 型鸡蛋使平均血清甘油三酯浓度下降，而对照鸡蛋则使之上升。消费 $n-3$ 型鸡蛋的受试者的收缩压和舒张压都显著下降，而在第二次试验中收缩压显著下降。当受试者消费对照鸡蛋时，血压无变化[113]。

参考文献

1. NRA, *Rendered Animal Fats and Oils*, National Renderer's Association, Inc., Washington, D. C., July 1992.
2. National Research Council, *Designing Foods: Animal Product Options in the Marketplace*, National Academy Press, Washington, D. C., 1988.
3. M. E. Ensminger and C. G. Olentine Jr., *Feeds and Nutrition—Complete*, Ensminger Publishing Co., Clovis, Calif., 1978.
4. M. E. Ensminger, J. E. Oldfield, and W. E. Heinemann, *Feeds Nutrition Digest*, 2nd ed., Ensminger Publishing Co., Clovis, Calif., 1990.
5. D. C. Church, ed., *Livestock Feeds and Feeding*, 3rd ed., Prentice - Hall, Inc., Englewood Cliffs, N. J., 1989.
6. D. C. Church and W. G. Pond, *Basic Animal Nutrition and Feeding*, O&B Books, Inc., Corvallis, Oreg. 1978.
7. National Research Council, *Nutrient Requirements of Beef Cattle*, 6th rev., National Academy Press, Washington, D. C., 1984.
8. National Research Council, *Nutrient Requirements of Cats*, rev. ed., National Academy Press, Washington, D. C., 1986.
9. National Research Council, *Nutrient Requirements of Dairy Cattle*, 6th rev. ed., National Academy Press, Washington, D. C., 1989.
10. National Research Council, *Nutrient Requirements of Dogs*, rev. National Academy Press, Washington, D. C., 1985.
11. National Research Council, *Nutrient Requirements of Fish*, National Academy Press, Washington, D. C., 1993.
12. National Research Council, *Nutrient Requirements of Goats*, National Academy of Sciences, Washington, D. C., 1981.

13. National Research Council, *Nutrient Requirements of Horses*, 5th rev. ed., National Academy Press, Washington, D. C., 1989.

14. National Research Council, *Nutrient Requirements of Mink and Foxes*. rev. ed., National Academy Press, Washington, D. C., 1989.

15. National Research Council, *Nutrient Requirements of Nonhuman Primates*, National Academy Press, Washington, D. C., 1989.

16. National Research Council, *Nutrient Requirements of Poultry*, 9th rev. ed., National Academy Press, Washington, D. C., 1994.

17. National Research Council, *Nutrient Requirements of Rabbits*, 5th rev. ed., 2nd ed., National Academy Press, Washington, D. C., 1977.

18. National Research Council, *Nutrient Requirements of Sheep*, 6th rev. ed., National Academy Press, Washington, D. C., 1985.

19. National Research Council, *Nutrient Requirements of Swine*, 9th rev. ed., National Academy Press, Washington, D. C., 1988.

20. National Research Council, *United States - Canadian Tables of Feed Composition*, 3rd. rev., National Academy Press, Washington, D. C., 1982.

21. D. F. Fick, D. Firestone, J. Ress, and R. J. Allen, *Poultry Sci.* **52**, 1637 (1973).

22. C. Y. Pang, G. D. Phillips, and L. D. Campbell, *Can. Vet. J.* **21**, 12 (1980).

23. G. R. Higginbottom, J. Ress and A. Rocke, *J. Assoc. Off. Anal. Chem.* **53**, 673 (1970).

24. L. B. Brilliant and co - workers, and H. Price, *Lancet* **2** (8091), 643 (1978).

25. M. Barr Jr., *Environ. Res.* **12**, 255 (1980).

26. R. A. Frobish, B. D. Bradley, D. D. Wagner, P. E. Long - Bradley, and H. Hairston. *J. Food Protection* **49**, 781 (1986).

27. A. J. Howard in J. Wiseman, ed., *Fats in Animal Nutrition*, Butterworth & Co., London, 1984, pp. 483 - 494.

28. USDA, *World Oilseed Situation and Outlook*, USDA FAS Circular Series **FOP 6 - 93**, Foreign Agriculture Service, Washington, D. C., 1993.

29. R. H. Rouse, *Fat Quality—The Confusing World of Feed Fats*, Rouse Marketing, Inc., Cincinnati, Ohio, 1994.

30. NRA, *Pocket Manual*, National Renderers Association, Washington, D. C., 1993.

31. AFIA, *Feed Ingredient Guide II*, American Feed Industry Assoc., Inc., Arlington, Va., 1992.

32. NCPA, *Rules of the National Cottonseed Products Association, 1993 - 1994*, National Cottonseed Products Association, Memphis, Tenn. 1993.

33. C. E. Coppock and co – workers, *J. Dairy Sci.* **68**, 1198 (1985).

34. G. D. Buchs, U. S. Pat. 5,270,062 (Apr. 1, 1993).

35. S. D. Martin, *Feedstuffs* **62** (33), 14 (Aug. 6, 1990).

36. L. A. Jones in R. L. Ory, ed., *Antinutrients and Natural Toxicants in Foods*, Food & Nutrition Press, Inc., Westport, Conn., 1981, pp. 77 – 98.

37. F. Shahidi, ed., *Canola and Rapeseed*, Avi – van Nostrand Reinhold Co., Inc., New York, 1990.

38. H. E. Amos, *J. Dairy Sci.* **40**, 90 (1975).

39. A. P. Bimbo, *J. Am. Oil Chem. Soc.* **64**, 706 (1987).

40. G. R. List in B. F. Szuhaj, ed., *Lecithins, Sources, Manufacture and Uses*, American Oil Chemists' Society, Champaign, Ill., 1989, pp. 145 – 161.

41. J. W. Hertrampf, *Feeding Aquatic Animals with Phospholipids. I. Crustaceans*, Lucas Meyer, Co., Hamburg, Germany, 1991.

42. J. W. Hertrampf, *Feeding Aquatic Animals with Phospholipids. II. Fishes.* Lucas Meyer, Co., Hamburg, Germany, 1992.

43. *Lecithin—Properties and Applications*, Lucas Meyer Co., Hamburg, Germany, 1993.

44. J. P. Cherry and W. H. Kramer in Ref. 41, pp. 16 – 31.

45. National Research Council, *Recommended Dietary Allowances*, 10th ed., National Academy Press, Washington, D. C., 1989.

46. V. K. Babayan in J. Beare – Rogers, ed., *Dietary Fat Requirements in Health and Development*, American Oil Chemists' Society, Champaign, Ill., 1988, pp. 73 – 86.

47. M. I. Gurr in Ref. 28, pp. 3 – 22.

48. J. H. Moore and W. W. Christie in Ref. 28, pp. 123 – 149.

49. M. Enser in Ref. 28, pp. 23 – 52.

50. D. N. Brindley in Ref. 28, pp. 85 – 103.

51. C. P. Freemen in Ref. 28, pp. 105 – 122.

52. D. L. Palmquist in E. R., Ørskov, ed., *Feed Science*, Elsevier Science Publishing Co., Inc., Amsterdam, the Netherlands, 1988, pp. 293 – 311.

53. D. E. Pethick, A. W. Bell and E. F. Annison in Ref. 28, pp. 225 – 248.

54. C. C. Whitehead in Ref. 28, pp. 153 – 166.

55. D. Lewis C. G. Payne, *Br. Poultry Sci.* **7**, 209 (1966).

56. M. E. Fowler, *J. Zoo Wildlife Med.* **22**, 204 (1991).

57. R. M. Herd and T. J. Brown, *Physiol. Zool.* **57**, 70 (1984).

58. M. E. Stansby, H. Schlenk and E. H. Gruger Jr., in M. E. Stansby, ed., *Fish Oils in Nutrition*, Avi – van

Nostrand Reinhold, New York, 1990, pp. 6 – 39.

59. J. Opstvedt in Ref. 28, pp. 53 – 82.

60. D. H. Greene in Ref. 59, pp. 226 – 246.

61. National Research Council, *Nutritional Energetics of Domestic Animals and Glossary of Energy Terms*, 2nd rev. ed., National Academy Press, Washington, D. C., 1981.

62. Ref. 8.

63. K. L. Fritsche, N. A. Cassity and S – C. Huang, *Poultry Sci.* **70**, 611 (1991).

64. D. L. Palmquist and T. C. Jenkins, *J. Dairy Sci.* **63**, 1 (1980).

65. D. L. Palmquist in Ref. 28, pp. 357 – 382.

66. D. L. Palmquist, *J. Dairy Sci.* **74**, 1354 (1991).

67. N. L. Karrick in Ref. 59, pp. 247 – 267.

68. R. E. Atkinson in Ref. 28, pp. 495 – 503.

69. D. E. Sayre in R. R. McElhiney ed., *Feed Manufacturing Technology III*, American Feed Industry Association, Inc., Arlington, Va., 1985, pp. 99 – 103.

70. *Process Description*: *Pet and Aquatic Food Production*, Wenger Manufacturing Co.,Sabetha, Kans., 1993.

71. L. J. Cook, T. W. Scott, K. A. Ferguson, and I. W. McDonald, *Nature* **228**, 178 (1970).

72. T. W. Scott, L. J. Cook, and S. C. Mills, *J. Am. Oil Chem. Soc.* **48**, 358 (1971).

73. T. W. Scott and co – workers, *Aust. J. Sci.* **32**, 291 (1970).

74. T. W. Scott, P. J. Bready, A. J. Royal, and L. J. Cook, *Search* **3**, 170 (1972).

75. T. C. Jenkins and D. L. Palmquist, *J. Animal Sci.* **55**, 957 (1983).

76. T. C. Jenkins and D. L. Palmquist, *J. Dairy Sci.* **67**, 978 (1984).

77. D. L. Palmquist, T. C. Jenkins, and A. E. Joyner Jr., *J. Dairy Sci.* **69**, 1020 (1984).

78. P. S. Sukhija and D. L. Palmquist, *J. Dairy Sci.* **73**, 1784 (1990).

79. A. Baldi, F. Cheli, C. Coirino, V. Dell'Orto, and F. Polidori, *Small Ruminant Res.* **6**, 303 (1992).

80. D. J. Schingoethe and co – workers, *J. Dairy Sci.* **69** (Suppl. 1), 111 (1986).

81. D. P. Casper and D. J. Schingoethe, *J. Dairy Sci.* **69** (Suppl. 1), 111 (1986).

82. R. Rising, P. M. Maiorino, R. Mitchell, and B. L. Reid, *Poultry Sci.* **69**, 768 (1990).

83. E. R. Lloyd, *Feeding for Milk and Butter*, Bulletin **13**, Mississippi Agricultural Experiment Station, Mississippi State, 1890.

84. J. H. Connell and J. Clayton, *Feeding Milk Cows*, Bulletin **33**, Texas Agricultural Experiment Station, College Station, 1894.

85. J. E. Tomlinson and co – workers, *J. Dairy Sci.* **64** (Suppl. 1), 141 (1981).

86. M. J. Anderson, D. C. Adams, R. C. Lamb, and J. L. Walters, *J. Dairy Sci* **62**, 1098 (1979).

87. E. J. DePeters, S. J. Taylor, A. A. Frank, and A. Aguirre, *J. Dairy Sci.* **68**, 897 (1985).

88. H. E. Amos in *Proceedings of the 1984 Georgia Nutrition Conference for the Feed Industry*, Atlanta, Georgia Agricultural Experiment Station, Athens, Ga., 1984, pp. 119 – 129.

89. H. E. Amos, *Feed Management* **35**(12), 26, 28, 32, 34 (1984).

90. D. L. Palmquist, *J. Dairy Sci.* **67** (Suppl. 1), 127 (1985).

91. M – J Kiang, *Dry Extrusion of Whole Soybeans*, Insta – Pro International, Des Moines, Iowa, 1993.

92. *Fullfat Soya Handbook*, American Soybean Association, Brussels, Belgium, 1983.

93. T. R. de Souza and co – workers, *J. Rech. Porcine France* **22**, 151 (1990).

94. L. D. Satter, J – T Hsu, and T. R. Dhiman paper presented at the Advanced Dairy Nutrition Seminar for Feed Professionals, Wisconsin Dells, Wisc., Aug. 18, 1993.

95. W. Steele, R. C. Noble, and J. H. Moore, *J. Dairy Res.* **38**, 43 (1971).

96. E. M. Tice, M. L. Eastridge, and J. L. Firkins, *J. Dairy Sci.* **76**, 224 (1993).

97. M. A. Faldet and L. D. Satter, *J. Dairy Sci.* **74**, 3047 (1991).

98. L. D. Satter, M. A. Faldet and M. Socha in *Symposium Proceedings*: *Alternative Feeds for Dairy and Beef Cattle*, National Invitation Symposium USDA Extension Service, in Cooperation with University Extension Conference Office, University of Missouri, Columbia, 1991, pp. 22 – 24.

99. T. R. Dhiman, K. Van Zanten, and L. D. Satter, personal communication, November 25, 1994.

100. R. M. Gast and D. S. Bundy, "Control of Feed Dusts by Adding Oils," ASAE Technical Paper No. 86 – 4039, Am. Soc. Ag. Engineers, St. Joseph, Mich., 1986.

101. A. J. Heber and C. R. Martin, *Trans. ASAE* **31**(2), 558 (1988).

102. E. R. Peon, Jr. and L. I. Chiba, *Tech. Newslett.* (141984) (1984).

103. *The Soybean Oil Dust Suppression System*, American Soybean Association, St. Louis, Mo., 1986.

104. K. L. Wick, L. J. Friedman, J. K. Brewda, and J. J. Carroll, *Food Technol.* **47**(3), 94 (1993).

105. M. E. van Elswyk, *Nutr. Today* **28**(2), 21 (1993).

106. N. Warnant, M. J. Van Oeckel, and Ch. V. Boucqué. *Meat Sci.* **44**, 125 (1996).

107. M. R. L. Scheeder, K. R. Gläser, B. Eichenberger, and C. Wenk. *Eur. J. Lipid Sci. Technol.* **102**, 391 (2000).

108. K. Nuernberg, G. Nuernberg, K. Ender, S. Lorenz, K. Winkler, R. Rickert, and H. Steinhart. *Eur. J. Lipid Sci. Technol.* **104**, 463 (2002).

109. D. L. Palmquist, D. Beaulieu, and D. M. Barbano, *J. Dairy Sci.* **76**, 1753 (1993).

110. B. Fitch – Haumann, *INFORM* **4** (41), 371 (1993).

111. M. Schreiner, H. W. Hulan, E. Razzazi – Fazeli, J. Boehn, and C. Iben. *Poultry Sci.* **83**, 462 (2004).

112. H. W. Phetteplace and B. A. Watkins, *J. Food Composition Anal.* **2**, 104 (1989).

113. Z – B Huang, H. Leibovitz, C. M. Lee, and R. Millar, *J. Agr. Food Chem.* **38**, 743 (1990).

114. H. W. Phettplace and B. A. Watkins, *J. Agr. Food Chem.* **38**, 1848 (1990).

115. P. S. Hagris, M. E. van Elswyk, and B. M. Hargis, *Poultry Sci.* **70**, 874 (1991).

116. M. E. Van Elswyk, A. R. Sams, and P. S. Hagris, *J. Food Sci.* **57**, 342 (1992).

117. S. Y. Oh, J. Rye, C – H Hsieh, and D. E. Bell, *Am. J. Clin. Nutr.* **54**, 689 (1991).

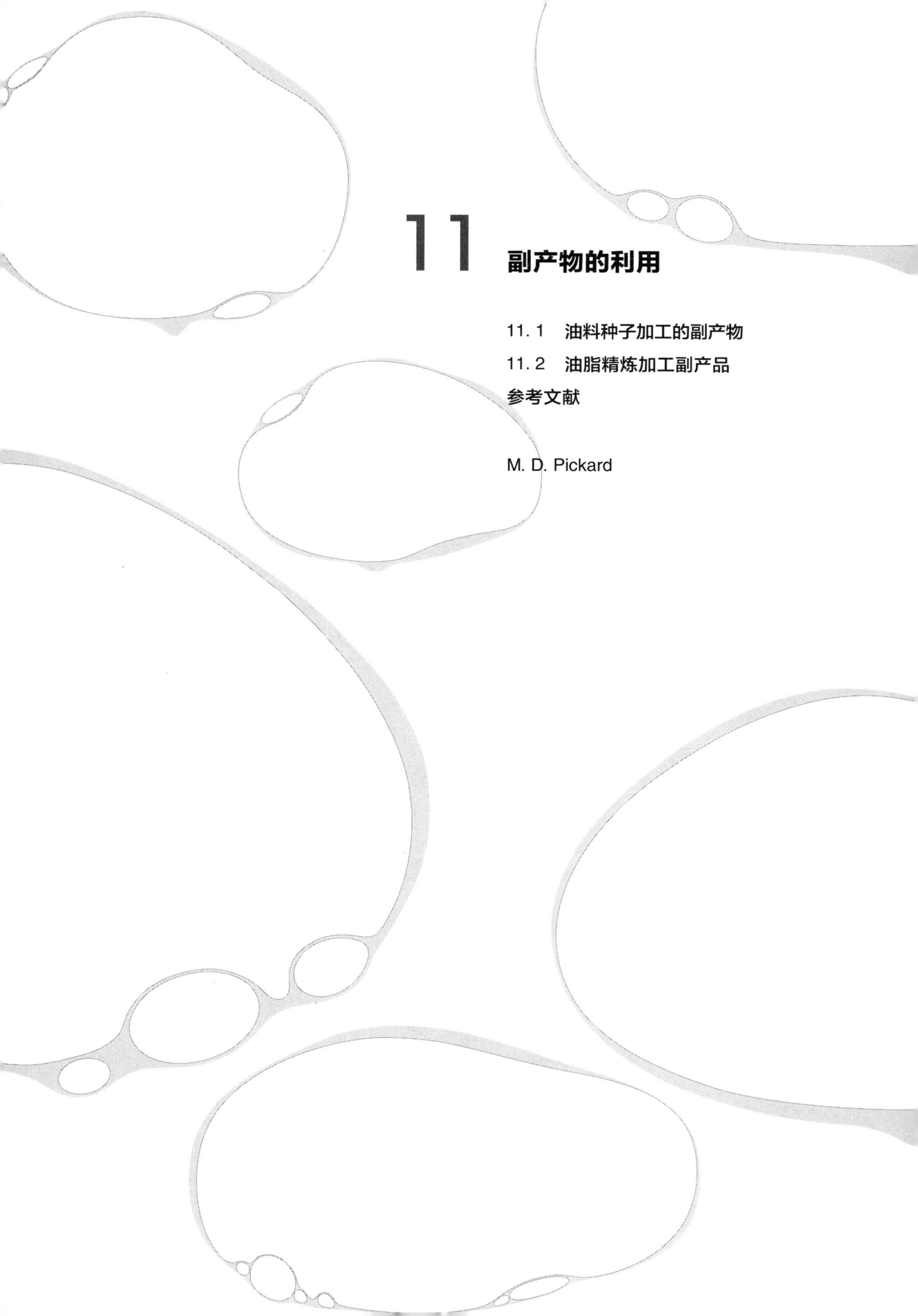

11 副产物的利用

M. D. Pickard

11.1 油料种子加工的副产物

11.1.1 大豆

在大豆的主产国——阿根廷、巴西、美国[1]，副产物来源于大豆加工工序，如溶剂浸出所产生的脱脂蛋白粕以及浸出前脱皮时产生的豆皮[2]。分离出来的豆皮一部分加回到粕里。在美国，加工得到的豆粕90%以上经过适当的热处理（烘烤）使胰蛋白酶抑制因子和其他抗营养因子失活后直接用作家畜的饲料[2,3]。很少量的豆粕磨成细粉或粗粉，主要作为食用，或用于制备浓缩蛋白和分离蛋白，应用于食品、饲料和工业[3]。

11.1.1.1 大豆粕在动物饲料中的应用

大豆粕是使用最广泛的油料种子粕，可用作所有动物的蛋白补充剂，并成为其他蛋白质源相比较的标准。它的质量、可接受性和信誉被广泛了解[4]。粕中含有44%～50%的粗蛋白和2500～2800kcal/kg的代谢能（取决于粕中豆皮的含量和所饲养的动物种类）。去皮增加了代谢能量值，对牛可增加5%左右，对猪和家畜可增加12%或更多[5]。

大豆粕口味好，容易消化，是泌乳奶牛和刚断奶小牛的一种优质蛋白质饲料，也可作为牛生长发育和增肥期食粮的补充蛋白质。但在许多反刍动物的饲养应用中，大豆粕与其他含蛋白质和非蛋白质氮的饲料相比可能在价格上没有竞争性[4,5]。用大豆粕生产“保护蛋白”（即过瘤胃蛋白）的研究非常广泛，已经开发出商业化产品[4]，由此大豆粕在反刍动物饲料中的使用将增加。

在美国，近80%的大豆粕耗用于非反刍动物的饲养，大豆粕是饲料厂可获得的最经济的高品质蛋白质，因此起着支配地位的作用[3,4]。大豆粕在猪和家畜的谷物基日粮中仅是一种蛋白质补充剂，因为经济原因，可在其中添加赖氨酸、甲硫氨酸、维生素B_{12}，从而代替原来需要添加的一些动物或海产来源蛋白质[5]。

大豆粕可有效地用在宠物特别是狗粮配方中，它是一种玉米－豆粕的简单混合物，效用与高含量动物蛋白的复合食物相同，成本却大大降低[4]。在最近10～15年来水产业迅速增长，为大豆粕在鱼和虾饲料中的应用带来了明显的新机会，是否需要增加热处理来进一步减少大豆粕中抗营养因子的水平，或补充赖氨酸或甲硫氨酸，或两者同时补充，这取决于鱼和虾的品种[4,6]。

11.1.1.2 大豆皮的利用

大豆皮的纤维含量高，但木质素含量低，因此反刍动物对大豆皮的消化率非常高[4,7]，事实上对反刍动物来说，大豆皮含有的消化能与谷物接近[7]，所以，用大豆皮来替代高草料饲料中的谷物，具有经济上的优势和各种附加的功能优点。对于生长期的牛和羊，用大豆皮来替代谷物可以消除酸毒症的危险和减少淀粉对纤维素消化的负面影响。对于泌乳期的牛和羊，用大豆皮来替代高草饲料中的大部分谷物，不会减少乳的产量和乳中脂肪的含量[4,7]。大豆皮作为一种膳食纤维的来源，在人类食品中的使用量正在增加，目前，富含膳食纤维的通心面和白面包是含大豆皮的最流行的载体。

11.1.1.3 大豆粕生产食用产品

用大豆粕/片生产的主要食用产品是粉/粗粉（含50%蛋白质）、浓缩蛋白（含65%～70%或更高含量的蛋白质）和分离蛋白（含90%蛋白质）。这些产品的营养品质、实用性、价格和功能性使得它们在许多种食品和饲料中得到了广泛应用。在当前的食品消费趋势下，在食品中使用大豆蛋白产品正在快速增长[8,9]。大豆蛋白产品的生产制造已有大量高质量论文报道，在此不再详述其加工工艺[8,10～13]。

大豆粉和粗粉通常由大豆粕和片粉碎得到，其主要差异是颗粒大小不同，两种产品都经过热处理，以适合它们需要的功能和最终使用目的。粉和粗粉最初是作为脂肪和水的结合剂用于焙烤食品和宠物食品，或者是用作制造大豆酱油的原料。但是残留的豆腥味和差的口感限制了大豆粉和粗粉用于许多产品中。含磷脂或各种脂肪含量（大豆油）的大豆粉也已商业化[8,12,13]。

未变性的大豆粉/片可通过各种加工工艺（包括：酸洗或乙醇洗、碱萃取、热变性后用水洗、膜滤等）制得浓缩蛋白，其风味和功能性比大豆粉要好。产品最后进行喷雾或分散干燥。目前酸洗和醇洗产品占市场主导，这些产品具有营养价值，可使脂肪与水相结合，提供乳化、起泡、或调节酪蛋白或无脂乳粉的黏度等各种功能作用。大豆浓缩蛋白的典型应用包括：碎肉制品、焙烤食品、婴儿食品、谷物食品、牛乳代用品、宠物食品和休闲食品。肉制品填充物和代用品市场的扩张促进了挤压成型浓缩大豆蛋白的使用，这种产品再重新吸水后，具有非常显著的肉的咀嚼性和口感[8,10,12,13]。

大豆分离蛋白以未变性大豆粉/片为原料，通过稀碱萃取再酸化至蛋白质的等电点（约

pH4.5），蛋白质凝乳沉淀经离心分离，水洗，在水中形成浆状物，中和后进行喷雾干燥。在分离蛋白制造中也可采用超滤或其他蛋白质回收技术。大豆分离蛋白价格相对较高，但功能性好。它们具有黏结性、乳化性、起泡性，营养性好，可用于碎肉制品、乳制品和婴儿配方食品等[8,11~13]。由于大豆分离蛋白在酸性pH下固有的不溶性，果胶聚集的大豆分离蛋白粒子在作为柑橘饮料中的浑浊剂方面具有潜力[14]。大豆分离蛋白可以通过水解、加入取代基团或者组织化而改性，从而扩大其功能性和应用范围[12,13]。

11.1.1.4 大豆蛋白产品的工业应用

最近，一些资料很好地描述了大豆蛋白工业应用的历史、现状和潜力[15,16]。所以此处仅对这个题目做简单的讨论。

由于经济和功能性的原因，通过酸和甲醛处理大豆分离蛋白制取塑料产品未能成功。大豆粉在夹板和其他碾压木制品的胶水中曾经得到了大量使用，但已被具有良好抗微生物和耐水性的石油基胶水取代。还没有看到用大豆分离蛋白和大豆粉制取的商业化纺织纤维产品，因为潮湿时其强度低且会产生不愉快的味道。目前大豆分离蛋白在纸的涂层上有应用[15,16]。

大豆蛋白新的潜在用途，主要受环境考虑和为农产品探索新的附加值而驱动。另外的原因是石油基聚合物的价格相对于农产品价格上涨[15~17]。目前正在开发的产品包括：试图减少包装废物的生物降解塑料、食用大豆蛋白膜、大豆蛋白－碳水化合物膜，和一种大豆粉－再生纸组成的原料（标有商标 Environ 进行销售），这种原料具有花岗岩的外观和硬木材的特性。另外，正在开发在功能性上优于早期产品的大豆蛋白基胶水、黏结剂、纺织纤维[15,16,18,19]。还有一个用途是作为发酵的原料。

11.1.2 油菜籽/卡诺拉

油菜籽已经成为世界上气候温和地区的一种重要作物，在五大洲 30 多个国家都有生产。这种作物凭其产量和蛋白质营养价值成为潜力第一位的食品和饲料蛋白的配料。早在 3000 年前印度就已种植油菜籽，在中国和日本至少 2000 年前就已种植。菜籽油什么时候成为一种食用油、用作点灯的燃料和做肥皂及蜡烛还不清楚。油菜籽种植历史悠久，菜籽饼和粕用作肥料或者土壤改良剂在今天仍在中国和日本盛行[5]。

由于菜籽粕味道不好，早期粕的营养实验没有得到鼓励。菜籽粕中含的芥子苷在酶（同样存在于油菜籽或菜籽粕中的芥子酶）的作用下水解，会释放出致甲状腺肿因子，如：噁唑烷硫酮、异硫氰酸盐（酯）和硫氰酸盐（酯）。这些化合物干扰碘的摄入和甲状腺的甲状腺素合成。在一定条件下，也可能产生高毒性的腈类[5]。使芥子酶失活，防止芥子苷水解的加工工艺技术成了世界范围内的一个标准化操作[20,21]，典型的方法是将水分含量6% ~10%的油菜籽迅速加热到80 ~90℃。菜籽粕作为营养补充物的第二个不利因素是其纤维含量高。许多品种的油菜籽都具有含多酚类复合物的黑而硬的种皮，它是商业菜籽粕中大量纤维的主要来源[22]。

通过大量的种植育种研究，在减少油菜籽中芥子苷的含量从而提高菜籽粕的利用价值方面已经取得了突破。随着多种遗传改良品种（著名的如卡诺拉）得到种植，菜籽粕用作动物营养的蛋白质补充剂越来越广泛。卡诺拉是一个商标名和专业术语，该品种的菜籽具有油中芥酸含量小于2%，固体粕中芥子苷的含量小于30 μmol/g的特点。卡诺拉粕要顺利作为饲料使用，仍需要了解芥子苷的情况，以及饲养动物的年龄和分类方面的知识[23,24]。

11.1.2.1 卡诺拉粕的组成

卡诺拉粕是一种国际贸易商品，很好的总结一下卡诺拉粕组成的信息，有助于动物饲料工业的发展[25]。卡诺拉粕含有36% ~38%的粗蛋白，其蛋白质中的必需氨基酸种类很好。它比大豆粕的粗纤维含量高12%，所以代谢能较低（1900 ~2300kcal/kg，取决于饲养动物的种类）。粗纤维大部分存在于皮中，占粕的16% ~25%，皮比较难消化，特别是对于非反刍动物，这就造成了相对较低的代谢能。去皮能改善代谢能，但皮的利用、皮中油和子叶的损失也是个问题[5]。

11.1.2.2 在动物饲料中的应用

(1)猪　已证实卡诺拉粕可在猪饲料中作为一种蛋白质补充来源，虽然对于仔猪（6 ~20kg）来说，粕的味道差和消化率低使其蛋白质补充使用量不能超过25%，但研究证明，对于生长期、屠宰期、生殖期的猪，卡诺拉粕都是一种合适的膳食蛋白质补充剂。生产期的猪（20 ~60kg）饲料可用卡诺拉粕作为其50% ~75%的蛋白质补充源，对于育肥期的猪（60 ~100kg）、妊娠母猪和哺乳母猪，卡诺拉粕可以作为唯一的膳食补充源[26]。

(2)家禽　卡诺拉粕广泛用于家禽饲料，在产蛋家禽的饲料中一般限制在食粮的10%以内，含量过高会增加家禽的死亡率。对产蛋家禽的长期研究表明，卡诺拉粕对禽的产蛋量没有影响。但蛋的尺寸稍有减少，原因是饲料摄入的稍微下降。卡诺拉粕和菜籽粕对于棕色蛋壳的母鸡影响较为有趣，这种家禽缺少一种可以破坏三甲胺的酶，由于卡诺拉粕和菜籽粕中具有高含量的胆碱和芥子酸胆碱（三甲胺的前体），这些母鸡产的蛋有一种鱼腥味，基于这种原因，棕色蛋壳母鸡的饲料中卡诺拉粕的用量最高为3%。没有涉及关于高含量卡诺拉粕对增加家禽如肉鸡、火鸡、小母鸡或水禽死亡和生产率方面的研究。当对饲料能量和可消化的氨基酸进行适当平衡后，卡诺拉粕能有效地作为补充蛋白质的主要来源[27,28]。

(3)肉牛和奶牛　卡诺拉粕作为肉牛和奶牛饲料中的蛋白质补充物很快得到广泛接受。

研究表明，它在生产和管理的各个方面都有效果。哺乳期试验表明，卡诺拉粕与大豆粕饲料相比，牛乳的产量相当或略有提高。产奶量的提高部分反映了卡诺拉粕过瘤胃蛋白质中的氨基酸含量。当肉牛饲料使用卡诺拉粕时，肉牛的指标达到或者超过工业标准。卡诺拉粕可以作为生产期和屠宰期肉牛唯一的蛋白质补充源[29]。

(4)用作人类食品　油菜籽作为人类的蛋白质源还有许多问题需要解决。需要采用新的加工技术来消除芥子苷和纤维[22,30]的抗营养性。与相应的大豆产品相比，菜籽粉、菜籽浓缩蛋白、菜籽分离蛋白的蛋白质含量更低，而粗纤维和灰分含量更高。菜籽粉的吸水性与大豆粉类似，而脂肪吸收能力、对油的乳化能力、搅打值方面更好。菜籽粉的黏度曲线呈现出高黏度低凝胶特性。在水相系统中呈绿色或褐色，这也限制了菜籽产品的利用[31]。

11.1.2.3　其他用途

菜籽粕或卡诺拉粕已用作发酵的基质，它在作为商业双孢蘑菇(*Agaricus bisporus*)肥料的一种添加物方面应用已非常成功[32]。也有人研究了卡诺拉粕作为 *Trichoderma reesei* 菌生产木聚糖基质的适用性。相关工作的结果显示，卡诺拉粕经这些酶系统水解后能转化成可发酵的糖，而这种糖可以通过进一步加工生产成高附加值的终端产品，如溶剂和化学品[33]。

11.1.3　向日葵籽

11.1.3.1　向日葵粕

植物油浸出工业生产三种类型的向日葵粕：含蛋白质28%、纤维25%～28%的未脱壳向日葵粕；含蛋白质35%～37%、纤维18%的部分脱壳向日葵粕；含蛋白质40%～42%、纤维12%～14%的二次脱壳向日葵粕。因此，向日葵粕的组成取决于脱壳处理的程度[34]。

向日葵粕的蛋白质含量和氨基酸组成也随种子的来源而变化，高温加工会对向日葵粕的赖氨酸含量带来不利的影响。通常，向日葵粕具有很好的氨基酸平衡性，其必需脂肪酸指数为68，大豆粕的必需脂肪酸指数为79，全蛋的必需脂肪酸指数为100[35]。

相对于其他油料种籽粕，向日葵粕的热量要高一些，并随着粕中残油率的增加和纤维含量的减少而增加。与其他种油料种籽粕相比较，向日葵粕更适合作为钙和磷的来源[36]。也是水溶性复合维生素B，即烟酸、硫胺素、核黄素和生物素的良好来源。

向日葵粕含有多酚类化合物、绿原酸，这些化合物在碱存在的条件下可氧化成黄绿色。用向日葵粕/粉来生产浓缩蛋白和分离蛋白必须去掉粕中的绿原酸，或者使绿原酸失活[35,37]。

(1)作为动物饲料的应用　向日葵粕能够用于饲养所有种类的家畜。 大多数的向日葵粕可用来饲养反刍动物，其营养与棉籽粕相当。 在肉牛、奶牛、羊的饲料中可使用高含量的向日葵粕[5]。

当作为猪的蛋白质唯一补充来源时，低纤维的向日葵粕次于大豆粕，主要是向日葵粕的口味差且营养物质含量低些。 猪饲料如果用向日葵粕提供20% ~30% 的蛋白质，猪的生长率会与大豆粕相同，但向日葵粕的用量要比大豆粕高，如果补充赖氨酸，则可以减少向日葵粕的用量。 研究表明，向日葵粕能有效地替代生长期至屠宰期的猪饲料中 50% 的大豆粕。 随着动物体重的增加，因为必需氨基酸的需求减少，提高向日葵粕的利用比率是可能的[38]。

在产蛋母鸡的饲料中混入低纤维含量的向日葵粕，用来提供饲料中 50% 的蛋白质量，对产蛋量没有明显影响[39]。 通过添加赖氨酸可以在饲料中使用高含量的向日葵粕，但因为粕中含有绿原酸会影响蛋的颜色。 对于溶剂浸出的脱壳向日葵粕，实验测得产蛋母鸡的代谢能值是 2205kcal/kg（干基）[38]。

向日葵粕的使用通常受其可获得性的限制。 充足和持续的供应才可以确保向日葵粕在动物营养上的高使用率。 尽管与大豆粕相比较，向日葵粕具有黑的外观、低的能量和高的纤维含量，不过，通过使用后道筛选，可以进一步降低它的纤维含量而改善产品质量，使向日葵粕成为一种有竞争潜力的产品[40]。

(2)用于人类食品　糖果葵花籽在休闲食品贸易上已有使用历史，并有持续使用的趋势[41]。 经过焙烤的葵花籽有一种令人愉快的坚果风味，脱壳并经过焙烤的葵花籽仁能够用作糖果和焙烤配方食品中坚果的替代品。 采用物理和感官分析手段对颜色、风味、质构和可接受性进行分析，结果表明，在 177℃下烘烤 10 ~ 15min 是最适宜的加工工艺条件[37]。

正己烷浸出向日葵粕的物理和化学分析结果表明，绿原酸氧化导致的变色是一个问题。 如果加工工艺条件不引起绿原酸氧化，就可以得到具有吸引力的奶油色泽、风味相对温和、稳定性良好的向日葵粕，但不幸的是传统的蛋白质分离方法会促进绿原酸的氧化。研究表明，有机溶剂能很好地从葵花籽和粕中浸出多酚类物质[42]，这种浸出粕蛋白质物理化学特性显示其氨基酸含量并没有明显差异，仅由于蛋白质变性引起氮溶解性上略有改变。 向日葵粉和分离蛋白均有极好的乳化性和搅打性，如果能够把多酚类物质去除或者采取措施防止它们氧化，则其在作为人类食品的功能性添加剂或蛋白质补充剂方面具有巨大的潜力[36]。

11.1.3.2　向日葵壳

(1)向日葵壳的化学组成　向日葵壳是一种油脂浸出的副产物，占向日葵油籽总质量的

22%～28%。向日葵壳可以在油脂浸出前或者浸出后去除，也可以留在粕中。向日葵壳含有4%的粗蛋白、5%的脂质（包括蜡、碳氢化合物、脂肪酸、甾醇和三萜烯醇）、50%的碳水化合物（主要是纤维素和木质素）、26%的还原糖（主要是木糖）和2%的灰分[35]。向日葵壳的高纤维含量和低蛋白质及能量含量降低了其营养价值。

（2）用在动物饲料中 向日葵壳磨细并与其他配料混合后可以用作反刍动物的饲料。由于向日葵壳含有高的纤维素和木质素，球形的向日葵壳可以用作反刍动物粗饲料的组成成分，可添加到浓缩料中增加体积和吸收液体（如糖蜜）。向日葵壳按其他配料的同等价格卖给饲料加工厂和家畜饲养者[38]。

（3）壳用作燃料的来源 向日葵壳用作燃料的来源已进行了研究。壳的热值是19.2MJ/kg，而壳和粕的混合物热值是23.6MJ/kg，壳和粕的混合物热值更高，表明它们是一种更好的燃料[43]。在许多国家，用向日葵壳燃烧是替代较高价格燃料的一种选择，向日葵壳的灰分钾含量高，可以用作肥料[34]。把壳和废木头压成圆柱形，可以作为火碳销售[35]。

据报道，向日葵壳的还原糖含量高，可以用来生产糠醛和乙醇[40]。向日葵壳也是一种可以用来酸解和发酵的木质纤维原料。作为一种木质纤维废弃物料，向日葵壳能酸解产生适合生产单细胞蛋白的物质[44]。紫红色的向日葵壳含有花青素，花青素可以作为天然的红色食用色素使用。北达科他州立大学对这种色素进行了萃取、量化并对萃取技术进行放大研究，经济分析表明这种技术在经济上是可行的[45]。

11.1.3.3 向日葵梗

在金属制造业中，干燥和剁细的向日葵梗可以用来修边和磨光，它也是植物酵母培养基中泥煤苔的替代品。据报道，使用现在的制浆和纤维加工技术能容易将向日葵梗脱色和加工，制成吸声砖，此贴砖的重量低于标准吸声砖重量的60%，而吸音效果和强度更好[46]。向日葵头和梗也是制低糖果酱和果冻用的甲氧基胶的一种潜在来源[47,48]。

11.1.4 红花籽

受环境的限制和多刺的影响，红花籽的产量受到限制，它是一种小品种的油料作物。除非红花籽能很好地去壳，不然取油后的油饼会有很高的纤维含量。不脱壳的红花籽油饼含有20%～22%的蛋白质，最后作为肥料使用。相反，去壳后的红花籽油饼蛋白质含量提高到40%，尽管它的赖氨酸含量低，但可以作为牛的饲料。剩余的壳和外皮可添加至牛饲料或用来制造纤维素、绝缘材料和碾磨料[5,49]。

11.1.5 棉籽

棉酚是一种黄绿色的多酚色素，以独立的形式存在于棉花叶、茎、根和种子中。根据棉酚的这种存在形式，采用70%的丙酮水溶液很容易将其萃取出来。在棉籽加工过程中，腺体破裂释放出色素体，能与其他棉籽成分如蛋白质深度反应。棉酚可以与生理上有用的赖氨酸结合，有效地减少动物可利用的赖氨酸的水平。棉酚对单胃动物包括人类产生毒性。另外，棉酚的存在使油和饼粕产生黑色素，而采用传统的精炼和脱色不能去除此黑色素[50,51]。

在加工中，通过预蒸、在螺旋压榨机中压榨和剪切，或者与铁盐结合，都会使游离棉酚形成结合棉酚，从而阻止游离棉酚对单胃动物的有害生理影响[50,51]。极性溶剂如丙酮水溶液、丙酮-正己烷-水、正己烷-乙酸可以从粕中萃取残余的游离棉酚[51]。据推测，结合棉酚的存在降低了赖氨酸的功效性，从而降低了蛋白质功效比值。而要注意蛋白质的热损害，这种热损害会进一步降低粕的营养价值[51]。

一种降低棉酚含量的替代方法是种植无腺体棉籽。品种选育的目标是减少原料中总棉酚含量[50]。在20世纪40年代后期，McMichael采用Hopi Moencopi（*Gossypium hirsutum var. punctatum*）品种生产出叶和棉铃中几乎完全无色素腺体的植物品种，当他把此研究结果在1959年公开报道时，他的发现促进了商业棉籽品种与无腺棉籽品种杂交的探索[52]。目前，无腺体品种没有广泛地种植，主要是担心游离棉酚的特征会影响在商业上更有价值的棉纤维的产量和质量。但研究表明这种担心并不存在。另外的担心是棉酚和相关的萜类物质是天然的杀虫剂，使用无腺体棉可能会促进昆虫偏爱无腺体棉花，但研究结果表明，昆虫并没有对其中之一有偏爱[52]。

尽管在棉籽的副产品棉籽饼中含有棉酚，但是它有价值的成分——蛋白质的含量很高，所以对它的兴趣也很大[51]。过去已广泛使用许多用脱脂棉籽生产的商品，1937—1975年生产的Proplo粉含55%～60%蛋白质和4.5%脂肪[52]，这种产品是一种非过敏性的蛋白质源，并具有一些功能性，如乳化性、抗氧化性，在焙烤型产品中具有吸水能力。由于市场有限，其商业化生产已暂停了，但作为非食用的工业用途它一直还在生产着[52]。在20世纪50年代和60年代生产的Incaprina，又称为INCAP植物混合物9，含有38%的棉籽粉，其中含0.05%的游离棉酚，这个含量很高，需要通过补充赖氨酸来抵消被棉酚结合的损失。在南美，Incaprina是一种非常重要的低成本的植物蛋白源[52]。关于另外的消费，浸出油棉籽饼在过去用作肥料，现在也用作动物饲料。

11.1.5.1 棉籽粕

从世界范围来看，棉籽粕的产量仅次于大豆粕，居第二位。油脂浸出的棉籽副产品用作牛、绵羊、山羊、马、骡的饲料，但对于仔猪来说，无腺体棉籽粕和普通棉籽粕都不适合[5]。

烤肉用家禽的饲料中常含有棉籽粕，棉籽粕具有潜在的抵制体重增加和减少饲料效果的作用[53]。在产蛋鸡饲料中一般不使用棉籽粕，因为棉酚可使蛋黄脱色，蛋变白。通常在含有棉籽的家禽饲料中加入亚铁[5]。最近发现低棉酚棉籽粕可成功替代烤肉鸡饲料中的大豆粕而不产生有害影响[53]。

许多地方都可用棉籽粕。在胶粘剂和纤维的生产方面可用棉籽粕作为一种蛋白源，含等量棉籽粕、棉籽壳和酚醛树脂的塑料具有良好的流动性、抗水能力、强度和较短的熟化周期[50]。

11.1.5.2 棉籽壳

棉籽壳可以用作动物粗饲料、树根覆盖物和土壤调节剂。棉籽壳的其他用途包括燃料、绝缘材料和生产木糖及糠醛的原料。从棉籽壳衍生的棉籽糖可以用作培养基[50]。

11.1.6 棕榈

油棕的主要生产国位于赤道热带地区，包括马来西亚、尼日尼亚、印度尼西亚、中国、刚果和喀麦隆[54]。棕榈果压榨时产生大约43%的毛棕榈油和57%的压榨饼，饼中含有35%的果皮（纤维）和65%的果核。棕榈果核由83%的壳和17%的仁组成，棕榈仁进行压榨时产生约各50%的棕榈仁油和棕榈仁饼[55]。

11.1.6.1 棕榈仁饼

棕榈仁饼（PKC）的蛋白质平均含量为19%，是商业油饼粕中最低的一种。PKC的优点是其有价值的钙磷比例，48%的碳水化合物、5%的油，13%的纤维素[54]。

PKC的砂粒状组织结构限制了其在单胃动物饲料中的使用。在家禽饲料中的合适用量是烤肉鸡饲料中为15%，产蛋鸡饲料中为20%，提供的代谢能是1500kcal/kg[56]。如果添加血粉作为补充剂，则猪饲料中可以含有PKC。考虑到PKC味道不理想，对小猪采用逐渐添加到饲料中的方法，这样在猪饲料中PKC的含量可以达到20%~30%，使用PKC喂养的猪，其肉质较老[57]。

在马来西亚每年生产430000t的PKC，其中95%出口到欧洲。欧洲的农场主用含7%~10%的PKC作为奶牛饲料[58]。奶牛需要PKC的高纤维含量来防止代谢和消化问题。每个成年动物每天PKC的需要量是2~3 kg。PKC的纤维含量可以防止奶牛的营养缺乏问题，并能增加牛乳中脂肪的含量[57]。

11.1.6.2 棕榈纤维

压榨棕榈的纤维或果皮纤维不仅包括取油加工得到的压榨纤维，也包括空果的果穗和果仁的壳。它的高纤维和木质素的含量类似于木材，由于适口性低限制了它在动物饲料中的使用[55]。它在牛胃里的消化性非常差，以至于在使用之前需要通过加工来增加它的营养素含量[59]。用糖蜜、尿素和维生素作为补充剂可以使棕榈纤维用作纤维素的来源。尿素产生一种碱性效果并增加饲料中的氮。

榨油厂将棕榈压榨纤维主要用作生物燃料，棕榈压榨纤维和果壳通过燃烧产生蒸汽用来发电。棕榈纤维的潜在热值是4420MJ/kg，而壳的潜在热值是4848MJ/kg，1t壳和纤维用作燃料可以生产出578kg蒸汽，例如，1985年马来西亚需要41300万kW·h的电来加工2065万t新鲜的果穗。因此，按生产相同量的电力，工业上通过燃烧壳和纤维可以省下14000L的柴油。从经济的角度来看，这种能量来源降低了棕榈油工业的成本[60]，同时这也是一种方便的处理纤维和壳废物的方法。这种燃烧固体废物产生的灰分的营养成分并不充分，不适合作为肥料，但是倒掉又会产生空气危害和污染[58]。可以把它用在混凝土内用替代水泥，凝固时间稍微有点增加，但是符合美国和英国的标准[58]。

棕榈壳由20%的游离炭组成，适合用来生产炭或活性炭。空穗也能用作田间覆盖物[55]。

11.1.7 椰子

椰子树在棕榈科中最有经济价值且分布最广，在所有植物中，其用途被认为仅次于禾本科植物。椰子产品可提供给当地和国际市场[61]。

11.1.7.1 干椰子肉饼

干椰子肉饼是椰子提油后的副产品。劈开去皮椰子，然后从核中把肉刮出来并干燥。通过压榨或溶剂浸出的方式把油从干燥椰子肉中提取出来。这种产品在全年都有供应，使它成为当地一种廉价的动物饲料来源。把干椰子肉饼碾磨成粉后能用在家禽、牛、羊和猪饲料中。干椰子肉饼能用来代替猪饲料中的鱼粉，不过这可能会造成便秘。菲律宾干椰子肉饼主要出口德国[61]。

在饲料中使用干椰子肉饼会有一些问题，随着饲料中干椰子肉饼的数量增加，其适口性会下降。干椰子肉粉的消化率比新鲜的椰子肉饼低。尽管蛋白质含量高于20%，但还是需要添加甲硫氨酸和赖氨酸才能改善动物的生产和饲料的利用价值。油的提取方法不影响粕产品的质量。不管是压榨粕或是浸出粕，在家禽饲料中加入10%～14%的量都不会在产蛋量、死亡率及饲料的转化率方面有任何影响[61]。

11.1.7.2 椰子粉

切碎的核在连续逆流干燥器中干燥，随后用溶剂浸出除去残油后得到椰子粉。白色的粕含有25%的蛋白质和65%的碳水化合物，以及各种矿物质和维生素[62]。这种椰子粉可以用作高蛋白添加剂，用于强化其他的粉，如小麦粉、大米粉和玉米粉。在面包、饼干和其他食品的制备中，椰子粉具有和小麦粉一致的特性[62]。椰子粉的蛋白质含量非常高（赖氨酸19%；胱氨酸8%～9%；组氨酸5%～6%；甲硫氨酸3%～9%），它适合用在婴儿食品和康复食品饮料中。如果在机械取油过程中发生过热现象，则必需脂肪酸的含量会降低，同时椰子粉的纤维含量相对会更高[62]。

11.1.7.3 椰子壳

椰子壳占含壳椰子总重的27%，是制油工业的副产品，在当地有许多用途。椰子壳有类似于硬木材的成分，只是木质素含量略高而纤维素含量更低[61]。在印度南部和斯里兰卡的村庄和小型农场及地方工业如洗衣店、焙烤店和铁铸造厂，椰子壳被直接用作燃料。

用一种简单的方法加工制造木炭，控制椰子壳燃烧时周围的空气，以促进缓慢碳化而不变成灰。这种加工在窑中进行，一个周期3d以上，要仔细思考使加工条件与时间达成平衡，最后产品为原料壳质量的30%[61]。木炭燃烧时不产生废物，因此是一种优良的燃料，热灰散发的红外波长，对食品如鱼、肉或块茎类的烹调是有价值的。椰子壳产生的热能是23MJ/kg，而由椰子壳加工成的木炭产生的热能是30MJ/kg。由壳加工生产的木炭也用来生产制造碳化钙和电池的碳电极。壳和炭都能产生煤气，用这种产品的反应器可销售给致冷、水泵、碾磨和海运工具，作为动力[63]。

壳进行干馏会形成一些有趣的物质。在缺乏空气，极高温床的条件下，壳干馏时能形成三相（气相、液相和固相），有不凝性气体、焦木酸油、焦油和干馏木炭。焦木酸油是一种黑红色有气味的液体，可生产醋酸、甲醇（当地也称作“木材萘”）和其他各种产品。液体可以作为锅炉的燃料，不凝气体可以压缩在圆筒容器中用作家庭烹调的燃气[62]。

椰子壳是其他两种产品，即椰子壳粉和活性炭的原料。椰子壳粉可以用在塑料工业中，作为合成树脂黏结物的填充料。它也可用作酚类铸造粉的填充物和添加剂，可以使铸造物成品更光滑和有光泽，从而提高它们的耐水性和耐热性。活性炭是一种可以吸附有毒试剂的吸附剂，可用于气体防护面具，也可用来除去气味和工业恶臭。这种副产品也是一种催化剂，可用来促进某些工业化学反应[61]。

11.1.7.4 椰子外果壳

椰子外果壳占完整的成熟椰子重量的35%。从这种油脂工业的副产品可以衍生出许多产品，用少量或不用黏结剂即可将外果壳粒子黏合在一起[64]。将外果壳原料同木髓混在一起能产生很好的结合特性。得到的半结合夹片能制成各种密度的板材，这些板材具有强度好、耐用、防水和防火的性能。这些板材被用作低成本的建筑产品，例如屋顶板。密度低于400kg/m^{3}的板材可用作隔热材料，而密度为500～900kg/m^{3}的中等密度板材则用于建筑和家具方面[64]。一种体积比率为25%的细粒椰子外果壳和75%的安山砂结合，可以用作托儿所的陶器介质[65]。

11.1.7.5 椰子壳的纤维

椰子壳的纤维来源于椰子外壳，是一种多用途纤维。用绿色椰子能生产出最好质量的椰子壳纤维。绿色的椰子收获很困难，它的椰子干肉量比成熟椰子的低。椰子干肉的量与椰子壳纤维的量成反比[61]。椰子果壳必须通过浸水才能生产椰子壳纤维。这个生产过程包括把椰子壳浸在水里，用泥和树叶隔离空气几个月至一年时间，在短杆状细菌如 *Pseudomonas*、*Rerobacter*、*Bacillus* 等存在下完成发酵。微生物作用是一个多酚降解过程，在这个过程中果胶物质被分解。缓慢的摇动和天然来源的淡盐水能加快该工艺过程，并生产出更好质量的纤维[66]。

11.1.8 花生

花生在营养价值上比得上许多价格更昂贵的动物类食品。从花生仁中得到的蛋白质是质量最高的植物蛋白质，相当于酪蛋白。商业级的花生油饼粕可用作动物饲料，而溶剂浸出的食用级花生饼可磨成粉[67]。去壳花生的花生粕消化率很高。花生粕的有效赖氨酸含量比大豆粕低，但它含有大量的含硫氨基酸[5]。花生粉的氨基酸含量与原料花生和烘烤花生相似，这说明适当的热处理不会改变化花生的氨基酸组成[67]。

已开发了一种新的花生粉生产工艺，这需要在制油之前用热和水对花生进行处理，最后制得的花生粉产品是白色的，风味柔和，含有65%的蛋白质，并没有花生风味。该产品可以添加到各种食品中而不影响食品的色泽、风味和质构。一种高质量的花生粉被用来治疗血友病患者[67]。

从溶剂浸出粕生产得到的蛋白质已被用作汤汁、婴儿食品、高蛋白食品、公共膳食和肉类产品的增稠剂。花生蛋白也可用来生产一种软的、像羊毛、奶油色泽的纤维，也可生产黏合剂产品如夹板胶、可湿胶水和纸张涂层。

用微生物对花生蛋白发酵可以增加某些必需氨基酸的含量。*Rhizopus oligosporus* 广泛用于生产类似于印度尼西亚豆豉的产品[68]。在印度尼西亚使用一种发酵剂 *Neurospora sitophila* 来生产类似的产品 oncom 或 ontjom[51]。这两种产品之间的不同在于 oncom 是红色的，它来源于 *N. sitophila* 的红色菌丝。

花生的种子外衣是商业上单宁酸和硫胺的来源，在饲料中的应用有限，主要作为填充剂用在宠物饲料中以降低能量。花生粕中种子外衣的存在可能导致有效赖氨酸量的降低[5]。这种显而易见的废品也可用作植物根部覆盖物、燃料，少量用来制作家禽的窝和生产一种高级活性碳。

虽然已有关花生壳用作反刍动物粗饲料的报道[69]，但花生壳的粗蛋白含量低，并显示出较低的消化率，这些都限制了这种副产品的利用，已经应用物理和化学处理花生壳来促进消化率，但很少成功[69,70]。花生壳通常被认为是废物。

11.1.9 橄榄

温带和亚热带地区生产橄榄油，那里橄榄树生长得很好。地中海盆地在十一月中旬至第二年的二三月间，而南半球则是在五月至七月间，橄榄果实含油量最高。种植的橄榄90%用来生产橄榄油[71]。

从油橄榄中榨油得到一种含果皮、果肉和果核的饼，这就是众所周知的橄榄果渣，或称作 Orujos。这种主要副产品的价值取决于它的油含量和水分含量，由榨油方法和条件决定。压榨制油产生的残渣含4% ~5%的油，而古典的压榨则把8% ~12%的油留在果渣内[72]。由于果渣中含有高品质高含量的蛋白质，果渣粉可用作动物饲料。

从果渣里进行第二次制取得到橄榄果渣油，橄榄果渣油含有大量的游离脂肪酸。橄榄果渣油被认为是比初榨橄榄油质量低的油。在制油前，橄榄果渣必须在长的水平旋转式圆筒干燥器中通过热空气干燥[73]。取尽油的橄榄果渣被称作核木或 Orujillo，由于蛋白质含量低纤维素和木质素含量高，这种副产品用途少[73]。核木主要用于加工厂的燃料。因为核木燃烧产生的灰含有钾、磷和钙，可用作肥料。这种低价值副产品对整个橄榄的价值起负面影响，并对橄榄油的高价有一定促进作用[71]。

11.1.10 芝麻

由于市场上对更廉价和更易生产的油料种子如花生更加青睐，使芝麻在国际贸易中日趋下降。世界贸易趋向于整粒种子，而油和饼的贸易只有少量。用作食品原料的种子去皮价值会更高，因为种子去皮后可以降低粕中草酸和植酸的含量。草酸和植酸的存在会降低钙、镁、锌可能还有铁的生物利用率。种子去皮也可提高粕的蛋白质含量、可接受性和酶消化率[74]。然而，去皮也会碰到一些问题，芝麻的去皮是比较困难的，同时去皮也会使矿物质损失。由于外种皮的存在，全籽压榨饼含有一种苦味物质，最好用作肥料和土壤调节物[51,75]。

通过螺旋压榨制油后得到的饼或粕含有40% ~50%的蛋白质，而通过溶剂浸出制油后得到的饼或粕含有56% ~60%的蛋白质。芝麻产品有一种令人愉快的风味且含有高水平的甲硫氨酸和半胱氨酸。芝麻粕制得的粉比其他油料种籽粉具有更高的营养价值[75]。

在糖果类产品中，芝麻有一些特殊的用途，如芝麻蜜饼、芝麻籽糕、糖果和作为面包和面包卷的一种装饰。另外的用途是把用芝麻和其他油料种籽制成的粉用维生素或矿物质强化后，可以作为未断奶婴儿的蛋白食品。

11.1.11 亚麻籽/亚麻

种植亚麻的主要目的是为了获得快速干性油和从它的主茎中得到纤维。亚麻籽在收获地一般不进行加工，而是运输出去[76]。亚麻籽饼含有约30%的蛋白质，可用于羊、马、奶牛及肉牛的饲料。高的胶质含量可以给粕许多好的特性，亚麻籽粕在组成上与大豆粕相似，但能量和蛋白质的消化率低于许多其他的油料种籽粕。亚麻籽粕可以给动物皮一种

“青春旺盛”和成熟的特性，这对于观赏动物是最有价值的。产生这种特性的原因主要归功于亚麻籽饼粕中残留的油、通便和增加食欲[5]。当用亚麻籽粕来饲养家禽时要特别小心，因为它含有一种维生素 B_6抗体 N -（ γ - L - 谷氨酸酰基）氨基 - D - 脯氨酸，以至于必须补充维生素 B_6来防止伤害的发生。因为亚麻籽粕的赖氨酸和甲硫氨酸含量低，用亚麻籽粕作为猪饲料时，必须补充赖氨酸和甲硫氨酸。另外，应该对可能存在的氰氢酸含量进行监测，因为它的含量是随着生产条件的改变而变化的。亚麻籽粕用作土壤调节剂受到限制[77]。

11.2 油脂精炼加工副产品

11.2.1 卵磷脂

卵磷脂是油脂加工过程中产生的一种可以食用的副产品，它具有许多使用功能，是一种由各种磷脂组成的混合物，如磷酰胆碱、磷脂酰乙醇胺、磷脂酰丝氨酸、磷脂酰肌醇和磷脂酸，并含有少量的其他水溶性和亲水性成分，如糖脂和低聚糖[78]。用水或脱胶剂，如柠檬酸、磷酸、草酸、乙酸酐或马来酸酐，对油进行脱胶，得到脱胶油和一种磷脂浆状物。用连续搅拌薄膜蒸发去除其中约50%的水分，可以得到一种高黏性的半流体或粉状产品[79]。

大豆是植物磷脂的主要来源，因为大豆磷脂易于获得且具有很好的功能性。从油菜籽和葵花籽中得到的卵磷脂产品的市场份额也在增长。无腺体棉籽和玉米也是商业卵磷脂的潜在来源[79~82]。油菜籽磷脂的组成与大豆磷脂类似，但考虑到其色泽、风味、滋味和感观质量，一般认为油菜籽磷脂质量较低。这种产品主要用作菜籽粕的粉尘控制剂和添加到家畜和家禽饲料中[79]。卡诺拉或低芥酸菜籽品种和特殊精炼加工技术的发展扩大了菜籽卵磷脂的用途。除大豆外，腺体棉籽含有比其他任何油料种子更多的磷脂。然而，溶剂萃取方法使有毒的棉酚与磷脂结合，使磷脂颜色发黑，从而限制了它在食品中的应用[81]。

11.2.1.1 粗磷脂的纯化和分离

纯化过程包括去除磷脂中的非磷脂成分如碳水化合物、蛋白质和其他杂质。因为植物磷脂比其他来源的磷脂粘度高，纯化更加困难。经油脂脱胶获得的粗磷脂产品常含有小颗粒杂质，这些小颗粒杂质主要来自于种籽原料、壳和其他种籽不纯物。控制标准要求去掉这些杂质，因为这些杂质中含有高水平的铁和重金属，会影响添加卵磷脂的产品的氧化稳定性。纯化方法包括：将毛油、卵磷脂或混合油进行过滤，在有机溶剂与水或盐溶液之间进行液液分配，渗析，在纤维素或 Sephadex 柱上吸附[80,81,83]。

分离过程利用不同磷脂在不同有机溶剂中的溶解度不同的特性。大规模生产商业化卵磷脂有许多合适的方法。去油是一个分离系统，此时中性油和极性脂质基于极性脂质不溶于丙酮而进行分离。卵磷脂中丙酮不溶物超过60%。将油状的卵磷脂与过量的丙酮混合，并剧烈搅拌，从而使甘油三酯溶解于丙酮，重复此处理过程，然后把极性脂质干燥，以一种浅黄色粉状或颗粒状出售[79]。进行小规模脱油时，可将己烷溶液中的卵磷脂吸附在硅胶柱上。已经开发一种利用超临界萃取处理脂质混合物的新技术，在40℃和30MPa条件下，二氧化碳有类似于液体丙酮的溶解特性，气体可以回收和重复使用。因为二氧化碳替换了氧气，所以不会造成磷脂的氧化，油和磷脂中也不会有溶剂残留，消除了易燃的危险和对环境的影响。但这个工艺还存在着许多不足，还没有商业可行性[79]。

利用低级醇如乙醇或乙醇－水混合溶剂进行溶剂分离处理，能够得到粗的分离制品，其可溶性组分中富含磷脂酰胆碱，而磷脂酸和磷脂酰肌醇主要在不溶性组分中。磷脂酰胆碱与磷脂酰乙醇胺比率的转化可以提高溶解组分的乳化性和防溅能力，由这种工艺得到的产品可以直接使用，也可以采用吸附进一步纯化。可溶性组分是一种优秀的水包油型乳化剂，主要用在人造奶油中。不溶性的酸性磷脂用在油包水型体系中，巧克力制造工业使用这种组分能增加巧克力质体的黏度，从而减少对可可脂的需要量[83,84]。

采用溶剂分离卵磷脂是不可能获得纯的磷脂的。色谱吸附方法能分离这种复杂的混合物，但实际上不可能应用该方法来生产大量的纯磷脂。色谱吸附方法包括乙醇或氯仿/甲醇中的氧化铝、各种溶剂体系的硅胶、二乙氨乙基－纤维素体系。纯化磷脂的成本价格高[83]。

11.2.1.2 卵磷脂的功能和应用

卵磷脂中存在许多功能性基团，可以进行改性。通过水解、羟基化和乙酰化得到的磷脂衍生化产品在商业上应用最多。可以采用磷脂酶A、酸或碱来完成水解，结果磷脂中含有56%或更多的丙酮不溶物。磷脂水解产品的亲水性和乳化性得到提高。磷脂水解产品是高黏性或浆状液体，色泽上趋于浅棕色至棕色[85]。羟基化的磷脂产品提高了其水包油型乳化特性和水分散性。磷脂酰乙醇胺的乙酰化能改善流动性和乳化特性，也能改善水分散性。对极性的磷脂酸酯或磷脂的甘油基进行改性，受法规所限，其产品只能用于食品工业[78]。

卵磷脂有很广的功能特性，可以应用于各种工业中，包括：医药、化妆品和食品。卵磷脂成分中含有亲水性和疏水性两种基团，它们随着pH的改变和离子强度的不同而变化。这些带电荷的表面活性剂使水和油的乳化液稳定。选择合适的原料和使用分离、改性和化合等技术，可综合起来生产出特性更适合期望用途的磷脂。不同的磷脂与脂肪酸相结合可影响溶解性、乳化质量、乳化类型（水包油型或油包水型）、快速方便特性、膳食价值和氧化稳定性[86]。

卵磷脂可作为润滑剂和脱模剂，涂覆在两种固体的表面之间。当卵磷脂涂在固液混合物的固体上时，可以减少表面张力和粒子与粒子之间的吸引力，从而使固体在液体中的分散和悬浮更稳定。卵磷脂也能减少不混溶的液体之间的表面张力并提高乳化性[87]。

许多化妆品含有0.5% ~1.0%的卵磷脂。其表面活性对产品产生的“皮肤感”很有价值。长效化妆品由颜料和涂有卵磷脂的微粒构成，因此表面更光滑，皮肤黏着性、色泽稳定性增加。由于其薄膜附着性，卵磷脂的存在可以减少许多产品的油性和油腻感，并减少化妆品转移到衣服上。卵磷脂的乳化特性、易涂抹性、湿润性在化妆品中也得到了应用[88]。

卵磷脂也是磁性录音设备的有用成分，因为卵磷脂能作为一种表面活性剂，可以促进磁性粒子在颜料表面的分散，从而强化了磁带的磁性和物理特性。为了使卵磷脂具有这方面活性，它必须能用在各种溶剂中，包括：丁酮、四氢呋喃、环已烷和甲苯。卵磷脂另外一个有价值的特性是它能吸附在各种颜料表面，如氧化铁、二氧化铬、金属铁和六氟化钡[89]。

因为具有颜料分散特性，卵磷脂可用在工业涂料、油漆和墨水中。卵磷脂结合在颜料表面，可以使颜料分散在载体中而湿润，不同功能特性的卵磷脂能够在油基或水基中发挥作用[87]。

食品工业的焙烤、饮料和糖果的发展都离不开卵磷脂。上面已讨论过的卵磷脂的乳化、释放、混合和结合、速溶等许多功能，已经在食品产品的许多方面得到应用[86]。卵磷脂在焙烤中用作小甜饼、蛋糕和炸面包圈的面团调节剂，具有很好的效果，包括：改善处理；得到更干燥和更有弹性的面团；改善脱膜性；使颜色、质构和颗粒更加均匀一致；减少混合时间。卵磷脂作为一种分散剂，有助于不相同的配料（如面粉、糖、脂肪）相互混合。卵磷脂作为一种表面活性剂可延缓酵母发酵产品的老化速率。卵磷脂通过促进粉末在水相中的混合，对饮料和食品混合物的速溶性起重要作用。通过添加卵磷脂，可以把干的可食用粉末物料（如蛋糕混合物、营养补充剂、乳粉）迅速地与水相（如牛乳或水）进行混合[90]。

糖果工业利用卵磷脂的乳化、脱膜和黏附特性，可以延长产品货架期，改善质构，降低产品成本[83]。在缺乏卵磷脂的情况下如焦糖产品就不能很好地混合。在卵磷脂的帮助下可以使脂肪均匀分散，降低黏性，提供柔软度，使产品容易切割。卵磷脂的天然抗氧化特性可放慢与卵磷脂结合的产品的耗败。在巧克力工业中，形状通常影响消费者的可接受度，故黏度非常重要。高浓度的白脱，如可可脂能产生高的黏度，同时也使生产更有效率。作为替代，可选择卵磷脂来满足部分黏度需求，也可以减少最终产品中脂肪的油腻感[84]。

11.2.2 精炼的脂质副产品（皂脚）

脂质精炼副产品通常称 RBL（refining by - product lipid），来源于待精炼毛油，是由稀氢氧化钠溶液与毛油连续混合产生的一种副产品，含有游离脂肪酸、水解磷脂和不皂化物[91]。游离脂肪酸是 RBL 中有价值的成分，游离脂肪酸的组成随油源、油料种子压榨的条件、取油的方法、所用溶剂的种类、提取的程度和精炼条件的变化而变化。油越精制，产生的 RBL 量越多。游离脂肪酸、胶质、杂质的含量和精炼的效率影响 RBL 的产生量。RBL 是油脂精炼中价值最低的副产品[92]。硫酸酸化后的 RBL 更稳定，并减少了运输的重量。磷脂、蛋白质和黏液质等的残留量取决于脱胶和精炼的质量，它们可能导致乳化，并阻止酸化的有效进行[91]。在精炼系统中 RBL 的酸化工序是产生废水最多的环节，排放物或酸水的处理需要昂贵的处理程序才能符合环境法规的要求[91]。Daniels 肥料公司（马萨诸塞州什鲁斯伯里）则把这种酸水视为一种潜在的资源。在精炼、酸化和中和工序中若使用有营养的化学物质，产生的酸水就可以用作液体肥，其法是采用氢氧化钾代替氢氧化钠来精炼植物油，硫酸酸化后用氨中和而不是用氢氧化钠，这是一种革新的方法，接近于农业的循环处理[93]。RBL 的主要应用对象是动物饲料，它可以添加到粕中增加粕的重量和脂肪含量。一般在棉籽粕中加 0.9%，在大豆粕中加 0.4%[91]。大豆 RBL 的消化能是 6694kcal/kg，可为猪提供 6599kcal/kg 的代谢能[94]。RBL 不仅可增加能量而且可以提供必需脂肪酸，增加食物利用率。RBL 也以控制粉尘、外观、容易处理和改善成球性的目的加入到饲料中去[95]。

RBL 或酸化的 RBL 以不同的比率与牛油混合，可生产不同特性的肥皂。棕榈油和椰子油是肥皂生产厂的主要脂肪酸来源，椰子油和牛油在脂肪酸组成上是互补的，它们配合使用，可作为沐浴皂的配料[96]。如果选择合适的加工方法，也可以考虑使用红花籽或葵花籽的 RBL。棉籽和大豆的 RBL 量大易获得，但把它们加工成合适的沐浴皂的成本很大，抑制了其使用。

RBL 也可考虑用作微生物生长介质。由于高钠含量和合适的微量元素，它为微生物生长提供良好的营养补充。尽管它有一定残油和高的 pH，但许多微生物都能在这种基质中生长[97]。

11.2.3 废白土

油脂精炼用过的白土中含有大量的吸附油（20% ~40%），这种产品既是一个问题又是一种可回收油的潜在来源，废白土的问题是众所周知的[98]。特别当白土含高不饱和脂肪酸油时，含油的白土与空气接触易自燃。废白土也会带来环境问题，既有引发火灾的危险，而将其作为垃圾掩埋的话，由于所含脂肪易被冲走，对地下水是威胁。另外，白土中含油也是一种经济损失。

从废白土中回收油的四种技术手段可以归纳如下。

（1）水蒸气处理　这种方法是将水蒸气通入白土滤饼，是精炼厂常用的方法，可以把白土滤饼中的残油含量减少到约20%[99]。

（2）水相提取法　这是最简单的方法，此方法是泵入95℃的水通过废白土滤饼约30min以减少滤饼的含油量，然后油与水分离[98]。已报道有一种采用碳酸钠来萃取的方法[98,99]，将废白土与5%的碳酸钠水溶液混合，把混合物加热到95℃并缓慢搅拌30min，虽然操作方法比较简单，但有时热的碳酸盐水不能把废白土中的油脂替换出来。反应生成的油的质量也很差，处理泥浆（含漂土、水、盐）也很困难。建议对泥浆的处理方法有作为水泥工厂的原料，或者与沙土混合改善其土壤结构。也有报道把废白土在含1.5%～2.5%的氢氧化钠作为一种表面活性剂的水溶液中煮沸的方法[100]，该工序产生一种黑色的油脂，它仅能作为技术目的来使用。在提取后，残留的泥浆进行离心处理，并对流出的液体进行适当的处理。固体物料作为垃圾掩埋或者替代土壤或泥沙用来覆盖废垃圾。

（3）溶剂萃取　通过正己烷溶剂萃取废白土中的油，可以在过滤后进行，可以直接在过滤器上对饼进行萃取处理，也可以把饼从过滤器上取下来进行处理[99]。滤饼在提油之前暴露在空气中将会使油脂迅速变质。根据油脂的不同用途，氯乙烯或氯甲烷也可以用作有效提取的溶剂[98]。

（4）压榨提取法　采用压力（0.5～3MPa）与水和氢氧化钠结合，可以从废白土中生产酸油，并通过倾析将其分离[98]。

从废白土中回收油的其他方法，包括把废白土饼与压榨厂的油料种籽混合一起进行溶剂萃取。这个方法用在一些压榨、精炼相结合的精炼厂，如果能很好克服废白土的火灾危险，且添加量少到不会明显改变粕中的矿物质含量的话[99]，该法极为方便。

对废白土作为一种饲料补充物的评价表明，作为家禽饲料，在饲料中添加高达7.5%的废白土时，对饲料的摄入、家禽的生长率或饲料的效价没有产生影响[101]。根据这些结果建议，可以在饲料中添加0.5%～2.0%废白土。这个添加量类似于用作家禽饲料球形颗粒粘结物的斑脱土的添加量。检测到废白土的代谢能（ME）是2870kcal/kg（干基），其值随废白土含油量的变化而变化。其他的研究也证明了废白土用作饲料的价值[102]。

废白土及其相关的处置是所有精炼厂都关心的问题。对这种副产物的利用研究可能会产生新的和更有价值的用途。

11.2.4 脱臭馏出物

脱臭馏出物是在植物油的脱臭过程或物理精炼工序水蒸气蒸馏时收集到的物料[103]，

这种物料通常有泥浆状的外观和稠度，所以通常归于浮渣或浮渣油。

脱臭馏出物的使用和价值取决于其组成。脱臭馏出物是由生育酚、甾醇、甾醇酯、混合脂肪酸甘油酯、碳氢化合物和其他含有大量脂肪酸的物质组成的复杂混合物[104]。如果该物质中含有高含量的不皂化物，其生育酚能作为天然来源的维生素 E，甾醇提供给药厂。脱臭馏出物的质量取决于原料油的组成、加工设备和操作条件。

对各种油的生育酚和甾醇含量的比较表明，有些品种的油具有高含量的某一种生育酚或甾醇[94]。例如葵花籽油含有高含量的 α - 生育酚，而大豆油含有高含量的 γ - 生育酚。脱臭能从油中分离出生育酚和甾醇，不同的原料油产生不同浓度和类型的生育酚。

用循环液体馏出物来直接接触冷凝脱臭器排出的蒸汽是最常用的方法。虽然馏出物回收塔的形式和它们在脱臭系统中的位置有所变化，其目的是有效地冷凝蒸汽得到最多的馏出物[105]。脱臭器的操作对脱臭物的组成和质量有直接的影响。一般来说，较高的脱臭温度、较长的脱臭时间和较低的操作压力将增加脱臭物的量和减少油中生育酚和甾醇的含量[103]。通常收集和销售脱臭馏出物，可以使精炼厂获得经济价值。脱臭馏出物的需要和价值是基于其生育酚的总含量，因为其直接影响维生素 E 生产的经济效益。脱臭馏出物的价格是变化的，曾经高达 1.45 美元/kg(0.65 $/lb)[103]。脱臭馏出物的最终加工者采用一系列的化学和物理处理方法，如皂化、酯化和分子蒸馏等来分离生育酚和甾醇[106]。使用超临界流体从脱臭馏出物中分离和浓缩生育酚和甾醇也进行了研究[107]。

随着对天然抗氧化剂如维生素 E 的兴趣的增加，以及医药厂使用豆甾醇和 β - 谷甾醇作为黄体酮和雌酮素的原料，对于一些植物油加工者来说，脱臭馏出物将可能一直是一种重要的副产物。

11.2.5 废催化剂

油脂的氢化需要使用催化剂，最常用的催化剂是具有很大表面积的镍，以薄片状或颗粒状的形式使用。在氢化油介质中，镍的含量和黏土载体各占催化剂的 50%。采用过滤的方法从氢化油中回收废催化剂，如板框过滤或叶片式压滤。回收的催化剂产品含有镍、黏土和残余油脂以及用于助滤的过滤介质。废催化剂的热含量从 4500 ~ 8700kcal/kg[108]。

以后氢化形式使用废催化剂受到限制。唯一有效使用的例子是 M. A. Hanna 公司（俄亥俄州克利夫兰）。这个公司开采和熔炼镍，生产一种铁镍合金产品，用于制造不锈钢。为了改变镍的提供方法，Hanna 公司改良了其产品生产线的进料系统，允许废镍催化剂与镍矿石混合，混合的最大比例为总镍量的 10%[108]。

处理废镍催化剂最常用的方法是作为垃圾填埋。但是考虑到镍对环境的影响和为了在保护镍资源方面的努力，促使了对镍的回收和循环使用。使用普通的溶剂如异丙醇和丙酮从镍中萃取有机物是最有效的方法[108]。

焚烧是另一种在使用的回收技术。多膛炉在设计条件下能使用很多年，它的维修费用低，能量消耗低[108]。流化床焚烧炉也是非常有效的[108]。测试表明，所有有机物被分解掉了，大多数残余碳被氧化，留下的灰分是有价值的高镍物质，它主要是由氧化镍和硅组成。与废催化剂的总热焓相比，这些回收工艺过程输入的能量只占其一部分。在此工艺中产生的热能有转化成电能的潜力。

废催化剂的利用潜力是有限的。然而，将来可能会发现废催化剂的全部成分包括有机成分有生产热能以外的其他价值。

参考文献

1. *2003 Soya & Oilseed Bluebook*, Soyatech, Inc., Bar Harbor. ME, 2003.
2. W. R. Fehr in G. Robbelen, R. K. Downey, and A. Ashri, eds., *Oilcrops of the World: Their Breeding and Utilization*, McGraw – Hill, New York, 1989, pp. 283 – 300.
3. T. L. Mounts, W. J. Wolf, and W. H. Martinez in J. R. Wilcox, ed., *Soybeans: Improvement, Production and Uses*, American Society of Agronomy, Crop Science Society of America, and Soil Science Society of America, Inc., Madison, Wis., 1987, pp. 849, 854 – 856.
4. K. J. Smith in A. R. Baldwin, ed., *Proceedings of the World Conference on Emerging Technologies in the Fats and Oils Industry*, American Oil Chemists' Society, Champaign, I11., 1998.
5. J. M. Bell in Ref. 2, pp. 192 – 207.
6. R. T. Lovell in L. McCann, ed., *Soybean Utilization Alternatives*, University of Minnesota, St. Paul. Minn., 1988, pp. 235 – 245.
7. T. Klopfenstein and F. Owen in Ref. 6, pp. 227 – 234.
8. E. F. Sipos in Ref. 6, pp. 57 – 93.
9. A. E. Sloan, *Food Tech*, **48**, 89(1994).
10. K. E. Beery in T. H. Applewhite, ed., *Vegetable Protein Utilization in Human Foods and Animal Feedstuffs*, American Oil Chemists' Society, Champaign, I11., 1989, pp. 62 – 65.
11. D. W. Johnson and S. Kikuchi in Ref. 10, pp. 66 – 77.
12. A. Visser and A. Thomas, *Food Rev. Internat*, **3**, 1(1987).
13. W. J. Wolf in I. A. Wolff, ed., *Handbook of Processing and Utilization in Agriculture*, Vol. Ⅱ; Part 2, CRC Press, Boca Raton, Fla., 1983.
14. J. A. Klavons, R D. Bennett, and S. H. Vannier, *J. Food Sci.* **57**, 945(1992).
15. L. A. Johnson, D. J. Meyers, and D. J. Burden, *INFORM* **3**, 282(1992).

16. B. Fitch Haumann, *INFORM* **4**, 1324(1993).

17. L. A. Johnson, D. J. Meyers, and D. J. Burden, *INFORM* **3**, 429(1992).

18. A. Gennadios and C. L. Weller, *Cereal Foods World* **36**, 1004(1991).

19. A. Gennadios, A. H. Brandenburg, J. W. Park, C. L. Weller, and R. F. Testin, *Ind. Crops Prod.* **2**, 189 (1994).

20. M. D. Pickard in D. Hickling, ed., *Canola Meal Feed Industry Guide*, Canola Council of Canada, Winnipeg, MB, 1993, pp. 4 – 5.

21. C. G. Youngs and L. R. Wetter in *Rapeseed Meal for Livestock and Poultry*, Rapeseed Association of Canada, Winnipeg, Manitoba, Publ. No. 3, 1969, pp. 2 – 3.

22. J. D. Jones, *J. Am. Oil Chem. Soc.* **56**, 716(1979).

23. J. M. Bell, *J. Anim. Sci.* **58**, 996(1984).

24. R. Hill, *Nutrition Abstracts and Reviews, Series B. Livestock Feeds and Feeding(UK)* **61**, 139(1991).

25. D. Hickling, ed., *Canola Meal Feed Industry Guide*, Canola Council of Canada, Winnipeg, MB. 2001.

26. A. B. Pierce in Ref. 20. pp. 12 – 15.

27. D. Hickling and A. Freig in Ref. 20. pp. 16 – 20.

28. S. Leeson, J. O. Atteh, and J. D. Summers, *Can. J. Anim. Sci.* **67**, 151(1987).

29. P. J. McKinnon and D. A. Christensen in Ref. 10, pp. 449 – 462.

30. Y – M. Tzeng, L. L. Diosady, and L. J. Rubin, *J. Food Sci.* **55**, 1147, 1156(1990).

31. F. Sosulski, E. S. Humbert, K. Bui, and J. K. Jones, *J. Food Sci.* **41**, 1349(1976).

32. D. L. Rinker in M. J. Maher, ed., *Mushroom Science XIII Proceedings of the 13th International Congress on the Science and Cultivation of Edible Fungi*, Vol Ⅱ, A. A. Balkema, Rotterdam, Netherlands, 1991, pp. 781 – 789.

33. L. D. Gattinger, Z. Duvnjak, and A. W. Khan, *Appl. Microbiol. Biotechnol.* **33**, 21(1990).

34. Z. Liebowitz and C. Ruckenstein in Ref. 4. pp. 208 – 212.

35. D. G. Dorrell in J. F. Carter, ed., *Sunflower Science and Technology*, American Society of Agronomy, Crop Science Society of America, Soil Science Society of America, Inc., Madison Wis., 1978, pp. 407 – 440.

36. J. A. Robertson, *Crit. Rev. Food Sci. Nutr.* **6**, 201(1975).

37. L. D. Talley, J. C. Brummett, and E. E. Burns in *Proc. 4th Int. Sunflower Conf.* (Memphis, Tennessee), National Cottonseed Products Assoc., Memphis, 1970, pp. 110 – 113.

38. D. H. Kinard, *Feedstuffs*, 26(Nov. 3, 1975).

39. K. O. Lewis in Ref. 37, pp. 271 – 272.

40. H. O. Doty in Ref. 35, pp. 457 – 488.

41. *Oil Crops Outlook(OCS – 05a)*, Economic Research Service, USDA, Jan. 13, 2005.

42. G. Sripad and M. S. N. Rao, *J. Agric. Food Chem.* **35**, 962(1987).

43. P. K. Saxena and L. C. Buchanan, Canadian Society of Agricultural Engineers, Paper No. 82 – 106(1982).

44. E. Eklund, A. Hatakka, A. Mustranta, and P. Nybergh, *Eur. J. Appl. Microbiol.* **2**, 143(1975).

45. D. Wiesenborn and co – workers, *N. D. Farm Res. J.* **49**, 19(1991).

46. D. Mac Gregor in Ref. 37, pp. 107 – 109.

47. K. C. Chang and A. Miyamato, *J. Food Sci.* **57**, 1435(1992).

48. A. Miyamato and K. C. Chang, *J. Food Sci.* **57**, 1439(1992).

49. P. F. Knowles in Ref. 2 pp. 363 – 374.

50. J. P. Cherry and H. R. Leffler in R. J. Kohel and C. F. Lewis, eds., *Cotton*, American Society of Agronomy, Crop Science Society of America, and Soil Science Society of America, Inc., Madison, Wis., 1984, pp. 511 – 569.

51. J. Redhead, *Utilization of Tropical Foods: Tropical Oilseeds*, FAO Food and Nutrition Paper 47:5, Food and Agriculture Organization, Rome, 1989.

52. E. W. Lusas and G. M. Jividen, *J. Am. Oil Chem. Soc.* **64**, 839(1987).

53. T. Yo, *Agribiol. Res.* **44**, 357(1991).

54. D. K. Salunkhe and B. B. Desai, *Postharvest Biotechnology of Oilseeds*, CRC Press, Inc., Baco Raton, Fla., 1986, pp. 147 – 159.

55. D. A. Okly in *Proceedings of the* 1987 *International Oil Palm/Palm Oil Conferences: Progress and Prospects. Conference Ⅱ : Technology*, Palm Oil Research Institute of Malaysia, Kuala Lumpur, Malaysia, 1988, pp. 434 – 437.

56. S. W. Yeong, *1st Asian – Australian Animal Science Congress*, Serdang, Malaysia, 1980, pp. 217 – 222.

57. W. L. Siew, *PORIM Tech.* **14**, 111(1989).

58. J. H. Tay, *Resour., Conservat. Recycl.* **5**, 383(1991).

59. M. Shbata and A. H. Osman, *Jpn. Agricult. Res. Quart.* **22**, 235(1988).

60. M. A. Ngan and A. S. H. Ong, Potential Biomass Energy from Palm Oil Industry, PORIM Bulletin No. 14, Research Institute, Malaysia, 1987, pp. 10 – 15.

61. J. G. Woodroof, *Coconuts*, AVI Publishing Co. Westport, Conn., 1979.

62. T. V. P. Nambiar in N. M. Nayar, ed., *Coconut Research and Development*, Wiley Eastern, New Delhi. 1983, pp. 245 – 253.

63. J. A. Banzon, *Energy Agricul.* **3**, 337(1984).

64. J. George in Ref. 62, pp. 284 – 290.

65. R. Erwiyono and D. H. Goenadi, *Indonesian J. Crop. Sci.* **5**, 25(1990).

66. J. V. Bhat in Ref. 62, pp. 259 – 273.

67. Pp. 35 – 56 in Ref. 54.

68. T. N. Bhavanishankar, T. Rafashekaran, and V. Sreenivasa Murthy, *Food Microbiol.* **4**, 121(1987).

69. G. M. Hill and P. R. Utley. *Nutr. Rep. Internat.* **36**, 1363(1987).

70. M. D. Lindemann, E. T. Kornegay, and R. J. Moore, *J. Anim. Sci.* **62**, 412(1986).

71. pp. 194 – 195 in Ref. 54.

72. C. Carola in J. M. Moreno Martinez, ed., *Olive Oil Technology*, Food and Agriculture Organization, Rome, 1985, pp. 78 – 87.

73. A. K. Kiritsakis, *Olive Oil*, American Oil Chemists Society, Champaign, I11., 1990, pp. 80 – 85.

74. L. A. Johnson, T. M. Suleiman, and E. W. Lusas, *J. Am. Oil Chem. Soc.* **56**, 463(1979).

75. pp. 105 – 117 in Ref. 54.

76. pp. 171 – 186 of Ref. 54.

77. R. S. Bhatty and P. Cherdkiatgumchai, *J. Am. Oil Chem. Soc.* **67**, 79(1990).

78. G. L. Dashiell in Ref. 6, pp. 355 – 363.

79. M. Schneider in Ref. 4, pp. 160 – 164.

80. J. P. Cherry, M. S. Gray, and L. A. Jones, *J. Am. Oil Chem. Soc.* **58**, 903(1981).

81. J. P. Cherry and W. H. Kramer in B. F. Szuhaj, ed., *Lecithins: Sources, Manufacture and Uses*, American Oil Chemists Society, Champaign, I11., 1989, pp. 16 – 31.

82. L. Somogyi, "Food Additives," in *Kirk – Othmer Encyclopedia of Chemical Technology*, Vol. 12, Wiley, Hoboken, New Jersey, 2005.

83. G. L. Dashiell in D. R. Erickson, ed., *Edible Fats and Oils Processing: Basic Principles and Modern Practices*, American Oil Chemists' Society, Champaign, I11., 1990, pp. 396 – 401.

84. R. C. Appl in Ref. 81, pp. 207 – 212.

85. G. R. List in Ref. 81, pp. 145 – 161.

86. G. L. Dashiell in Ref. 81, pp. 213 – 236.

87. E. F. Sipos in Ref. 81, pp. 261 – 276.

88. C. Baker in Ref. 81, pp. 253 – 260.

89. M. Chagnon and J. Ferris in Ref. 81, pp. 277 – 283.

90. E. H. Sander in Ref. 81, pp. 197 – 206.

91. J. B. Woerfel in Ref. 4, pp. 165 – 168.

92. D. R. Erickson in Ref. 6, pp. 95 – 105.

93. R. S. Daniels, Can. Pat, 1,256.449(1989).

94. E. T. Fialho, L. F. T. Albino, and E. Blume, *Presquisa Agropecuaria Brasileira* **20**, 1419(1985).

95. K. Zilch in P. J. Wan, ed., *Introduction to Fats and Oils Technology*, American Oil Chemists' Society,

Champaign I11., 1991, pp. 251 – 266.

96. N. O. V. Sonnlag, *J. Am. Oil Chem. Soc.* **58**, 155A(1981).

97. C. W. Hesseltine and S. Koritala, *Proc. Biochem.* **22**,9(1987).

98. J. M. Klein in Ref. 4, pp. 169 – 171.

99. J. T. L. Ong. *J. Am. Oil Chem. Soc.* **60**,314(1983).

100. C. Svensson,*J. Am. Oil Chem. Soc.* **53**, 443(1976).

101. R. Blair, J. Gagnon, R. E. Salmon, and M. D. Pickard, *Poultry Sci.* **65**, 2281(1986).

102. W. M. M. A. Janssen, P. J. W. van Schagen, A. A. Siegerink, and A. J. N. Bisalsky, *Fette Seifen Anstrich-mittel* **88**, 25(1986).

103. R. L. Winter in Ref. 4, pp. 184 – 188.

104. S. K. Kim and J. S. Rhee, *Korean J. Food Sci. Technol.* **14**, 174(1982).

105. A. M. Gavin, *J. Am. Oil Chem. Soc.* **58**,175(1981).

106. F. Z. Sheabar and I. Neeman, *Riv. Ital. Sostanze Grasse* **64**,219(1987).

107. H. Lee, B. H. Chung, and Y. H. Park,*J. Am. Oil Chem. Soc.* **68**,571(1991).

108. F. J. Hennion in Ref. 4, pp. 172 – 183.

12 环境影响和废物处理

Michael J. Boyer

AWT – Agribusiness and Water Technology, Inc., Cumming, Georgia

12.1 引言

油籽加工、植物油精炼和加工及进一步加工成可食用产品和油脂化学品的过程产生了各种各样的废物。现在没有哪个工业可根据对加工工序本身的了解和控制来正确处理这些废物。本章简要综述了主要的工序和设备，特别是废物的产生和控制。首先定义了来自良好运行设备的废物，紧接着对这些最大的潜在产生废物的工序进行分析。此外综述了影响工序控制的因素，它们与废物产生有关。随后是对当前问题的综述。

最后一节提出了在油脂和油脂化学品中经常使用的废水处理工序的基本原理。本章同样提出了工业中气体和固体废物处理方面的问题，但主要着重于在废水。

本章主要讨论传统的碱炼和物理精炼相关的下游工序，同时也讨论油脂化学品。关于油脂化学品的更多信息，可参阅 John 和 Fritz 所著的《工业脂肪酸》[1]。

12.2 工序组成部分和主要的废水来源

图 12.1 所示为一概念性的流程图，图示了典型的油籽加工和精炼设备的主要工序。这些工序为：

- 轧坯和浸出
- 碱炼
- 进一步的加工和处理（脱色、冬化、氢化）
- 脱臭
- 酸化
- 油槽车的清洗
- 包装

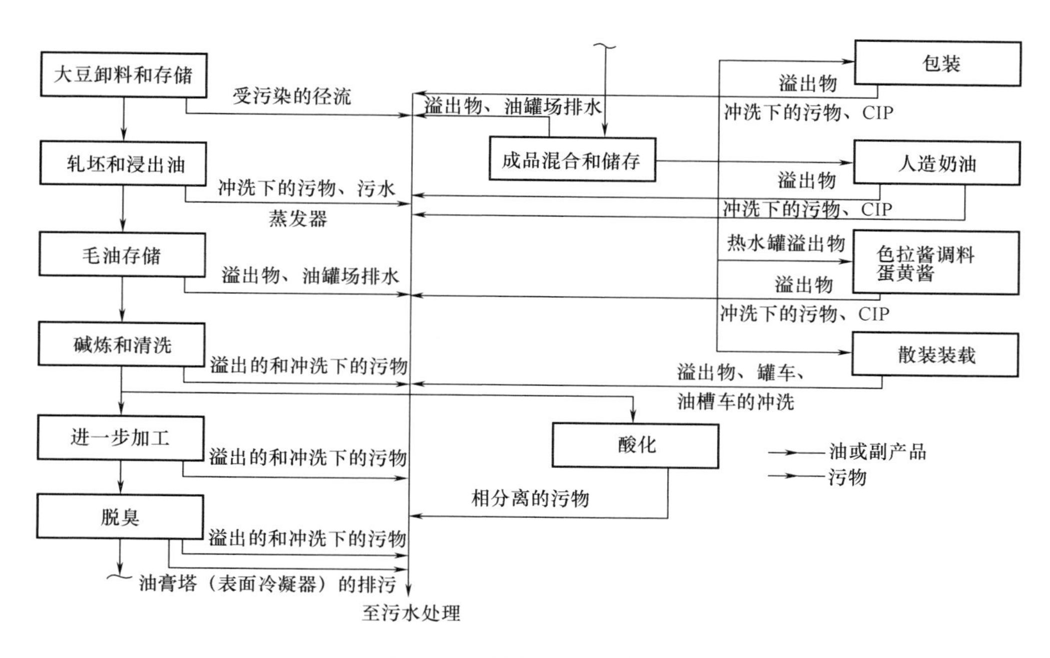

图 12.1 油籽加工的流程

- 人造奶油的生产
- 沙拉酱/蛋黄酱的生产

(1)主要参数 表 12.1 列举了这些工序的废物排放量。按包括或不包括沙拉酱和蛋黄酱，分别进行了小计。因为通常没有这两个工序，本章各部分没有考虑它们。术语和实验方法的分类见文献[2]。表 12.1 不包括没有有机污染的污水流，如非接触凉水塔和锅炉的排污。

表 12.1 油籽各加工工序和污水量

工序	污水量[a]				
	流量/(m^3/d)	BOD/(kg/d)		FOG/(kg/d)	
	平均	平均	最大值	平均	最大值
轧坯和浸出	95	168	272	11	29
碱炼	42	100	454	52	181
进一步的加工	19	68	136	34	68
脱臭	19	18	45	9	23
酸化	72	1451	2268	11	363
油槽车洗涤	19	113	680	57	113

续表

工序	污水量*				
	流量/(m^3/d)	BOD/(kg/d)		FOG/(kg/d)	
	平均	平均	最大值	平均	最大值
包装	304	113	454	57	227
小计	304	2031	4309	231	1004
人造奶油的生产	265	272	454	136	227
色拉调味品/蛋黄酱	189	907	1588	454	771
总计	758	3210	6351	821	2002

注：＊来自良好运行的工厂已通过重力分离除去游离油脂和固体的流出物。

应注意这里仅列出了氟利昂可萃取物（脂肪、油和动物油膏，即 FOG）和 5d 的生物化学耗氧量（BOD）。许多其他参数也可进行讨论、监测和解释，但处理和控制过程中通常仅保留这两项。用平均值和最大值来描述废物量，但是油脂工厂的操作变动很大，使得真正的平均值比操作范围还不确切。最大值取适当的上限，在溢出情况下废物量可能更大。

pH 控制对污水流是重要的，但它最终成为 FOG 和 BOD 控制的副产物。化学耗氧量（COD）是有用的参数，这一节中讨论的典型工厂，通常其估计值为 BOD 的 1.4～1.6 倍，其倍数值根据现场工艺流程和其他异常环境可能有所变化。COD 因其结果可以在几小时内得到，而不需要几天才能得到，所以经常用作检验 BOD 测试是否正确，所以是很有用的。

许多流出物的允许限值也包括总悬浮固体（TSS）。TSS 的测试程序也测量实验所用滤纸上的油和动物脂膏。一般无油悬浮固体在食用油处理的废物中是相当少的；因此，此参数在大多数的应用中不是很重要。但也有许多例外，例如，与色拉调味品和蛋黄酱在一块的轧坯和浸出车间的废物。

表 12.1 中的数据根据以下标准得到：

大豆的轧坯和浸出：每天 2800 m^3 蒲式耳。

单级水洗的碱炼：27000 kg/h 未脱胶大豆油。

带捕集冷却器的半连续式脱臭，带大气冷却塔的气压冷凝器。

皂脚酸化和水洗后，总脂肪酸的回收率在 90%～95%之间。

装瓶生产线和（或）其他大量的液体油包装。

人造奶油、蛋黄酱和沙拉酱的生产和包装。

成品油油罐车的洗涤；无毛油油罐车。

很明显，若操作的规模不同，或缺省一些工序，就会产生不同的废物量，这种情况尤其出现在酸化及蛋黄酱和沙拉酱的加工中。另外，精炼方法的改变也会显著影响废水的性质。12.7 将阐述详细信息。过程控制对废水排放量的影响将在下一节重点论述。可调整表 12.1 中的数值以适用不同的加工规模；但应当小心进行，不能简单地采用每单位产生的废物量。许多工序在选用设备时要留一点余量。同样，工序的规模太小或太大，都可能使其下游（或上游）工序变得不经济，或需要采用根本不同的工艺途径。比如，在北美当精炼的生产能力小于 12500 kg/h 时，现场皂脚酸化就不太划算了。

从控制各工序损耗的观点来看，这些废物量代表了设备运行良好条件下，所产生的合理的废物量。废物量将随工厂运行的状况而变化。此外，表 12.1 中的数字是假定所有的废物流经过适度的重力分离，已除去了大部分可飘浮的油和固体。

另外一个污水来源是卡车和铁路装卸区域、油罐场排水系统和相关来源的受污染径流。下雨时此径流每日总的平均流量中能产生 20 ~ 40 L/min 的等量物，并以更大的程度影响峰值流量。

(2)其他重要的参数　其他参数包括镍、磷和硫酸盐。

洗涤操作和氢化工序中少量损失的镍催化剂可能进入污水流中，用碱洗涤催化剂使用的滤网是特别重要的来源。这一问题通常可在源头上加以控制。

毛油，特别是大豆油，含有相当数量的以磷脂形式存在的有机磷。大部分通过精炼工序中从油相中除去。精炼工序中的废水和皂脚酸化后，这些含磷化合物即进入水相。在油籽的加工废水中还有其他磷的来源，但主要来源于上述过程。

硫酸盐主要来自皂脚酸化工序中使用的硫酸。对硫酸盐的关注源自它们对被溶固体的作用及在厌氧条件下形成发色化合物的可能性。在典型的工厂中，硫酸盐含量在 2000mg/L 数量级。在受控区域，法规的限值在 200 ~ 300mg/L。

12.3 影响污水生成和特性的工序因素

12.3.1 皂脚处理

采用碱炼时，影响污水量的最大一个因素是精炼皂脚的处理。皂脚通常采用以下四种方法处理。

（1）酸化皂脚，可以利用脂肪酸的价值。

（2）在自由市场上作为粗皂脚出售。

（3）喷在粕上作为脂肪添加剂（假如有浸出操作的话）。

（4）皂脚的部分中和、脱水。

整个脂肪工业中酸化可能是最易受误解和诟病的工序。酸化设计中最容易的部分是生产质量合格的酸性油，困难的是将中间相降至最少，生成无油污水。 这意味着要从反应动力学及酸/油混合、倾析和中间相回收的机械力学方面来正确设计工厂。

除了加工损失以外，上述第2和第3两种方法不产生任何废物；但它们通常不是处理皂脚最经济的方法，因为没有利用酸性油的价值。

方法4旨在减少出售至别处进行酸化的皂脚中的含水量。 倾析产生的水相具有与良好运行的酸化工厂相同或更多的废物量。 这类酸化工厂的相互关系见图12.2。 应注意，适度降低pH可获得一些盈利，但后面操作阶段酸化工序实际效率很低。

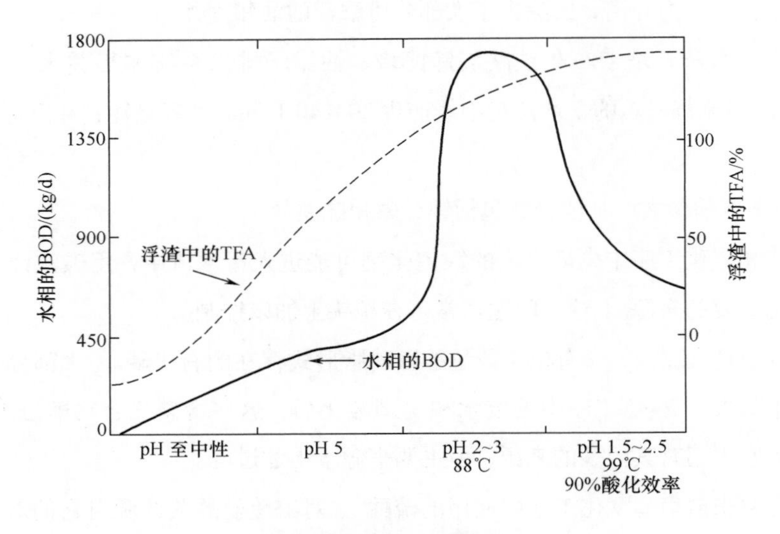

图 12.2 部分酸化的废物量

总之，运输成本上所获得的经济优势应与额外的废物处理成本相权衡。

12.3.2 脱臭

该工序产生少量污水；但是，假如脱臭器没有一个良好运行的捕集冷却器，就会产生很大的废物量。 大气循环装置应配有油脂分离器或撇沫器。 在某些情况下，可以用间接热交换系统来降低大气水流的臭味问题。 在任何情况下，污水量不应该多于脱臭所用的蒸汽量；在稳定态循环时，可溶油脂部分约含500mg/L FOG。 几家加工厂通过添加聚合物来增强这一循环，现已流行使用表面冷凝器。 这些表面冷凝器通常用45～70L/min的碱液洗涤使其表面保持干净。 结果是，总的污水量与带捕集冷却器的接触性气压冷却塔系统的排污量保持在相同范围内。

最后应注意的问题是，为维护这些脱臭罐每年要用氢氧化钠和柠檬酸煮沸一次。 此法产污水量极大，必须储存起来，以便在受控条件下排入工序污水管系统。 如果合适的话，此物料在受控基础上排入污水中和系统（假如是低pH的污水），并可从废氢氧化钠中获得一些效益。

12.3.3 精炼

由于背压控制，水洗离心阶段油脂有时容易穿通。许多工厂有非视觉的监测或控制方法。发生穿通时将耗用相当大量的油脂，此时洗涤水流应使用在线的二级重力分离器，以便使浮起的精炼油直接循环进入毛油，而不是把它降级为酸化原料。

12.3.4 洗涤和处理中的损失

通过内部控制来激发消除污水流的潜力是没有尽头的，这主要看雇员的培训情况和工作态度，以及资方如何看待培训的重要性。这是极重要的领域；这里不能详细论述，可参见一些文献[3,4]。

有些物理方法也需要考虑。比如，真空泵水封水如果不加以循环或通过其他方法减少，就可能会占总水流的很大一部分。

为了正确论述此问题，对油脂损耗和污水产生点应进行工厂规模的研究和评估，据此进一步对潜在应用措施和物理补救方法进行成本－效益的分析。如此一来，必能在工厂内创造许多减少损失和节省成本的机会。

12.4 气体的排放、来源和控制

12.4.1 来源

排放气体的主要来源包括以下方面：

（1）加工中的灰尘微粒。

（2）浸出和粕处理中的溶剂。

（3）粕冷却和油脱臭中的异味。

（4）燃煤锅炉的颗粒排放。

表 12.2 概括了这些领域的排放量和/或限值。

表 12.2 主要的气体排放源

来源	损失
浸出时的己烷	0.10～0.30kg/100kg 压榨量
粕干燥机和脱臭塔中的异味	—
燃煤锅炉，颗粒	14～23g/M BTU 输入
颗粒排放	—

这一主题有一篇很好的综述，即“大豆工厂的空气污染”[3]。

(1)加工颗粒物　来自油籽和副产品粕加工和处理过程中提升机总的损失通常为2%～3%。此损失包括水分降低、籽的散落、灰尘排放，其中灰尘部分的绝对值很小，但当考虑到它以含微粒的气体排放时，就会产生许多问题。此外，这些损失部分进入工厂所在地降雨径流中成为水污染物。

(2)溶剂浸出　浸出设施是溶剂排放的主要控制源头。在某种程度上工业本身因为溶剂的成本会控制溶剂的排放。美国联邦清洁空气法案对控制正己烷和其他以气态形式排放的有毒化合物提出了明确的法规。

联邦清洁空气法案要求美国环境保护局（EPA）制定了每单位产量所产出的有害气体排放标准。针对具体的浸出方法和油籽种类而发布的排放标准为每加工100kg油籽的排放在0.2～0.25kg范围内。为达到此标准，需要合理设计泄气孔和冷却水系统并且操作尽可能减少中断。

(3)来自粕烘干机和油脱臭罐的异味　从测量和控制的角度来看，异味都是一个质量要素。降低异味的动因主要来自于工厂周围居民的抱怨。主要的异味来源是粕烘干机和精炼油的脱臭过程。在某些孤立例子中，酸化也是异味的产生源，但这通常可归结为设计不良和在敞开锅中进行间歇式操作。

这两个工序是异味固有的产生源。粕干燥中产生的气味根据原料加工和设备设计而发生变化。在脱臭过程中，高温的目的是从油中除去引起异味的化合物。对这些化合物的控制已成为工序本身的一部分。

(4)锅炉　油籽加工不可或缺的加工设施是蒸汽发生器，有时候还加上发电设施。有些业主安装燃煤锅炉来避免天然气和燃油的成本波动。特别是在美国的中西部，税收刺激发达的州使用煤。但近来因燃煤引起的气体排放问题不断增加，已部分逆转了这一趋势。在世界其他地方的油籽工厂中，用燃煤锅炉产生蒸汽和发电都是很普遍的。

现在，对锅炉排放的关注还包括与燃料无关的NO_x和CO。对于燃烧煤炭，所关注的污染物不止这些，还包括颗粒排放物、可见的羽毛状烟云、SO_2、Hg和其他微量金属、HCl。

一些油籽加工者使用产出的副产物作为替代燃料。这特别适于向日葵和花生的加工，其壳可作为锅炉的燃料燃烧。这产生了新的气体排放问题，但减少了固体垃圾。

12.4.2 控制

(1)颗粒物　主要来自谷物和粕的机械加工。输送和处理设备的良好维护对于灰尘的最小化与控制是必需的。采用带有流量检测器的封闭和联锁的输送系统，可以使籽的散落以及由此引起的粉尘最小化。同样，因为与内置式提升机的灰尘形成有关，工厂设计通常少采用内置式输送设备，为了防止火灾和爆炸，对灰尘进行控制和清扫是必须的。

当前的工业趋势是安装封闭式提升机和建造负压吸出的全封闭区域用于油籽卸料和粕的运出。加工全程使用高效除尘设备和控制系统（旋风分离器和布袋）来控制难收集的排放物和点源排放物。

(2)溶剂　通过超声萃取、蒸馏、通风和冷却水组件和系统的设计、运作和保养，可以很好地控制浸出的溶剂损失。计算机检测与控制系统能改进操作，从而加强对溶剂的控制。

(3)异味控制　如前所述，异味控制设备实际上已成为工序本身的一部分。

油脂的脱臭是必不可少的工序，用来除去天然存在或加工过程中产生的具有令人不愉快风味和气味的化合物。油脂的脱臭产生废气，在历史上这是工业异味控制的最大挑战。

为解决这些异味问题可采取三个步骤。首先是蒸馏回收系统，用来回收脱臭罐气体排放中的大部分脂肪酸（作为副产物）和多种相关异味物质。第二步是封闭环冷却系统，使含脂肪的水封池水排在凉水塔之外。第三步是气体捕集或氧化系统，用来除去前两个步骤中未除去的挥发性有机化合物。

典型的蒸馏回收系统包括位于脱臭罐真空系统某位置的捕集冷却器。脱臭罐馏出物在冷却器内通过直接接触除去约95%可冷凝的有机物。在返回到汽提塔前，冷却循环的蒸馏物以除去冷凝热。有几个公司能提供用于此目的的整套设计/设备。

剩余的脱臭罐气体和汽提蒸汽在气压式冷凝器或列管式冷凝器中冷凝。使用气压式冷凝器时，与冷凝器直接接触的冷凝水和从最后一个喷射器排出的气体被排入水封池中。在重新循环至冷凝器前，来自水封池的冷却水先通过凉水塔。这一系统是油脂工艺设备中油籽加工异味的来源。

此系统通常在重力作用下将冷凝器排出物直接排入水封池，然后至凉水塔。凉水塔的溢流和排污进入污水处理设施，这作为工厂油性污水处理的一部分。

假如需要进一步控制凉水塔的异味，水封池的冷却水可泵入板式换热器中进行间接冷却。然而由于淤塞的问题，必须提供附属的换热器以便进行换热器的脱线清洗。可以采用蒸汽或水和清洁剂清洗。使用蒸汽的好处是脂肪回收更容易。封闭环系统的安装较昂贵（更多的设备），真空系统中泵水和动力蒸汽所需的能源成本更高。

当壳管式冷凝器采用间接冷却水时，未回收到汽提系统中的脱臭馏出物就不会积累起来淤塞冷却塔，而是被限制在热井中。冷凝管内部需要不断地用苛性钠水清洗污垢，这部分也进入热井中。热井中漂浮的馏出物回收进入回收罐中，而高 pH 水一部分循环用于清理管道，另外多余的水分流入废水处理设施中。

(4)锅炉　对燃烧产物的控制是根据燃料燃烧方式和锅炉设计而变化的。对于天然气和燃油的燃烧，用一个典型的燃烧系统控制 NO_x 和 CO 排放机制，即将燃烧气体进行再循环，使其进入燃烧器来控制燃烧温度。这些燃烧器也可以由现有的锅炉进行改造，但会导致热气的沸腾能力降低。

大部分燃煤锅炉都配备了袋式除尘器来收集颗粒。其中 NO_x 和 SO_2的控制仍是一个问题。采用流化床锅炉的设计，由于燃烧温度较低以及石灰岩床的使用，可以进行火箱控制。降低 SO_2的另一个选项是用低硫优质煤燃烧。微量金属和 HCl 排放需作为有害空气污染物进行控制，无论在一支矿脉内，还是在不同的矿脉之间，它们在煤炭中的浓度变动很大。控制策略包括：选煤或冷却锅炉的燃煤废气、注入吸附剂、用布袋除尘器收集颗粒物。

12.5 固体和危险废物的来源、控制

12.5.1 来源

工业中产生和处理的固体和危险废物的规模与污水或气体排放的排放不同，但前者有许多重要的来源，如下面讨论，前文已提到过有潜力的控制技术。表 12.3 总结了它们形成的速率。

表 12.3 油籽加工过程中固体废物的主要来源

来源	损失
粕和谷物中的固体	1 ~ 10kg/100m³
白土	2500kg/d
废弃的镍催化剂	100kg/d

(1)精炼脱色　用各种白土来纯化精炼油和去除其中的色素。这些废白土含 5% ~ 35%的油。这些物料具有自燃的特性，因此在卫生填埋处理中存在问题，某些情况下也有工厂选址的问题，这方面可通过几个方法来克服。如前面所述。典型的精炼车间每天将产生约 2500kg 废白土，其中含油 570kg。

除了自燃，这些物料通常不具危险性；但是由于自燃或（和）油含量，一些当地的填埋场开始不愿意接受这些物料。自燃可归因于有机物氧化所产生的热量过多。防止污染的方法包括添加抗氧化剂或在废白土上喷水。据报道加入石灰可以防止自燃。

(2)废的氢化镍催化剂　镍催化剂用于油脂的氢化。不同的加工者可循环使用催化剂许多次，因此废物形成速率不同。但典型的精炼车间每天将产生约 100kg 废弃催化剂。

这些物料或循环使用，或在卫生填埋场（或现场）中处理。现在，美国和北美洲对回

收镍的循环使用仍是零星的，也没有得到很好的规划。

尽管 EPA 没有认定镍为危险物，但已有好几个州把镍归为危险品，预期很快将普遍以这种方式处理。 如上所述，这些物料再循环利用的基础设施正在很快建设之中。 目前已知墨西哥和西欧已有可用于废镍催化剂再循环的现役设备。

12.5.2 控制

(1)白土　需用的白土量通常是毛油质量和压滤机效能二者的函数。 由于工艺和经济的原因，这二者仍存在较大的问题。 因此，仅出于环境目的进行工艺控制来减少废白土，这样的机会不会太多。 有些品牌和种类的过滤介质对各种待压滤的混合物和压滤机而言都比较合适，但也取决于工艺条件。 这将在其他章节中详述。

为了保证终产品的质量，趋向于使用过量的白土，但仍应保持合适的用量。 同样物理精炼需使用较多的白土。 在某种程度上，物理精炼实际上把污水问题变成了固废问题。

(2)废催化剂　通过在间歇式氢化中重复使用催化剂，有机会降低废弃的催化剂的量；但在最终效益上专家的意见不一致。 对此，可以通过对氢化效率与催化剂处理成本进行比较后得出结论。 目前已开发出其他的催化剂，但它们的成本和有效性并不令人满意。 因为它们是以贵重金属为基料的，这些催化剂本身就有环境问题。

(3)谷类和粕固体　在这个领域，固废问题可通过损耗的控制而得以改进。 这些物料的输送是高度机械化的，包括输送机、提升机、气力输送系统和相关的机械装置。 损失通常发生在运输系统的转换点及装料、卸料点（驳船、铁路车厢和卡车）。 此外，由于堵塞和溢流，建筑物灰尘收集器、旋风分离器和类似的气体排放控制设备也是谷物和粕损失的通常来源。 重要的是，这样的区域许多位于建筑物的屋顶；因此损失可能未被注意到或监测到。 由于暴雨污染控制法规的制订，这种状况已经变得越来越好。

良好的保养和维修计划对于把这种损失减少到最小非常必要。 有建立在成本－有效性基础上的物理措施，包括损失点上的回料箱，以便把物料作为产品回收而不是当作废物处理。 同样，封闭的斜槽和其他传输设备，特别是在铁路车厢的装料点，对损失的控制帮助很大。

这些废物不是危险的，可以在卫生填埋场中处理。 在任何情况下，使这些物料远离工序和暴雨排水沟是极重要的，因为它们将产生很大的污水量。

12.6 当前的问题

12.6.1 废水

这一小节讨论美国和其他地方油籽加工过程中的污水问题。

（1）对排向公共污水处理厂的排放物日益严格的 FOG 限制。

（2）公共污水处理厂（POTW）排放物中 BOD 和 TSS 的限值日益严格至 250mg/L 及以下。

（3）越来越强调对排放物中磷的控制。

（4）越来越强调“非传统”污染物或毒素（如重金属、氯化有机物等），这类型化合物与油脂化学品关系密切。

（5）越来越强调暴雨排放区的水质。

（6）水资源的成本和可获得性。

在限制油和动物油膏的排放方面，美国工业界已在 EPA、州和市政当局层面上与其他组织不屈不挠地辩论许多年，尽管已表明这些动植物油和动物油膏是易于生物降解的，不应与燃油一样受严格控制，但许多市政当局还是恢复到了 FOG 限值，其传统的排放限值是 100mg/L，或 150～200mg/L。这是公共污水处理厂设施中现实问题与可能问题相结合的结果，在工业付出相当大代价的情况下，通过对排向公共污水处理厂预处理的排放物进行更严格的控制，可以避免所有这些问题。这个话题一直非常重要[5,6]。

为应对污水排放的监管压力，使市政当局的 POTW 排放物达到要求，许多城市对 BOD 和 TSS 限值加强了控制。某些情况下，这些更为严格的规定是以给市政当局下达强制指令的形式实施的。要符合这样的限值，实际上需要油籽加工者采用生物预处理设备。

高含量的磷主要与酸化相联系；但在其他几种废物流中也可发现有不同的含量磷。对磷的关注主要集中在流入河道，特别是对贮水湖中水藻的生长的影响方面。除了酸化，从源头控制磷的措施很多。处理磷的主要困难是它以有机形式存在，不易用石灰或明矾沉淀。假如用生物法处理废物，所生成的流出物主要含无机磷，容易沉淀。

非传统污染物的问题是不断展开的话题，主要与油脂化学品相关，包括各种氯化有机物、重金属和酚。必须根据其自身的是非曲直来讨论每一种物质。解决方案包括采用各种预处理技术，偶尔可控制其源头来解决，如中止产品。

便携式供水、污水处理成本及水资源的可获得性等问题导致该行业寻求内部和终端循环（end－of－pipe recycle）方法。十年前，这些项目肯定是不合理的，或是肯定不具备这些技术的。这些问题将在下一节进一步论述。

12.6.2 固体废物

12.6.2.1 可出售的油

从污水重力分离设备和其他二级回收单元收集的油脂是否适合再次出售或重新使用，这是一个重要的话题，这种情况将变得更糟。许多地方将油和动物油膏回收后卖给饲料脂肪工业，使价格降低，质量要求则提高。

12.6.2.2 污泥的处理

污泥来自油籽污水处理的几个区域，包括石灰中和、溶解气体浮选相分离器和生物废物。

这些废物正变得难以处理且处理成本高昂。根据因地制宜原则并考虑其他限制条件，可使用以下几种方案。

（1）把污泥输送至粕干燥机加入粕中。

（2）污泥用于农业上种植块茎作物。

（3）污泥脱水，并以合适的卫生填土方式处理。

（4）通过浓缩脱水或其他方式在远离现场处加工污泥。少数市政当局给工业排放物顾客提供这样的服务。同样，在北美州许多私有的废物处理公司提供此类服务。

在美国东海岸的北部，人口密度和土地成本已达到了动物饲料市场实际上已经消失且此类回收的物料已没有其他销路的程度。

12.6.3 气体排放

12.6.3.1 己烷

控制正己烷排放是主要的议题，并将一直持续好多年。在美国己烷已归为“有毒气体”化合物。对本章而言，有毒气体化合物是来自固定（工业）排放源的一系列潜在有毒化合物，每年排入大气中的量为909 kg以上。其结果是，对于所有浸出工厂，总己烷排放量应达到此行业最好12%的标准。作为最低限度，要求有良好运行的矿物油吸收塔，对整个系统中其他所有的损耗能很好地控制。

对所有的工厂要求在厂区内进行毒性分析。在大多数工厂，粕烘干器的排气管高度应要求增加至最低高度以上。

美国联邦法规五（Title V）所许可的气体排放要求基本上也包括大多数精炼工厂。这是由于己烷作为毛油的一部分进入精炼工厂，然后在油脂加工中除去（“排放”）。

12.6.3.2 颗粒排放物和暴雨径流

对颗粒排放物的控制越来越受到重视，正在选择一些工厂逐个征收“污染”税。重要的是，颗粒排放物最终会出现在工厂现场地面。针对暴雨的超量污染，美国现在正在实施全新的计划。暴雨排水沟内的有机颗粒与油脂在一起，是最主要的污染物。暴雨排放物的限值尚没有制定；但很明显不控制颗粒物排放，就不可能达到目标。

12.7 污水处理的工序和技术

这一节简要叙述脂肪和油脂化学品领域所遇到的各种处理系统，以及与所关心的参数相关的产能。所列工序可能通常与处理工厂内出现的次序相一致。表 12.4 所示为各种化学 - 物理工序中潜在的油和动物油膏流出物质量。

表 12.4 处理工序的效率（流程见图 12.4，参考点 1）

参数	传统精炼 W/酸化	传统精炼 W/O 酸化	活性硅精炼	有机酸精炼
流量/(gal/d)	100000	100000	85000	55000
(m^3/d)	378	378	321	207
BOD/(lbs/d)	3400	12000	700	512
(kg/d)	1554	544	318	232
COD/(lbs/d)	5700	2000	1165	850
(kg/d)	2590	907	530	386
油和动物油膏/(lbs/d)	290	290	290	290
(kg/d)	132	132	132	132
pH	2.5 ~ 4.0	6 ~ 8	6 ~ 8	6 ~ 8

12.7.1 重力法分离油脂

可把这种方法看成是工厂过程控制或污水处理工序。无论哪一种情况下，脂肪和油处理设备需要提供足够的重力分离。已观察到许多设计很差的重力分离设备，因此作者不得不详述此主题。

在油籽操作中，哪里是安装重力分离设备最好的地方？答案是在尽可能多的地方安装，并在尽可能接近油籽来源的地方。这个原则并非一直管用或有效，主要考虑如下。

(1) 在任何可能情况下，应防止高质量的可回收产品与较低质量的物料间发生交叉污染，即不能把包装区的排水与可能含杀虫剂残余的脱臭罐冷却水排污相合并。

(2) 应把重力分离器放在污水重力流终止和泵输送开始处。假如在泵输送过程中有任何类型的沉淀池，油将浮在表面上，不管采取何种努力使其保持悬浮状态。应充分利用这一点，建造的重力分离单元可作为沉淀池的一部分或接近沉淀池。

(3) 在进一步处理前，所有污物流必须进行某种形式的油分离。每一个油籽加工厂和油脂加工厂都需用设备来收集逐日损失和在较大溢流情况下损失的漂浮的油脂。

设计重力分离设备时，既要考虑确定的油脂泄漏体积，也要考虑对废水流的常规处理管控。假如从实际出发，这种用途的重力油分离器应设计成上升速率载荷足以容纳峰值流量。经验表明，分离器每平方米有效表面积的上升速率在 10 ~ 20L/min 范围内。

上升速率概念可应用于连续流动分离设备的设计中。许多设计者用停留时间作为分离器大小的依据。假如所需的分离器几何尺寸（如长宽比）保持不变，这是可接受的。停留时间的概念可直接应用于间歇式沉降容器的设计中。

从分离容器表面撇去油和动物油膏可以由人工操作或采用连续设备实现。许多植物油加工用油在室温下的粘度不太适用表面接触式撇油设备（带、绳）。链和刮板形式的撇沫器是有效的，但实际上不是适合于每种撇油情况。车间自制的手工操作式倾析设备是相当有效的。

至分离器的一部分流体通常来自受油污染区域降雨时的径流，这可能导致流率太高而不能在合适的上升速率内有效处理。这就需要经常在单独的系统中处理工序废物流和受污染的径流。

12.7.2 平衡

由于加工条件、降雨分布和一些考虑因素的变动，使得稳定废物流量和强度的平衡设备必不可少。

所需的平衡体积取决于合理时间段内进入的流量和强度。经验表明，前面章节中定义的典型的油籽操作中流量和强度所需的平衡体积差不多相同。毋需平衡的污水流仅来自轧坯和浸出操作中的流出物。此流出物主要由污水蒸发器中的蒸汽冷凝液组成，通常不会有太大的变化。

所需的平衡体积可通过体积流入物的水文图法测定。所需的体积可用图表测定以达到所需的精确度水平。可进行对流入物和产生的流出物强度变化的检查来证实某一特殊应用中容积设计的合理性。图 12.3 所示为理想化样品的水文图。

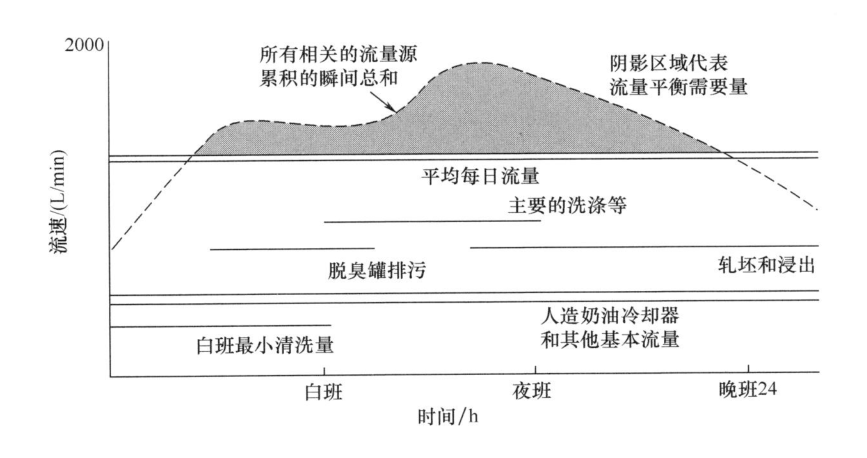

图 12.3 污水流入的水文图

通常，所需的平衡缓冲体积在每日平均流量的 30% ~50% 间变化，但这在每次应用中都会有变化。

12.7.3 溶解气体浮选

溶解气体浮选（DFA）技术用微小气泡增强油和悬浮物的浮选能力，通常规格的重力分离器无法除去这部分物料。气泡的形成原理，符合 Henry 定律，即把全部或部分废物流和引入的空气都压入加压池中，然后减压形成气泡。

可通过加入聚合物、明矾或其他絮凝剂来增强这一过程。加入这些化学试剂后，胶态油和固体凝聚并絮凝成更大的颗粒，从而易于除去。

在油脂中的应用结果表明该法可非常有效去除 FOG 和一些不溶性 BOD；但会产生相当数量的废物污泥。表 12.4 所示为各工序的期望去除率。

选择化学絮凝剂必须考虑 pH 条件和所需去除的物质。DAF 技术应用在完全一体化油料工厂时，明矾和聚合物是有效的。替代方法是用氢氧化钠（常使用精炼废物中的中和余碱）把 pH 调至 5.0 左右，然后用石灰作为最后 pH 的调节剂，最终形成的不溶性钙泥，成本更低并能起到与明矾相同的作用。但石灰泥的沉淀作用可能优于浮选作用，应与沉淀法相比较后对浮选法作出评估。

如下节所述，考虑到还有其他工序，此时采用化学试剂进行浮选可能是不太合适的。在其他设备后接着采用 DAF 技术作为调整工序可有效地除去 FOG 从而达到 100mg/L 的 FOG 限值。有时可以通过使用食品级聚合物来完成此操作，此时的回收料可作为低级饲用油脂出售，而不是作为废物污泥进行处理。

12.7.4 过滤

使用硅藻土进行在线过滤能把 FOG 和有关不溶性 BOD 降至极低水平。但过滤时因为酸化废水不能除去可溶性 BOD 成分。

油脂污水应用时不广泛使用过滤；但其处理效果非常好，特别是作为替代 DAF 的调整装置。过滤的另一个优势是精炼工厂的工作人员对其很熟悉，因为它在工厂其他工序中使用。过滤的主要缺点是产生另一种需要处理的废物污泥。

12.7.5 酸水解

某些油脂加工厂采用低 pH、高温水解法作为回收油和动物油膏的替代方法已经获得成功。

如果工厂对皂脚和/或洗涤水进行酸化，所产生的酸化废水含有一定的余热和酸度，从而会影响到整个污水流的 pH 和温度。很明显工厂采用了碱炼而不是物理精炼工艺。这种工艺会对残留的油起酸化作用，这些油易于在重力分离工序中除去。

该法可用于皂脚不酸化的工厂中，但应进行现场研究以确定希望去除的污染物。在总规划中，把洗涤水的酸化作为处理工序的一部分可极大改进效率。

该法有许多优点：

(1)工序控制相对简单。假如污水流的 pH 在 3.5 以下，温度为 37.7℃以上，对皂脚和/或洗涤水进行酸化，可得到相对恒定的流出物，且实际上与流入的未加工污水的特性（高 FOG 和 BOD 含量）无关。例外的情况是，酸化系统操作效率很低时会夹带过多的中间相。这些物料不能进行重力相分离，且实际上会影响其他车间废水流的处理效率。其他来源的蛋白质，如夹带入毛油中的浸出和轧坯粕微粒，也会对该油分离器（和其他油分离器）操作产生不良影响。

在正常条件下，将酸化过程的可溶性 BOD 与分离器流出物中残油所附加的可溶性 BOD 相加，与分离器底流中流出物的 BOD 浓度是相等的。

(2)分离器回收物料水分含量较低，总脂肪酸（TFA）含量较高，因此该物料可以作为饲料出售。

(3)假如设备可以建在酸化工序附近，现有的酸处理、蒸汽和回收油储罐可供两者使用。主要缺点是需要用耐高温和低 pH 的材料制造。在设计这些处理设施时，可利用各种类型的罐、过程控制方法和相关设备，取决于精炼规模、精炼工序、客户喜好、现有可利用设备和其他相关因素。

分离器流出物通常用氢氧化钠进行中和；但如前所述，偶尔也可用石灰或氨。建议使用具有尺寸合适、混合良好混合罐的两步混合系统。在这些应用中，中和总是发生在滴定曲线很陡的部分。任何不合适的设计，如过远的 pH 控制器，会导致系统无效。因此建议让经验丰富人员检查 pH 控制系统的最终设计。

12.7.6 其他工艺

该节论述油籽加工中已取得初步成功的一些加工工艺。

各种各样的膜技术已应用于这些污水流处理。尽管在某些应用中污染物去除的效果很好，但存在膜寿命和再生的问题。结果表明，周期性膜更换的操作成本相当高。该项技术近几年已获很大推进，有数家设备供应商正在开发植物油废水处理方面的应用技术，各种膜将来会用于生物处理，如下文所述。

在用活性炭除去残留有机物方面至少已有一种尝试，但酸化流（可溶性物质的主要来源）中可溶性组分因其性质不同而不能被活性炭有效地除去。

有些工厂试图用混合介质（沙、无烟煤）过滤机来去除残油。此技术采用于燃油废水的处理；但应用在油籽中效果不很好，这主要归因于室温时油的黏度高，不能返回冲洗这些单元。

已尝试使用倾斜盘和其他组装式媒介分离系统，在食用油应用中没能很好起作用，这也可归因于分离器媒介上黏滞的油层。

12.7.7 预处理程序和精炼过程

从应用的角度来看，重点应放在上述各种工艺的高效组装，以及准确预测各精炼工序的流入物和流出物上。图 12.4 为简化的工艺流程图，所示为综合物理/化学预处理方案，已经有效应用于一些油籽加工和炼油工序中。规模、建筑材料和注意事项与精炼工艺和其他因素有关。

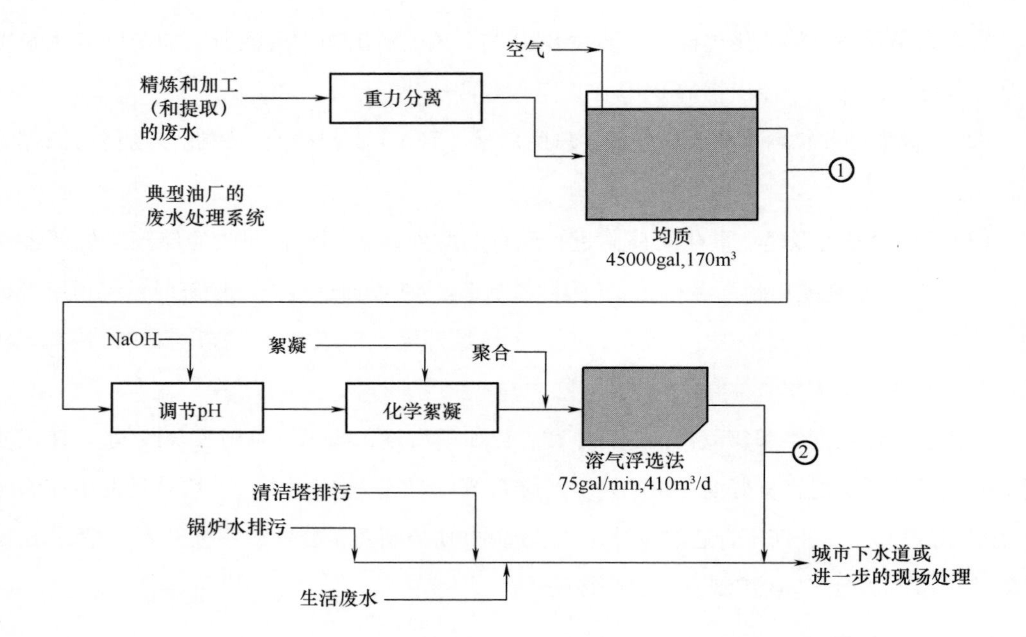

图 12.4 油脂加工中废水处理流程图

表 12.4 和表 12.5 反映了第二节提出的精炼模型中预期的废水流入物和流出物指标。这些指标是作者根据从北美和其他地方的五十多个工厂收集分析的数据得出来的，这些工厂操作管理和设备维护条件良好。请注意，每个表都有一个工艺的参考点，如图 12.4 所示。

12.7.8 生物处理

在许多情况下都可成功地用生物处理法处理来自油籽加工中的污水。通常预处理后的流出物与家庭污水在公共预处理工厂（POTWs）进一步处理。同样在油籽工厂的适当位置有许多生物处理系统，作为预处理或用于直接排放。

图 12.5 所示为各种油生物降解的相对速率。很明显，与城市污水一样，动植物来源的油可进行高度生物降解。

表 12.5 流出物 – 废水比较（工艺流程见图 11.4，参考点 2）

参数	传统精炼 W/酸化	传统精炼 W/O 酸化	活性硅精炼	有机酸精炼
流量/(gal/d)	100000	100000	85000	55000
(m^3/d)	378	378	321	207
BOD/(mg/l)	3427	360	210	125
(lbs/d)	2900	300	150	57
(kg/d)	1,318	136	68	26
COD/(mg/l)	5711	600	350	206
(lbs/d)	4833	500	250	95
(kg/d)	2196	227	114	43
油脂/(mg/l)	20 ~ 50	20 ~ 50	20 ~ 50	20 ~ 50
(lbs/d)	25	25	25	25
(kg/d)	11	11	11	11
pH	6 ~ 9	6 ~ 9	6 ~ 9	6 ~ 9

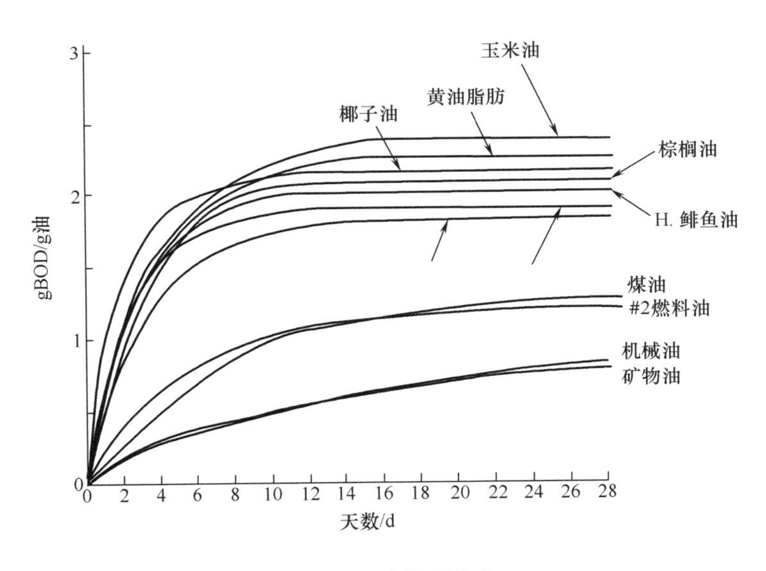

图 12.5 生物吸收率

在生物设施进一步处理前，浮选油必须进行良好的重力分离。为了提高油的价值，防止污水管堵塞问题，或仅为了减少生物设施的规模，可能要求对油进行预处理。

已使用各种具有良好效果的生物工艺，包括延时曝气与活性污泥、连续批式反应器和生物膜反应器。由于硫酸盐含量高，厌氧处理是无效的。

水资源的可获得性，结合供水和污水处理的费用，导致该行业开始考虑安装能更好回收工业废水的工业管道设施。一些炼油厂正在考虑安装膜反应废水生物系统。这种技术原来应用在城市废水领域，应用结果表明是可行和可靠的。MBR 技术利用几个膜增压设备系统来过滤生物废水。经过滤的水的悬浮固体含量很低，可以用于冷却塔补水。MBR 工艺不需要常规生物澄清器，且能使生物反应器在更高的生物固体含量上运行。

参考文献

1. E. Fritz and R. W. Johnson, *Fatty Acids in Industry*, Ist ed., Marcel Dekker, New York, 1989.
2. M. A. H. Fransen, *Standard Methods for Examination of Water and Wastewater*, American Public Health Association, 1992.
3. American Oil Chemists' Society. "Air pollution issues associated with soybean processing." *Short Course Proceedings*, 1984.
4. Metcalf and Eddy, *Wastewater Engineering Treatment/Disposal/Reuse*, 2nd ed., McGraw Hill, New York.
5. M. J. Boyer and K. Krassowski, *Environment Pollution Prevention*, seminar, Technical University of Lodz. Bielsko – Bialn Branch, Poland, 1993.
6. "Regulatory oil and grease discharges to municipal wastewater treatment facilities," *Georgia Water and Pollution Control Association Annual Meeting Journal*, 1980.